Medizinische Länderkunde
Geomedical Monograph Series

Springer-Verlag Berlin Heidelberg GmbH 1967

Medizinische Länderkunde

Beiträge zur geographischen Medizin

Geomedical Monograph Series

Regional Studies in Geographical Medicine

Schriftenreihe der / Series of Monographs of the
Heidelberger Akademie der Wissenschaften · Mathematisch-naturwissenschaftliche Klasse
Begründet von / Founded by

Ernst Rodenwaldt †

Herausgegeben von / Edited by

Helmut J. Jusatz

Professor Dr. med., Direktor des Instituts
für Tropenhygiene und öffentliches Gesundheitswesen am
Südasien-Institut der Universität Heidelberg

Unter Mitarbeit von / In collaboration with

Dr. phil. BERTHOLD CARLBERG, wissenschaftl. Kartograph, Murnau/Obb. · Dr. rer. nat. HEINZ FELTEN, Säugetierabteilung des Forschungsinstituts Senckenberg, Frankfurt/Main · Prof. em. Dr. med. LUDOLPH FISCHER, Direktor des Tropenmedizinischen Instituts der Universität Tübingen · Prof. Dr. phil. HERMANN FLOHN, Direktor des Meteorologischen Instituts der Universität Bonn · Prof. Dr. phil. GERHARD PIEKARSKI, Direktor des Instituts für medizinische Parasitologie der Universität Bonn · Prof. Dr. rer. nat. ULRICH SCHWEINFURTH, Direktor des Instituts für Geographie am Südasien-Institut der Universität Heidelberg · Prof. em. Dr. phil. Drs. h. c. CARL TROLL, Direktor des Geographischen Instituts der Universität Bonn

I

LIBYEN – LIBYA

Eine geographisch-medizinische Landeskunde / A Geomedical Monograph

von / by

Helmuth Kanter

Professor Dr. rer. nat. Dr. med.

Ordinarius emerit. für Geographie an der Universität Marburg/Lahn

Mit 70 Abbildungen und 17 Karten

With 70 Figures and 17 Maps

Translated by

Dr. rer. nat. J. A. Hellen and I. F. Hellen

Newcastle upon Tyne

Additional material to this book can be downloaded from http://extras.springer.com

ISBN 978-3-642-49076-7 ISBN 978-3-642-95005-6 (eBook)
DOI 10.1007/978-3-642-95005-6
Softcover reprint of the hardcover 1st edition 1967

Herstellung der Karten 1—16 in der Geomedizinischen Forschungsstelle der Heidelberger Akademie der Wissenschaften, der Karte 17 nach Entwurf von Dr. B. CARLBERG im kartographischen Atelier von Henning Wocke in Karlsruhe, in dem der Druck der Karten ausgeführt wurde.

Titel-Nr. 7536

Zur Einführung

In dem Jahrzehnt von 1952 bis 1961 ist in der Geomedizinischen Forschungsstelle der Heidelberger Akademie der Wissenschaften in Heidelberg der Welt-Seuchen-Atlas bearbeitet worden. Zum ersten Male wurde der Versuch gemacht, mit Hilfe der medizinischen Kartographie Korrelationen zwischen dem Vorkommen von Infektionskrankheiten, der Verbreitung ihrer Überträger und Geofaktoren, die eine seuchenhafte Ausbreitung hervorrufen oder fördern, in Weltkarten und Kontinentkarten sichtbar zu machen. Dieses Kartenwerk sollte eine Information über den Stand der Seuchenverbreitung in der Welt bis zur Mitte unseres Jahrhunderts geben, dem Unterricht dienen und zur weiteren geomedizinischen Forschung anregen. Bei vielen Seuchen mußten aber erst dadurch die Voraussetzungen geschaffen werden, daß man an Hand des vorhandenen Materials in der Weltliteratur zunächst einmal mit Hilfe von Karten einen Überblick über das Vorkommen der betreffenden Infektionskrankheit gewann, um dadurch die Frage beantworten zu können, in welchen Kontinenten, Großräumen oder Ländern die betreffende epidemische Krankheit beheimatet ist und in welchen Ländern sie fehlt. In der Zwischenzeit hat es sich erwiesen, daß auch diesen Karten, in welchen sich noch keine Korrelationen zu Geofaktoren finden, ein hoher Aussagewert zukommt. Für alle Karten dieses Atlaswerkes war das vorherrschende Prinzip das *nosogeographische*. Für jede Krankheit wurde ein eigenes Kartenbild angefertigt, aus dem die geographische Verbreitung dieser Krankheit, gegebenenfalls ihrer tierischen Überträger, ihrer klimatisch bedingten Verbreitungsgrenzen usw. deutlich wurde.

Dem Benutzer des Welt-Seuchen-Atlas stellte sich jedoch bald die Frage, welche übertragbaren Krankheiten in einer bestimmten Klimazone, etwa den inneren Tropen oder den ariden und semiariden Zonen der Erde, oder aber in einem bestimmten Lande vorherrschend sind. Zur Beantwortung dieser Frage müßte ein völlig anders gearteter Welt-Seuchen-Atlas geschaffen werden, dessen einzelne Blätter dann ein buntes Bild vom Nebeneinander der verschiedensten Infektionskrankheiten im gleichen Gebiete oder in dem gleichen Lande geben würden. Wenn diese kartographische Darstellung im Sinne der Geomedizin wiederum mit Korrelationen zu Geofaktoren des Klimas, des Untergrundes, der Verbreitung tierischer Überträger usw. verbunden sein würde, dann wären diese Karten infolge ihrer Unübersichtlichkeit sehr schwer zu lesen und zu verstehen. Es gab bisher nur einen Versuch, der bei Vorliegen exakter statistischer Angaben gangbar erscheint, nämlich die Beziehung zur Bevölkerung durch die unterschiedlichen Verhältniszahlen mittels verschieden starker Schraffen in ein Kartenbild einzutragen. Dieser Weg ist durch die Herausgabe von National-Atlanten beschritten worden, wie sie Howe in vorbildlicher Weise für Großbritannien herausgegeben hat. Diese Kartenbilder haben einen statischen Charakter, sie lassen sich nicht zur Beantwortung der Fragestellungen der Geomedizin verwenden, die eine Erklärung der regionalen Unterschiede und eine Prognose der weiteren Gefährung zum Ziele haben.

Krankheiten haben nicht nur eine Geschichte, sondern ihr Vorkommen und ihre Verbreitung auf der Erde ist auch räumlich differenziert. Eine Geographie der Krankheiten ist daher wissenschaftstheoretisch ebenso gerechtfertigt wie eine Geschichte der Medizin als ein besonderes Teilgebiet der medizinischen Wissenschaft. Eine ganze Reihe von Krankheiten tragen sogar geographische Herkunftsbezeichnungen, wie z. B. Indische Cholera, Asiatische Grippe, Mittelmeerfieber, Felsengebirgsfieber u. a. Dadurch wird der Tatsache Ausdruck gegeben, daß bestimmte Krankheiten in irgendeiner Form an einen bestimmten Raum gebunden sind, ihren Nistraum oder ihr natürliches Herdgebiet, in dem sie bestimmten ökologischen Bedingungen unterliegen. Die Erforschung dieser räumlichen Beziehungen zwischen einem Krankheitsvorkommen und der betreffenden Region auf der Erde hat die Untersuchung derjenigen Geofaktoren zur Voraussetzung, die eine Krankheitsverbreitung in bestimmten geographischen Räumen ermöglichen, fördern oder begrenzen. Diese geomedizinische Forschung findet in einem Grenzgebiet zwischen Geographie und Medizin statt, in dem mit geographischen Methoden medizinische Tatbestände aufgezeigt werden und die Aufklärung epidemiologischer Zusammenhänge versucht wird. Wenn hierfür heute das Wort Geomedizin verwendet wird, so darf nicht vergessen werden, daß die ursprüngliche Konzeption dieser Forschung auf die Lehren des Hippokrates zurückgeführt werden kann. Im Laufe der Geschichte der Heilkunde oft völlig vergessen, wurde der Gedanke der Beeinflussung von Krankheitsvorkommen durch geographische und klimatische Faktoren immer wieder von neuem zum Ausgangspunkt für die Aufstellung medizinischer Sachverhalte unter geographischen Gesichtspunkten.

Heute wird dem geographischen Prinzip in der Medizin und Hygiene der Gegenwart ein besonderer wissenschaftlicher Wert für die Krankheitsursachenforschung, die Krankheitsdiagnostik und die Prophylaxe zuerkannt, weil die Welt durch die Ausweitung des Weltverkehrs kleiner geworden ist, die Übertragungswege für Krankheitserreger sich durch den internationalen Luftverkehr auf Stunden verkürzt haben und der Austausch der Menschen der verschiedensten Klimazonen zwischen den Kontinenten intensiver als jemals in der Geschichte ist.

Es ist daher verständlich, wenn heute nicht nur dem Arzt und dem Wissenschaftler, sondern auch den internationalen und nationalen Organen des Handels, des Verkehrs, der Industrie und kultureller Vereinigungen die Beantwortung der Frage erwünscht ist, welche Krankheiten in einem bestimmten Lande zu erwarten sind, unter welchen ökologischen Bedingungen sie sich dort verbreiten und in welcher Weise die künftige Entwicklung dieses Landes dadurch beeinflußt werden kann.

Der geographisch-medizinischen Forschung erwächst somit die neue Aufgabe in der Gegenwart, durch eine Darstellung des Krankheitspanoramas und seiner Auswirkungen im geomedizinischen Sinne auch einen Beitrag für die internationale Zusammenarbeit, insbesondere auf dem Gebiete der Entwicklungshilfe, zu leisten.

Obwohl der Mensch ein ubiquitärer Erdbewohner ist und seine Daseinsbedingungen nach den Erkenntnissen der Allgemeinen Ökologie beurteilt werden können, unterliegt er in viel stärkerem Ausmaße denjenigen Lebensbedingungen, die ihm durch die spezifische Umwelt seines eigentlichen Wohnsitzes geboten werden. In der Beschreibung und Erforschung dieser speziellen Bedingungen eines geographisch abgrenzbaren Lebensraumes besteht die Aufgabe der Speziellen Ökologie des Menschen, die somit als eine raumbezogene Wissenschaft anzusehen ist. Forschungsobjekt bleibt auch hier der Mensch in seinen Auseinandersetzungen mit den „pathogenen Komplexen" (MAX. SORRE), die in einem Netzwerk von Einflüssen des Ortsklimas, der Strahlung, des Wassers, des Bodens, der Tierwelt des betreffenden Raumes zusammen auf ihn einwirken. Außer den ubiquitär oder kosmopolitisch vorkommenden Infektionskrankheiten gibt es auch zonal gebundene Krankheiten sowie lokal beschränkt vorkommende Krankheiten beim Menschen, deren geomedizinische Erfassung eine detaillierte Bearbeitung engumschriebener Gebiete notwendig macht. Der Geomedizin kommt hier die besondere monographische Bearbeitung dieser Gebiete zu, wie es die Geographie mit der Länderkunde als ein besonderer Wissenschaftszweig zu tun pflegt. Monographische Bearbeitungen von Inseln haben gezeigt, daß Unterschiede zwischen einer ökologischen und einer länderkundlichen Erfassung nicht vorhanden sind (U. SCHWEINFURTH). So wird auch in Zukunft eine geomedizinische Untersuchung eines geographisch bestimmten Erdraumes mit Beschreibung der darin vorkommenden Krankheiten als *Medizinische Länderkunde* bezeichnet werden können, wenn sie gleichzeitig als eine Aufgabe der speziellen Ökologie des Menschen aufgefaßt wird. Ziel dieser Untersuchungen bleibt dabei eine Darstellung des Menschen mit seinen Krankheiten, mit denen er an seinem natürlichen Standort behaftet ist, wobei die Erforschung der Umweltbedingungen zur Darstellung seiner Biozoenose führen soll, in der er sich an dem betreffenden Standort befindet. Wenn erst die Biozoenosen verschiedener Räume, in denen der Mensch, Krankheitserreger und Krankheitsüberträger zusammenleben, erforscht sind, dürfte es dann möglich werden, die ökologischen Verhältnisse verschiedener Lebensräume miteinander vergleichen zu können, um zu einer allgemeinen Standortbiologie und Standortpathologie des Menschen auf der Erde zu kommen.

Die Frage nach den nosologischen Eigentümlichkeiten eines Landes erweitert sich somit zu einer Frage nach der Aufklärung der ökologischen Zusammenhänge zwischen dem Menschen, seinen Krankheiten und den in diesem Raume wirkenden Geofaktoren. Dabei läßt sich eine Darstellung nicht immer auf die Landesgrenzen eines Landes beschränken, wenn zonale Phänomene vorliegen. Andererseits kann der Nistraum oder „Naturherd" einer Seuche örtlich so beschränkt sein, daß er nur ein Teilgebiet eines Landes umfaßt und anstelle einer medizinischen Landeskunde die Darstellung eines Teilgebietes oder einer Landschaft in Form einer landschaftsökologischen Analyse (C. TROLL) genügen wird.

Zur Beantwortung all dieser Fragen steht die geomedizinische Forschung erst am Beginn. Wenn mit der Herausgabe dieses ersten Bandes einer Serie von geomedizinischen Untersuchungen unter dem Titel „Medizinische Länderkunde" der Anfang für ein neues Forschungsgebiet gemacht wird, dann verdanken wir diese Anregung ERNST RODENWALDT, der als Initiator des Welt-Seuchen-Atlas die Ergänzung dieses Werkes der globalen Epidemiologie in der Ausgabe von medizinisch-länderkundlichen Untersuchungen durch Ärzte sah, die sich durch besondere persönliche Kenntnisse des betreffenden Landes ausweisen. RODENWALDT hat die Sammlung dieser Arbeiten als eine zukünftige Aufgabe der Heidelberger Akademie der Wissenschaften betrachtet. Seiner Aufforderung, durch die Abfassung einer Medizinischen Landeskunde zu dieser Aufgabe beizutragen, haben sich die Herren Prof. Dr. HELMUTH KANTER für Libyen, Prof. Dr. med. LUDOLPH FISCHER für Afghanistan und Dr. med. K. F. SCHALLER für Äthiopien zu folgen bereit erklärt.

Mit der Veröffentlichung dieses ersten Bandes hat die mathematisch-naturwissenschaftliche Klasse der Akademie nunmehr diese neue Aufgabe übernommen, der Aufforderung von Herrn Prof. RODENWALDT, sich diesen Bestrebungen zur Verfügung zu stellen. Die technischen Vorarbeiten werden durch die Geomedizinische Forschungsstelle der Akademie in Heidelberg besorgt. Für die kartographische Beratung hat sich Herr Dr. phil. BERTHOLD CARLBERG, Wissenschaftlicher Kartograph in Murnau, zur Verfügung gestellt.

Die Herausgabe des ersten Bandes der neuen Reihe wurde wesentlich durch die heute nur noch selten anzutreffende Tatsache gefördert, daß der Verfasser, Herr Prof. KANTER, als Geograph und als Arzt praktisch und wissenschaftlich tätig gewesen ist und seine Landeskenntnis von Libyen in mehr als drei Jahrzehnten durch Reisen in Libyens Wüsten, Oasen und Städten erworben hat. Es darf hier der besondere Dank für die Bereitschaft zur Übernahme der Ausführung einer Medizinischen Landeskunde von Libyen zum Ausdruck gebracht werden.

In dieser Schriftenreihe sollen die Erfahrungen einzelner Landeskenner niedergelegt und allgemein zugänglich gemacht werden. Die einzelnen Bände stellen gleichzeitig Beiträge zur Entwicklungsländer-Forschung dar und können den praktisch oder wissenschaftlich in Entwicklungsländern Tätigen eine Hilfe sein. Sie sollen insbesondere durch Beigabe einer ausführlichen Bibliographie über das Grenzgebiet zwischen Medizin und Geographie des betreffenden Landes zu weiteren Forschungen anregen.

Dabei wird es nicht als Aufgabe dieser Schriftenreihe betrachtet, eine lückenlose Dokumentation über die medizinischen Tatbestände aller Länder der Erde vorzulegen. Vielmehr sollen die einzelnen Bände, je nach Neigung der Bearbeiter, die eine oder andere geomedizinische Erscheinung analysieren, um zu weiteren interdisziplinären Forschungen anzuregen.

Um diesen Bestrebungen auch auf längere Sicht eine Kontinuität zu geben, ist es dankbar zu begrüßen, daß die weitere Herausgabe von Medizinischen Länderkunden die Unterstützung durch einen wissenschaftlichen Beirat gefunden hat, in dem die verschiedenen wissenschaftlichen Fachgebiete vertreten sind. Ihre Mitwirkung haben die Herren Dr. phil. BERTHOLD CARLBERG, Murnau, Dr. rer. nat. HEINZ FELTEN, Säugetierabteilung des Naturmuseums und Forschungsinstituts Senckenberg, Frankfurt am Main, Prof. em. Dr. med. LUDOLPH FISCHER, Direktor des Tropenmedizinischen Instituts der Universität Tübingen,

Prof. Dr. phil. HERMANN FLOHN, Direktor des Meteorologischen Instituts der Universität Bonn, Prof. Dr. phil. GERHARD PIEKARSKI, Direktor des Instituts für med. Parasitologie der Universität Bonn, Prof. Dr. rer. nat. ULRICH SCHWEINFURTH, Direktor des Instituts für Geographie am Südasien-Institut der Universität Heidelberg, und Prof. em. Dr. phil. Drs. h. c. CARL TROLL, Direktor des Geographischen Instituts der Universität Bonn, zugesagt.

H. J. JUSATZ

Introduction

During the decade 1952—1961, the Geomedical Research Unit of the Heidelberg Academy of Sciences at Heidelberg was engaged in publishing the World Atlas of Epidemic Diseases. With the aid of medical cartography an attempt was made for the first time to present both in in world maps and in continental maps correlations between the occurrence of infectious diseases, the distribution of their vectors and geofactors causing or promoting epidemic-like extension in infectious diseases. This atlas was intended to provide information on the extent of epidemic diseases over the world up to the middle of our present century, to serve as an aid in teaching and to stimulate further research. In the case of many diseases, however, it was necessary to first concentrate the aim of scientific research on the material available in world literature in order to give a cartographic survey of the occurrence of the infectious diseases concerned; with the aid of this survey it was then possible to answer the question whether the disease concerned was endemic or absent in particular continents, major areas or countries. In the interim these maps which do not provide any correlations to geofactors have, nevertheless, yielded a great deal of information. The dominant principle of all the maps in the atlas was a *nosogeographical* one. A special map of every disease was drawn to show its geographical distribution, its animal vectors as appropriate and its climatically conditioned distributional limits etc.

However, in using the World Atlas of Epidemic Diseases the problem soon arose over the question of which infectious diseases are predominant in a given climatic zone, as for example the inner tropics, the arid or semi-arid zones of the earth or particular country. In order to provide an answer to such questions, a World Atlas of Diseases of a wholly different kind would have to be created, the individual maps of which would give a multiple pattern of the co-existence of widely varying infectious diseases in any given area or country. If in turn the cartographic presentation was related to the geofactors of climate, soil, the distribution of animal vectors etc. in a geomedical manner, the resulting maps would have been complex and difficult to comprehend. So far there seems to be but one possible manner of achieving this and it involves the entering of differing proportional symbols arrived at by relating exact statistical data to the population in the form of appropriate shading on the maps. This line has been followed by the issue of national atlasses such as the model volume of Great Britain edited by HOWE. These maps are of a static character and are not suited to the task of geomedicine which aims at an elucidation of regional differences and prognosis of further hazard.

Not only do diseases possess a history, but their occurrence and distribution on the earth are spatially differentiated too. Thus a geography of diseases is scientifically-theoretically as justified as a history of medicine as a special aspect of medical science. Quite a number of diseases are even known by their places of origin, examples being Indian cholera, Asian influenza, Mediterranean fever, Rocky Mountain fever and others. Thus the fact is stressed that certain diseases are to some extent tied to certain areas as regards their breeding area or natural focus in so far as they are subject to certain ecological conditions. Research into these areal relationships between the occurrence of the disease and the region of the earth involved is conditioned by the investigation of the geofactors which permit, promote or limit the spreading of a disease in particular geographical areas. This geomedical research takes place in a borderland between geography and medicine where medical facts are pointed out and the elucidation of epidemiological observations attempted by geographical methods. Although this method is described today as geomedicine it should not be forgotten that the original conception of this research can be traced back to the teaching of Hippocrates. Although often completely forgotten in the course of the history of medicine, the idea of the influence of geographical and climatic factors on diseases has come up again and again as a starting point for the arrangement of medical facts according to geographical points of view.

Modern medicine and hygiene appreciate the geographical principle as being of specific scientific value for research into the causes of diseases, for the diagnosis of diseases as well as for their prevention; increasing world traffic has made the world become a smaller place, international air traffic has reduced the transmission routes of causative agents of diseases to a matter of hours only and the exchange of men from the most different zones between continents has grown more intensive than ever before in history.

It is therefore understandable that not only physicians and scientists but also national and international transport, commercial and industrial organisations and cultural associations are now interested in obtaining an answer to questions on which diseases ought to be anticipated in certain countries, under what ecological conditions they are spreading there and in which ways they may influence the future of such countries.

Thus geographical medical research is faced with the new task at the present time of making geomedicine contribute to international cooperation, particularly in the field of technical assistance for developing countries, by presenting the panorama of diseases and their effects.

Although man is an ubiquitous inhabitant of the earth and his conditions of existence can be judged according to the knowledge of general ecology, he is subjected to those conditions of life which are offered by the specific environment of his actual habitat to a far greater degree.

Research into and the description of these special conditions of a geographically determinable Lebensraum comprise the task of the special ecology of man, which is thus defined as a science that is related to spatial considerations. The object of research remains man in his dialogue with the "pathogenic complexes" (MAX. SORRE) affecting him as a network of influences of local climate, radiation, water, soil and the animal kingdom in the area concerned. Apart from infectious diseases which occur ubiquitously or universally, there are diseases belonging to certain zones or even limited localities which effect man: their geomedical conception requires detailed work on precisely determined areas. Here geomedicine sees its task in the special monographic assessment of these areas in the manner in which geography usually considers regional descriptions as a special branch of the subject. As is evidenced in the monographic treatment of islands, it is no longer possible to make a proper distinction between the ecological and the regional concept (SCHWEINFURTH). Thus geomedical research into a geographically defined area of the earth which includes a description of diseases occurring there, may in future be termed a geomedical regional study if it is seen as a problem of the special ecology of man at the same time. The aim of these investigations will remain the presentation of man with his diseases as he is subjected to them in his natural habitat; the research into the conditions of his environment is seen as leading to the presentation of the biocenosis in which he finds himself in a particular place. Once the biocenoses of different areas in which man, causative agents of diseases and their vectors live together have been examined, it would be possible to compare the ecological conditions of different habitats with one another and then to proceed to a general locational biology and pathology of man on earth.

The problem of the nosological qualities of a country thus widens into the problem of the explantation of the ecological connections between man, his diseases and the geofactors effective in his area. In the event of zonal phenomena, the presentation cannot always be limited to the frontiers of a country. On the other hand, the breeding area or natural focus of an infectious disease can be so localized that it embraces but a part of a country and the presentation of part of a region or landscape in the form of landscape ecological analysis (C. TROLL) will suffice in place of a regional medical geography.

As far as an answer to all these questions is concerned geomedical research is only a starting point. The publication of this first volume in a series of geomedical investigations under the title "geomedical monograph Series", marks the beginning of a new field of research, the stimulus towards which we owe to ERNST RODENWALDT, who, as initiator of the World Atlas of Epidemic Diseases, saw this work of global epidemiology as supplemented by publication of medical regional geographies carried out by members of the medical profession who qualify by intimate personal knowledge of the country concerned. He regarded the assembling of these works as a future task for the Heidelberg Academy of Sciences. His request that they should cooperate in these proposals was accepted by Professor HELMUTH KANTER for Libya, Professor LUDOLPH FISCHER for Afghanistan) and Dr. med. K. F. SCHALLER for Ethiopia.

The publication of this first volume by the Mathematics and Natural Sciences Section of the Heidelberg Academy indicates that this body has now taken over the new task and has thereby acceded to the request of Professor RODENWALDT to make itself available in support of these proposals. The technical preparations were carried through by the Geomedical Research Unit of the Academy in Heidelberg. In the matter of cartographic advice, Dr. BERTHOLD CARLBERG, scientific cartographer in Murnau, offered his collaboration.

The editing of the first volume in the new series was greatly aided by the fact, rare in these days, that the author, Professor KANTER, a geographer and medical doctor, has practical as well as academic experience of work in both fields, and that he had gained his knowledge of the country by travel in the Libyan deserts, oases and towns during a period which spans more than three decades. Here we would like to offer our special thanks for his willingness to undertake the presentation of a geomedical regional monograph of Libya.

In this series the experience of individual knowledge of countries is to be laid down and made generally available. At one and the same time the single volumes present contributions to research into developing countries and may be of practical or scientific help to those working in the developing countries. In particular the addition of a detailed bibliography on the border zone between medicine and geography of the country concerned is intended to promote further research.

Notwithstanding this the task of this series is not seen as requiring a complete documentation on the medical facts of all the countries on the earth. Rather are the individual volumes intended to analyse one or other of the geomedical phenomena according to the inclinations of the author in order to suggest further inter-disciplinary research.

To maintain the continuity of this series for a longer time, we may therefore gratefully welcome the decision of the following gentlemen of different sections of medicine and natural sciences for their support and cooperation: Dr. phil. BERTHOLD CARLBERG, Murnau, Dr. rer. nat. HEINZ FELTEN, Mammal Department of Senckenberg Naturmuseum und Forschungsinstitut in Frankfurt am Main, Professor emeritus Dr. med. LUDOLPH FISCHER, Director of the Institute of Tropical Medicine of the University of Tübingen, Professor Dr. phil. HERMANN FLOHN, Director of the Meteorological Institute of the University of Bonn, Professor Dr. phil. GERHARD PIEKARSKI, Director of the Institute of Parasitology, University of Bonn, Professor Dr. rer. nat. ULRICH SCHWEINFURTH, Director of the Geographical Institute at the South Asia Institute, University of Heidelberg, and Professor em. Dr. phil., Drs. h. c. CARL TROLL, Director of the Geographical Institute of the University of Bonn.

H. J. JUSATZ

Vorwort

Die vorliegende Arbeit verdankt ihre Entstehung einer Anregung des verstorbenen Ordinarius für Hygiene und Leiters der Geomedizinischen Forschungsstelle der Heidelberger Akademie der Wissenschaften, Herrn Professor Dr. med. Dr. phil. h.c. Ernst Rodenwaldt, ordentliches Mitglied der Heidelberger Akademie der Wissenschaften. Sie wurde zu seinen Lebzeiten begonnen und unter seinem Nachfolger, Herrn Professor Dr. med. H. J. Jusatz, vollendet. Beiden Herren gebührt mein Dank für ihre Unterstützung und für ihren Rat.

Libyen kenne ich von siebenmaligem Besuch zwischen 1933 und 1965, so daß ich fast 3 Jahre im Lande zubrachte. Auf ausgedehnten Reisen, meist mit kleiner Kamelkarawane, seltener mit Auto, lernte ich das Land ausgiebig kennen. Durch die enge Berührung mit den Bewohnern, von denen ich jederzeit gut aufgenommen und gefördert wurde, konnte ich mich mit ihren Lebensverhältnissen bekanntmachen, besonders auch mit den gesundheitlichen und hygienischen Gegebenheiten.

Über Krankheiten und ihre Verbreitung geben neben dem wissenschaftlichen Schrifttum, das ich in Deutschland, in der Bibliothek der WHO in Genf und in der Öffentlichen Bibliothek in Tripolis einsehen konnte, auch statistische Veröffentlichungen des Central Statistical Office, Ministry of National Economy, des Ministry of Health und die Health Section der Municipality of Tripolis Auskunft. Durch persönliche Gespräche mit verschiedenen in Libyen tätigen Ärzten, besonders den Herren Dr. Klug, bis Mai 1965 Chefarzt des Krankenhauses in Derna, Dr. Giacometti, Leiter der Abteilung für Infektionskrankheiten im General Hospital in Tripolis, und Dr. Dogliotti, Leiter der Abteilung für Haut- und Geschlechtskrankheiten im General Hospital in Benghasi, konnte ich manches Wissenswerte in Erfahrung bringen und danke ihnen allen für ihre Förderung dieser Arbeit. Zu besonderem Dank bin ich dem Gynäkologen, Herrn Professor Dr. W. Föllmer vom Ministry of Health in Tripolis, Herrn Botschafter Dr. Beye und den Herren der Botschaft der Bundesrepublik Deutschland in Tripolis verpflichtet sowie Herrn Direktor P. Schubert in Tripolis, Herrn Direktor Dr. Marios Deimezis in Benghazi und den leitenden Angestellten der Mobil-Oil J. D. C. und der DEA.

Ich danke meinem Fachkollegen, Herrn Dr. rer. nat. J. A. Hellen, Department of Geography der Universität Newcastle upon Tyne, und seiner Frau I. F. Hellen für die Übersetzung in die englische Sprache.

Der Deutschen Forschungsgemeinschaft danke ich für mehrfache Unterstützungen zur Durchführung der oben erwähnten Reisen.

Helmuth Kanter

Preface

This work owes its inception to a suggestion made by the late Ernst Rodenwaldt, Dr. med., Dr. phil. h. c., ordinarius Professor of Hygiene and Head of the Geomedical Unit of the Heidelberg Academy of Sciences and full member of that body. Work began on the undertaking during his lifetime and was completed under his successor, Professor Dr. med. H. J. Jusatz. My thanks are due to both for their support and their advice.

Over the period 1933 to 1965 I visited Libya on seven occasions and spent a total of almost three years in the country. Extensive travels, generally undertaken with small camel caravans and less frequently by motor car, gave me an ample knowledge of the country. My close contact with the inhabitants, by whom I was at all times received and treated well, gave me an insight into their way of life and in particular into conditions of health and hygiene.

In addition to those scientific publications to which I had access in Germany, the library of the WHO in Geneva and the Public Library in Tripoli, information on diseases and their distribution is to be found in the statistical publications of the Central Statistical Office, Ministry of National Economy, the Ministry of Health, and the Health Section of the Municipality of Tripoli.

My thanks are particularly due to the various medical doctors practicing in Libya with whom in personal discussions I was able to learn much of significance and I record my appreciation of their support. I would specially like to mention the help received from Dr. Klug, head of the medical staff of the Hospital in Derna until May, 1965, Dr. Giacometti, head of the Department of Infectious Diseases at the General Hospital in Tripoli, and Dr. Dogliotti, head of the Department of Skin and Venereal Diseases at the General Hospital in Benghazi. I am especially obliged to Professor Dr. med. W. Föllmer, Gynaecologist at the Ministry of Health in Tripoli; to the Ambassador, Dr. Beye, and the gentleman of the Embassy of the Federal Republic of Germany in Tripoli; to Director Commendatore P. Schubert, Tripoli, Director Dr. Marios Deimezis, Benghazi, and to the senior staff of the Mobil Oil J. D. C. and the DEA.

I thank Dr. J. A. Hellen, Department of Geography of the University of Newcastle upon Tyne, and his wife I. F. Hellen very much for the translation in the English language.

I wish to thank the German Research Foundation for their support on several occasions in enabling me to undertake the journeys mentioned above.

Helmuth Kanter

Inhalt

Contents

Tabellen im Text:

Tables in the text:

Anhang:

Tabellen zur Bevölkerungsstatistik:

Tabellen zur Gesundheitsstatistik:

Annex:

Tables of Demographic Statistic:

Tables of Health Statistic:

Kartenteil

Erwähnt im Text Seite:

Maps

mentioned in the text page:

Libyen — Al-Mamlaka al-Libijja al-Muttahida

A. Das Land: Die geographischen Grundlagen

Einleitung

Übersicht

Geographische Koordination und Lage

Westgrenze: 1100 km zwischen 33° 50′ n. Br. 11° 52′ ö. L. und 23° 40′ n. Br. 10° 56′ 40″ ö. L.

Ostgrenze: 1400 km zwischen 31° 40′ n. Br. 25° 10′ ö. L. und 19° 40′ n. Br. 24° ö. L.

Südgrenze: 1700 km.

Die Grenzen sind z. T. willkürlich mit dem Lineal gezogen. Nordgrenze bildet die Küste des Mittelmeers: 1900 km.

An das Königreich Libyen grenzen:
Im Westen die Republiken Tunesien und Algerien,
im Osten die Republiken Ägypten und Sudan,
im Süden die Republiken Niger und Tschad.

Fläche des Landes: 1 759 540 qkm.

Bevölkerung: 1 559 399 Bewohner (1964).

Von der Fläche des Landes sind 1% = 17 600 qkm vermutlich höchstens bei großer Anstrengung landwirtschaftlich nutzbar, davon sind 7040 qkm = 0,4% unter Pflug [= etwa 2²/₃×Luxemburg = 2568 qkm]. Die Weidefläche umfaßt etwa 14 Mill. ha (= 140 000 qkm = 7—8%).

Die 3 Länder (1964):
[ab 1964 in 10 Provinzen (s. Bevölkerungsbewegung) durch kgl. Verordnung vom 27. 4. 1963 neu aufgeteilt]

Tripolitanien

263 960 qkm mit 1 029 216 Bew. = 3,90 pro qkm, davon leben in und um Tripolis-Stadt (Tarabulus) 376 177 Menschen (in der Stadt Tripolis 212 577 Bew.),

in der Dschefara und dem Dschebel 370 366 und 282 673 im Homs- und Misurata-Distrikt (= römische Daphnia) = 63,4% der Bevölkerung.

Ständig bebaut werden 400 000 ha, dazu 100 000 ha bewässert (im sogenannten Tripolis-Viereck davon 80 000 ha, 16 000 bewässert), Weiden (und Regenfeldbau) 8 Mill. ha.

Cyrenaica

855 370 qkm mit 451 469 Einwohnern = 0,52 pro qkm, davon in Benghasi-Stadt 136 641 Einw.

im Distrikt Benghasi 143 024 Einw., Muqataa Dschebel Achdar 87 162 Einw. und Distrikt Derna 45 197 Einw. = 275 383 Einw., davon etwa 80% auf 8000 qkm. Distrikt Tobruk 38 804, Distrikt Adschedabia 44 684, Distrikt Kufra 7482 = 90 970 Einwohner. Bebautes Land: 200 000 ha, davon 2000 ha bewässert (Benghasi, Barka, Cyrene), Weideland ca. 4 Mill. ha.

Fezzan

640 170 qkm mit 78 714 Bew. = 0,12 pro qkm.

Bebautes Land (Gärten) 2700 ha, Baumkulturen (Dattelpalmen) 1200 ha = Nährfläche ca. 4000 ha, Weideland ca. 2 Mill. ha.

Libyen reicht weit in die Sahara hinein, nur für etwa 9% des Landes ist soviel Regen, daß Pflanzenwuchs möglich ist, zu erwarten. Es ist als Wüstenstaat zu bezeichnen.

Im Norden grenzt Libyen an das Mittelmeer. Seine sich W-E erstreckende Küste wird durch die in das Land vorspringende, breite Einbuchtung der Syrte gegliedert, die im E von dem nach N vorspringenden Bergland des Dschebel Achdar (875 m), im W durch den tripolitanischen Dschebel (960 m) flankiert wird.

Beide Bergländer sind durch Bruchstufen gegliedert und fallen steil gegen N ab. Dem tripolitanischen Dschebel ist eine vom Meere ansteigende bis zu 100 km breite Ebene vorgelagert, dem Dschebel Achdar ein nur schmaler, z. T. unterbrochener Küstenstreifen, der nur im W des Berglandes breiter wird. Infolge der nach N vorgeschobenen Lage und ihrer Höhe erhalten beide stärkere Regenfälle als ihre weitere Umgebung und verbreitern damit den sonst nur schmalen, 30—50 km tiefen Salzsteppenstreifen, der von Ägypten her der Küste folgt. Stellenweise liegen in den Bergländern noch Buschsteppeninseln, Reste früheren Waldbestandes, der während der letzten Kriege größtenteils vernichtet wurde.

Nach S zu dacht sich der tripolitanische Dschebel zu weitgespannten Hochflächen mit Steinwüsten (Hamada) ab. Sie halten sich in Höhen um 500 m, die auch weiter östlich durch flachstufiges Ansteigen des Syrtehinterlandes erreicht werden. Die niedrigen tafelförmigen Erhebungen hier umgeben z. T. umfangreiche Kiesflächen (Serir), z. T. sind sie gegen S von ausgedehnten Basalttafeln überdeckt, deren Vulkane im Dschebel es Soda bis zu 800 m, in der Harudsch el asued zu 1200 m aufragen.

Mit den niedrigen Hochflächen und Höhenzügen, Tafelbergen und vulkanischen Erhebungen ist nach einem Übergangsstreifen mit nachlassendem Pflanzenwuchs die Vollwüste erreicht. Die Höhenzüge und weiten steinigen Kiesniederungen sind fast vegetationslos, die Pflanzen ziehen sich, dürftiger werdend, auf die Wadis zurück. Nach S folgen weite, durch Höhenzüge getrennte Bekken, die nur noch 200—300 m besitzen. In ihnen sind ausgedehnte Dünenfelder, die Edeien, entstanden, deren Ränder oft Oasenreihen begleiten, oder eintönige, nur leicht wellige Serirflächen, die gegen die libysche Südgrenze höhere Schwellen, wie das Mangeni Plateau (1000 m), oder Hochgebirge, wie das von Tibesti (bis 3400 m), abschließen.

In der Cyrenaica bleiben im Rücken des Dschebel Achdar die Höhen geringer, meist unter 200 m Mh. Hier stoßen die weiten Kiesflächen der Serir Kalanscho und die Sande der Libyschen Wüste fast bis 300 km gegen die Küste vor. Erst in der Umgebung von Kufra erheben sich einzelne niedrige Bergzüge, deren höchste Erhebungen auf 700 m, im Gilf Kebir, jenseits der ägyptischen Grenze, auf 1000 m ansteigen. Aus den weitgespannten Hochflächen nahe der Südgrenze (um 500 m) ragen im SE drei kleine Inselgebirge auf, der Dschebel Auenat bis 1934 m, während die höchste Erhebung des Landes weiter im W, im Nordsporn Tibestis, dem Dohone, im Pik Bette (2200 m) zu suchen ist.

Diese ausgedehnten Kies- und Sandflächen, Tafeln und Höhenzüge im S der Provinz Cyrenaica sind bis auf wenige, relativ tiefe Brunnen, die kleinen Oasenbezirke um Kufra, Wadis in Nordtibesti und der Inselgebirge, so gut wie wasserlos. Auf Hunderte von Kilometern wird keine Pflanze angetroffen, Regen sind selten und spärlich. Ein Extremwüstenkeil schiebt sich hier von Ägypten her weit nach W über libysches Gebiet vor.

Für den Menschen hatten zunächst nur die Gebiete Interesse, die er durch Anbau nutzbarer Pflanzen und durch Viehzucht ausbeuten konnte. Das waren in erster Linie die küstennahen Gegenden mit den beiden Dschebel, auf denen und in deren näherer Umgebung Getreide und Baumkulturen z. T. mit Hilfe künstlicher Bewässerung angepflanzt werden können. Die Gebiete mit Busch- und Zwergstrauchsteppen blieben der nomadisierenden Viehzucht vorbehalten, die bei günstigen Regenverhältnissen sich über den Nordrand der Vollwüste nach S ausdehnen läßt. In geringem Umfange ist hier dann auch stellenweise Regenfeldbau möglich. In der Wüste selbst, aber auch schon im Salzsteppengürtel, besonders längs der Küste, sind in flachen Becken und in Wadis, in denen Grundwasser nahe an die Oberfläche oder auch zutage tritt, Oasen bzw. Oasenreihen entwickelt. In ihnen steht heute als wichtigster Baum die Dattelpalme. Unter ihr findet der Gartenbau mit künstlicher Bewässerung statt. Oasen und Brunnen liegen in der Wüste oft weit auseinander, so daß oft Tagesreisen notwendig waren, um von einer Wasserstelle zur anderen zu gelangen (Karte 17).

1. Die Landschaften Libyens

Jeder Erdteil und jedes Land läßt sich in Landschaften untergliedern, die sich gegen die Nachbarlandschaften durch unterschiedliche Züge ihrer Landschaftsbildner, sei es im geologisch-morphologischen Aufbau, in Klima, Bewässerung, Bodenarten, Pflanzen- oder Tierwelt und damit in ihrem Einfluß auf Siedlungsweise und Lebensart des Menschen unterscheiden, trotzdem aber auch Ähnlichkeiten und Gleichartiges aufzuweisen vermögen. Die Landschaften können wieder in Teillandschaften, kleinere geschlossene Einheiten untergeteilt werden und diese setzen sich aus Landschaftsteilen zusammen, die ihrerseits aus Unterteilen, z. T. 1., 2. usw. Ordnung bestehen. Ein See als Landschaftsteil könnte sich so z. B. aus Wasserflächen mit und ohne Wasserpflanzen, kleinen Inseln mit oder ohne Baumwuchs, Sandbänken, Schilfsaum, Sumpfgelände, Erlensumpfwald oder kahlem Sandstrand als Teilen mosaikartig zusammensetzen.

So läßt sich auch Libyen in Steppen-, Wüsten und Übergangslandschaften aufgliedern, die wieder Untergruppen und -teile aufweisen. Da hier besonders ein Überblick über *die* Landschaften gegeben werden soll, die für den Menschen eine Bedeutung besitzen, so erfahren die Wüstenlandschaften nur eine knappe Behandlung. Auch von Landschaftsteilen als kleinsten Bausteinen werden zwar im folgenden die wichtigsten erwähnt, ohne aber auf der beigegebenen Karte Nr. 3 besonders hervorgehoben zu werden.

a) Tripolitanien

1. Die Steppen-Küstenebene der Dschefara

Vor der Bruchstufe des tripolitanischen Dschebels in Nord-West-Libyen dehnt sich die bis 100 km breite Küstenebene der Dschefara, die sich vom Dschebelrande von 200—230 m Meereshöhe gegen das Meer senkt. Von allen Landschaften Libyens ist sie die wasserreichste und fruchtbarste und daher auch am dichtesten besiedelte Landschaft. Durch Transgressionen des Meeres im Quartär wurden die älteren Ablagerungen der Kalksande und Sandsteine durch rezenten Schutt und grobe gelbe Sande überdeckt, die ihrerseits mit von Gebirge stammenden Geröllen und von Süden herbeigewehten lößähnlichen, rötlichen feinen Sanden wechsellagern. Oberflächlich liegende Krustenkalke sind außerdem besonders im Westen entstanden.

Der durchschnittlich 10 km breite *Oasenküstenstreifen* (1 a) ist wichtig, weil sich hier aus dem alten Oea die Landeshauptstadt entwickelte, die gleichzeitig zum wichtigsten Hafen wurde. Die *Stadtlandschaft von Tripolis* (1 a_1) beschränkte sich nicht nur auf den Küstenstreifen, sondern wuchs darüber hinaus in die südlich anschließende Dünen- und Zwergstrauchsteppe. Die älteste z. T. noch mauerumgürtete, eng gebaute, weiße Eingeborenenstadt mit 2—3stöckigen Häusern (Araber und Juden) liegt mit ihrem nordwestlichen Teil über einem etwa bis 10 m hohen Kliff (Kalksandstein, darüber standfester Löß), davor befindet sich eine Klippenreihe, die heute durch Molen verbunden das große Hafenbecken begrenzt. An ihm steht als Ostpfeiler der Altstadt das Kastell, das Karl V. bauen ließ (Abb. 1). Die neue europäische Stadt entwickelte sich seit 1890 von hier anschließend nach Süden und Osten. Sie besitzt noch ganz italienischen Charakter, beginnt aber mit Hochbauten ein großstädtisches Aussehen anzunehmen. Dom und Gouverneurspalast dienten dieser Stadt einst als Mittelpunkt. Immer stärker dringen jetzt Araber in sie ein. Es entstanden neue Moscheen, der Gouverneurspalast wurde königliche Residenz. Im Süden legt sich um die Stadt ein Streifen von Elendsquartieren (Slums) nahe dem Wadi Megenin, in dem zunächst die aus dem Inneren zugewanderten Arbeitslosen hausen. Dieses Gebiet soll saniert und die Eingeborenen in festen Häusern angesiedelt werden. Bis an das Wadi hat sich diese Stadt schon längs der Küste ausgedehnt, den Gürtel durchstoßen (die Gartenstadt Giorgimpopuli) und auch die einstigen bäuerlichen italienischen Siedlungen verdrängt. Noch liegt hier am Stadtrande die große landwirtschaftliche Versuchsstation Sidi Mesri, an der die höchsten jährlichen Regenmengen Tripolitaniens (382 mm) gemessen wurden. Auch die östlich an die Stadt anschließende Oase wird langsam aufgelassen. Ein festes Wegenetz durchzieht schon die Oasengärten mit ihren Palmen bis zur Salzpfanne Mellaha, aus der Salz gewonnen wird, und bis zu dem Flugplatz mit der Stadtsiedlung Wheelusfield. Einzelne Landhäuser und größere Besitzungen der Stadtbewohner leiten in die ursprüngliche Oase bei Suk el Dschuma über.

Der *westlich* an die Stadt anschließende *Oasenküstenstreifen* (1 a_2) überschreitet nach Westen die tunesische Grenze. Den Küstensaum bildet im allgemeinen ein niedriges Kliff aus rotem tonigem Sand (Löß), der einem harten Kalksandstein aufliegt. Vor dem Hauptkliff liegen vereinzelt kurze Klippenreihen, im Westen sogar manchmal eine niedrige (bis zu 1/2 m hohe), schmale Abrasionsfläche, die auf die geringen Gezeiten im Golfe der kleinen Syrte deutet. Hier schiebt sich auf Klippen eine sandige Nehrung gegen Westen vor, die das flache Haff von Machbez abtrennt, sonst nur vereinzelte niedrige Kaps (8—10 m) mit Kalkklippen, in deren Schutz schon im Altertum Siedlungen mit Häfen (Sabrata, dann Zuara u. a.) entstanden, die auch heute noch Fischereifahrzeugen Zuflucht bieten.

Über dem Kliff dehnt sich ein wechselnd breiter Streifen aus weißen, gelben, nach dem Inneren zu auch braunen Dünen, die heute größtenteils durch Salzpflanzen, stellenweise mit einem Busch aus Strandkiefern, Cypressen, Tamarisken, Akazien, Robinien und Eukalypten befestigt sind. Hinter bzw. zwischen den Dünen beginnen die Sebken; das sind je nach Jahreszeit trockene bzw. feuchte Salztonflächen, auch Salzsümpfe, wenn das Grundwasser genügend hoch steht, oder aber noch eine Verbindung mit dem Meere besteht. Westlich Zuara verbreitert sich dieser sonst nur schmale, oft auch unterbrochene Sebkenstreifen bis zu einer Breite von etwa 50 km. Hier sind die Sebken bedeutend größer und z. T. ausgedehnte Seen mit umgebenden Salzstrandgürteln. Das nach Süden ansteigende Dünengelände enthält zunächst nur noch kleine zugewehte Sebken mit vereinzelten Büschen und Palmen und geht langsam in die Zwergstrauchsteppe über. Nach Osten stehen die ersten Palmen zwischen und neben den Sebken und schließen sich an deren Südseite erst zu kleineren (Regdalin u. a.), dann zu ausgedehnten Palmhainen zusammen. An ihrem Rande liegen die Dörfer und die kleinen Orte, von denen die größeren in ihrem heutigen Kern vielfach noch einem italienischen Landstädtchen gleichen (Agelat, Sorman, es Zavia, Zanzur, 5—10 m). In den Oasen stehen die weißen Kastenhäuser der Araber, hier die Gerüste der Brunnen, von denen aus die kleinen Felder unter den Palmen, die Öl- und Feigenbaumpflanzungen bewässert werden.

Der *östliche Oasenküstenstreifen* (1 a_3) gehört östlich von Tripolis bis über Tadschura hin zu den dichtest besiedelten ländlichen Gebieten Libyens. Die Palmen beginnen schon bald oberhalb des Kliffs und dehnen sich in etwa 8 km Breite bis an den Rand der mit Büschen und Bäumen bepflanzten Binnendünen aus. Außer den großen Orten Suk el Dschuma und Tadschura mit einer alten säulengeschmückten Moschee befinden sich in der Oase zahlreiche kleinere Orte mit Feldern und Brunnen, von denen die meisten ihr Wasser heute durch Motorpumpen heben, wodurch viel Wasser vergeudet wird. Die alten, durch Mensch und Tier bewegten Brunnen, die „Dalu" (Heben des Wassers über ein Gerüst durch Ziegenhautsack) waren sparsamer. Gemüse, Gerste, Hafer, Lupinen und Fruchtbäume (Dattelpalmen, Agrumen, Feigenbäume, Ölbäume, Aprikosen- und Mandelbäume) werden angebaut. Durch niedrige Lehmmauern werden Früchte und Gärten gegen den Sand geschützt.

Das nach Osten anschließende Küstenkliff erhebt sich stellenweise bis über 30 m und wird von steilen Schluchten zerklüftet. Vereinzelt durchbrechen aus dem Inneren kommende Wadis in gut ausgeprägten Tälern das nach Süden ansteigende Küstengelände, das mit weißen und rotbraunen Dünen überdeckt ist. Busch und Waldinseln aus Eukalypten und Dornsträuchern schützen den Oberboden vor Abtragung. Erst in einiger Entfernung vom Meer beginnen bei Garabulli ausgedehnte Ölbaumplantagen mit Feldern zwischen den Baumreihen, die durch verlegbare Rohre mit Sprühdüsen aus Hochzisternen bewässert werden können. Langsam drängt das hügelige Gebirgsvorland des tripolitanischen Dschebels nach Osten immer stärker gegen das Meer und engt den sandigen Buschküstenstreifen ein. Nur die Waditäler enthalten von ihrem Austritt aus den Vorhügeln kleinere Anbauflächen.

Hinter dem Oasenstreifen steigt langsam *im Westen eine sandige Busch- und Zwergstrauchsteppe mit Kalkkrusten* (1 b_1) auf. Das schütter mit niedrigen Büschen, Kräutern und Gräsern bewachsene Dünengelände ist so gut wie unbesiedelt. Nur selten einmal sieht man einige dürftige Hütten. Ganze Dünenreihen sind aber kahl und wandern über die durch Vegetation festgelegten Dünen und durch die flachen Senken, in denen vielfach brauner harter Untergrund zu Tage tritt. Die langsam nach Süden ansteigende Steppe bildet lange flache Wellen. An den etwas höheren Rippen, welche weitgespannte Ebenen trennen, tritt mit groben Steinen bedeckter Kalk (Kalkkruste) heraus. Sandanwehungen überlagern den Kalk, wandernde Dünen ziehen über die Rippen. Auch zwischen den rauhen Sandflächen der Ebenen, auf denen Zwergsträucher, Dorngestrüpp und Halfagras wachsen, sieht man immer wieder kahle Kalkflächen, auch Reste des harten braunen Tonbodens, der vom Sandschliff oberflächlich zerfurcht wird. In den Ebenen verstreut liegen einsam zementierte Brunnen und Zisternen meist mit brackigem Wasser, die aber genügen, um die Herden von oft einigen 100 Schafen und Ziegen zu tränken, die von kräftigen weißen Hütehunden bewacht werden. Vereinzelte Kamele kann man auch in der dürftigen Zwergbuschsteppe weiden sehen. Nahe einiger wichtiger Brunnen (Uotia) hatten die Italiener kleine Forts errichtet, deren Reste heute noch die Nomaden benutzen, die im allgemeinen in Zeitsiedlungen aus Stroh- und Reisighütten, manchmal auch in Zelten, wohnen.

Nach Süden schließt das vor der Steilstufe gelegene *(westliche) Schottervorland des tripolitanischen Dschebels* bis zu den Menscharhügeln (1 d_1) im Osten an. Das bis zu 25 km breite Schottervorland setzt gegen die Zwergstrauchsteppe (im Norden) mit einer niedrigen Stufe ab, geht aber verschiedentlich auch langsam in diese über. Es wird von den aus den Tälern der Dschebelstufe (2 a_1) kommenden Wadis teilweise zerschnitten. Hier kann man an den Hängen der Trockenbetten erkennen, daß die fast völlig sterilen Schotter oberflächlich zu Kalkkrusten (1—1½ m) verklebt sind. Auf ihrem von Sand und braunem Löß bedeckten Boden wachsen Büsche und Gräser, manchmal haben Nomaden auch Felder (Regenfeldbau) in ihnen angelegt. Nach kurzem Lauf verlieren sich die Wadibetten in der Zwergstrauchsteppe.

An einzelnen Stellen des Schotterrandes ist der Grundwasserspiegel (Quellhorizont) angeschnitten. Das hier heraustretende Süßwasser, das z. T. ausgedehnte Quellsümpfe mit Binsen, Rohr und Tamarisken entstehen ließ, gab Anlaß, hier kleine Oasen anzulegen. Das Wasser wurde in Gräben zu den Gärten und Feldern und Baumpflanzungen geleitet. Bei Hochwasser und nach reichlichem Regenfall bildeten sich weitere Sümpfe, welche Malariabrutstätten abgaben. Durch Fassen der Quellen, Auffangen des Wassers in Zisternen und Reinigen der Gräben wurden die Gebiete und damit die auf dem Schotterhang über der Oase gelegenen Dörfer (Tigi (Tischi), Dschosch, Schekschuk u. a.) und im Sumpf gelegene Süßwasserbrunnen (z. B. unterhalb von Nalut) saniert.

Die weit nach Norden vorspringenden Menschar Hügel aus mesozoischen (Trias, Jura) Sandsteinen, Tonen und Gips setzen an der Stufe des Dschebels an und beenden in der Höhe von Jefren die westlichen Schotterfluren. Sie sind stark zerschnitten und in badlandartige Hügel zerlegt. Soweit Gips ansteht, sind sie vegetationslos, sonst spärlich von Zwergbüschen bewachsen.

Ebenso wie im Westen gelangt man aus Stadt und Oase von Tripolis nach S in ein leicht gewelltes Gebiet aus bräunlich gelblichem, lößartigem Boden, der von Dünen überdeckt ist, die heute z. T. durch niedrige Büsche und Gräser festgelegt sind. Es ist das wichtigste *Siedlungsgebiet südlich von Tripolis* (1 c), das zunächst bis Suani ben Adem und an den Flugplatz (Idris) reichte, um dann über Azizia hinaus und nach Westen bis Bianchi (Azzahra, südöstlich von Zavia) erweitert zu werden. Bis gegen Ben Gaschir reichten die Dünen, die dann einem leicht gewellten, mit niedrigen Zwergstrauchkupsten besetzten Gebiet wichen, das unschwer eingeebnet werden konnte. Hier entstanden längs der Straßen größere Farmunternehmen, die Grundwasser vornehmlich aus dem zweiten Horizont (s. u.) durch Windmotore (heute Motorpumpen) hoben und dann von höher gelegenen Zisternen aus die Baumpflanzungen mit Feldern zwischen den weit stehenden Baumreihen bewässerten. Reihen von Eukalypten begleiten die Wege und Fluren, die gegen die wichtigsten Winde, nach Nordosten und Süden durch Hecken aus Büschen, Akazien und Tamarisken, manchmal auch aus Opuntien geschützt werden. Von dem 48 m hohen Inselberge von Azizia aus (158 m) überblickt man weithin das bebaute Siedlungsgebiet, das nach Norden und Westen den Anblick eines breiten Kulturstreifens in der Steppe bietet. Wenn die winterlichen Regen bei Azizia auch im Durchschnitt gering sind, kann man in den Übergangsmonaten bis hierher noch mit relativ starken morgendlichen Nebeln rechnen (Abb. 2).

Gegen Westen lockert sich langsam das mit Baumpflanzungen (Ölbäumen, Feigen, Mandeln, Ricinus u. a.) besetzte Gelände. Nach Osten zu erkennt man nicht allzu fern spärlichen Busch auf Dünen. Südlich von Azizia wird die Steppe noch mit flachem Pfluge aufgebrochen und für Regenfeldbau hergerichtet. Die bis meterhohen Kupsten aus braunem feinem Sand, die verstreut vornehmlich weit ausladende dornige Ziziphusbüsche trugen, sind größtenteils verschwunden. Man beabsichtigte, das Siedlungsland besonders zwischen Bianchi und Suani ben Adem nach Westen zu erweitern (Bir el Ghnemprojekt) und hat zwei kleinere Gebiete mit bäuerlichen Anwesen auch aufgeschlossen. Das Wasser zur Bewässerung sollte vom Bir el Ghnem am Fuße der Menschar Hügel zugeleitet werden. Leider mußte man feststellen, daß eine zu starke Entnahme von Wasser die Versorgung von Tripolis ernstlich gefährden würde, und hat das Projekt zurückgestellt. Ein zweites Siedlungsprojekt ist das des Wadi Megenin im Südosten von Azizia. Das oft reichlich Wasser führende Wadi wird nach Westen zu mehrfach hintereinander angezapft, das Wasser durch Dämme gestaut, aus denen es dann aufgesplittert über das Siedlungsgebiet geleitet wird. Gleichzeitig hofft man, durch die Stauung und Aufsplitterung eine Auffüllung des Grundwassers zu erzielen.

Das Wadi Megenin selbst ist weiter abwärts zwischen dem Flugplatz Idris und Tripolis heute kanalisiert und wird zwischen 5—10 m hohen Steilufern weitergeleitet, weil es durch sein Hochwasser ausgedehntes Gelände besonders im Gebiet von Ain Zara versumpfte. Dieses ist heute trockengelegt und hat damit auch die Gefahr als Malariagebiet verloren. Durch eine zu scharfe Biegung nach Westen südlich des Vorortes Castel verde hat man jedoch die Fluten veranlaßt, gerade hier durchzubrechen und den Vorort und die oben erwähnten Elendsviertel zu bedrohen.

In der *östlichen sandigen Busch- und Zwergstrauchsteppe* (1 b_2), die südlich des Oasengürtels beginnt, sind die Dünen meist mit einheimischen Büschen, Sträuchern und Gräsern festgelegt, wenn auch noch Sand in großen Mengen durch die Winde bewegt wird. Nach Süden werden die Dünen niedriger und gehen östlich des Megenin in Zwergstrauchsteppen über, die den Nomaden von Tarhuna als Sommerweide dienen. Da der Dschebelrand im Winter und Frühjahr gewöhnlich ergiebigere Regen erhält, können die Wadis im Vorlande noch relativ zahlreiche Zisternen füllen, die den Sommer überdauern. Durch Einschwenken des Dschebels gegen Nordosten wird die Zwergstrauchsteppe, die wie im Westen nach Süden in Schotterfluren übergeht, langsam eingeengt und geht mit diesen in ein Vorhügelland über.

Das *östliche Schottervorland des Dschebels* (1 d_2) ist im allgemeinen schmaler als im Westen, verbreitert sich aber vor tieferen Einschnitten des Gebirgsrandes und zwischen den Inselbergen, die vor dem Dschebel Tarhuna bis zum Inselberge von Azizia liegen (Trias, Jura). Der Batus besitzt eine Höhe von 326 m Mh. Die Berge sind größtenteils kahl, in Gesteinsnischen und -rissen wachsen auf lößartigem Boden einige dornige Zwergsträucher und Polsterpflanzen. Erst an ihrem Fuße beginnt etwas Feldbau mit Wasser aus dem Wadi Megenin (s. o.). Gegen Nordwesten verschmelzen die schmalen Schotterfluren mit den Zwergstrauchsteppen und dem hügeligen Vorland der Msellata. Die Wadis sind teilweise tief eingerissen und zerlegen die Hügel in lange Riedel. In den Tälern mit Buschhängen wird vereinzelt etwas Trockenfeldbau betrieben und stehen hier und da einige einheimische Bäume und Palmen. Kleinviehherden, Nomadenzelte und Zisternen sind öfter zu sehen.

2. *Der tripolitanische Dschebel*

Der westliche tripolitanische Dschebel (Dschebel Nefusa) zieht von der tunesischen Grenze ziemlich gerade von Westen nach Osten ca. 180 km bis an die nach Norden vorspringenden Menschar Hügel, die an ihrer Ostseite der Kiklagraben begrenzt. Hier biegt der Dschebel langsam gegen Nordosten ein und wird nun von einer ganzen Reihe Nordwest-Südost verlaufender Verwerfungen durchzogen, an denen auch in der Zeit des Posteozän bis zum Quartär vulkanische Ausbrüche erfolgten, die Phonolithe und Basalte förderten. Der Dschebel endet nach 150 km westlich von Homs am Meere.

Die hügeligen, im Westen nahe der Wasserscheide 600 m, im Osten 800 m erreichenden westlichen *Steppenhochflächen* (2 a) haben eine durchschnittliche Breite von 20—25 km und brechen mit Steilhängen im Westen um etwa 400 m und östlich bei Garian um 500 m (relative Höhe) gegen die Dschefara ab.

Der *nördliche Steilhang* (2 a_1) aus Kalken, Dolomiten, Mergeln und Tonen der Kreide und des Jura wird durch kurze Trockentäler gegliedert, die teils in zirkusförmigen Nischen, teils in steil eingerissenen Schluchten treppenförmig ansteigend weiter zurückgreifen, bis sie auf der Hochfläche in breiten Becken oder Mulden enden.

Die Steilhänge der Wadis ebenso wie die gegen die Ebene vorspringenden Sporne erfahren durch den Wechsel härterer und weicherer Gesteine eine weitere Gliederung. Vielfach lassen sich 3 oder auch 4 Stufen unterscheiden, die teilweise durch breite Schuttströme mit Spülrinnen und Runsen überdeckt werden. Die Talböden sind von Schutt und lößartigem braunem Boden, der vielfach mit dem Schutt wechsellagert, erfüllt. In sie haben die zeitweise fließenden Wadis steilwandige Betten eingerissen. Nur hier und da bemerkt man in der Steinwüste einige einsame Büsche. Dort aber, wo lockerer Boden am Schuttfuß der Hänge abgelagert wurde, haben die Bewohner Terrassenfelder angelegt, die zwischen Runsen und schmalen Schuttrücken treppenförmig und kleiner werdend gegen den Hang ansteigen. Die Waditäler öffnen sich weit gegen die Ebene und gehen in das Schottervorland der Dschefara über.

Über dem Steilhang beginnt die *Niederbusch- und Zwergstrauch-Steppenhochfläche* (2 a_2), die gegen die Wasserscheide noch in Schichtstufen ansteigt. Das Hügelland mit Senken und Becken überlagert der lößartige rotbraune Boden, zwischen dem steinübersäter heller Kalkstein (ob. Kreide) besonders an den flachen Hängen heraustritt. Zwergsträucher und Gräser wachsen bis auf die Höhenzüge der Wasserscheide hinauf, von der das Land sich langsam gegen Süden senkt. Im Frühjahr lassen die Regen und Nebel eine üppige Krautflora für die Schaf- und Ziegenherden sprießen. Besonders angereichert ist der fruchtbare Boden in den wenig eingeschnittenen Wadis der flachen Senken. Durch diese sind niedrige Dämme gezogen, die das Wasser für die wenigen Oliven- und Feigenbäume stauen. Gleichzeitig legt man hier einzelne Felder an. Der Baumwuchs wird üppiger (auch einzelne Palmen) gegen den Hochlandrand, wie z. B. in der Rumiaschlucht oberhalb von Jefren (715 m), wo einiges Wasser in Tümpel und Sümpfe sickert, von denen aus auch künstliche Terrassenfelder der Hänge bewässert werden. An verschiedenen Stellen der Steppe macht man Versuche mit Aufforstungen von mediterranem Busch und Anbau von Olivenpflanzungen. Die Dörfer der Hochfläche bevorzugen Schutzlagen besonders auf vorspringenden Spornen (Jefren, Dschado, Nalut), die z. T. aber der Unbequemlichkeit und des Zerfalls der Häuser wegen verlassen werden. Nahebei entsteht die neue offenere Siedlung, wo sich wie in Jefren schon Regierung, das Militär, Geschäftsleute und ein Krankenhaus niedergelassen haben. Bei Zintan und Nalut trifft man noch Höhlenwohnungen der Berber an (s. u.).

Jenseits der Wasserscheide wird die *Zwergstrauchsteppe der südlichen Hochfläche* (2 b) dürftiger. Bis hierher greifen die großen Steppenwadis, wie das Wadi Soffedschin mit seinen Nebenwadis, zurück. Lange breite Riedel sind von ihnen geschaffen, deren kahle steinige Höhen außer stacheligen Polstergewächsen kaum noch Vegetation hervorbringen. Die niedrige Buschvegetation zieht sich ganz in die Täler zurück und bildet auf den flachen, steinigen Talböden leicht gewundene niedrige Buschstreifen. Vereinzelte Brunnen dienen den Nomaden zum Tränken des Viehs, trotzdem viele, besonders in dem breiten 500—600 m hohen Vorland (Kreide), zu dem die Riedel mit niedrigen Stufen abfallen, nur Brackwasser enthalten. Ein Teil der Wadis endet auf dem Vorland in Endpfannen oder läuft in ihm aus. Nur wenige lassen sich nach Westen bzw. Osten weiter verfolgen. Auf den steinigen und sandigen Flächen zwischen ihnen treiben Dünenfelder nach Südwesten gegen die Hänge der Hamada.

Die gegen Nordosten einschwenkenden *Steppenhochflächen des östlichen Dschebels* (2 c) beginnen am Kiklagraben. Dieser 20 km lange, 5 km breite Graben entstand durch Verwerfungen, an denen die *Steilhänge des Dschebels* (2 c_1) emporsteigen. Ihr Fuß ist von steil geböschten Schotterhängen bedeckt, über denen abgespülte bzw. angewehte Lößdecken abgelagert wurden, die in den ebenen Grabenboden überleiten. Von den Hängen zeitweise herabstürzende Wasserläufe haben in ihn steilwandige Rinnen und Schluchten eingerissen, die sich im Wadi Ghan sammeln, das sich bis in den Schotteruntergrund eingefurcht hat. In mehreren Stufen steigt der Graben gegen die Hochfläche an, auf denen etwa in halber Höhe der von oben kommenden Täler vereinzelte kleine Quelloasen liegen.

Unterhalb von Garian sind nur kurze Täler in den Hang eingeschnitten, von denen einige in den oberen Teilen kleine bewässerte Terrassen besitzen. Im Tal von Bu Gheilan wurde stellenweise mit Erfolg aufgeforstet. Die Wadis verlieren sich bald in den Schotterfluren der Dschefara, nur das Wadi Hira ist über Azizia hinaus zu verfolgen. Östlich der Inselberge (s. o.) folgt das mit seinen Zuflüssen weit in die Hochfläche eingreifende Wadi Megenin. Dann werden die Hänge allmählich niedriger und weniger steil. Waditäler, die nach Nordosten auch das Meer erreichen, haben die äußere Hochfläche in ein kuppiges Hügelland zerschnitten, das gegen Ende des Dschebels an Stelle der Steilhänge tritt.

Über den Steilstufen liegen am Rande der ansteigenden *Buschsteppenhochflächen* (2 c_2) größere Oasen wie Garian, das von einer ganzen Reihe kleinerer Dörfer umgeben ist. Den anstehenden Kalk bedeckt der fruchtbare lößartige Boden oft in einer Mächtigkeit von mehreren Metern, in den meist an flachen Hängen nahe der Dörfer die Eingeborenen ihre Höhlenwohnungen gegraben haben. Durch einen gewundenen Gang ist der etwa 4—5 m tief gelegene Hof zu erreichen, von dem aus in härteren Kalklöß, auch in Gipsmergel die Wohnungen gegraben sind. Über diesen befindet sich meist eine Kalkkruste, auf der standfester, rötlichbrauner Löß (2—3 m) folgt. Vielfach stehen alte Öl- und Feigenbäume und Akazien zwischen den Höhlenschächten und um die Dörfer. Auf Feldern, besonders der ehemaligen Italienersiedlung Tegrinna, wird außer Ölbäumen, Hülsenfrüchten und Gerste viel Tabak angebaut. Große öffentliche und kleinere private Zisternen, die Regenwasser auffangen, versorgen die Bevölkerung und das Vieh mit Wasser.

An den Verwerfungen kommt schon nahe dem Ostrande des Kiklagrabens durch vulkanische Gesteine ein neues Element in die Landschaft. Nördlich von Garian erhebt sich der graue, kahle Tuffkrater des Vulkans Tekut (Phonolith, 724 m), westlich von ihm treten Intrusionen im Kalk auf, die sich dunkel abheben. Südlich von Garian gelangt man zu einem ausgedehnten steinigen *Basaltgebiet* (2 e) (ca. 3000 qkm), das langsam ansteigend in 968 m gipfelt und besonders nach Süden lange Lavaströme aussendet, deren längster bis über Beni Ulid zu verfolgen ist. In der Umgebung der großen Lavafläche liegen noch weitere kleine Vulkane (z. B. der Tuil Said im Westen) und Intrusionen bis in die Umgebung von Misda (Phonolithe, Porphyre).

Das Wadi Megenin dringt mit seinem weiten Einzugsgebiet tief in das Basaltgebiet ein. Sein westlicher

Teil wird aufgeforstet (Wadi Huelfa Forst), das Wadi Jamal wird Forstreserve, der südliche Teil des Einzugsgebietes, in dem zahlreiche Brunnen liegen, bleibt den Nomaden.

Auch in den kleineren, sich verzweigenden Tälern der Hochfläche (2 c_2), deren steinige Hänge meist nur dürftige Zwergstrauchsteppe tragen, werden vereinzelte, mit Steinwällen umrandete Flächen aufgeforstet. Dichterer Buschbewuchs hebt sich von der grauen Steppe, auf der verstreut Nomadenzelte stehen, ab. Durch die Zerschneidung der Hochfläche von beiden Seiten her ist etwa von Tarhuna ab bis über Cussabat zwischen höheren Kuppen eine Art hügeliges Hochtal entstanden, in dem die Wasserscheide hin und her pendelt. Die Kalkhügel sind teils kahl mit Schutt bedeckt, teils mit Zwerg- oder Buschsteppe bewachsen, der lößbedeckte, oft tief zerfurchte Boden der Täler trägt besonders Ölbaumpflanzungen und Felder. Die vielen kleinen Bauern bringen ihre Oliven zu Mühlen, in denen das Öl maschinell gewonnen wird. Bis über Cussabat hinaus sind die Plantagen in dem schon im Altertum ölreichen Gebiet zu verfolgen, dann beginnt westlich von Homs der mit mediterranem Busch und Kiefernwäldchen aufgeforstete hügelige Abfall zum schmalen Strandsaum des Meeres.

Die *niedrige Busch- und Zwergstrauchsteppe der südlichen Hochfläche* (2 d) wird von langen Waditälern durchschnitten, die sich erst aus nördlicher, dann südwestlicher und westlicher Richtung dem Wadi Soffedschin und der Sebka von Tauorga zuwenden. In den meernahen nördlichen Teilen knicken die Wadis aus der Westrichtung nach Norden zur Küste ab (Abb. 4).

Schon knapp 20 km südlich von Garian gelangt man in das Einzugsgebiet des Wadi Tfelgu. Ausgedehnte dicht bewachsene Becken, in die hinein Vulkane (s. o.) schon längere Lavaströme aussenden, leiten Trockenbetten zusammen, die dann in einem engeren Tal die Steilstufe einer Kalktafel durchbrechen, die von Nebentälern stark aufgelöst wird. Die Zwergstrauchvegetation, oft nur Kameldorn auf niedrigen Kupsten, zieht sich von den Talhängen ganz auf die Wadis zurück, in Ausweitungen sieht man allerdings noch ab und zu kleine Haine älterer knorriger Ölbäume. Aus dem wüstenhaften, zerschnittenen Tafel- und Riedellande, der Dahar, das in niedrigen Stufen nach S bzw. SE abfällt, laufen das genannte und die übrigen brunnen- und zisternenreichen Wadis, die bis zum Wadi Mimun stark durch Lavaströme beeinflußt sind, dem Wadi Soffedschin zu. Bemerkenswert ist das Wadi Beni Ulid, zu dessen cañonartigem Tale die Hänge steil abfallen, die hier eine etwa 20 km lange fruchtbare Oase, vornehmlich Ölbäume, umschließen. Nach stärkeren winterlichen Regenfällen bildet sich in der Oase oft ein längerer See, der einige Monate bestehen kann. Die Dörfer aus weißem Kalkstein liegen am Rande des Tales oder wie Beni Ulid auf dem Basalt eines Lavastromes über dem Tale, so daß man die leuchtend grüne Oase im trostlosen, grauweißen, steinigen Kalk weithin übersehen kann. Auch hier fallen die Riedel in niedrigen Stufen nach Osten ab und laufen in Zeugenhügeln in der Busch- und Zwergstrauchniederung am Wadi Soffedschin aus.

Die Wadis Lebda, Tareglat-Caam und Mager, die im Nordosten der Hochfläche, der Msellata, ihren Anfang nehmen, verlaufen durch ein niedriger werdendes Steppenhügelland gegen das Meer. Das Wadi Tareglat-Caam enthält eine Anzahl Quellen, deren Wasser durch Dämme zu Bewässerungszwecken gestaut ist. Durch Hochwasser wurden sie schon mehrfach durchbrochen. Das Wadi ist das einzig dauernd Wasser führende Tripolitaniens, wenn auch im Sommer durch dieses nur ein dünner Wasserfaden läuft.

Diese Wadis durchziehen auch den bis zu 15 km breiten *Oasenküstenstreifen zwischen Homs und Misurata* (2 f). Beiderseits von Homs dehnen sich Dattelpalmhaine mit Gärten, Feldern und Fruchtbaumkulturen, die mit den Pflanzungen von Cussabat und Sugh el Chmis ein großes Anbaugebiet bilden. Das Städtchen Homs liegt auf einem vorspringenden Hügel, der langsam gegen das Meer abfällt, und ist die Nachfolgerin des 5 km weiter östlich gelegenen Leptis Magna, dessen relativ gut erhaltenes Ruinenfeld aus römischer Zeit einen guten Einblick in die damalige Kultur gewährt. Die Stadt wurde durch Sedimente des Wadi Lebda und durch Dünen verschüttet, so daß vieles erhalten blieb. Wasser wurde ihr durch einen Aquädukt aus dem 25 km entfernten Wadi Caam-Tareglat zugeführt. Reste des römischen Staudammes und der Wasserleitung sind noch erhalten. Dünengelände über einem Kliff trennt heute die genannten Oasen von der von Zliten mit etwa 200 000 Palmen. Die niedrigen Häuser des Ortes überragt als Heiligtum die große Moschee des Sidi Abdassalam. Bis dicht an das Kliff reichen die Palmen und Pflanzungen. Östlich der Oase, die nur Brackwasserbrunnen besitzt, folgt ein leicht gewelltes Gelände, teils aus flachen Sanden, unterbrochen von Akazien und Dornbüschen, teils hohen sterilen Dünen, dann wieder Gras- und Zwergstrauchflächen, die vielfach nach Süden gegen die kahlen Kalkhügel ziehen, von denen einzelne von einem Marabut gekrönt sind. Einige Kilometer vor Misurata treten große Ölbaumplantagen auf, die sich bis in die große Palmoase fortsetzen. Außer dem Marktstädtchen Misurata ist noch eine ganze Anzahl Dörfer in der Oase zu finden bis an die Marina im Osten, an der die Ausläufer der großen Sebka von Tauorga ihr Ende finden. Im Norden wird die Oase durch Dünen begrenzt, die über dem Kliff (Cap Misurata) ihren Anfang nehmen, im Süden geht sie in das Siedlungsgebiet der Oase Tamina über.

3. *Die Hamada el Hamra*

Die paläozene Kalktafel der Hamada liegt allseits Kalken der Kreide auf, zu denen sie in einer bald höheren, bald niedrigeren Steilstufe abfällt. Die aus Kreide bestehenden Vorländer sind niedriger und größtenteils zu hügeligem Gelände zerschnitten.

Von Norden her gelangt man über eine 80—100 m hohe Stufe mit breiten Buchten und schmaleren Einschnitten auf die weiten *Kalkhochflächen der Hamada el Hamra mit Frühjahrstriften* (3 a) hinauf. In den Wadis gibt es verschiedentlich aus blaugrauen Mergelschichten, die über rotem Ton liegen, süßes Wasser. In den sandigen Wadis wachsen einige Büsche. Mächtige Kalk- und Dolomitbänke, in denen sich Höhlen mit Felszeichnungen und Koranversen befinden, bilden den Untergrund der Hochfläche. Kalkblöcke und grober Schutt bilden die Hänge.

Die Kalkhochflächen selbst sind leicht gewellt. Man sieht über unendliche steinige, fast vegetationslose Ebenen. Die Kalksteine sind oberflächlich von einer rötlich braunen bis schwarzen Rinde überzogen, ein rötlicher, feiner Boden ist an sie angeweht, Windtromben wirbeln den braunen Staub auf.

So wechseln völlig sterile Flächen mit solchen, auf denen zwischen den Steinen versteckt nur 2—3 cm hohe Pflänzchen wachsen, und anderen, die schüttere Zwergbüsche zeigen. Flach eingerissene, schmale sandige Wadis kommen von flachen Bodenerhöhungen und manche Teile der Hamada machen einen gefleckten Eindruck, da Regenpfannen mit geringem Durchmesser (bis ca. 50 m) in sie eingesenkt sind, in denen auf angereichertem Boden spärliche Vegetation wächst. Hier leben außer Vögeln, Hasen, Springmäusen, Ameisen, auch vereinzelte Schlangen. Bietet so die Hamada im allgemeinen ein trauriges Bild, verwandelt sie sich nach Frühjahrsregen in einen grünen Blumenteppich. Jetzt belebt sie sich auch mit den Herden der Nomaden, besonders da es bis zum Südrande hin in einzelnen größeren, geschlossenen, steilwandigen Becken oder auch blinden Wadis außer üppigerer Vegetation Brunnen und Tmeds gibt. Vermutlich sind die Becken als Einsturzdolinen entstanden, da im Kalk sehr viele Mergel- und Gipslinsen verteilt sind. In den Becken enden auch Wadis, die braune Böden angeschwemmt haben, welche bei Trockenheit in Polygone zerspringen und sich nach Regen mit Salz bedecken. Am Rande der Endpfannen ist der Boden oft mit Gipskristallen übersät. Einige höhere Ost-West ausgerichtete Stufen ziehen durch die Hamada (50—80 m), die ausstreichenden älteren Schichten entsprechen.

Von Osten her greifen in den Steilhang der Hamada (150 m), der anscheinend einer tektonischen Linie (Nordwest — Südost) folgt, größere Nebenwadis des Wadi Soffedschin und Zemzem, dieses selbst und Nebenwadis des Wadis Bei el Kebir. Diese zerlappen den Steilhang durch breite Täler, von denen besonders die nördlichen noch reiche Zwergstrauchvegetation besitzen. Die Täler beginnen auf der Hochfläche als Reihen erst kleinerer, dann größerer Regenpfannen, die Durchmesser bis zu 200—300 m haben und nach Regen bis 30 cm tiefes Wasser enthalten. Zwischen den größeren besteht zeitweise schon eine Verbindung, bis sich durch Zusammenschluß mehrerer eine Wasserrinne bildet, die meist über eine Zirkusstufe in ein bald tiefer und breiter werdendes Tal abfällt. Das Einzugsgebiet des Wadi Zemzen ist das an Wasser und Pflanzen reichste Gebiet und besitzt mehrere kleine Oasen, die Nomadenstämmen gehören, welche auch Felder in den Wadis bebauen. Die größte Oase ist Geriat el Garbia, deren Palmhain und Gärten im Tale unterhalb des Ortes gelegen sind (Abb. 54). Viele Reste alter Bauten (Abb. 55) deuten darauf hin, daß sie schon zur Römerzeit befestigt war und eine gewisse Bedeutung besaß. Die übrigen Oasen sind kleiner, den südlicher gelegenen Randwadis fehlen sie.

Am Südrande, der durch kurze Wadis zerschnitten ist, treten unter den paläozenen und Kreidekalken noch Schichten der Jura, der Trias und paläozoische Gesteine heraus, die im Dschebel Gargaf und bis weit in die Edeien zu finden sind. Der Westrand fällt in zwei auseinander liegenden, zerlappten Stufen gegen das Vorland von Gadames ab, in dessen Süden die Hamada el Hamra ohne scharfe Grenze in die ähnliche *Hamadet Tinghert* (3 b) übergeht, deren Kalke, Dolomite, Mergel und Gipse aus dem Senon (Kreide) stammen. Nomadenland sind die breiten von Norden in die Hamadet zurückgreifenden Waditäler mit reichlich Zwergsträuchern in ihren gewundenen Betten.

Die meisten von ihnen verlieren sich in Endpfannen am Rande der Sandwüste östlich von Dersch oder aber bilden graue Gipspfannen, wie die große Pfanne Mzezzem oder die von Gadames. Im übrigen ist das *westliche Vorland der Hamada* (3 c) reine Wüste mit einigen Oasen nahe den Steilrändern. Die flach auslaufenden Riedel zwischen den Wadis sind teils von groben Kalksteinen bedeckt, manche wieder sind breit ausladende Serirflächen, die von wandernden Dünen überschüttet werden. Die Oase Gadames besitzt in der Ain el Fras (Stutenquelle) eine alte artesische Quelle, deren Wasser seit altersher der Bewässerung der Gärten diente. Heute sind noch mehrere andere erbohrt und damit ist das Bewässerungsgebiet der Oase vergrößert worden. Die engen Gassen zwischen den Mauern der Gärten, die Wassergräben, der alte Sklavenmarkt und die dreistöckigen Häuser, die z. T. über den Gassen gebaut sind, geben ein gutes Bild einer alten reichen Oase.

Dersch und einige kleinere Oasen liegen nahe dem großen Wadi Tenarut, dann folgt im Norden nach eintönigen Dünen, Sand- und grauen Steinflächen die kleine Oase Sinauen, in deren Nachbarschaft auf einem Vorsprung der Hamada ein altes Fort steht.

Das *östliche Vorland der Hamada* (3 d) erstreckt sich im wesentlichen von Geriat es Schergia und dem dortigen Steilabfall der Hamada bis an den Hongraben und den Dschebel es Soda im Süden. Die Kalke und Dolomite sind von mehreren großen Wadis, dem Wadi Bei el Kebir, Wadi Rawawus und Wadi Ghirza und ihren Nebenwadis in ein 250—350 m hohes steiniges Hügel- und Tafelland, dessen kahle Schutthänge steile Runsen durchziehen, zerlegt worden. Zahlreiche Brunnen und Zisternen sowie Zwergstrauch- und Krautvegetation in den Wadis und Becken machen es für Nomaden wertvoll. Ein großer Teil der Trockenbetten wendet sich gegen Nordosten zu dem Graben von Hon, zu dem ein gestufter Steilabfall zwischen 50—100 m hinabführt.

4. *Das westliche Syrtenland bis el Agheila*

Das westliche Syrtenland reicht von der Hamada el Hamra und ihrem Vorlande bis etwa an die Grenze der Cyrenaica bei Agheila an der südlichen Bucht der großen Syrte. Seine größtenteils dem Tertiär angehörenden Gesteine (Paläozän bis Miocän) werden von NW bis SE streichenden Verwerfungen durchzogen und zerbrochen, die zur Entstehung mehrerer Gräben, besonders des Hongrabens, geführt haben. Von einem im allgemeinen 400 m hohen Niveau (Dschebel Waddan 650 m) senkt sich das Land gegen Nordosten bis zum Meeresspiegel.

Wie eine Bucht springt vom Osten ein noch aus Kreidekalken bestehendes, *von Verwerfungen durchzogenes Steppen-Kalktafelland* (4 a) gegen die Hamada el Hamra (s. o. 3 a) vor. Die Tafel wird von zwei größeren Waditälern, dem Wadi Soffedschin und dem Wadi Zemzem, die beide in weiten Windungen sich der Sebka von Tauorga zuwenden, durchzogen. Diese erhalten zahlreiche, meist kleinere Nebenwadis, die mitgewirkt haben, das Land in größere und kleinere Tafeln zu zerlegen. Das Wadi Soffedschin kommt von dem südlichen Dschebel Nefusa, zieht an der kleinen Oase Misda vorbei und windet sich in einem breiten Bett über einen steinigen, sterilen Talboden, der von Dünenfeldern durchwandert wird. Diese überdecken vielfach das Wadibett selbst, das mit Büschen und Sträuchern bewachsen ist und in dem vereinzelte Akazien und andere Baumgruppen stehen. Hier haben auch die Nomaden an günstigen Stellen Felder (Hirse und Gerste) angelegt, deren Herden und Zelte man verschiedentlich antrifft. Häufig sieht man Ruinen verfallener römischer, auch byzantinischer Bauten, Dörfer und Einzelgehöfte, die im allgemeinen ebenso wie verfallene Klöster und andere kirchliche Bauten in Schutzlage am Rande der steinübersäten Tafelflächen standen. Alte Zisternen und Brunnen in den Tälern sind häufig. Erstere sind größtenteils so gut erhalten, daß sie noch heute Verwendung finden. Nur überschüssiges durchfließendes Wasser wurde zur Bewässerung verwendet. Die alte römische Siedlung Ghirza mit säulengeschmückten Bauten war wie die Oase Misda ein wichtiger Stützpunkt im einstigen Siedlungsgebiet, das gegen die Küste zu immer niedriger und offener wird, so daß die breiten Wadibetten sich kaum noch abheben. Das Fort Bu el Geddahia auf einem der letzten niedrigen Hügel über dem Wadi Zemzem mit Blick über die weiten niedrigen Busch- und Strauchsteppen war immer ein wichtiger Stützpunkt (Abb. 5).

Südlich von Misurata erstreckt sich in einer Länge von 110 km und einer mittleren Breite von 30 km die *Sebka von Tauorga* (4 b_1). Eine Dünennehrung, die an einigen schmalen Stellen unterbrochen ist, schnürt sie vom Meer ab. In sie münden außer dem Wadi Soffedschin und Zemzem noch einige kleinere von den Osthängen des Dschebels Tarhuna kommende Wadis, in deren Unterlauf Wasser erbohrt wurde. Unterirdische Wasser der beiden großen Wadis treten in der Sebka in Riesenquellen zutage, die kleine Seen bilden, von denen süßes Wasser flußartig durch die Salzsumpfflächen mit Salzbüschen und Salzausblühungen gegen das Meer fließt. Zwischen den Salzsümpfen liegen höhere Sandinseln, von denen einige mit Dattelpalmen und Salzpflanzen bewachsen sind. Auf den Inseln stehen kleine Dörfer und Weiher der schon vor Jahren hier angesiedelten Negerbevölkerung, die auch den Hauptteil der Bewohner der am Rande der Sebka gelegenen Oase Tauorga ausmacht. Ihre Lage ist nicht gesund, aber ein großer Teil der Bewohner verläßt, um zu arbeiten, die Sebka und kehrt erst zur Dattelernte zurück (Abb. 4).

Zwischen die Sebka und das westliche auslaufende Hügelland (s. o. 2 d) schiebt sich eine nach Süden verbreiternde flache *Niederbuschsteppen-Ebene* (4 b_2), deren brauner Boden dicht mit niedrigen Büschen bewachsen ist. Anschließend an Misurata wurde von den Italienern gerodet und gesiedelt und die Steppe mit Feldern und Baumpflanzungen bedeckt, die aus zementierten Gräben bewässert werden. Das Wasser stammt aus oberflächlichen und auch einigen artesischen Brunnen, die vermutlich aus dem Gebirge gespeist werden. Die Oasen Tamina (früher Crispi) und Kararim (Gioda) werden heute von arabischen und italienischen Bauern bearbeitet. Die südlich anschließende Steppe soll ebenfalls urbar gemacht werden und Wasser aus den Riesenquellen der Sebka und aus Gebirgswadis erhalten.

Anschließend an das östliche Vorland der Hamada (s. o. 3 c) folgt das *tertiäre Verwerfungsgebiet mit Gräben und Bergländern* (4 c). Der *Graben von Hon* (Dschofra-Graben) (4 c_1) erstreckt sich von NW nach SE in 210 km Länge und 25 km Breite und ist in untere eozäne kreidige Mergel und Kalksteine eingesenkt. Sein Boden enthält tertiäre terrestre Ablagerungen, auch Seekalke und Gipse, die hier in ausgedehnten Vorkommen auftreten. Im Graben sind einige große Tafelhorste (20 bis 50 m) stehen geblieben, an die sich Dünenfelder legen, die über die Tafeln und durch den Graben wandern. Wadis enden in kleinen Becken in Salzpfannen, die nach Regen kurze Zeit Wasser enthalten, dem Ostrande folgen einige längere Wadis mit breiteren Buschstreifen und vereinzelten Akazien. Drei kleinere Oasen liegen im Süden gegen den Rand des Dschebels es Soda, Waddan mit großem Fort, dessen Oase 1962 von Dünen durchwandert wurde, Hon und das alte mauerumgürtete Socna. Große Gipspfannen erstrecken sich nördlich der Oasenreihe. Brackiges artesisches Wasser diente der Bevölkerung als Trinkwasser sowie zu Bewässerungszwekken. 1964 wurde südlich Socna eine süße Quelle erbohrt, deren Wasser ausreicht, alle 3 Oasen zu versorgen.

Im Nordteil wird der Graben durch niedriges Hügelland undeutlich. Vielleicht setzt er sich in Verwerfungen weiter nach Norden fort. Das Kalktafel- und Hügelland wird durch das breite Wadi Bei el Kebir durchzogen. An seinem Nordende liegt am Ostrande die kleine Oase Bu Ngem mit altem römischem Kastell. In der Umgebung des Ortes halten sich zahlreiche Nomaden auf, die hier ihre Zelte aufschlagen.

Zum südlichen Ostrande des Grabens bricht der bis 650 m hohe *Dschebel Waddan* (4 c_2) (unteres Eozän) in mehreren Stufen ab (Waddan 250 m). Das kahle Gebirge hat nur etwas Vegetation in seinen Wadis, sinkt nach Norden schnell ab, so daß der Grabenrand stellenweise unscharf wird und an Höhe verliert (bei Bu Ngem etwa 50—80 m). Der Ostabfall des Gebirges hat breite flachere Stufen, besitzt aber zum Vorlande (mittl. Eocän) noch eine deutliche Stufe. Es weist nach Osten längere und breitere vegetationsreichere Wadis auf.

Kalke des Eozän und Oligozän und an sie gegen Nordosten anschließend miozäne Kalke, Kalksandstein und Sandsteine bauen die westliche *Syrtenkalktafel* (4 d) bis an die tripolitanische Grenze zur Cyrenaica und nach Süden bis an die Harudsch el Asued auf. Sie ist noch von zahlreichen Verwerfungen zerstückelt, so daß zum Teil grabenartige Vertiefungen entstanden sind. Die Höhen der kahlen Tafeln und Hügel bewegen sich zwischen 200—300 m, nehmen gegen die Küste zu ab und bilden hier ein sich zwischen breiten Wadifurchen auflösendes Hügelland. Furchen, Gräben und Becken enthalten ausgedehnte Busch- und Strauchweiden, auch Sebken mit Salzpflanzen, in deren Vertiefungen Wadis enden. Brunnen und Wasserlöcher (Tmeds) sind genügend vorhanden. Die größte Oase jener Landschaft, Zella, liegt ganz im Süden nahe dem Harudschrand in einem flachen Becken, das alte Dorf auf einem Hügel, der von einem Fort gekrönt wird. Palmhaine und bewässerte Gärten umgeben es in weitem Umkreis. Ein Großteil der halbnomadischen Bewohner bleibt mit den Herden in den nördlichen Wadis, um hier auch im Herbst nach dem ersten Regen Felder zu bestellen. Nördlich von Zella wurden in den letzten Jahren ergiebige Erdölfelder (Mabruk, Dahra und Hofra) erschlossen.

Vor dem Kalkhügellande zieht sich von dem kleinen Ort Buerat bis an die Sebken vor Agheila im Osten ein quartärer, verschieden breiter *Küstensteppenstreifen der westlichen Syrte* (4 e), aus dem vereinzelte Kalkhügel herausragen. Busch und Zwergsträucher bedecken das Land hinter einem Dünenstreifen, der kleine Küstensebken gegen das Meer abschirmt. In sie münden die aus dem Inneren kommenden Wadis, die oft nur an üppigeren Buschstreifen zu erkennen sind. Das größte ist das vielfach sandige Wadi Bei el Kebir mit einer ausgedehnten Sebka längs der Küste östlich von Buerat. Die Küstenfluren bieten im Frühjahr besonders aber auch im Sommer noch den Herden der Nomaden genügend

Weidemöglichkeiten, die Brunnen haben das ganze Jahr Wasser.

Die größte Oase an der Küste ist der kleine Marktflecken Syrte, der auf einer kleinen Erhebung an der Küste über dem Kliff erbaut ist. Der Palmhain steht in dem Tal eines kleinen Wadis, dessen Mündung zum Hafen für Küstensegler ausgebaut ist. Sonst gibt es nur wenige Häuschen zählende Orte längs der Küstenstraße mit Kaufladen, Kaffee, Magazinen der Nomaden und manchmal einer Schule und Krankenstube.

Von Bedeutung wurden die beiden Ölhäfen es Sidr und Ras Lanuf, von denen Pipelines ins Innere zu den Ölfeldern führen. Öltanks und Raffinerien sind neben einer Wohnstadt für die Angestellten und das arabische Hilfspersonal hier erbaut worden. Unweit von Lanuf steht der „Marble Arch", der heute die uralte Grenze zwischen Tripolitanien und der Cyrenaica bezeichnet. Unter ihm führt die asphaltierte Küstenstraße, die Verbindung von Tunis nach Alexandrien, hindurch.

b) Fezzan

5. Das basaltische Ergußgebiet des Dschebel es Soda

Südlich des Hongrabens und des hügeligen Vorlandes der Hamada liegt auf einem Sockel von Kalksteinen, Mergeln und Tonschiefern (obere Kreide) das basaltische Ergußgebiet des Dschebel es Soda. Die höchste Erhebung ist der Gleb Wergan (803 m), von dem Basalt-Lavaströme nach allen Seiten ausgehen, die z. T. in Verbindung mit Strömen benachbarter Vulkane treten, dann aber in ausgedehnte, mit groben Basaltblöcken überdeckte Flächen (400—500 m) übergehen, aus denen weitere Vulkane mit Lavaströmen in ihrer Umgebung aufragen. Von dem zentralen Basaltgebiet und den Einzelbergen gehen Waditäler aus, deren Hänge von groben Blöcken überrollt sind, deren sandige Talböden aber Pflanzenwuchs tragen. In ihrem Oberlauf stehen die Pflanzen besonders im Frühjahr dicht, wenn im Winter die Höhen tageweise mit Schnee bedeckt und die Regen reichlicher waren. Dann wird das Gebiet, worauf Spuren deuten, von zahlreichen Nomaden besucht. Nach Westen löst sich das Basaltgebiet in einzelne vorgeschobene Plateaus auf, steiler fällt es zusammen mit dem Sockel nach Norden ab, wo hart am Hange einige größere Grarets eingesenkt sind, d. h. Senken mit Vegetation, die meist gleichzeitig das Ende von Wadis bilden. Nach Süden springen einzelne Kalktafeln ohne Basalt weiter vor und fallen mit einer Steilstufe ab (z. B. am Gaf el Garbi), nach Osten dagegen ziehen längere Basaltströme, zwischen denen größere Wadis verlaufen, die das breite Wadi Agheib mit etwas Strauch- und Grasvegetation und vereinzelten Akazien sammelt.

6. Das paläozoische Sandsteinbergland des Gargaf

Südlich der Hamada el Hamra und des Dschebels es Soda treten älteste Gesteine (Kambro — Ordovicium) an die Oberfläche, welche eine weite *Sandsteinhochfläche* (6 a) mit aufgesetzten Tafelbergen aufbauen. Im Osten erhebt sich das *Bergland* des *Dschebel Fezzan* (6 b) zu einer Reihe höherer Kuppen (Nab el Geru), in deren Kern präkambrische Gesteine (Gneise und kristalline Schiefer) auftreten. Diese sollen etwa 1500 m erreichen. Diese höchsten Teile des Gargaf sinken nach Osten zu einem Berg- und Hügellande mit Senken und Einzelbergen ab, das nach Südosten von niedrigen Kalksteinhochflächen überlagert wird. Nach Westen sinkt die Hochfläche zu einzelnen niedrigen parallelen Höhenzügen (Ordovicium) ab. Nach Süden führt eine Steilstufe (ca. 50 m) zu einer breiteren Stufenfläche (Devon) hinab, die gegen das Wadi es Schati geneigt ist (Abb. 6). Auf der Stufenfläche liegt in kleinen von der Hochfläche kommenden Wadis eine *Oasenreihe* (6 c) mit reichlich Wasser und Brunnen. Um Brak, wo die Stufe sich weitet und die Wadis Zigza und Hamuda vom höheren Bergland kommen, sind die Oasen zahlreicher. Hier sind eine Reihe von Schichtquellen und artesische Brunnen vorhanden, von denen aus das Wasser in die Oasen zur Bewässerung geleitet wird. Während der Besatzungszeit wurden von den Franzosen weitere artesische Quellen erschlossen, die nun zuviel Wasser lieferten, das stagnierte und die Oasen versumpfte und versalzte (Abb. 7). Durch Schließen der Brunnen bis auf einige wenige ist der Wasserabfluß und -verbrauch wieder normalisiert worden. In den kleinen Oasen der Umgebung leben vielfach Halbnomaden, denen die Palmen gehören und die u. a. auch schöne Kamele züchten (z. B. Gira). Die von dem feuchteren Berglande kommenden Wadis werden, da in ihnen reichlich Akazien und Zwergsträucher wachsen, jedes Jahr von Nomaden aufgesucht. Oft trifft man daher an geschützten Stellen Steinmauern, über die Zeltplanen gespannt werden können, und auch Pferche für die Schafe und Ziegen.

7. Die Senke der Dünenwüste Edeien von Ubari

Von der Steilstufe der Hamada el Hamra und dem S-Rande des Gargaf reicht die Senke der Edeien von Ubari im Süden bis an den Steilhang der Hamadet Murzuk — Serir Um Alla (mittl. nubischer Sandstein). Ihre größte Breite beträgt im Westen etwa 200 km. Durch die *Hamadakalktafel Zegher* (7 c), die etwa in ihrer Mitte von der algerischen Grenze nach Osten vorspringt, wird sie in ihrem Westteil gespalten und eingeengt. Auf der Linie zwischen Edri und Larocu verschmälert sie sich durch die vorspringenden Höhenzüge des Gargaf bis auf 100 km. Von hier aus läuft sie gegen das Wadi Kneir aus. Den größten Teil der Senke erfüllt die *Sandwüste von Ubari* (7 a). Ihre hohen Dünenzüge halten im allgemeinen die Richtung NE-SW ein und branden gegen den Nordrand der Kalktafel Zegher. Gegen SW laufen die Dünen niedriger werdend am Wadi Irauen und gegen die Höhenzüge der Tassili aus. Am Nordrande der Senke findet man einzelne kleine Hattien (Senke mit Büschen und Gräsern) mit Brunnen, auch zwischen den Dünen in manchen der ovalen Becken etwas Vegetation und Tmeds (verschüttete, wasserhaltende Vertiefungen). Nahe einem dieser, dem Hasi Atschan, am Nordrande der Kalktafel Zegher, wurde Erdöl gefunden (Ausläufer des algerischen Etschelehfeldes).

Im *Ostteil der Edeien, der Ramlet Zellaf* (7 b) sind die Dünen annähernd Ost-West orientiert und enthalten zwischen den langen Dünenzügen noch durch niedrige Quer-Dünen abgetrennte Becken. Dem Nordrand der Sandwüste folgen von Osten kommend die Wadis es Schati und Zellaf am Rande der Sandwüste. Beide sind in karbonische Kalke eingeschnitten, die zwischen den Wadis nur von einer dünnen Stein- und Sanddecke mit wenigen niedrigen Dünen überdeckt sind. Das Wadi Zellaf folgt etwa den tiefsten Teilen der Ramlet (450 m). In ihm wachsen unregelmäßig über seinen Lauf verteilt etwa 100 000 Palmen, die im allgemeinen Nomaden gehören. Mit dem Wadi es Schati endet es in einer langgestreckten Sebka westlich des kleinen Dorfes Edri, das an einem gut bewässerten Palmhain angelehnt ist. Die Sebka ist oberflächlich in aufgerichtete, gegeneinander verschobene Salzschollen zerbrochen und schwer zu überschreiten. Südlich des Wadi Zellaf stößt man noch mehrfach auf Reste von Wadis, die durch Dünen verschüttet wurden. Daher sind an einigen Stellen gegen den Südrand kleine Grundwasser-Seen entstanden, wie der von Mandara, Trona und andere, deren Ufer zum Teil mit Palmen bewachsen sind. Die Oasen sind bewohnt. Bewässerte Gärten, Büsche und Gestrüpp schließen sich an. Die Seriben der Bewohner (Dauada) liegen auf den kahlen benachbarten Dünenhängen. Nach E werden die Dünen vielfach zu kürzeren, aber schwer überschreitbaren Zügen, die über grobe, harte Sandflächen mit niedrigen Rippeln wandern. Gegen das Wadi es Schati mit seinen vereinzelten Palmhainen sind hier in den letzten Jahren durch Wanderdünen aus dem Wadi Kneir höhere geschlossene Dünenketten entstanden, die ein Überschreiten der Ramlet von Buanis nach N immer mehr erschweren.

Am Südrande der Sandwüste zwischen dieser und den zerlappten Sandsteinsteilhängen der Hamadet Murzuk (150—200 m) und der Serir Um Alla (60—100 m) liegt das *Wadi Adschal* (Breite um 5—6 km) (7 d_1, Abb. 8) mit Oasenreihen von Ubari bis el Abiad (150 km). Die Palmhaine und Gärten umgeben kleinere langgestreckte Sebken und sind durch Hattien miteinander verbunden, so daß ein fast ununterbrochener Grünstreifen im Wadi entsteht, den erst westlich von Ubari im Wadi Irauen ein lichter, langgestreckter Akazienhain beendet. Das ganze Wadi ist wasserreich und zeigt noch Spuren ältester Besiedlung. Zahlreiche Gräberfelder liegen auf dem Schuttfuße unterhalb des südlichen Steilhanges, über den auch parallel zu den kurzen von den Tafeln kommenden Wadis verfallene Foggaras, ehemalige Wasserleitungen zu den Oasen, verlaufen. Die wichtigste Oase war Dscherma (Garama), Hauptort der Garamanten und später Stützpunkt der Römer. Er ist heute durch das 30 km weiter westlich gelegene Ubari abgelöst worden.

Getrennt durch ein 35 km breites Dünengelände folgt im Osten ein zweiter wasserreicher Oasenstreifen, das *Buanis* (7 d_2) von Sebha bis Um el Abid (7 Oasen). Es wird im Osten von dem stellenweise zerstörten Hang der Serir el Gattusa begrenzt. Sebha ist heute an Stelle von Murzuk die Hauptstadt des Fezzan. Zwischen drei älteren Siedlungen ist hier eine moderne Beamtenstadt mit großer Moschee, königlicher Villa und eigenem Kraftwerk entstanden, die entweder auf einer 950 km langen Asphaltstraße (1962 fertiggestellt) oder mit dem Flugzeug von Tripolis zu erreichen ist.

8. Die Sandsteintafel der Serir el Gattusa — Um Alla

Zwischen der Ramlet und dem Westabfall des Harudsch-Sockels (Dor el Gani und Dor el Msid) dehnt sich die *Serir el Gattusa* aus (nubischer Sandstein) (8 a). Die Sandsteine fallen mit niedriger zerschnittener Stufe (30—50 m) nach Süden zur Hofra ab, nach Westen und Norden ist der Rand stärker zerlappt und tritt nur stellenweise als niedriges schwarzes Hügelland aus der Serir hervor. Die Serirfläche (um 500 m) ist flach gewellt, gelb bis gelbbraun und wird dunkler, wo der Sandsteinuntergrund näher an die Oberfläche tritt, heller im Norden und am Ostrande, wo schon Kalke auftreten. Die stärker nach Süden geneigte Tafel der *Serir Um Alla* (8 b) wird reichlicher von breiten Waditälern zerschnitten, an deren Rändern oft Staubbödenstreifen auftreten. Sie endet am Bab el Maknusa, einer Lücke der Sandsteintafel. Das breite Wadi Neschaua enthält die kleine Oase Goddua. Am Wadi Kneir endet die Serir el Gattusa. Nördlich des breiten Waditales fallen steil Kalkschichten ab, deren flache Serirtafeln von langen Dünen überweht sind, die in das Wadi Kneir selbst und bis in die Ramlet Zellaf wandern. Die *sandigen Serirkalktafeln* (8 c) (obere Kreide) erstrecken sich bis zum Dschebel es Soda und werden am Ostfuße des Gargaf von größeren Dünenfeldern (Ramla el Kebira) überlagert.

9. Das Sandsteingebirgsland um Gat

Die vier wasserreichen Oasen von Gat liegen in einem *niedrigen Hügellande* (700 m) *aus Sandsteinen* (9 a) des Kambro-Ordovicium, die kristallinen Schiefern und Gneisen (Präcambrium) der westlichen Tassili aufliegen. Diese steigen zu einem höheren Berglande mit lang gewellten Höhenzügen (1200 m) an. Das schwarze Hügelland (die Gesteine sind von Rinden bedeckt) wird von breiten Wadis mit Vegetation und Tmeds durchzogen, von denen ein Teil vom Wadi Tanezzuft aufgenommen wird, das im Norden in der Edeien endet, ein anderer verliert sich in der Erg Titagsin bzw. dem nördlichen Hügellande. Die Wadis sind Weideland der Tuareg von Gat.

Über dem Wadi Tanezzuft steigt im Osten der Steilabfall der *Hochflächen des Akakus und des Tadrart* (Gotlandium) (9 b) an. Der Akakus-Sandstein erhebt sich aus steilgeböschten Schuttfächern noch fast senkrecht um 100—120 m zu den Pyramiden, Kuppen und Türmen, welche die Gipfel (um 900 m) bilden, zwischen denen sich hängende Tälchen öffnen. Nach Süden wird der Steilhang geschlossener und höher, ihm sind die unterdevonischen Sandsteine des Tadrart aufgelagert. Vor ihm steht der bis 1280 m aufsteigende, allseits steil abstürzende Inselberg des Idinen, die Geisterburg der Tuareg (Abb. 9). Die höchsten Teile des Tadrart (1428 m) liegen über der kleinen Oase Elbarcat (830 m Mh). Der sanfte Ostabfall der dunklen, steinigen Hochflächen wird von kurzen Wadis zerschnitten, die am Rande der Dünenwüste Taita (auf Karbon) enden. Die Sandwüste reicht im Norden bis in die Gegend der kleinen Oase Serdeles. Im Osten geht sie (700 m) in den Schuttfuß der Steilstufe der *Hochfläche des Mesach Mellet* (1100 m) (9 c_1) über, die ihrerseits im E gegen die Senke der Edeien von Murzuk absinkt. Steile blockerfüllte Täler führen auf die steinige Hochfläche (nubischer Sandstein) hinauf. Im etwa gleichhohen Amsach Settafed biegt die Hochfläche nach Osten ein. Sie wird von Wadis durchzogen, die erst wenige 100 m vor dem nördlichen zerlappten Steilabfall sich einzuschneiden beginnen. Als *Hamadet Murzuk* (Steilabfall: Ubari 425 m, Kante der Hochfläche ca. 720 m Mh) (9 c_2) findet die Hochfläche an der Lücke des Bab el Maknusa die Verbindung zur Serir Um Alla. Mit niedriger Stufe endet sie nach Süden sich senkend über dem Wadi Berdschudsch, das ihre Trockenbetten, in denen Zwergsträucher und Akazien wachsen und die Felszeichnungen enthalten, aufnimmt.

10. Die Senke der Dünenwüste Edeien von Murzuk

Von allen Seiten fallen die Schichten der Umrandung gegen die Senke von Murzuk ein, die größtenteils von einer Dünenwüste erfüllt ist. Innerhalb der Senke steigen die Sande uhrglasförmig von den Rändern her an. Im ganzen Norden befindet sich zwischen Hamadet Murzuk und der Edeien ein niedrigerer Geländestreifen (400 m), dem das *Wadi Berdschudsch* (10 a_1) folgt, das seiner Hattien und Brunnen wegen viel von Tuareg Nomaden besucht wird. Es endet mit dem Wadi Endjarren (von Nordwesten) und Wadi Neschaua (von Ost) in der *Etba-Niederung* (10 a_1), in deren tiefsten Teilen sich ausgedehnte Salztonflächen befinden. Diese sind von grauen, weichen Sandflächen umgeben, die verschiedentlich zu niedrigen Dünen und Kupsten aufgehäuft sind, auf denen hier und dort Büsche und Akazien wachsen. In ihrer Umgebung liegen einige kleinere Oasen mit reichen Süßwasserbrunnen, deren größte Tesaua ist. Die Senke setzt sich nach Osten in der *Hofra el Garbia* (10 a_2), dann *Hofra es Schergia* (10 a_3) fort. Die zum Teil großen und wasserreichen Oasen werden durch ausgedehnte Senken mit Salztonschollen, stellenweise auch jungen Kalken mit Mergeln und Sandflächen mit Tamariskenkupsten voneinander getrennt. Murzuk ist der Hauptort der Hofra, bis vor kurzem des ganzen Fezzan. Zu nennen wären noch Traghen, Um el Araneb und Zuila, auf dessen Alter noch Reste aus der Römerzeit hinweisen. Letzte Oase im Osten ist Tmessa mit vegetationsreichen Hattien in seiner Umgebung (Abb. 10).

Der Übergang in die *Edeien von Murzuk* (10 b_1) erfolgt südlich von Tesaua durch ein sandiges, langsam ansteigendes Vorland, in dem niedrige, lange, gebogene und sich kreuzende Dünenzüge entstehen. Dann werden die Dünen höher, nehmen Nordost—Südwest-Richtung an und erreichen bald Höhen von 100—150 m. Zwischen den mächtigen breiten Dünenzügen, die vermutlich einen festen Kern aus Sandstein besitzen, verlaufen breite Senken (Gassi), die durch niedrigere Querdünen in Becken zerlegt werden. So ist im nördlichen und mittleren Teil der Edeien eine großartige Gitterdünenwüste entstanden. Am Fuße der hohen Dünen wächst vielfach ein lockerer Buschstreifen, vielleicht läßt sich auch Wasser graben, denn die Tuareg erzählen, daß sie mit Herden in die Edeien gehen und sich dort länger aufhalten. Erst im südlichen Teil der Wüste sollen die Dünen niedriger werden und sich ostwestlich orientieren. Von der Südumrandung, dem Mangeni Plateau, zieht das größere Wadi el Kebir el Garegh in das Sandmeer (Abb. 11).

Nach Nordosten sendet die Wüste noch einen Sporn aus, die *Ramla Murzukia* (10 b_2), dessen Untergrund grobe, feste Sandflächen bilden, über den lange südwest orientierte Dünen aus feinem Sande ziehen. Sie begrenzen auch den nördlichen Rand, so daß das Überschreiten hier einige Schwierigkeiten bereitet. Östlich Tmessa gehen die Sande in eine grobe, vielfach *sandüberwehte Sandsteinserir* über (10 c), die dem Fuße der Sandsteinhochfläche von Madschedul und dem Dschebel Ben Ghnema nach Süden folgt. Sie enthält am Nordfuße der Hochfläche, geschmiegt in die breiten Mündungstrichter kleiner Wadis, die *Oasenreihe von Madschedul* (10 d) mit nur kleinen Palmhainen und Gärten, aber Sebken mit größeren Hattien in ihrer Umgebung. Am Westrande der Serir, dem das Wadi Hekma folgt, liegt die *Oasenreihe von Gatrun* (10 e), die im Norden mit dem brackigen Bir Um el Adam beginnt und über einige Hattien in die Palmhaine der Oase von Gatrun übergeht. Das Dorf ist nur klein, in ihm stehen schon zahlreiche Seriben der Tibbu. Die südlicher gelegenen Oasen sind durch Sebken und Sandstreifen mit hohen Tamariskenkupsten und verwildertem Palmgestrüpp voneinander getrennt. Buschstreifen und einzelne Palmen bezeichnen den Lauf des Wadis von der südlichsten Oase Tedscherri, die von ausgedehnten Hattien umgeben ist.

Die wellige *nubische Sandsteintafel des Mangeniplateaus* (10 f) begrenzt die Edeien im Süden. Einige schwarze Sandsteinberge und niedrige Bergzüge überragen die Tafel im Südwesten, wie der Dschebel Ati (Karbon) und die Tümmoberge, die am Fuße einer Steilwand des Dschebel War in einigen Grotten süßes Wasser enthalten.

11. Das Wüstenbergland Dschebel Ben Ghnema — Dschebel Gussa

Im *Dschebel Ben Ghnema* (11 a) fallen nubische Sandsteine und Quarzite nach Nordwesten gegen die Senke der Edeien von Murzuk ein. Die schwarze Hochfläche fällt nach dieser Seite stark zerlappt in einer Steilstufe ab und steigt gegen Südosten an. Einige Sandsteinreste sind der verschiedentlich sehr eingeengten, am Südende schon unterbrochenen Hochfläche aufgesetzt (700 m). Der Südost-Abfall erfolgt in 2 Stufen, deren schmale Stufenflächen weit zu verfolgen, durch Querverwerfungen aber mehrfach unterbrochen sind. Kurze Wadis enthalten kaum Vegetation. Vor der untersten Stufe dehnt sich eine sandige Serir mit der großen Salzpfanne Bu Heira aus, östlich von der das niedrige Bergland Meherschema liegt, das sich nach Norden im *Dschebel Gussa* und *Dor el Gussa* fortsetzt (11 b) (Devon — Kambrium). Die Schichtgesteine lassen in ihrem Aufbau leichte Faltungen und Verwerfungen erkennen. Das paläozoische Bergland wird von zahlreichen sandigen Waditälern durchzogen, die z. T. vereinzelte Akazien und Zwergsträucher enthalten und am Rande der Serir Tibesti oder im Berglande selbst in größeren Senken (Grarets) mit reichlicher Vegetation enden.

12. Das Basaltergußgebiet der Harudsch el asued

Die Basalte des ausgedehnten *Ergußgebietes der Harudsch el asued* (12 a) liegen auf einem Sockel aus eozänen und miozänen Kalken und Mergeln und bedecken eine Fläche von etwa 40 000 qkm. Die höchsten Teile findet man in der Haleigh, deren hügelige Hochfläche (800 m) aus zahlreichen übereinandergeflossenen Lavaströmen besteht, die von einer Anzahl von Vulkanen bis zu 1200 m (Garet es Sebaa) überragt werden. Unter den in Reihen (Nordwest—Südost) angeordneten Vulkanen findet man einige Riesenkrater (Durchmesser 3—4 km), Schildvulkane (Abb. 12), Schlacken- und Tuffvulkane, Vulkanstümpfe und flache Explosionssenken, die mit Verwitterungsmaterial angefüllt sind. Lavaströme, unter denen vermutlich der schwarz glänzende des Mscheggheg, der gegen el Fogha zieht, einer der jüngsten ist, verlaufen nach allen Seiten. Zwischen ihnen liegen größere und kleinere sandige Becken, deren Anschwemmungsmaterial gelb gegen die schwarzen und grauen Basalte absticht. In den größeren Becken wachsen oft lichte Akazienhaine, Gräser und Sträucher, die nach Regen aufsprießen. Die Becken stehen oft untereinander in Verbindung, so daß ausstrahlend von der Haleigh eine ganze Reihe größerer und kleinerer Wadis entstanden, die gelegentlich fließen, bis in das Vorland gelangen oder auch zwischen den Lavaströmen ihr Ende finden. Der Westrand der Harudsch setzt meist ziemlich scharf gegen die umgebende Kalkserir ab, vom Ostrand geht eine ganze Reihe von Lavaströmen aus, die Buchten mit Sand- und Serirflächen umschließen, aus denen die Basaltströme mit Sand und Staub überschüttet werden. Im Angud el Jaserat (Südteil) ziehen zwei je etwa 20 Vulkane enthaltende Vulkanreihen gegen das südöstliche Vorland (Abb. 13). In ihrer Verlängerung liegen nach einige Einzelvulkane, die von größeren von der Harudsch isolierten Basaltflächen umgeben sind. Kürzere Vulkanreihen liegen im S vor der Harudsch. Ihr südöstlicher Eckpfeiler ist die große Caldera des Wau en Namus (4,5 km Durchmesser) mit einem Zentralkrater und 3 größeren Brackwasserseen. Dattelpalmen, Akazien, Tamarisken und Röhricht wächst in dieser einsamen schwarzen Oase, in deren weiterer Umgebung kaum einmal ein Pflänzchen zu finden ist. Die westliche Harudsch wird nach Regenfällen gerne von (Halb-)Nomaden mit Herden aufgesucht, die dann reichlich Weide finden. Das Vieh kommt aus Zella, Fogha, den östlichen Oasen des Fezzan und dem Wau el Kebir (Tibbu). Die näher nach den Oasen zu gelegenen Becken werden auch für Regenfeldbau ausgenutzt.

Die *Kalkserir* des *westlichen Sockels* (12 b), das Dor el Gani und Dor el Msid, fallen in Steilstufen nach der Serir el Gattusa ab. Zwischen Harudsch und der Serir liegen in flachen Randsenken einige Hattien und Brunnen. Nur wenige, aber tief in die Kalke eingeschnittene Wadis ziehen nach Westen. In die Serirfläche sind auch einige z. T. gewundene Becken eingesenkt (Einsturzdolinen), in deren nördlichsten die kleine Oase el Fogha liegt. Eine Sebka mit etwas Vegetation befindet sich in ihrer Mitte, das Dorf, Palmen, Gärten und Quellen am Ostrande. Im nördlichen Teil des Serirsockels zieht das breite Tal des Wadi Agheib die von der Harudsch und dem Dschebel Soda kommenden Wadis an sich, sein Südteil wird durch den Steilrand des Dor el Gussa stark eingeengt.

Über den nordöstlichen und *östlichen Sockel* (12 c) verlaufen eine ganze Reihe nicht ganz vegetationsarmer Wadis, die im allgemeinen in Grarets enden. Im Sockel *südlich des Dor Abregh* (12 d) lagern über Gips- und Mergelschichten mit feinen Sandsteinen, noch vereinzelte Basaltdecken, zwischen denen die weicheren Gesteine abgetragen und zu ausgedehnten Gips- und Mergelstaubflächen mit Gipspfannen geworden sind. Vereinzelte niedrige Vulkan- und Basaltdeckenreihen begleiten isoliert den südlichen Harudschrand von Nordwesten nach Südosten. Niedriger werdende Kalktafeln und Sandflächen bilden den Übergang zur Erg Rebiana und Serir Tibesti.

13. Die Serir Tibesti

Die Serir Tibesti erstreckt sich mit ihrer weiten weißgelben, leicht *gewellten Serirebene* (13 a) über eozänen Kalken bis zum Beginn des gröberen Schuttfußes vor dem Tibesti-Gebirge und endet im Osten an den Basalttafeln, die vom präpaläozoischen Vorlande (Kristalline, Schiefer, Gneise) des Dohone bis auf das vorgelagerte Eozän geflossen sind. Etwa in der Mitte der Serir ragen umgeben von einem Mergelstaubgürtel und Gipskrusten die etwa 40 m hohen Kalktafeln des Dschebels Hedschar auf.

Auch der *Westrand der Serir* (13 b) enthält noch niedrige Kalktafeln und Einzelberge, in seinem Süden kristalline Schiefer und Intrusiva, die niedrige Hügelzüge bilden. In der Nordwestecke ist das Wau el Kebir, ein weites Becken mit steilen Rändern, in die Kalke eingesenkt, an dessen Nordrande das kleine Dorf steht. Dünen erfüllen die Mitte der Senke, um die kleine Palmhaine stehen und Pflanzen und Gräser wachsen. Die dort wohnenden Tibbu weiden ihre Herden in der weiteren Umgebung, im Dschebel Gussa und bis in die Harudsch el asued.

c) Cyrenaica

14. Das östliche Syrtenland

Wenig jenseits der tripolitanischen Grenze an der ersten großen Küstensebka bei Agheila beginnt das östliche Syrtenland. Die Gesteine des mittleren Miocän, besonders Kalksteine und Mergel, setzen sich nach Osten fort, sie werden aber nicht mehr wie weiter westlich von Verwerfungen zerstückelt. Der Übergang von der Steppe zur Wüste setzt bald hinter dem Küstenstreifen, etwa 30—40 km vom Meer, ein.

Die erste große Sebka im *Oasen-Küstenland mit Sebken, Dünen und niedrigen Büschen* (14 a) ist die Mugtaa el Chebrit, in die von Osten her das Wadi el Faregh mündet. Gegen die Küste ist sie teilweise durch feinsandige braune und weiße Kalksanddünen abgetrennt, ihre sterilen Salztonflächen sind von Salzpflanzen und Sandstreifen umgeben. Der kleine Ort Agheila liegt etwa 10 m hoch über dem Sandstrand auf einem festgewordenen zementierten Dünenzug, von dem man nach Süden über eine Buschniederung sieht, die nach Süden langsam ansteigt und beim Brunnen Maaten Dschofer einige Meter zu der breiten Sebka, die zu dem Unterlauf des Wadi Faregh gehört, abfällt. Zwischen Küste und Wadi folgen hinter Dünen weitere ausgedehnte Sebken mit Lagunen und Salzpflanzen. Auf etwas höheren Dünenstreifen wachsen kleine Palmhaine, neben denen oft einige weiße Häuschen stehen. Vor einem verfestigten Küstendünenstreifen liegt heute der Ölhafen Marsa el Brega der Esso mit Raffinerien, Wohnbezirk und einem kleinen durch Mole geschützten Hafen. Das Öl wird in die Schiffe auf Reede übernommen. Die große Sebka el Mrer ist gegen Osten die letzte. Von ihr setzt sich ein breiter Dünenstreifen mit schütterem mediterranem Busch, Salzpflanzensenken und nur vereinzelten kleinen Sebken bis über Zuetina, wo nahe einem Palmhain etwas Wein angebaut ist, fort.

Die nach Südosten zu anschließende *Wüstenkalktafel der Syrte mit Sebken* (14 b_1) wird im Osten durch eine niedrige Schwelle begrenzt. Die flache vor ihr gelegene Senke ist eine ausgedehnte helle, steinübersäte Kalktafel, der vereinzelte niedrige Kalk- und Gipstafeln aufsitzen, die oft stark aufgelöst sind. Gegen den Nordrand ist sie durch Senken teilweise zerlappt. In diesen Buchten liegen große Sebken mit Salzpflanzen und Dünen, wie die Sebka Gheizel oder die von el Gheneien (512 qkm), in die von Osten her das Wadi Hamia mit reichlichem Zwergstrauchbewuchs mündet. Die Sebka selbst ist von weiten Sandflächen bedeckt, nur hier und da tritt der Salztonboden zutage, Salzpflanzen wachsen am Rande. Viele Reihen kleiner, in Senken gelegener, meist steriler Sebken liegen über die Kalktafel verstreut.

Nach Norden wird die Kalktafel zu einem etwas niedrigeren Kalkhügelland, die Barga el Beda, die mit Büschen, Sträuchern und Kräutern bewachsen ist, deren Bestand nach Süden schütterer wird. Nach Regen im

Frühjahr bedeckt sich das Land mit einer kurzlebigen Frühlingsblumentrift. Durch die südliche Barga zieht das breite Wadital des Faregh, das auf der östlichen Schwelle seinen Anfang nimmt. Im Mittellauf besitzt es etwa 300 m Breite, im Unterlauf verbreitert es sich auf 5 km. Mittelpunkt der Barga und damit des Nomadengebietes ist die kleine Stadt Adschedabia. Sie ist umgeben von Eukalyptusanpflanzungen, welche die Dünen festlegen sollen, und Nomadenfeldern in flachen Tälchen und Mulden der niedrigen Buschsteppe.

Im Süden endet die Kalktafel an der *Senke von Marada* (14 b_2), zu der sie etwa 80 m in einer Steilstufe abbricht, die stellenweise erst höher (140 m), dann niedriger werdend fast bis gegen Dschalo hin zu verfolgen ist. Sie ist vielleicht durch tektonische Bruchlinien angelegt, die man bis Dscharabub findet, und die zunächst flache Mulden schufen, die später durch die auflösende Tätigkeit des Wassers und der Salze, die auf die Kalke, Mergel und Gipse auflösend wirkten, erweitert und vertieft wurden. Das größte der so entstandenen Becken ist das von Marada (etwa 10 : 40 km). An seinem Nordrande liegen ausgedehnte Sebken, deren Boden meist aus zerbrochenen Salztonschollen besteht, die gegeneinander aufgerichtet sind. Die wichtigsten vorkommenden Salze bestehen aus Carnalliten. Im Süden deuten Schwärme von Restbergen den Rand des Beckens an, an dem Erdöl gefunden wurde. Hier überdecken Sande mit Kupsten und Büschen die Salztone. Die Häuser des Ortes Marada (10 m) stehen am Fuß eines niedrigen Hügels unweit der Oase mit kleinen Palmhainen und Gärten. Auch die östliche talartige Fortsetzung enthält noch einzelne Sebken und einen gewundenen Zwergbuschstreifen, der an der langen Sebka von Meheiriga endet.

Eine flache Niederung in der umgebenden groben Serir leitet in *die Oasensenken von Dschalo* (14 b_3) über. Die 3 Oasen Audschila, Dschalo (el Ergh) und Dschkerra liegen in flachen Becken, die mit sanften Hängen in die Serir eingesenkt sind. Sie sind sanderfüllt und von niedrigen Dünenzügen umgeben. Dschalo (el Ergh) ist der Hauptort. In locker stehenden Palmhainen haben die Bewohner Gärten angelegt, die aus Brunnen mit brackigem Wasser bewässert werden. Ziegen und Schafe finden in benachbarten Hattien (schütterer Vegetationsstreifen meist in Senken) Nahrung, wie sie auch noch in dem nordöstlich gelegenen Wüstengebiet nebst einigen Brunnen gefunden werden. Der südlichste Brunnen Bettafel in einer Buschsenke im Südosten, bisher der letzte vor den Kufra Oasen, gibt gut trinkbares Wasser mit nur 0,5 Cl/l im Gegensatz zu den stark brackigen (1,5 bis 3,5 Cl/l und mehr!) Brunnen der Oasen.

Zwischen den Südhängen des Dschebels Achdar und der Erg Dscharabub im Süden erstreckt sich die schwach gewölbte *Kalkwüsten-Syrtenschwelle* (14 c_1). Auf ihr beginnen eine Reihe Wadis, die nach Westen und Osten ablaufen. Die größten sind das Wadi Faregh (s. o.) und das Wadi el Mra, das seinen Weg nach Südosten nimmt. Im Norden setzt die Schwelle südlich der Zone der Balte an (s. 15 c), und hier befinden sich auf ihr in Senken und Wadiresten noch kleinere Zwergstrauchweiden und auch Zisternen für das Vieh. Ihr Ostrand ist durch eine schwach zerlappte Stufe gekennzeichnet. Im großen und ganzen ist die Wüstenschwelle wenig bekannt, im Süden wandern Dünenfelder über die steinigen Kalkflächen. Sie endet an dem flachen Verbindungsstreifen der Oasensenken Marada — Dschalo — Dscharabub (14 c_2), in der die Karawanenstraße verläuft. Durch einige Hattien in flachen Becken ist sie gekennzeichnet. Südlich der Senke beginnen die Dünen der Sandwüste von Dscharabub.

Die Barga el Beda (s. o.) sendet nach Norden noch einen Ausläufer der Syrtentafel aus, die aus miocänen Kalken bestehende Barga el Hamra, die sich nach N langsam zwischen Küste und Dschebel Achdar verschmälert.

Der *Oasenküstenstreifen der Barga el Hamra* (14 d_1) bleibt zunächst noch wie der bei Zuetina. Sanddünen herrschen vor, dann treten zwischen den Dünen Palmhaine und kleine Sebken auf, die bei Benghasi mit dem Meere verbunden sind. Aus ihnen wird Salz gewonnen. Zwischen der nördlichen, heute meist trockenliegenden, und der dauernd wasserführenden Sebka Selmani lag auf einem Hügel die älteste Griechensiedlung Euhesperide, später Berenice. Die arabische Altstadt *Benghasi* (14 d_2) wurde nach Zerstörung der Griechenstadt zwischen der Sebka und dem Meere an einem niedrigen Hügel mit Kliff erbaut, Hafen blieb die über die Sebka di Punta mit dem Meer in Verbindung stehende Lagune. Endlich wurde die zwischen der Gesiret Geliana und einem kleineren nördlichen Vorsprung gelegene Bucht durch starke, die vorgelagerten Klippen verbindende Molen geschützt. Zu diesem Hafenbecken kam im Norden noch ein zweites tieferes, das erst vor kurzem fertig wurde. An die arabische Altstadt schloß die europäische Stadt an, die sich am Hafen und zwischen den Lagunen nach Süden zu entwickelte. Heute breitet sie sich über das einstige Dorf el Berka nach Süden und Osten aus. Nördlich der Stadt beginnt an der Küste im Dünen- und Sandgelände die Oase, in der in Gärten Gemüse angebaut wird, und in der kleine Siedlungen von Elendswohnungen aus zerlumpten Zelten, Wellblech und Kisten entstanden sind, die aufgelassen werden sollen. 1500 Wohnungen werden deshalb längs der Straße nach Benina, dem großen Flugplatz für den Verkehr nach dem Osten, errichtet.

Gegen Norden trifft man hinter den Dünen noch weiter auf Sebken, z. B. die mit dem Meer in Verbindung stehende Ain Zeiana, und kleine Palmhaine wie bei der Siedlung Coefia und dem kleinen Dorf Tokra, einer alten Siedlung (Teuchira) mit Mauerresten und byzantinischem Kastell.

Mit etwa 50 km Breite beginnt im Süden die wellige *Zwergstrauchkalktafel* (14 d_3) zunächst noch mit reichlicherer Niederbusch- und Krautsteppe zwischen kahlen Kalkflächen und hartem, braunem Boden in den flachen Senken. Allmählich wird der Busch- und Zwergstrauchteppich dichter, die Felder nehmen zu. Die Feldfluren vergrößern sich zwischen Ghemines und Soluk und werden durch kleine Baumpflanzungen und Eukalyptuswäldchen besonders in der Höhe von Benghasi ergänzt. Gegen Tokra und das Gebirge zu bilden wieder kahle Kalkkrusten vielfach die Oberfläche, nur kurze Restwadis und Dolinen sind besser angebaut. Gerade in der Umgebung von Benghasi gibt es zahlreiche Einsturzdolinen. Die größeren sind oft mit Wasser erfüllt, mit Röhricht und Binsendickichten an den Ufern, die trocknen mit Gärten und Bäumen, Feigen, Citrus, Mandeln und einzelnen Palmen bepflanzt, wie auch das blinde Wadi der „Lete", das in einer Höhle mit dunklem See endet. Es sind angeblich die früheren Gärten der Hesperiden. Anscheinend hängen Dolinen, Restwadis und unterirdische Karstwasserläufe zusammen, wie auch das vielfach unterbrochene Wadi Gattara, das in kleinen Sebken südlich von Benghasi endet.

15. Das mediterrane Buschwaldgebirge des Dschebel Achdar

Der ellipsenförmige Dschebel Achdar, das grüne Gebirge, ist anscheinend noch vor dem Eozän schwach aufgewölbt worden. Seine Achse streicht Ostnordost und mit ihr lange Verwerfungen, die vereinzelt von Querbrüchen betroffen sind. Der seewärts geneigte Schenkel fällt steiler ein und weist vornehmlich Brüche und Flexuren auf. Der Aufstieg vom Meere erfolgt in 2 Hauptstufen, deren untere bis 300 m, die obere 500—600 m erreicht. Diese geht in die Hochfläche über, die in einem aufgesetzten Hügellande mit 882 m kulminiert. Über den Antiklinalen liegt flachgelagertes Oligozän und Miocän, meist kristalline Kalksteine, Kalksandsteine und Mergel. Wo das Eozän zutage tritt, lagert es diskordant über der Oberkreide. Beide sind in einigen Schichtlücken an flachen Antiklinalen aufgeschlossen.

Der *nördliche Stufenhang* (15 a) mit Hartlaubniederbusch, der oft sehr schütter mit Resten von Buschwäldern (Pinien, Zypressen, Steineichen, Akazien, Johannisbrotbäume, Wacholdersträucher), besonders auf den Stufenflächen, steht und von bebautem Lande unterbrochen ist, wird von Waditälern durchschnitten, die teils auf der 1. Stufe, teils auf dem Hochlande ihren Ursprung nehmen. Der erste Stufenhang läuft in einem Schuttfuß aus, vor dem meist ein *hügeliger Küstensaum* (15 a_1) mit eingestreutem buchtartigem Sand- bzw. Schotterstrand liegt, der den Küstenstreifen der Barga fortsetzt. Bei Tolmeta verbreitert sich der Küstensaum. Auf dem flachhügeligen Gelände liegen noch aus der Griechenzeit stammende Steinbrüche im Kalksandstein sowie Grabtürme und Einzelgräber. Das heutige Dorf schmiegt sich an einen niedrigen Hügel, der zu vorgelagerten Klippen steil zum Meere abfällt und mit ihnen eine kleine Bucht bildet. Dahinter dehnen sich auf dem nur schütter bewachsenen Hügellande die Ruinen von Ptolemais, über denen steil der untere Stufenhang aufragt. Nach Osten tritt der Stufenhang mit seinem Schuttfuß hart ans Meer, bis sich nahe dem kleinen Hafen Apollonia (Marsa Susa) der Küstensaum zu einem niedrigen Hügelland verbreitert, dessen mit Roterde bedeckten Kalke Trockenfelder und Busch tragen, die über die weniger steilen Hänge bis zur 1. Stufe ansteigen. Das sich etwas verbreiternde Buschhügelland bricht in der Höhe des Ras Hilal mit einer niedrigen Stufe nach Osten zum Meere ab. Damit bildet von nun an der Schuttfuß der ersten Steilstufe eine niedrige (5—6 m) Kliffküste, die von kurzen Wadis durchschnitten wird. Am Austritt einiger längerer Waditäler liegen an dem dichter bewachsenen Stufenhang einige kleine Orte (Latrun, Kersa u. a.), sonst wuchert nur schütterer Busch auf dem Schuttfuß und Macchie mit Strandkiefern in den Wadischluchten.

Vor dem Austritt des Wadi Derna aus dem tiefen cañonartigen Tal liegt im hügeligen Gelände das Oasen- und Küstenstädtchen Derna innerhalb von Gärten und Palmen, Ölbäumen, Feigen- und Bananenpflanzungen. Die Stufen und Hochflächen senken sich von hier aus z. T. noch mit Busch bewachsen nach Osten gegen den Golf vom Bomba.

Die Stufenhänge und -flächen (15 a_2) des Dschebels Achdar beginnen im Westen schon über der Barga el Hamra. Bei Scheleidima (östlich von Soluk) ist der erste Stufenhang 80—100 m hoch. Als ein Buschhügelland steigt die erste Stufenfläche gegen El Abiar im Norden an und schwenkt dann bei Barce gegen Ost ein. Sie zeichnet sich durch starke Verkarstung aus. Flache Becken, Mulden und Dolinen, die mit Roterde angefüllt und angebaut sind und durch verkarstete Kalkrippen und Hügelzüge mit lockerem Busch getrennt werden, wechseln mit Wadis, die von dem zweiten Stufenhang kommen; hier sind sie noch tief eingeschnitten, laufen dann aber auf der ersten Stufe vielfach in blinden Tälern aus. Ein Siedlungsgebiet der Italiener lag etwas nördlich bei Fasura (Baracca), das wie alle anderen in der Cyrenaica wieder von den Arabern übernommen wurde. Die hier angesiedelten Halbnomaden vernachlässigten zunächst die Felder und Häuser. Neben diesen, in denen das Vieh eingesperrt wurde, standen ihre schwarzen Zelte. Erst allmählich begannen sie, wenigstens einige der wieder vom Buschgestrüpp überwucherten Felder zu pflügen.

Die größte der Mulden, die wohl der Karsterosion ihre Entstehung verdanken, ist die Polje von Barce (el Merj). Das Dorf liegt, umgeben von Baumplantagen, am Westrande. Im Jahre 1963 wurde es durch ein Erdbeben größtenteils zerstört. In der Polje entsteht während des Winters ein See, der so groß werden kann, daß die umgebenden Siedlungshäuser im Wasser stehen, im Sommer wird auf dem Boden des Sees Getreide gesät. Der etwa 10 m mächtige, rotbraune Boden hält lange die Feuchtigkeit. Infolge der Fruchtbarkeit des Poljes befindet sich hier auch eine landwirtschaftliche Versuchsstation. Kleinere Siedlungsgebiete erstrecken sich von hier gegen Osten über Maddalena bis Oberdan. Durch künstliche Wasserzufuhr vom Osten soll das ganze Gebiet zu einem Bewässerungsanbaugebiet umgestaltet werden.

Bis auf kleinere kultivierte Teile wächst auf der sich nach Osten etwas verschmälernden Stufe dichter mediterraner Busch bis Buschwald. Er besteht vornehmlich aus immergrünen Pflanzen, Cistrosen, Pistazien, dem Johannisbrotbaum, Wacholder, Pinien, Akazien, Steineichen u. a. Die Stufe wird von einigen größeren, von der Hochfläche kommenden Wadis durchschnitten, die wie besonders der Cañon des wasserführenden Wadi el Caf noch kümmerliche Reste einstiger Pinien- und Cypressenwälder enthalten, die verschiedentlich als Einzelbäume bis auf die Hochfläche hinaufsteigen. Erst unterhalb von Cyrene findet man wieder ausgedehntere Feldfluren, die bald wieder Busch verdrängt, der auch die Hänge der tief eingeschnittenen Wadis bedeckt, von denen einige, wie das Wadi Latrun und Wadi Derna, laufendes Quellwasser enthalten. An ihrer Mündung haben sich hinter Schotterwällen kleine Lagunen gebildet, die Mückenlarven (Anopheles) enthalten. Östlich der Straße nach Tobruk senkt sich die erste Hauptstufe gegen das Meer.

Die über 500 m hohe zweite Hauptstufe verbreitert sich zu den *Hochflächen* (15 a_3) des Dschebels, von denen im Süden ein niedriges, verkarstetes Hügelland (Slonta) ansteigt. Im westlichen Teil um Gerdes el Abid durchschneiden zahlreiche kurze Wadis die Stufe (s. o.), lockerer, immergrüner Busch, in dem Nomaden ihre Zelte aufschlagen, bedeckt das Land. Stellenweise sind schon größere, eingezäunte Gebiete neu aufgeforstet worden und bilden einen dichten Buschwald. Zwergstrauchsteppen mit vereinzelten Büschen ziehen bis auf die Höhen hinauf. Zahlreich sind die Zisternen für Mensch und Vieh, von denen ein großer Teil noch aus dem Altertum stammt. Sie liegen besonders in dem dichter besiedelten Gebiet der Hochfläche, in dem jetzt Beda zu einer Beamtenstadt ausgebaut wurde. Im W liegt das Weinbaugebiet von Messa. Beda war zur Hauptstadt ausersehen, da es Sitz eines Heiligen und der ältesten Sauia des Senussiordens war. Es erhält jetzt die moslemische Universität des Landes, der einige westliche Fakultäten angegliedert sind.

Quellen sind spärlich verteilt. In flachen Becken, Dolinen und Trockenbetten bauen die Nomaden Felder an, hier und dort sieht man auch große kralartige Umzäunungen für die Herden. Nach Osten wird das Land langsam niedriger, breite Wadis, eigentlich aneinandergereihte Karstbecken, verlaufen gegen E und biegen dann nach Norden ein und enthalten verschiedentlich, z. B. bei Gubba, Mara oder im Oberlauf des Wadi Derna, Quellen, deren Wasser für Bewässerungszwecke bald aufgebraucht wird. In manchen der nach Osten zum Meere fließenden Wadis, wie im Um er Rezzem, liegen Nomadensiedlungen mit Feldfluren. Aus vereinzelten Riesenquellen in den Waditälern, wie der Debussiaquelle und der Ain el Bilad, wird das Wasser durch Rohrleitungen auf die Hochflächen und bis Barce bzw. Tobruk geleitet.

Unweit südlich der Wasserscheide, die annähernd den höchsten Teilen des Gebirges folgt, beginnt der *Zwergstrauchsteppen-Südhang* (15 b). Flache Dellen und kleine Becken im Karst leiten zu den sich schnell einschneidenden Tälern über, die in den Wintermonaten noch reichlich Regen empfangen. Langgestreckte Riedel trennen die einzelnen Täler, auf denen höherer Busch bald aufhört und in dürftiger werdende Zwergstrauchsteppen übergeht. Die üppigere Vegetation zieht sich auf die Talhänge, dann ganz auf die Talböden zurück. Diese verbreitern sich gegen das flachwellige Hügelland, zu dem die gestufte Riedelhanglandschaft absinkt. Hier liegen vereinzelte kleine Nomadensiedlungen, wie Ezzelet, Meckili u. a., mit Pferchen an den Brunnen, einzelnen umzäunten Feldern und wenigen Bäumen (Feigen, Akazien).

Die Wadis enden am Rande der niedrigen flachen, steinigen Kuppen mit schütteren Büschen in weiten braunen Anschwemmungsebenen, stellenweise mit Salzausblühungen und Salicornien. Im Winter sind diese Flächen häufig überschwemmt. Es sind die sogenannten *Balte,* die in einem den Südrand des Dschebels begleitenden *Gürtel* auftreten (15 c). Mit Karsterscheinungen oder tektonischen Bewegungen scheinen sie nicht in Verbindung gebracht werden zu können. Immer stärker setzt sich in diesem Gürtel auch die kahle Steinwüste mit Sanddünen und nackten Tonflächen durch.

16. Die Zwergstrauch-Wüstentafel der Marmarika

Südlich von Tmimi am Golf von Bomba beginnt die Marmarikatafel am Dschebel Achdar in etwa 150 m. Nach der Küste zu fällt sie in drei Stufen ab, die unterste östlich von Tobruk als Kliff bis zum Meer. Die im wesentlichen aus Kalken, Kalksandsteinen und Mergeln aufgebaute Tafel senkt sich langsam nach Süden und endet in einer Steilstufe über dem Becken von Dscharabub. Die letzten Ausläufer des Berglandes nähern sich bei Tmimi bis auf 8 km der Küste. Mehrere kleine Wadis kommen hier vom Gebirge und haben das *Zwergstrauchküstenland* (16 a_1) aufgeschüttet, das sich weiter östlich noch einmal auf 15 km erweitert, bis ein schlauchartiger Meeresarm bei Ain Gazzala fast bis an die unterste Stufe der Marmarica vorstößt. Mehrere Süßwasserbrunnen machen dieses Gebiet für die Nomaden begehrenswert. Die Küstenstraße, der das silberne Band der Wasserleitung aus dem Wadi Derna nach Tobruk folgt, wendet sich hier gegen einen der Mamarika vorgelagerten niedrigen Hügelzug, dem sie bis Tobruk der Küste folgt. Die Stadt liegt auf der vorspringenden Halbinsel, welche die letzten Ausläufer des Hügelzuges bilden. Die Halbinsel umfaßt mit der Marmarikastufe den besten Hafen Libyens, dem leider das Hinterland fehlt. Neuerdings soll die Stadt erweitert werden, da eine Pipeline von dem reichen Erdölfeld C-68 der B.P., 150 km südöstlich von Dschalo, nach el Hariga, 4 km östlich von Tobruk, geleitet wird. Die unterste Marmarikastufe, auf der das deutsche Ehrenmal steht, verschmilzt weiter östlich mehrfach mit der zweiten. Beide Steilhänge bilden dann das Kliff der Steilküste, das vor Bardia sich nach Süden wendet. Kurze Fjorde dringen hier in die Stufe ein. Der kleine Ort liegt zwischen zwei Fjorden ca. 60 m hoch über dem Meer, der geschützte Hafen im südlichen Fjord. Durch Zurückweichen nach Süden endet die Kliffküste bei Sollum.

Auf der untersten hügeligen Stufenfläche (60 m) stehen noch einige Siedlungen mit wenigen Häusern und Feldern, die auf Zisternen angewiesen sind, der zweite Stufenhang führt auf eine Fläche (140 m), auf der die Engländer südlich von Tobruk den Flugplatz El Adem mit einem großen Barackenlager angelegt haben, der dritte Hang, nur wenige Kilometer dahinter gelegen, auf die *Zwergstrauchtafelfläche* selbst (16 a_2). Die Stufenhänge aus weißem Kalkstein sind steinübersät, von Spülrinnen und wenig Wadis durchzogen und besitzen einen nur schütteren Pflanzenwuchs. Auf der Tafel, die sich langsam gegen Süden bis Südwesten senkt, wird die Steppe von ausgedehnten vegetationslosen Kalksteinflächen unterbrochen. Zahlreiche Zisternen und vereinzelte Brunnen, an denen noch Reste von Befestigungen aus dem letzten Kriege zu sehen sind, dienen den Nomaden und ihren Herden. Nach Süden durchziehen die Kalktafel wenige Wadis mit Zwergsträuchern, die in ihrem Laufe sich verschiedentlich zu größeren Senken verbreitern, in denen der abgelagerte Schlamm der letzten Flut in Polygone zerreißt. Sie enden in meist vegetationslosen braunen Pfannen oder verlieren sich auf steinigen Hamadaflächen.

Damit ist die *Wüstentafel* erreicht (16 b_1) (100 km nördlich von Dscharabub). Eine etwa 10 km weit nach Osten zu verfolgende, zerlappte Stufe begrenzt im Norden das breite Tal des Wadi el Mra, das anscheinend der Senke von Dscharabub zustrebt. Südlich von ihm erheben sich aus der Hamada einzelne breite Tafelflächen, denen bald der Abfall der Tafel gegen die Senke von Dscharabub folgt. Heute führt eine asphaltierte Straße von Tobruk nach Dscharabub, die im letzten Stück dem breiten Kriegsstacheldrahtzaun folgt, der von der Küste bei Musaid (Capuzzo) der Ost-Grenze folgt.

Die Breite des *Beckens von Dscharabub* (16 b_2) beträgt 20 km, die Länge um 50 km. Die nördlich begrenzende Steilstufe (120 m) zeigt unregelmäßige Einschnitte und Einbuchtungen und steigt in mehreren Stufen gegen die Marmarikatafel an, der südliche Hang erreicht nur Höhen bis 72 m. Der Boden des Beckens geht stellenweise bis unter den Meeresspiegel hinab, bis —29 m, am Palmhain unterhalb von Dscharabub, das auf einer niedrigen Gara (Berg) liegt, bis —17 m. Die tiefsten Teile des Bekkens erfüllen ausgedehnte, von braunem Staub und Sand überdeckte Sebken, die z. T. in Schollen zerbrochen sind. In einigen von ihnen liegen kleine Salzsümpfe und Brunnen (Melfa, Gsebaia). Kleine Buschinseln, manchmal mit Palmen, wachsen am Rande der Sebken. Nach Osten leiten Vertiefungen mit Sebken in das Becken von Siwa über, nach Westen zu der Hattia von Hifan mit dem Brunnen Bu Salama. In der weiteren Fortsetzung nach Westen trifft man weiter auf Hattien, die als Kamelweide für Karawanen dienen.

17. Die Dünenwüste der Erg Dscharabub

Auf einer flachen Kalktafel beginnen südlich der Senke Dscharabub — Dschalo die *Dünen der Erg Dscharabub* (17 a), die im Norden zunächst noch in einer Gitterdünenwüste durcheinanderlaufen, dann in die Südwest-Richtung einschwenken. Im Süden branden die Dünen an dem *Bergland von Kufra* (19), vor dem einige Zeugenberge (am Bir Dacar) und die kleine Hatiet el Mehemesa liegen. Von ihr aus springt fingerförmig die *Serir Dscharabub* (17 b) nach Norden vor, die zum Teil sandüberschüttet ist und auch niedrige Dünen enthält. Aus ihr ragen vereinzelte niedrige Kalkberge. Die Serir trennt die Erg von der großen libyschen Sandsee im Osten (17 c).

18. Die Serir Kalanscho

Die Serir Kalanscho ist eine ungeheuere, fast ebene Fläche, deren größte Breite in N—S etwa 400 km, die Länge in E—W 500 km beträgt. Sie senkt sich von Süden aus etwa 250 m auf 80—100 m am Nordrande bei Dschalo. Nur am Rande tritt an einzelnen Stellen der Untergrund als Kalk- und Sandstein (Oligozän und Miozän) zutage. Im Nordosten bedecken Kiese und ein verkieseltes Steinpflaster die leicht wellige *Serir-Oberfläche* (18 a_1), die 200 km südlich Dschalo von den sandigen, langgestreckten Senken, dem *Wadi Faregh,* durchzogen wird (18 a_2), in dem vor kurzem Wasser erbohrt wurde. Südlich des Wadis wird die Serir sandiger, größere Dünenfelder wandern gegen Südwesten (18 b), die langgestreckte Oasengruppe von Tazerbo und die unbewohnte, aber neben Salz- auch Süßwasser führende Zighengruppe liegen am Südrande. Westlich der Mitte zieht durch die Serir die bis 100 km breite *Erg Kalanscho* (18 c) aus langen südwest gerichteten 50—80 m hohen Dünenzügen, von der im Süden wandernde Felder noch den Rand der Harudsch el asued überschütten. Im Norden umgeben Dünenfelder den 140 km langen *Tafelberg Zelten* (Oligozän und Miozän) (18 d) mit einer relativen Höhe um 300 m. Die mit gröberen Steinen bedeckte Tafelfläche ist leicht gegen Nordosten geneigt. Vor seinen steilen Flanken erheben sich besonders im Norden und Nordosten Zeugenberge. In seiner Umgebung sind reiche Erdöllager gefunden worden, die ausgebeutet werden. Nach Westen wird die *sandige Serir* (18 e) vor dem Harudschsockel durch Kalksande weißlich. Sie überdeckt auch den flachen Höhenzug Maabus el Gerad. In der Serir enden in flachen Pfannen vor der Erg einige von der Harudsch kommende Wadis.

19. Das Bergland von Kufra

Das Bergland von Kufra besteht im wesentlichen aus einer ausgedehnten, in Zerstörung begriffenen *Sandsteintafel* (19 a), an deren Oberfläche schwarze 1—2 m mächtige Deckquarzite liegen (paläozoische und nubische Sandsteine). Durch Gebirgsbewegungen sind die Sandsteine in flache Wellen gelegt, die Quarzite vielfach in Schollen zerbrochen. Grobe, harte Quarzitblöcke haben die Hänge überrollt, die durch weniger mächtige Quarzitschichten zwischen den Sandsteinen eine Stufung erfahren. Ist die Quarzitdecke einmal zerstört, geht die Abtragung der Tafeln und Berge schnell vor sich. Im Osten sind die Tafeln schon zu kurzen parallelen Zügen und Einzelbergen aufgelöst, zwischen denen kieserfüllte Mulden liegen. Ihre letzten Ausläufer nähern sich der Sandsteintafel des Gilf Kebir. Das Bergland ist pflanzenlos.

Am Fuße der südlichen Tafeln erstrecken sich in einer flachen Mulde die ausgedehnten Palmhaine der *Oasen von Kufra* (Kebabo) (19 b). Die Hauptoase el Dschof enthält in ihren flußartig gewundenen Sebken zwei kleine Salzwasserseen. Die Brunnen geben aus Sandsteinen (6—7 m tief) gutes Wasser. In der Umgebung von el Dschof befinden sich weitere kleine Oasen und Hattien mit niedrigen Büschen. 30 m über dem Hauptort liegt auf einer Sandsteintafel et Tag mit seiner Sauia, ein Heiligtum der Senussi. Im Osten und Westen wird die Oasensenke von niedrigen Restbergen, im Süden von Tafelbergen der Sarratafel begrenzt.

20. Die Erg Rebiana

Die Erg Rebiana erstreckt sich südlich der Serir Kalanscho. Ihre Dünen, deren höchste südwestlich von Tazerbo liegen, wandern gegen Südwesten und sind in einer langen Zunge in die Serir Tibesti gedrungen. Sie stoßen gegen das Sandstein-Tafelland von Egei vor und haben verschiedene niedrige Tafelberge besonders gegen die Sarratafel mit Sandflächen und langen Dünenzügen überschüttet. Einzelberge und höhere Teile der Sandsteintafeln überragen das Sandmeer. Von Norden dringen Dünen und Sand aus der Serir, aus der Erg Kalanscho und Erg Dscharabub in die Erg Rebiana ein. Am Ostrande der Erg liegen am Fuße kurzer Sandstein-Tafelberge die Oase Rebiana und nördlich von ihr die kleine Oase Bzema, deren Palmhain an den Ufern eines kleinen Salzsees steht.

21. Der Dschebel Egei

Der Dschebel Egei ist eine Sandsteintafel der *nubischen Serie* (21 a), die etwa bis 1000 m aufragt und allseits mit steilen Hängen abbricht. Der gegen Norden geneigten Tafel sind einige höhere Berge, anscheinend Vulkane, aufgesetzt, die Lavaströme durch die Täler nach dem südlichen Vorlande ausgesandt haben. Westlich des Wadi Egei erstreckt sich ein etwas tiefer liegendes ausgedehntes *basaltisches Ergußgebiet* (21 b) bis an die Lücke, durch die die Piste von Wau el Kebir nach Osten führt. Es liegt paläozoischen Gesteinen auf. Südöstlich der Tafel zweigt ein niedriger Vorsprung ab, der steil nach Südosten abstürzt, im Dschebel Clinge endet und sich in den Tafelresten des Tneneca fortsetzt. Niedrige, gegen Südosten gekippte Tafelschollen liegen im östlichen *Vorland* (21 c). Nur nach Regen sollen einige Wadis Pflanzenwuchs führen und dann von Tibbu-Nomaden aufgesucht werden.

22. Das Dohone

Der *westliche* Teil des *Dohone* (Dohozano) (22 a) besteht aus versandeten, felsigen Hügelgruppen des Präcambriums und niedrigen Granitketten, die besonders im Norden von größeren Basalttafeln überflossen sind. Diese senden Ströme bis in die Serir Tibesti (Eocän) aus, in die auch das niedrige Hügelland übergeht. Von der im Osten gelegenen Stufe des Kambrium kommen eine Reihe tief eingerissener Wadis, von denen einige in der etwa 100 km langen Salzpfanne Tussidi enden, andere sich in der Serir Tibesti verlieren (s. d.). In den Wadis stehen verstreut Akazien und Tamarisken, niedrige Büsche und Kräuter grünen nur nach Regenfällen. Deshalb trifft man vielfach auf verlassene Dörfer, besonders da auch die wenigen Brunnen und Galtets (offene Wasserlöcher) leicht versiegen.

Die Stufe des Kambrium-Ordovicium steigt etwa 150 m zu einer ausgedehnten etwa 900 m hohen *Sandstein-Hochfläche* (22 b) an, die nach Osten bis auf etwa 600 m absinkt. Aufgelagerte Sandsteine (Ordovicium und Gotlandium) an ihrem Osthange sind vielfach zu bizarren steilen Kuppen und Tafeln zerschnitten. Im Süden überragt der Kemet (Gubo Massiv ca. 1800 m) mit dem Pic Bette (2286 m) die Sandsteinhochfläche, der die Verbindung zum Tibesti-Massiv herstellt, das im Süd-Westen oberhalb Uri auf über 3000 m ansteigt. Nach Norden senkt sich die Hochfläche auf 1200 m, dann auf etwa 700—750 m, um in das Vorland des Dschebel Egei (s. o.) überzugehen. Das Hochland, dem auch einige Vulkane aufgesetzt sind (Grei Mado 1100 m u. a.), wird von steil eingerissenen, zum Teil engen Tälern zerfurcht. Die Wadis enthalten in ihrem Unterlauf außer Tamarisken und Akazien auch Buschvegetation. Sie enden in einer flachen Furche gegen die Stufe der Sarratafel im Osten.

Im Jahre 1958 waren auch hier die wenigen Zeitsiedlungen der Tibbus verlassen, da es 5 Jahre lang nicht geregnet hatte und die Wasserlöcher leer waren. In dem Dorf Tuzugu hielten sich nur noch 2—3 Familien auf, im Wadi Taskemamal, in dessen Oberlauf noch eine Quelle lief, einige mehr.

23. Die Sarratafel

Die Sarratafel aus nubischen Sandsteinen, Quarziten und Konglomeraten (untere Kreide?) ist eine große Serirtafel, der einzelne ausgedehntere Tafeln aufgesetzt sind. Wandernde, zum Teil langgestreckte Dünenfelder ziehen über die Serir nach Südwesten. Die höchsten Teile der Serir liegen im Westen, dort, wo die Tafel sich im Logei Tomo (fast 1000 m) Tibesti nähert. Am Südrande, der in Stufen zum Vorlande abfällt, erreichen die Höhen um 600 m, am Nordrande um 500 m und um 400 m südlich von Kufra. Bemerkenswert sind die Brunnen Assenu am Rande der Erg Rebiana an der Tibesti-Kufrapiste (35 m tief) sowie Sarra (68 m tief) und Bischara (25 m tief) an der quer über die Serir ziehenden Karawanenstraße Kufra—Tekro. Die Serir ist pflanzenlos und unbewohnt. Präkambrische kristalline Schiefer und Gneise mit Intrusivgesteinen unterbrechen am Dschebel Auenat die nubischen Sandsteine im Osten der Tafel, die nördlich noch das Gilf Kebir, südlich den Sudan erreichen.

24. Der Dschebel Auenat-Arkenu

Die kristallinen Schiefer und Gneise beginnen etwa 70 km westlich Arkenu, erstrecken sich zwischen 21° und 23° N und werden noch östlich der Südspitze des Gilf Kebir Sandstein-Plateaus gefunden. Die Grenze zwischen nubischen Sandsteinen und Kristallin ist stellenweise sehr deutlich. Über einer niedrigen Stufe beginnen die Sandsteine, aus denen in der Umgebung aber immer noch kleine kristalline Gebirgszüge wie aus der kristallinen unebenen Fläche selbst (zwischen 600 bis 700 m) aufragen (Abb. 14). Durch Intrusionen von Graniten und Dioriten sind mehrere höhere Inselberge entstanden, deren höchster, der Dschebel Auenat, bis 1892 m aufragt. Gesteine der Granitreihe, Gneise und kristalline Schiefer wechseln in bunter Folge und sind verschiedentlich von kambrischen (?) Sandsteinen überlagert, die auch die Gipfel des Auenat und Arkenu (1360 m) bilden. Beide Inselberge sind von breiten steinigen Tälern durchzogen, in denen außer Akazien nur wenig Pflanzen wachsen.

Quellen und Wasserlöcher sind vorhanden, aus denen die Wildschafe (Waddans) und die wenigen Bewohner (Tibbu) leben. Das Wasser der Ein Zueia ist durch eine kurze Rohrleitung von den Italienern zu einer Zisterne am Gebirgsrande geleitet worden. Hierher kommen die Kamelherden, Ziegen, Schafe und Esel (1958 auch ein Rind) zur Tränke. Der Dschebel Arkenu war 1958 völlig verlassen. Spuren deuteten darauf, daß er zeitweise bewohnt wurde. Regen fallen unter heftigen Gewittern etwa alle 7 Jahre, so daß auch die weitere Umgebung noch unter Wasser gesetzt wird, besonders eine Vertiefung 30 km westlich des Auenat, die genügend Weide auch noch in den Trockenjahren abgibt. Nach Regen kommen Herden aus Kufra und Erdi für etwa 2 bis 3 Jahre zur Weide.

Die Umgebung der Inselberge, auch des 30 km entfernten Dschebel Kissu im Süden (1712 m), ist hügeligsandig. Kilometerbreite, lange Dünenstreifen ziehen zwischen den Bergen hindurch, Sand, Kiesserir und grobsteinige Flächen umgeben den Fuß der hohen und kleineren Gebirge, z. B. Dschebel Babein im Nordosten, von denen vielfach Intrusionsbänder ausgehen, die weithin in die Ebenen zu verfolgen sind. Einige Berge sind jüngeren vulkanischen Ursprungs. Zwischen den kristallinen Bergzügen hat man auch einige kraterähnliche Vertiefungen entdeckt, die von Meteoreinschlägen herrühren sollen.

2. Geologischer Überblick

In großen Zügen ist, besonders durch italienische Forschungen und die Bohrungen der Ölgesellschaften, der geologische Aufbau Libyens bekanntgeworden. Hier handelt es sich nur um einen allgemeinen Überblick, der an Hand der Kartenskizze verfolgt werden kann.

Die ältesten Gesteine, Gneise, kristalline Schiefer und die Granitreihe als Intrusionen treten im Süden des Landes, im Dschebel Auenat-Arkenu, im Tibesti-Gebirge sowie im Fezzan an die Oberfläche. Sie lassen zwei Stufen, das Archaikum und Algonkium (Präkambrium) unterscheiden, von denen das letztere vorkambrische Faltungen zeigt, die den Huronischen Gebirgsbildungen entsprechen würden.

Auf diese folgt eine längere Festlandsperiode zwischen dem Präkambrium und dem ältesten Paläozoikum, wie aus der großen hier auftretenden Schichtlücke zu schließen ist. Dann erfolgte eine erste Hebung des Gebirges z. Z. der kaledonischen Bewegungen gegen Ende des Silurs, dessen Schichten noch mitgefaltet sind. Die folgenden devon-karbonischen Schichtreihen, bes. im westl. Fezzan, sind teils marine, teils terrestrische Ablagerungen und wurden Ende des Karbons von Bewegungen betroffen (Varistische Faltung). Die Antiklinalaxen des Dschebels Gargaf und Dor el Gussa wurden aufgewölbt, zugleich erfolgten Intrusionen granitischer Gesteine und Hebungen paläozoischer und unterer kontinentaler nubischer Sandsteine (Devon-Karbon-Perm), in der Karte mit NP bezeichnet = nubische Sandsteine des Paläozoikums, in Nordtibesti, Auenat und dem Kufrabergland. Auch die obere nubische Serie (Perm-Trias-Jura-Unterkreide) besteht im wesentlichen aus Kontinentalablagerungen (Nm = nubische Sandsteine des Mesozoikums). Sie kamen ebenso wie die untere Serie in den breiten Becken zwischen den genannten Aufwölbungen zur Ablagerung.

In Jura und Kreide wurde die Sedimentation in NW-Libyen durch leichte Meeresschwankungen beeinflußt. Das Meer erreichte im Senon (Oberkreide) noch einmal eine größte Ausdehnung nach S., wurde dann aber, da eine Heraushebung des westl. Libyens stattfand, bis auf die nördliche Küste Festland.

Anders verlief die Entwicklung im östlichen Libyen. Dieses wurde nochmals vom Meere überflutet, das mit einem großen, flachen Syrtengolf bis an den Rand Tibestis vorstieß und am Ende des Eozäns im W an Tibesti vorbei eine Verbindung mit den Meeren im S erlangte. Dann zog es sich endgültig nach N zurück.

Im frühen Tertiär wurden als Ausläufer alpiner Faltung der tripolitanische Dschebel als eine ausklingende Welle der tunesischen Gebirge, der Dschebel Achdar in der Cyrenaica wahrscheinlich als Ausläufer des sog. syrischen Bogens gehoben. Die Aufwölbung erfolgte bei ersterem während des Eozäns und Oligozäns, früher als beim Dschebel Achdar, bei dem miozäne Schichten noch mitgefaltet sind. Die Nordflanke beider Gebirge fällt steiler ein als die Südflanke, auch treten bei beiden N—S und E—W verlaufende Verwerfungen, Brüche und Flexuren auf. Der Dschebel Achdar steigt von der z. T. vom Meere bedeckten Küstenstufe in 2 weiteren Hauptstufen bis auf 300 und 600 m auf und erlangt seine höchsten Höhen in 880 m. Der tripolitanische Dschebel erreicht von der breiten Küstenebene Dschefara aus, die leicht nach S bis gegen 300 m ansteigt, in einer Steilstufe 600 m, gipfelt dahinter in 960 m und sinkt gleichfalls nach S ab. Die Stufe bildet eine flache Kurve, an der ältere Schichten (Trias und Jura) heraustreten.

Im östlichen Libyen erfolgte während des Miozäns noch einmal eine leichte Senkung, welche die Küste bis zum 29.° n. Br. vorschob. Dann zog sich das Meer kontinuierlich zurück. Aber bis in das jüngste Quartär machten sich an einander kreuzenden, ausgedehnten NW-, N- und NE-Bruch- und Spaltenlinien leichte Bewegungen geltend. Tektonische Gräben wie der Hon(Dschofra-)graben zwischen (Zella-)Hon und Bu Ngem folgen diesen Linien, an denen bis ins Quartär auch Magmen aufstiegen und Vulkanreihen und Flächenergüsse schufen (Harudsch, Dschebel es Soda u. a.). Gelegentliche Erdbeben werden bis in die jetzige Zeit beobachtet. Durch tertiäre Bewegungen wurden wohl auch noch die südlichen Gebirge betroffen, und auch Intrusionen mögen örtliche Hebungen herbeigeführt haben.

Außer den alten metamorphosierten Gesteinen (kristalline Schiefer, Gneise u. a.) nebst den Intrusiva (Granite, Diorite u. a.) der südlichen Gebirge des Landes kommen als aufbauende Sedimentgesteine im S vornehmlich paläozoische und nubische Sandsteine, in der Mitte und im N vornehmlich Kalke, kalkhaltige Sandsteine und Mergel neben jüngeren Ergußgesteinen zur Geltung.

Der Wechsel von trockenen und feuchten Klimaperioden seit dem Miozän und die durch diese ausgelösten gestaltenden Kräfte ließen die langen breiten Wadis in den heutigen Trockengebieten entstehen, schütteten die weiten Ebenen der Serire (Serir Tibesti, Kalanscho) und Dünengebiete (Erg, Edeien) auf bzw. trugen sie ab und gaben der Landschaft das Gepräge, in dem sie uns heute entgegentritt.

Durch die Arbeiten der Ölgeologen wurden in Libyen drei große paläozoisch-mesozoische Becken, als viertes das oberkretazeisch-jungtertiäre Syrtebecken festgestellt. Durch Schwellen werden die Becken voneinander getrennt. Im NW liegt das Homrabecken, das im N durch die Nefusaschwelle, im S durch die Gargafschwelle begrenzt wird. In Sandsteinhorizonten vom Ordovizium bis zur Trias wurde durch zahlreiche Bohrungen Erdölvorkommen festgestellt. Südlich der Gargafschwelle beginnt das Murzuk(Dschado)becken zwischen Tassili-Hoggar im W und der Tibesti-Harudsch-Schwelle im E. Anscheinend ist hier das Paläozoikum bis zur nubischen Serie (Nm) mächtig entwickelt. Östlich dieser befindet sich das Kufrabecken, das bis über die Grenzen von Ägypten, Sudan und Tschad reicht und große Teile der südlichen Cyrenaica umfaßt. Vermutlich ist die nubische Serie ab Perm (Nm) stark vertreten. Das Syrtebecken ist die Fortsetzung der Syrtebucht nach S. Seine tektonische Entwicklung fällt mit Transgressionen in die Zeit der Oberkreide bis zum Miozän (Regressionen). Es ist in eine Reihe von Schwellen und Trögen gegliedert, bei denen die NW—SE-Richtung vornehmlich ausgeprägt ist (Hongraben). Sedimente der Oberkreide, des Paläozäns und Eozäns enthalten z. T. beträchtliche Erdöllagerstätten, von denen eine Anzahl schon ausgebeutet werden (s. Hecht, Fürst, Klitzsch).

3. Die Wasserverhältnisse

Libyen ist wasserarm. Wie die meteorologischen Beobachtungen zeigen, erhält es nur zeitweise in den Wintermonaten Regen, die größtenteils in den Küstengegenden fallen, nur unregelmäßig auch das Innere erreichen, das immer wieder von Trockenperioden, in denen kaum Regen fällt, heimgesucht wird.

a) Trockenbetten

Trotzdem ist das Land von zahllosen Tälern und Trockenbetten durchzogen, die beweisen, daß in einer bzw. mehreren Pluvialzeiten der oberirdische Wasserabfluß recht erheblich gewesen sein muß, auch lassen Hangterrassen erkennen, daß die Erosionskraft des Wassers oft stark, dann wieder schwächer gewesen ist. Heute liegen fast alle Flußtäler trocken, es ziehen durch sie sogenannte Wadis, Trockenbetten, die höchstens einmal nach starken Regenfällen, die innerhalb eines begrenzten Gebietes niedergingen, Wasser führen, das aber bald wieder versickert. Man erkennt die Wadibetten oft nur an schmaleren oder breiteren geröll- oder sanderfüllten Rinnen, die über den Talboden ziehen. Die Betten begleitet meist ein schütterer Vegetationsstreifen.

Nur wenige der Trockenbetten gelangen bis zum Meer. Die Mehrzahl endet schon im Inneren in heute abflußlosen Becken, wie im Fezzan, oder auf weiten

Serirflächen, sie verlaufen sich in kleineren, flachen, vegetationsreichen „Grarets", zwischen Dünen oder versikkern auf flachen Schuttfächern. Soweit das zeitweise fließende Wasser hier nicht verdunstet, dringt es in den durchlässigen Boden ein und gelangt in das Grundwasser. Nur ein Fluß in Tripolitanien fließt dauernd, das Wadi Tareglat-Caam östlich von Homs, das bei 90 km Länge in seinem Oberlaufe einige Quellen enthält, so daß im Sommer noch ein dünner Wasserfaden das Meer erreicht.

Die zeitweisen Frühjahrs- oder Herbsthochfluten füllen dieses Wadi bis zu 20 m Breite, andere, wie das benachbarte Wadi Lebda, schwächer. Das Wadi Megenin, das bei Tripolis mündet, stürzt tageweise als reißender 30—40 m breiter Strom durch sein Bett. Meist haben sich die Fluten nach Stunden verlaufen (Abb. 15).

In der Cyrenaica bringen nur wenige Gießbäche, wie das durch Quellen gespeiste Wadi Derna als Dauerfluß, das Wadi el Caf, Latrun und andere, wenig Wasser zum Meer, soweit das Wasser nicht durch Bewässerung von Gärten verbraucht wurde. Unglücksfälle aus diesen Ursachen sind, da die Fluten plötzlich kommen, nicht nur aus dem letzten Weltkrieg bekannt. Auch im Inneren kommt es, wenn auch selten, zu kurzen Hochfluten, z. B. bei Gat im Wadi Izeien oder Wadi Tanezzuft, die bis zu 40 cm Wasser führen können, ohne daß Regen in Gat selbst gefallen wäre (BARTH: Anfang *September* 1850, dann *Mai* 1934. Dieses plötzliche Abkommen der Wadis kann und hat zu Unglücksfällen geführt. Auch in extrem trockenen Gebieten kann man dieses Phänomen beobachten, wo z. B. im Dschebel Auenat in manchen Jahren (angeblich alle 7—10 Jahre) soviel Regen fällt, daß die ganze Umgebung tagelang voller Regenwasserteiche steht und ringsum für 1—2 Jahre Gräser wachsen und Büsche grünen, also Zeitweiden entstehen. Den größeren Wadis folgen oft Grundwasserströme, wie dem Wadi Soffedschin, Zemem, Bey el Kebir, die in Sebken (z. B. Tauorga) oder im Meer selbst in großen Quellen zu Tage treten.

b) Dauernde Salzseen

Die einzigen *dauernden Wasseransammlungen der Wüste* sind *kleine Seen mit salzhaltigem Wasser.* Sie liegen eingesenkt in flache Senken, die unter den jeweiligen Grundwasserspiegel hinunterreichen. Infolge Zulaufs von Grundwasser können sie sich trotz der starken Verdunstung als Dauerseen halten. Ihr Umfang schwankt allerdings etwas je nach dem Hochstande des Grundwasserspiegels und wird, falls er vom Regen der näheren Umgebung abhängig ist, auch von diesem beeinflußt. Ihre Tiefe ist im allgemeinen gering.

Die Zahl der dauernden Seen Libyens ist spärlich, sie beträgt einige 20. Die ausgedehntesten liegen östlich von Dscharabub im Becken von Melfa, in Gebieten, die unter den Meeresspiegel hinabreichen (bis —29 m). Der See von Arreskia umfaßt um 9,4 qkm, der von Fassa 3,3 qkm, der dritte, Hasi ed Duni, besteht aus einer Reihe kleinerer Seen, die sich manchmal zusammenschließen.

Bekannter sind die 10 Seen (nebst einigen Tümpeln) der Edeien von Ubari, die umgeben von Büschen und Palmen in der Sandwüste zwischen hohen Dünen liegen. An dreien von ihnen, dem See von Mandara (1000 qm), als dem größten (Abb. 16), dem Bahar et Truna, der u. a. Natroncarbonat enthält, und dem Bahar ed Dud, dem „Würmersee", sind Siedlungen der ed Dauada erbaut, in Mandara auch eine kleine Moschee aus Salzton. In den Seen leben trotz des rel. hohen Salzgehaltes (MgCl, NaCl, K^-, Ca^-, S^- u. a.) einige Kruster, Mückenlarven, Algen und die berühmten daúd = Würmer (Artemia sal.). Eine Rohrart wächst am Ufer der Seen und Binsen in Sümpfen und Sebken, welche die freie Wasserfläche fortsetzen. In der Umgebung der Seen stößt man beim Graben auf süßes Grundwasser.

In den letzten Jahren untersuchte Dr. N. RICHTER die drei großen Seen (und zwei kleine Tümpel) in der Caldera (D = 4,5 km) des Vulkans Wau en Namus. Sie wurden ausgelotet, die Wassertemperatur gemessen, Salzgehalt und Verdunstung bestimmt. Die Seen liegen in 430 m Mh., 100 m unter der Umgebung, ihre Größe betrug damals zusammen etwa 320 000 qm. Bis auf den stark salzhaltigen See im S waren sie rings von einem dichten, ca. 4 m hohen Rohrstreifen umgeben, in dem Bleßhühner und Mückenlarven lebten. Am Ufer des stark salzhaltigen Sees wuchs ein lockerer Tamariskenstreifen, nur an einzelnen Stellen niedriges Rohr. Er ist ohne tierisches Leben. Seine Wasseranalyse ergab: NaCl 97 720 mg/l; Cl^- 59 210 mg/l; SO_4^{--} 31 451 mg/l (RICHTER). Der Salzgehalt des mittleren Sees betrug nur $^1/_8$ dieser Menge, der von Algen grüne See im N hielt etwa die Mitte zwischen beiden. Trinkwasser konnte zwischen den beiden letzten Seen aus etwa 1 m Tiefe gewonnen werden. Unmittelbar am Südsee, $^1/_2$ m vom Ufer entfernt, hatte ein Fennek, fuchsartiges Tier, sich kleine oberflächliche Löcher gewühlt, in denen trinkbares Wasser stand. Einige kleine Palmhaine wuchsen in einiger Entfernung von den Seen auf dem Kraterboden (Temperaturen siehe RICHTER 1960).

Die größte Tiefe der Seen wurde mit 15—16 m festgestellt, jährliche Schwankungen des Wasserspiegels mit über 1 m. Verdunstungsmessungen auf den Gewässern ergaben eine jährliche Mindesthöhe von 5000 mm, d. h. die Gesamtoberfläche der Seen gibt 1,6 Mill. cbm an die Atmosphäre ab, von denen so gut wie nichts durch Regen wiedererstattet wird. Der allgemeine Grundwasserhorizont, dem der Wau en Namus angehört, verfügt anscheinend über so große Reserven, daß dieser jährliche Verlust keine Rolle spielt.

In der flachen Senke von Kufra (el Dschof) liegen 2 kleine Seen, im W der See Hafun, in einer etwa 9 m tief in die Ebene eingesenkten Schale. Er besitzt meist steile, sandige Ufer, ist etwa 325 qm groß, sein Wasserspiegel liegt 383 m ü. Mh., schwankt mit dem Grundwasser, die Tiefe beträgt ca. 3,8 m. Das Wasser ist klar und so stark salzhaltig, daß man ohne zu schwimmen über Wasser bleibt. Im E der Oase befindet sich der ähnlich große See von Buema. Vom flacheren Südufer dringt Röhricht gegen den See vor, Mückenlarven, kleine Kruster und Algen beleben das salzige Wasser. Dicht an der Nordostecke des Sees liegt ein Brunnen mit nur schwach brackigem, trinkbarem Wasser (Abb. 17).

Ein 3,5 km langer Brackwassersee, umgeben von Palmen, befindet sich am SW-Fuße des kleinen Dschebel Bzema.

Die übrigen Seen Libyens sind nur klein und wenige qm groß. So liegen noch zwei Salztümpel an der SW-Ecke der Stadtmauer von Murzuk, die für die Verbreitung von Malariamücken sorgten (Abb. 18). Andere sind trockengelegt und heute ohne Wasser. Sie bilden den Übergang zu den Sebken, den Salzsümpfen und Pfannen. Weitere Seen und Tümpel mit Süßwasser enthalten die

Oasen von Elbarcat bei Gat und mehrere (6) bei Traghen im östlichen Fezzan. An beiden Stellen wurde vor Baden gewarnt, da sie die Schnecke Bulinus contortus enthalten, die Zwischenwirt der Bilharzia ist. Zu erwähnen wären hier noch die Quellseen artesischer Quellen, z. B. die bei Brak, Gira, Agar, Gadames, dann der kleine See in der Rumiaschlucht (Jefren) und der von Farga bei Dschado.

Im SW von Gat in der Tassili, am Wege nach Dschanet, beobachtete man kleine Süßwassertümpel in Felsbecken, die keine Zu- und Abflüsse besitzen und vom Regen bzw. von zeitlichen Quellen der Nachbarschaft gespeist werden. Sie leiten zu den „Galtet", geschützte Wasserlöcher voll (meist Regen) Wasser, über, die bei ungenügender Zufuhr leicht austrocknen.

Solche zeitlichen Regenwassertümpel findet man oft auch dort, wo Wasser über Steilwände in ein Wadi stürzt und einen Kolk aushöhlt, in schmalen Schluchten, die gegen die Sonne geschützt sind, aber auch z. B. in der Harudsch in natürlichen Vertiefungen des rauhen Basaltgeländes, in denen nach Regen sich oft bis 50 cm tiefes Wasser ansammelt. Im Jahre 1963 waren selbst große Becken im Westen des Basaltgebirges bis 2 m Höhe durch Regenfälle angefüllt worden. Beim Austrocknen bedeckt sich der in Polygone zerspringende Boden kaum einmal mit Salzkristallen. Auf der Hamada el Hamra stehen nach Regen noch kurze Zeit flache, z. T. ausgedehnte Regenwasserpfannen (Abb. 19).

c) Sebken und Salzsümpfe

Sehr viel verbreiteter als Seen sind *Sebken* und *Salzsümpfe*. In ihren tiefsten Teilen steht oft Salzwasser, das sich in Regenzeiten besonders in Küstennähe, also noch im Gebiete der Salzsteppen, zu Seen vergrößert. Beim Austrocknen scheidet sich auf dem tonig-schlammigen Boden eine weiße Salzkruste aus, der trockne Lehmboden zerplatzt in große Polygone. Solche Sebken kann man an der NW-Grenze Libyens, westl. von Zuara, beobachten. Von der Küste ziehen sie z. T. bis 50 km weit ins Innere. Sie sind von niedriger Buschvegetation umgeben, bilden ausgedehnte, schwach salzige Seen im Winter, in der Übergangszeit graue, schlammige Salzsümpfe. Es tritt in ihnen auch das versickerte Grundwasser der kleinen Wadis zutage, die von dem 80 km entfernten tripolitanischen Dschebel herabkommen und im Vorlande auf flachen Schuttfächern versickern.

Diese Sebken bilden schon den Übergang zu den winterlichen Haffseen, welche die Küste dort begleiten, wo sie von einem Dünengürtel gebildet wird. Meist sind sie schmal und langgestreckt, oft wächst auf ihren Salz-Tonböden eine schüttere Zwergbuschvegetation, dann verbreitern sie sich stellenweise weit in das Innere, z. B. in den Mugtaa-Sebken in der Mündung des Wadi Faregh (Cyrenaica) oder in der größten, der Sebka Tauorga (2500 qkm). In ihr enden die Grundwasserströme der großen Wadis Soffedschin und Zemzem in großen starken Quellen, und der Wadis, die vom Dschebel Tarhuna kommen.

Eine Menge kleinere und größere Sebken liegt im Übergangsgebiet zu der Wüste meist in flachen Senken (Grarets), in denen das abkommende Wasser von Wadis bzw. Grundwasserströmen sein Ende findet. Nur selten sieht man daher hier einmal in kleinen Tümpeln oberflächlich stehendes Wasser. Flacher oder grauer, harter, in Schollen zerbrochener Salzton bedeckt den Boden, der aussieht wie ein umgepflügtes Feld. Unter dem Salzton ist der Boden feucht. Die größeren Grarets, wie die von Geizel (Cyrenaica), werden noch von kleineren Wadibetten durchzogen, die oft in den Salzton eingeschnitten sind. Dünenreihen wandern über sie, kleine Inseln ragen aus ihnen heraus, oder es sind große Teile, wie bei der Sebka von Geneien (512 qkm), ganz von Sand überdeckt, so daß kaum der Sebkencharakter zu erkennen ist. Unmittelbar neben den Sebken wird oft in geringer Tiefe Süßwasser gefunden, wie z. B. unterhalb des zerfallenden Forts Sahabi der Bir Ressen.

In größerer Zahl sind die Sebken in den langen Talfurchen des Fezzan aufgereiht, z. B. dem Wadi Adschal, Wadi es Schati und anderen Tälern (Hofra, Hecma). 150 km lang ist z. B. der grüne Vegetationsstreifen, der dem Wadi Adschal zwischen Ubari und El Abiad folgt, Sebken wechseln mit Palmoasen oder Buschstreifen, und Süßwasserbrunnen geben die Möglichkeit, Gärten und Dörfer anzulegen. Außer den Salzpfannen gibt es auch Gipsausscheidungen ($CaSO_4$) in Gipspfannen, z. B. bei Socna, Hon (Dschofra) und a. O.

Zu den Salzkonzentrationen in den Sebken kommt es durch die dauernde Zufuhr von vadosem Wasser und eine starke kontinuierliche Evaporation. Untersuchungen ergaben, daß im allgemeinen NaCl und MgCl vorherrschen, aber auch die Salze der K^- und Ca^- vorhanden sind.

d) Grundwasser und Quellen

Außer den schon erwähnten Wasservorkommen wird das *Grundwasser* noch durch *Quellen* und *Brunnen* erschlossen. Einzelne Gebiete Libyens, auch in der Wüste, sind quellreich, im Norden z. B. der Quellhorizont am Fuße des tripolitanischen Dschebels von Tischi (Tigi) bis Bu Gheilan, auch die Sebka von Tauorga, dann im Fezzan besonders die Gegend um Brak (Wadi es Schati zwischen Maharuga und Gira mit 277 Quellen (italienische Zählung)), oder das Karstgebiet des Dschebel Achdar, in dem eine Anzahl Riesenquellen vorhanden ist. Die Quellen der Wüste sind meist Schichtquellen, Quarzsande sind die Wasserträger und tonigmergelige Gesteine die Stauer. Das Wasser tritt oft längs eines Quellhorizontes heraus, läuft noch eine kurze Strecke und versickert oder verdunstet in einem Quellsumpf mit etwas Vegetation. Die Einheimischen stauen das Wasser mittels eines niedrigen Walles fast unmittelbar am Austritt (Abb. 21) und leiten es durch einen Kanal zu Bewässerungszwecken weiter, oft graben sie auch die Quelle aus, so daß das Wasser am Grunde eines kleinen Kraters zutage tritt (Abb. 20). Im Fezzan, besonders im Wadi Adschal, kommt Wasser aus den nubischen Schichten des Mesak Settafed, der Serir Murzuk bzw. Um Alla (588 Brunnen). Schon die Garamanten haben lange Tunnel, sog. Foggaras, durch die Schuttfächer der Wadis gegen den Stufenhang gegraben, das Wasser durch Kaptation (Einfangen) unterirdisch gesammelt und gegen die Oasen zur Bewässerung der Gärten geleitet. Hier sind heute wohl alle Foggaras eingestürzt, es gibt auch niemanden mehr, der sie auszubessern und zu reinigen verstünde. Nur in einigen Oasen wie Zella oder Zuila sind einzelne heute noch im Betrieb.

Auf dem Plateau des Dschebel Achdar lassen die oberen relativ flach gelagerten tertiären Kalkschichten das Wasser rasch versickern. In der Tiefe haben sich in diesem regenreichen Gebiet (500—600 mm im Jahr) vornehmlich über tonig-mergeligen Serien Karstflüsse entwickelt, die an verschiedenen Stellen durch Erosion angeschnitten als Riesenquellen zutage treten. Die bekannteste ist die Ain Schahat, die alte Apolloquelle, welche den Ort Cyrene noch heute mit Wasser versorgt. Die Ain Mara, deren Quellhorizont (6 Brunnenstuben) in 350 m Mh erschlossen ist und deren Quellen 70 hl/sec. liefern, soll mit ihrem Wasser einmal die östlich gelegenen Gebiete bewässern. Die Ain Mansur des Wadi Derna beliefert die gleichnamige Stadt, das Wasser der Quelle el Bilad aus demselben Wadi ist bis Tobruk geleitet worden. Die größte Karstquelle ist die Ain Debussia südlich Latrun, deren Wasser Beda, Messa, Barce und Umgegend versorgen soll (Abb. 22).

Die alten Siedler haben auf der Hochfläche eine große Zahl Zisternen hinterlassen, die noch heute Regenwasser sammeln. Bekannt ist auch die große Stadtzisterne von Tolmeta (Ptolemais) mit einem Rauminhalt von ca. 6500 cbm geworden, die ihr Wasser aus einer perennierenden Quelle von 1 l/sec. erhielt. Sie wurde im 6. Jhdt. durch Justinian noch einmal erneuert, war über 1000 Jahre im Gebrauch und wird heute (1965) wieder freigelegt. Neben diesen gibt es auf dem Dschebel Achdar noch weitere kleine Quellen.

Nördlich von Benghasi tritt eine Riesenquelle, die Ain Zeiana, am Rande des gleichnamigen Haffsees aus. Unweit davon erfüllt Wasser eine Reihe von Einsturzdolinen in der Küstenebene, z. B. den See el Mgarin, den „Rommel"see, und vom Dschebel kommende unterirdische Ströme lassen sich in der Doline von Lete beobachten und speisen die Brunnen von el Guarscha und el Coefia oder stauen sich in Sebken in Meernähe (z. B. bei Gariunes). Nach Benghasi wird heute Karstwasser aus der Umgegend von Benina geleitet. Neuerdings hat man auch östlich bei er Regima reichlich Wasser gefunden.

Brunnen sind in allen Gebieten, in denen der oberste Grundwasserspiegel bis dicht unter die Oberfläche reicht, gegraben (Abb. 23), einmal für die Versorgung der Bevölkerung, dann für die Bewässerung der Oasen (Abb. 25 bis 27). Wie erwähnt, ist neben Sebken und Salzseen das Wasser oft süß oder doch nur so wenig brackig, daß es getrunken werden kann. Bei Bewässerungsanbau muß für dauernden Wasserabfluß eventuell durch unterirdisch verlegte Rohre gesorgt werden, damit der Boden nicht versalzt. Unter Umständen muß, um den Boden weiter verwerten zu können, die oberste Salzkruste (Abb. 24) abgehoben werden (Fezzan).

In der Dschefara, wo die Eingeborenen um Tripolis in den Oasen das Wasser aus etwa 4—6 m Tiefe mit dem Dalu (Stangengerüst über Brunnen, Handbetrieb und Esel) hoben, wurde im südlichen Gebiet infolge der italienischen Besiedlung der obere quartäre Grundwasserhorizont durch etwa 8500 Brunnen erschlossen (siehe Abb. A und B). Es werden jetzt auch Windmotore und elektrische Pumpen benutzt (Dalu heute nur noch 17%). Die Farmer waren im allgemeinen mit 3—8 cbm/h Wasser für 1 ha zufrieden. Für den Wasserverbrauch der Stadt und für die größeren italienischen Siedlungsunternehmen, die durch die mechanischen Pumpen bald den oberen Horizont zu stark in Anspruch nahmen, wurde ein 2. quartärer Horizont erschlossen, der ebenfalls von guter Qualität ist und nur in Küstennähe durch Überpumpen und dann eindringendes Seewasser verschlechtert wird. Er ist vom ersten durch tyrrhenische tonige Ablagerung getrennt. Das tiefere artesische Grundwasser (3. Horizont) aus miozänen Schichten dagegen ist oft von so minderer Qualität, daß es nur in Vermischung mit gutem Wasser für Vieh und Bewässerungszwecke brauchbar ist. Diese artesischen Brunnen häufen sich in der östlichen Dschefara besonders um Tripolis. Wo der erste und zweite Grundwasserhorizont durch Ölpumpen stärker beansprucht wird, erhebt sich schon das Problem mit der Frage des Wiederauffüllens. Jedenfalls ist ein allgemeines Absinken des Grundwasserspiegels um 4—8 m über weite Gebiete an einzelnen Stellen, z. B. bei Ben Gashir um 14—16 m (seit 1930) festgestellt worden. Nach Beobachtungen wird der quartäre aber auch der miozäne artesische Grundwasserhorizont durch Regenwasser gespeist, das auf dem Dschebel und seinem Vorland fiel. Durch Stauung, Ablenkung und Aufsplitterung des Wadi Megenin Hochwassers nach dem Austritt aus dem Gebirge hofft man, außer einer Bewässerung des

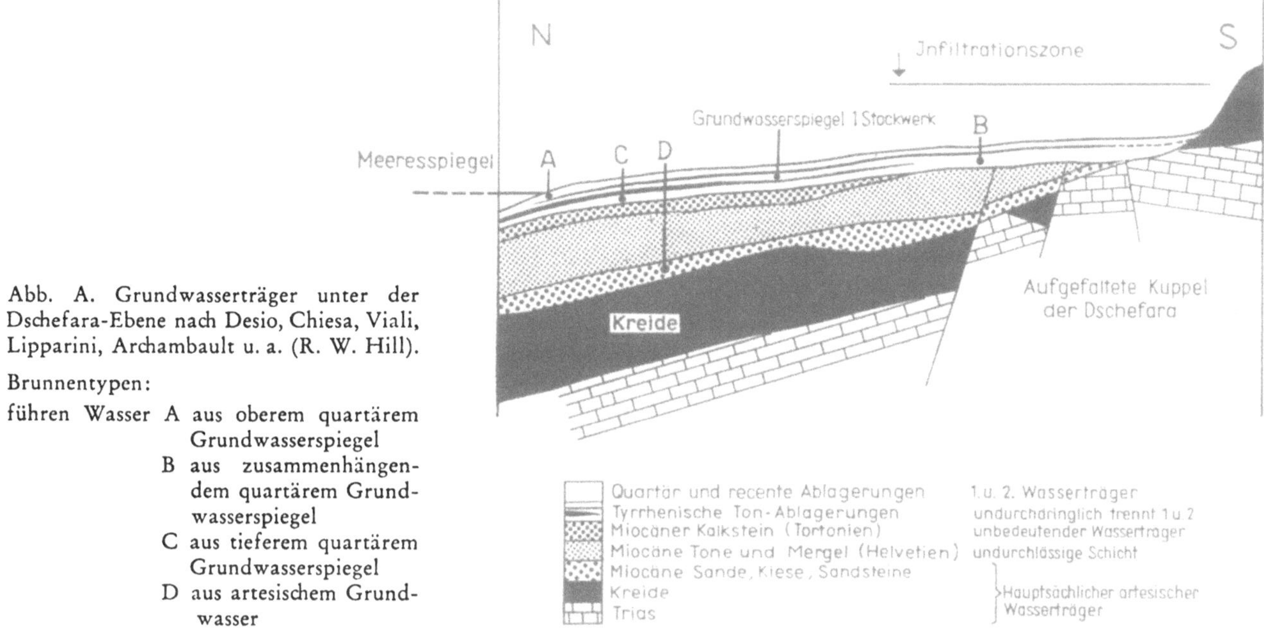

Abb. A. Grundwasserträger unter der Dschefara-Ebene nach Desio, Chiesa, Viali, Lipparini, Archambault u. a. (R. W. Hill).

Brunnentypen:

führen Wasser A aus oberem quartärem Grundwasserspiegel
B aus zusammenhängendem quartärem Grundwasserspiegel
C aus tieferem quartärem Grundwasserspiegel
D aus artesischem Grundwasser

Bodens für den Anbau noch eine zusätzliche Auffüllung des Grundwassers zu erreichen. In der östlichen Dschefara, wo weniger Grundwasser vorhanden ist und der quartäre Spiegel auch tiefer liegt, mußten Zisternen erbaut werden, die oberflächlich abfließendes Regenwasser sammeln.

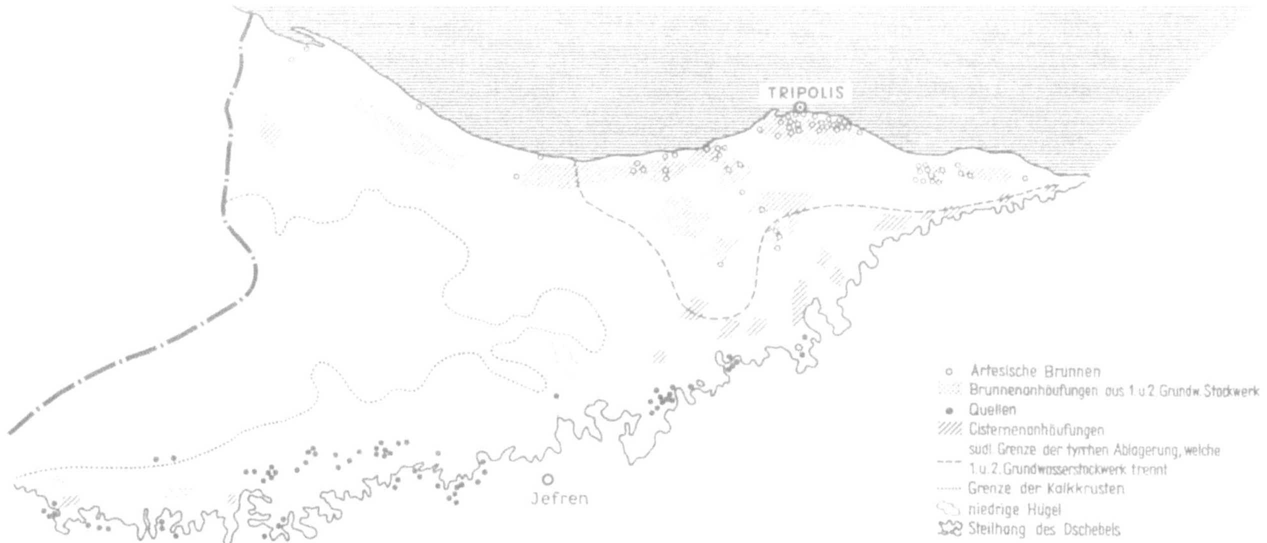

Abb. B. Wasservorkommen in der Dschefara-Ebene (nach Willimott und Clarke aus Hill).

Auch in den quellenreichen Gebieten des Fezzan (s. o.) ist zusätzlich durch die Franzosen Wasser erschlossen worden, u. a. auch artesisches aus tieferen nubischen Schichten. Dadurch wird einmal das Grundwassernetz stärker in Anspruch genommen, zweitens ist zuviel Wasser da, das wegen der geringen Bodenunterschiede bei Bewässerung nicht genügend abfließt, so daß sich z. B. bei Brak infolge Verdunstung die Versalzung neu angelegter Felder und das Aufsteigen des Wassers in den Hauswänden des Dorfes unangenehm bemerkbar macht. Durch Schließen der meisten Brunnen soll jetzt wieder ein Gleichgewicht hergestellt sein. Im allgemeinen beobachtet man im Wadi es Schati und im Wadi Adschal eine Zunahme in der Tiefe des Grundwassers von E nach W, im ersteren von 1 m auf etwa 20 m, im Adschal von 1—2 m auf 6 m, so daß man hier einen Grundwasserstrom von E nach W annimmt. Auch eine Zunahme der Salze wurde festgestellt. NaCl, MgCl, Ca^-, weniger S^-, an einigen Stellen auch Oxyde und Hydroxyde des Eisens (Wadi es Schati und bei Serdeles), kommen in verschiedener Konzentration im ganzen Fezzan vor. Den stärksten Gehalt an Salzen (Cl 7,1) soll der Brunnen im Fort von Brak haben. Bei Gat enthält das Brunnenwasser durchweg weniger Cl-Verbindungen als weiter östlich (Abb. 7).

Wie es im Inneren Libyens im einzelnen mit dem Grundwasesr bestellt ist, ist noch zweifelhaft. Wahrscheinlich handelt es sich auch im Fezzan um keinen kontinuierlichen Wasserspiegel. Während großer Trockenheit versiegen z. B. manche Brunnen, andere bleiben. Bei Tiefbohrungen hat man oft wechselnde Tonschichten festgestellt, über denen in der Tiefe brauchbares Wasser gefunden wurde, dessen Vorhandensein auf Infiltration zurückgeführt wird. In Dünen bilden sich trotz spärlicher Regenfälle in langsamer Nachfüllung lokale Wassersäcke, an deren Rande sich oft beschränkt leistungsfähige Brunnen befinden.

Die Hofra (südl. Fezzan) erhält ihr Wasser von der Serir el Gattusa und dem Dschebel Ben Gnema, letzterer versorgt auch das Wadi Hecma. Das Kufrabecken soll Grundwasser z. T. aus Tibesti beziehen. Es verfügt jedenfalls über durchweg brauchbares Wasser. Der Salzgehalt des Brunnen von El Dschof z. B. ist gering. Analysen ergaben bei Brunnentiefen von 4 m aus Sandsteinen einen Gehalt an Cl^- von nur etwa 0,3 g/l, näher der Sebka bei Tiefen von 1—2 m Cl^- gegen 0,8 g/l. Noch besser ist die Wasserqualität oberhalb der Oase bei et Tag, wo der Chlorgehalt aus 13—16 m tiefen Brunnen nur 0,05 bis 0,1 g/l beträgt. Auch die übrigen Oasen des Kufragebietes haben im allgemeinen gutes Wasser, wenn manche Brunnen auch etwas stärker versalzt sind, z. B. in Tazerbo Cl^- 0,7 bis 2,1 g/l.

Die Dschalo-Oasen sind diesen gegenüber sehr viel schlechter gestellt. Bei el Ergh hält sich der Salzgehalt der Brunnen zwischen Cl^- 1,95 g/l bis 3,5 g/l, in Dschkerra sogar in einzelnen der 7—12 m tiefen Brunnen um 8,85 g/l mit reichlich Ca, Magnestum und Sulfaten.

Nur bei Bettafal stößt man bei etwa 1 m Tiefe auf Wasser mit Cl^- 0,56 g/l.

Überall dort, wo der Grundwasserspiegel nicht oberflächlich liegt, ist die Zahl der Brunnen spärlich. Über 30 m Tiefe reichen sie aber auch in diesen Gebieten nur selten (Sarra-Brunnen 68 m).

In Wadis trifft man manchmal auf Tmeds, kleine unterirdische Wasseransammlungen in Aushöhlungen des Gesteins, die mit Sand oder Schutt ausgefüllt sind. Diese verhindern die Verdunstung des Wassers, das sich oft einige Jahre in den Vertiefungen hält.

Die Karten 5 und 6, die nach Karten der United States Agency for International Development entwickelt wurden, zeigen die angenäherte Tiefe des Grundwassers unter der Landoberfläche und die chemische Qualität desselben.

Relativ oberflächlich gelegenes Wasser wird im geologischen Syrtebecken, im Kufrabecken, im Becken des Fezzan und in den küstennahen Gebieten gefunden. Am tiefsten liegt das Wasser im miozänen Kalkgebiet des Dschebels Achdar, soweit es nicht Karstwasser bildet und in tieferen Waditälern als Quelle an die Oberfläche tritt, weiter im Rücken des tripolitanischen Dschebels im Gebiete der Hamada el Hamra (paläozäne Kalke) und am Westrande des Syrtebeckens (miozäne Kalke).

In diesen Gebieten findet man auch das am stärksten versalzte Wasser. Aus je tieferen Schichten es stammt, um so salzhaltiger ist es. Oberflächlich relativ süßes Wasser liefern im allgemeinen benachbarte Höhenzüge, z. B. das von Brak, der Dschebel Fezzan und Gargaf (W. es Schati), das des Wadi Adschal, die Steilstufe des Mesak und der Serir von Murzuk. Das Grundwasser der Dschefara Tripolitaniens stammt vom Dschebel Nefusa, das der nordwestlichen Küstenebene der Cyrenaica (Barga el Hamra) und des nordöstlichen anschließenden Küstenstreifens von dem Dschebel Achdar.

4. Das Klima

Das Klima Libyens wird durch den Gegensatz von Mittelmeer und Sahara bestimmt. Zwischen Meer und Wüste schiebt sich längs der Küste ein stärker beregneter Küstengürtel. Von diesem ist unmittelbar an der Küste ein 3—5 km breiter Streifen stärker der Feuchtigkeit und den Winden aus NW—NE mit Einfluß auf Temperatur und Regen, das libysch-mittelmeerische Küstenklima, ausgesetzt. Auf ihn folgt in Tripolitanien und der Cyrenaica in den Ebenen bzw. dem niedrigen Hügelland ein noch relativ feuchter Küstensteppenklimastreifen, der der Syrte fehlt und nach dem Inneren zu in ein kontinentales Steppenklima übergeht. In der Syrte erreicht dieses fast das Meer. Es unterscheidet sich gegenüber dem ersteren durch zunehmende Wärmegrade, aber auch abnehmende Regen. Aus dieser Zone ragen die Hochflächen des tripolitanischen Dschebels und des Dschebels Achdar, beide über 800 m hoch. Sie besitzen ein feuchteres und kühleres Höhenklima, das bes. in dem feuchteren Hochlande der Cyrenaica mediterranem Klima ähnelt. Nach S folgt ein Übergangsstreifen zur Wüste, das Vorwüstenklima, in dem die kontinentale Steppe (Salzpflanzensteppe) mit abnehmender Feuchtigkeit, also Trockenheit und weiter steigenden Temperaturen, verarmt und in die Wüstenflora übergeht. Aus der Vorwüste erheben sich noch einzelne höhere Bergzüge (Dschebel Waddan 650 m), die geringfügige Abweichungen in Regenzunahme und Temperatur zeigen und sich damit dem Steppenklima nähern. Die 50 mm Isohyete kann man im allgemeinen als Grenze zur Vollwüste ansehen. Auch in ihr erhalten einzelne höhere Gebirge (Harudsch [1200 m], Dschebel Fezzan = Nab el Geru [1500 m], Dschebel es Soda [800 m]) etwas mehr Regen. Hochgebirgssteppe entwickelt sich erst außerhalb Libyens in Tibesti in 1800—2000 m. Von Ägypten her stößt ein Keil Extremwüste nach dem W bis gegen den Dschebel Ben Gnema vor, der sich schon durch verschwindende Regenfälle, sehr starke Verdunstung und fast keinen Pflanzenwuchs auszeichnet. Die küstennahen Gebiete sind hinsichtlich des Klimaablaufs besser bekannt als das wüstenhafte Innere, das nur wenige Beobachtungsstationen besitzt (Karten 7—11).

a) Steppenklima

Die größten Gegensätze zeigt das Steppenklima zwischen Winter und Sommer. Die Winter sind regenreicher und milde, die Sommer regenarm und heiß. Die Übergänge zwischen beiden Jahreszeiten sind nur kurz. Zu Beginn des *Winters* rückt der Roßbreitengürtel mit hohem Druck langsam nach S und bildet von den Azoren ausgehend südlich des Atlasgebirges und auf den Hochflächen der Schotts ein Hochdruckgebiet aus, dem über dem Ahaggar ein kleineres Hochdruckgebiet vorgelagert ist. Von beiden reicht das Druckgefälle bis in den Tropengürtel, d. h. der NE-Passat, der im Sommer vom Mittelmeer her ins Land wehte, wird weiter südlich in die Sahara verlagert. Dafür kommen jetzt von NW her bis an die nordafrikanische Küste winterliche Zyklone, die hier an der Polarfront nach E wandern und feuchte atlantische Luft nach Osten bringen. Anfang Oktober ist es meist noch warm und schön, kühlere Seewinde mildern die Hitze. Bald aber sieht man draußen auf See dunkle Wolken sich ballen, in der Nacht beobachtet man fernes Wetterleuchten, bis nach wenigen Tagen sich die Wolken heranschieben und das erste Gewitter mit heftigen Regen entlädt. Meist wehte am vorhergehenden Tag ein heißer, schwüler Wind aus S (Gibli). Damit hat der Herbst begonnen. Die Gewitter mit Regenfällen wiederholen sich vielleicht unter wechselndem Südwind und NW bis NE einige Tage, dann bleibt es oft für Wochen schön und angenehm, oft mit morgendlicher Nebelbildung in Küstennähe, bis manchmal wieder mehrtägige Regen einsetzen. So wechselt das Wetter bis zum Beginn des regenlosen Sommers. In der Cyrenaica beginnen die Regenfälle in der Küstenebene im allgemeinen etwas später, Wolken bilden sich aber schon früher über dem Dschebel Achdar, und endlich fallen auch hier unter NW-Sturm die ersten Regen, die für den Beginn der Aussaat in der Landwirtschaft wichtig sind.

Die Regenmengen sind nicht sehr hoch. Längere Beobachtungsreihen besitzen nur Tripolis (seit 1879) und Benghasi (seit 1881), die übrigen reichen nur zum kleineren Teil über 1914 zurück. Tripolis erhält bei etwa 54 Regentagen im Mittel 370 mm (Sidi Mesri 382 mm) Niederschlag im Jahr. Die Schwankungen von Jahr zu Jahr sind aber beträchtlich und man beobachtete schon über 750 mm und weniger als 160 mm. Dabei liegt oft die Regenmenge innerhalb 24 Std. um 100 mm, d. h. an einem Tage fällt fast $^1/_4$ der zu erwartenden Regen. Die tieferen Stellen der Wege in der Umgebung der Stadt stehen dann tagelang unter Wasser.

Tripolis liegt an der Küste. Nach dem Inneren zu nehmen die Regen ab und schon Azizia (Küstensteppenklima) erhält nur noch 214 mm im Jahresmittel. Nach dem Dschebelvorland im S wie gegen die tunesische Grenze geht die Regenmenge noch mehr zurück (Tigi 140,4 mm), erst der Dschebel steigert sie wieder in Garian im Mittel bis zu 322 mm (Schwankung zwischen 510 und 63,5 mm beobachtet), in Nalut im W auf 138 mm, in Cussabat im Osten auf 321 mm. Auf den südlichen Hochflächen erfolgt eine Regenabnahme. Misda hat im Mittel nur noch 62 mm, Beni Ulid 58 mm. Die höchsten hier beobachteten Jahresregen haben 200 mm noch nicht überschritten, die geringsten zeigen mit 22 bzw. 9,2 mm schon die Lage nahe dem Wüstenrande an. Und doch erwartet man auch hier sehnlichst die dunklen Wolken aus NW, welche die spärlichen Herbstregen bringen, aber doch den Nomaden in den Wadis eine Bestellung ihrer kümmerlichen Felder erlauben.

Die Temperaturen in Tripolis bewegen sich *im Winter* im Mittel um 12,3° mit einem Januarmittel von 9,3°. Dieses zeigt Tagesschwankungen zwischen 3,1° und 23,5°, das heißt, die Wintertage sind recht erträglich. Etwas niedriger liegen die Temperaturmittel im Hinterlande um 10 bis 12°, dafür sind die täglichen Schwankungen etwas größer. Im Hochlande mit einem Januarmittel von 8° können die Temperaturen gelegentlich unter den Gefrierpunkt hinuntergehen, in den Morgenstunden hat man in Garian bis —15° gemessen. Ab und zu kommt es auch im Winter zu einem Gibli (Südwind), der wenigstens für kurze Zeit das Thermometer auf über 35° hinauftreiben kann.

In der Syrtenlandschaft, nach dem Osten zu, werden die Regenmengen geringer (Syrte im Mittel 171 mm, Agheila 97,8 mm, Adschedabia 130 mm), um dann in der Cyrenaica schon in den Ebenen westlich des Dschebel Achdar wieder anzusteigen; Ghemines hat noch 191,2 mm, Benghasi schon 258,8 mm. Die Schwankungen von Jahr zu Jahr sind auch hier beträchtlich, die höchste Messung ergab 489,7 mm, die niedrigste 118 mm. Gegen das Gebirge erfolgt dann ein schneller Anstieg der Werte. Barce (el Merj, 282 m) erhält im Mittel 484,7 mm mit Jahresschwankungen von 773,3 mm bis 280,3 mm, Messa, schon am Rande der Hochfläche, 649,9 mm und Cyrene (621 m) 595,5 mm in 59 Regentagen bei Schwankungen zwischen 1348,8 und 278,4 mm. Ebenso schnell vermindern sich nach Osten die Regenmengen. In Derna an der Küste fallen im Mittel nur noch 285,2 mm, in Tmimi, im Regenschatten des Dschebel Achdar nur noch 74,6 und in Mechili am südlichen Gebirgshange nur noch 56,4 mm. In der Marmarika setzt sich die Abnahme der Regen nach E fort, Tobruk hat im Mittel nur noch 145,7 mm, Amseat in der Steppe nahe der ägyptischen Grenze 60,4 mm.

Die mittleren Januartemperaturen liegen an der Küste in Benghasi mit 11—12° etwas höher als im W, auf der Hochfläche um 8° (Cyrene 9,2°). Hier kann es ebenso wie im tripolitanischen Dschebel zu gelegentlichen Schneefällen kommen.

Die letzten Winterregen fallen im März, auch noch im April. Sie sind meist kalt und ungemütlich, durchfeuchten aber noch einmal den Boden. Jetzt beginnt die Steppe, soweit sie Regen erhalten hat, zu blühen, und auch für die Reife der Saaten und den Ernteausfall ist ihre Menge von Wert. Der Hochdruckgürtel der Roßbreiten verlagert sich langsam nach N, ein Saharatief bildet sich südlich des Wendekreises, und der die schönen Tage bringende sommerliche NE-Passat setzt sich durch. Bald beginnt aber auch hier und da der heiße Südwind, der Gibli, zunächst nur kürzer, dann aber für mehrere Tage aus der Wüste in die Steppe zu wehen, der die ruhigen Passattage unterbricht. Nur selten einmal kommt es im Gegeneinander der Winde zu kurzen lokalen Gewittergüssen, die oft nicht einmal den Boden erreichen. Monatelang kann *der Sommer* ohne jeglichen Regenfall sein. Bleiben die Frühjahrsregen aus oder sind sie nur schwach, werden die Getreideernten schwer geschädigt. Eine Milderung der Trockenheit bringen dann wenigstens in den Küstengegenden manchmal morgendliche Nebelbildungen und Taufälle infolge starker nächtlicher Ausstrahlung. Die mittlere relative Luftfeuchtigkeit beträgt bei Tripolis um 65%, in der Küstenebene 60 bis 40%. Bei Gibli kann sie rasch bis auf 20% und darunter sinken.

Als Beispiel für das Ausmaß der gelegentlichen Trokkenheiten seien die Jahre 1927/28 angeführt. In Tripolis brachte das Jahr 1927 im ganzen 196,7 mm Regen, von Mai bis November waren 187 Tage regenlos, einzelne Regentage unterbrachen dann die Trockenperiode, die sich 1928 von Anfang April bis November mit 220 regenlosen Tagen fortsetzte. Die Gesamtregenmenge im Jahre 1928 betrug 341,5 mm. Auch die folgenden Jahre wiesen noch Perioden mit über 100 Tagen ohne Regenfall und Jahresmengen unter dem Mittel auf. Ähnliche Trockenperioden werden auch im Dschebel und in der Cyrenaica beobachtet.

Die Temperaturen liegen in Tripolis im Julimittel um 26,7°. In den Morgenstunden zeigt das Thermometer um 18° und steigt im Laufe des Tages auf 32 bis 33°. Der NE-Wind läßt die Wärme nicht unangenehm werden. Erst wenn der NE aufhört, der Himmel sich mit Streifenwolken bedeckt und eine leichte Südströmung einsetzt, wird es heiß und schwül. Der Gibli weht bald heftiger, feiner Staub behindert die Sicht. Allmählich kann bei drückender Schwüle die Temperatur auf 40°, sogar auf 45° steigen. Nach 1—3(—7) Tagen läßt gewöhnlich der Sturm nach, der Wind dreht auf NE zurück, die Atmosphäre ist schnell gereinigt und im klaren Blau strahlt wieder der Himmel. Bei längerer Dauer des Südwindes werden wegen der geringen relativen Luftfeuchtigkeit die Pflanzungen stark mitgenommen. Die Blätter welken und die Ernten werden vernichtet.

In der Küstenebene verhalten sich die Temperaturen ähnlich, auch gegenüber dem Dschebel sind die Unterschiede nicht wesentlich. Das Hochland der Cyrenaica hat im Durchschnitt etwas niedrigere Temperaturen (Cyrene im Julimittel 23,7°), die tagsüber 25° und 26° selten überschreiten. Dieses etwas kühlere Hochlandklima wird von den europäischen Familien aus Benghasi gern zur Erholung aufgesucht.

Mittlere Temperaturen in °C:

Cyrenaica		
Benghasi	Jan. 13,5°	Aug. 26,3°
Derna	Jan. 13,3°	Juli 24,7°
Cyrene	Jan. 8,5°	Juli 23,7°
Tripolitanien		
Tripolis	Jan. 12,0°	Juli 26,3°
Homs	Jan. 13,2°	Juli 26,2°
Azizia	Jan. 11,3°	Juli 28,7°
Garian	Jan. 8,3°	Juli 26,5°
Nalut	Jan. 7,8°	Juli 27,9°

b) Wüstenklima

Auch in der Wüste gibt es Winter und Sommer mit kurzen Übergängen im März und im Oktober. Die *Winter* sind charakterisiert durch warme bis kühle Temperaturen, die an manchen Tagen in den Morgenstunden bis unter den Gefrierpunkt sinken können, und unregelmäßige, meist kürzere, bösartige Regenfälle, die seltener einmal einige Tage anhalten und die gegen SE und E abnehmen. Die heißen Sommer sind fast regenlos. Die Verdunstung ist besonders im Sommer hoch. Während die relative Feuchtigkeit im Winter noch 50—40% beträgt, fällt sie im Sommer im Mittel auf 30—20% und darunter. Zeitweise kann sie sogar für Stunden unter 5% sinken.

Ausläufer der wandernden Zyklone dringen von NW her bis in die Wüste vor. Bis die Wolken sich auflösen, bringen sie noch Regen in den Fezzan und sogar bis in die Gegend des Wendekreises. Treffen nördliche und südliche Luftströmungen zusammen, kommt es leicht zur Bildung von Gewittern, die z. B. auf den Hochflächen der Hamada sich in heftigen Regengüssen entladen können, so daß ausgedehnte Regenseen entstehen (Okt. 1937). Auch Gebirgsinseln und Höhenstufen lösen an ihren W- und N-Seiten Gewitter mit Regenfällen aus. Im Nov. 1958 gewitterte es mit starken Regen über dem Dschebel es Soda und über der Harudsch, und in derselben Nacht zerstörten heftige Güsse, die an den Stufen des Mesach Settafed im Wadi Adschal niedergingen, das Dorf Gagra. In der südl. Hamada el Hamra fielen im Januar 62 Regen, die z. T. als Schneeregen bis gegen Edri im Wadi es Schati zu verfolgen waren. Zu gleicher Zeit war es im Dschebel es Soda zu Schneefällen gekommen. Im Nov. 1937 tobte nachts in der Gegend von Edri bis über Brak ein heftiges Gewitter, das auch die südliche Sandwüste (Edeien von Ubari) einbezog. Häuser stürzten in Maharuga und Agar ein. NW-Winde gelangen bis Gat, wo die Regen über der Tassili, dem Akakus und Tadrart fallen und die dortigen Wadis zum Anschwellen bringen (Jan. 1933). Vogel erlebte 1841 einen 7-tägigen Regen bei Murzuk, in dessen Umgebung die gefüllten Wadis großen Schaden anrichteten, Dr. Richter einen 24-stündigen Landregen am W-Rande der Harudsch, ich selbst Nov. 1937 auf diesem Hochlande mehrere Gewitter, die für die Viehzucht und den Regenfeldbau der Bevölkerung der Umgebung von großem Wert sind.

In den Herbstmonaten 1963 fielen in der westlichen Harudsch so starke Regen, daß die großen Becken bis zu 2 m angefüllt waren und Wadis bis zu 4 Monaten Wasser führten. Im gleichen Jahre zerstörten Fluten, die vom Dschebel Waddan kamen, an 13 Stellen die neue Asphaltstraße Bu Ngem—Sebha.

Es wurden in den nächstgelegenen Stationen an Regenfällen gemessen (nach Magazzini):

	Oktober 1963	Januar 1964	Februar 1964
Sirte	69 mm 12 Tage	86,8 mm 12 Tage	63,7 mm 3 Tage
Hon	26,9 mm 5 Tage	0,2 mm	0,6 mm
Sebha	37,2 mm 5 Tage	0,0 mm	0,0 mm

Im Februar 1958 kam es in Nordtibesti zu recht heftigen Gewitterregen. Diese werden vielleicht ausgelöst durch die Entstehung wandernder Minima im Grenzgebiet zwischen Harmattan und Monsun, die dann rückläufig die Sahara durchqueren und auf die Zentralgebirge treffen.

Im SW der libyschen Wüste kommt es also öfter, wenn auch nicht alljährlich zu ausgedehnteren und auch lokalen Regenfällen, die meist nur von Reisenden, seltener einmal von den wenigen Beobachtungsstationen in den Oasen erfaßt werden. Die Menge des Regenfalles ist in der freien Wüste nur selten einmal festgestellt worden. Man kann aber wohl sagen, daß gegen den Osten des Landes die Niederschläge noch geringer werden. Dezember 1957 z. B. kam es zu leichten Niederschlägen nördl. von Dschalo. Hassanein Bei berichtet aus dem März 1926 über einen zweimaligen Fall einiger Regentropfen aus der Serir Kalanscho. Wenige Regentropfen fielen Januar 1958 über Rebiana. Aus den nach N treibenden Wolken sah man Regen fallen, ohne daß sie die Erde erreichten. Andererseits fielen im südlicher gelegenen Auenatgebirge 1927 schwere Regen, die das tiefer gelegene Land durch abfließende Wadis bis zu einem Umkreis von 25 km unter Wasser setzten. Von Erdi und Kufra brachte man das Vieh hierher zur Weide. Im Jahre 1928 fielen noch einmal Sommerregen, aber 1931 mußte das Land wegen Wassermangels verlassen werden. Erst im Jahre 1934, 1937 und 1952 kam es wieder zu stärkeren Niederschlägen. Erstaunlich hoch war der Taufall in den extremsten Wüsten westlich von Kufra von Dezember 1957 bis Februar 1958. Jeden 2. oder 3. Tag, manchmal auch wenige Tage hintereinander, war er zu beobachten. Er fiel auch in der Oase Kufra selbst. Im März ließ sein Auftreten schnell nach.

Der winterliche Himmel ist selten ganz klar, meist ist er von hohen Streifenwolken oder Cirren bedeckt, auch kleine Cumuluswolken (Passatwolken) treiben mit dem Winde nach SW. Der Wind wechselt von NW über NE nach E, auch südliche Winde wehen für kürzere Zeit. Über Tag weht der Wind in der Wüste dauernd, läßt erst am Abend nach, um dann bis zum Morgen wieder zuzunehmen, wo er wieder eine kurze Unterbrechung erfährt. Bleiben die Unterbrechungen aus oder weht der Wind zu kräftig, fällt er einem Mitteleuropäer, der nicht im Auto und ohne Zelt reist, langsam auf die Nerven.

Die winterlichen Temperaturen sind in der Wüste außer an Giblitagen recht angenehm. Sie liegen tagsüber zwischen 5—8° und 18—22°, können an warmen Tagen auch bis auf 25° steigen, nur der Gibli treibt sie bis in die 30er Grade. In den Morgenstunden schöner Passattage fällt das Thermometer manchmal unter den Gefrierpunkt (Jan. 62 östlich von Gadames bis —6°). Schnell steigt die Temperatur unter den wärmenden Sonnenstrahlen wieder an. Die täglichen Temperaturschwankungen überschreiten jedenfalls nicht 35°.

Im *Sommer* weht über dem libyschen Wüstengebiet der NE-Passat, den besonders in den südöstlichen Gebieten zeitweise Ostwinde ersetzen. Unter ihrem Einfluß bleibt es bei schönen Tagen mit meist wolkenlosem Himmel, an dem die Temperaturen zwischen 18—20° und 35—40° liegen. Die abendliche Abkühlung auf 25 bis 28° ist angenehm und verspricht guten Schlaf. Unangenehm wird es nur, wenn der nächtliche Temperaturrückgang nicht unter 30° hinunter geht. Meist kommt dann auch bald der Südwind (Gibli) auf, mit heftigen heißen Windstößen, Verdunkelung der Luft durch Staub und drückender Schwüle. Die Wärmegrade steigen auf 45°, sogar auf 50°, sie sollen zeitweise sogar 55° erreichen. Mit Erleichterung werden nach einigen Tagen die frischen Winde des aufkommenden NE begrüßt, der wieder das ruhige, wenn auch heiße Sommerwetter bringt, an dem die Staubthromben mittags über die weiten Ebenen ziehen, aus denen flimmernd die Luft aufsteigt und eine Fata Morgana entstehen läßt.

Wenn es im N nur selten einmal zu einem Wärmegewitter mit kurzem Regenguß kommt, so wurden doch im S im Juli Regenfälle bzw. ihre Spuren von mir 1942 beobachtet. Am Fuße der Nordstufe des Amsach Mellet, westlich von Ubari, waren Vertiefungen in Torrentenbetten frisch aufgefüllt, und nahe von Serdeles überfiel uns ein heftiges Lokalgewitter mit einem 10 Minuten währenden starken Regenguß. Vermutlich entstehen diese Regen durch Monsuneinfluß, der sich manchmal noch nördlich der Zentralgebirge geltend macht. Auch die Sommerregen im Jahre 1928 um Auenat sind wohl auf ihn zurückzuführen.

Als Folge von heftigen Winden wurden in einiger Entfernung von ihnen auch sog. trockne Nebel beobachtet, die nur langsam vorrückten und die Gegend für eine

Zeitlang in Staub hüllten, z. B. November 1937 bei Waddan, im Juli 1942 im Wadi Tanezzuft.

Es folgen noch eine Reihe Beobachtungen der offiziellen Stationen, die nur in Oasen und weit voneinander entfernt liegen. Aus ihnen geht hervor, daß die Regenmengen auch in der Wüste stark schwanken.

Regenmengen in der nördlichen Wüste

	Jahresmittel	höchst.	niedr.	regenlos *)
Gadames (westl. Hamada)	29 mm	145,6 mm	6,0 mm	6 Mon.
es Schueref (östl. Hamada)	45 mm	145,6 mm	12,5 mm	6 Mon.
Geria es Schergia (Hamada)	34,9 mm	73,5 mm	6,7 mm	8 Mon.
Audschila (östl. Syrte)	11,7 mm	42,0 mm	0,2 mm	11 Mon.

*) aufeinanderfolgende Monate im Jahr

Im Fezzan sind manche Jahre und viele Sommer regenlos, dafür fällt in einigen Jahren die gesamte Jahresregenmenge im Sommer.

Regenmengen im Fezzan

	Jahresmittel	Schwankung zwischen
Gat	13,1 mm	37,5 und 0,1 mm
Ubari	11,9 mm	39,3 und 0,5 mm
Brak	10,4 mm	19,0 und 0 mm
Sebha	8,3 mm	30,3 und 0 mm
Murzuk	8,4 mm	30,9 und 0 mm
Gatrun	5,0 mm	
Kufra	0,7 mm	2,5 und 0 mm

Nach Osten ist eine ständige Abnahme der Regenmenge zu beobachten.

Die folgende Tabelle zeigt *das Verhalten der Temperaturen.*

	°C		mittl. Min.	mittl. Max.
Gadames	Jan. Mittel 10,7°	Ubari	Jan. 2,4°	Juli 41,9°
	Juli Mittel 34,2°	Brak	Jan. 1,3°	Juli 41,9°
Dscharabub	Jan. Mittel 19,1°	Sebha	Jan. 5,3°	Juli 39,6°
	Juli Mittel 39,2°	Murzuk	Jan. 3,9°	Juli 42,4°
		Gatrun	Jan. 2,7°	Juli 43,6°
		Kufra	Jan. 4,0°	Juli 45,5°
		Kufra	absol. Min. −2,0°	absol. Max. 52,0°

5. Die Pflanzen

a) Die mediterrane Steppe

Die libysche Küste wird in einer Breite von 100—30 km von mediterraner Steppe begleitet, die nach S langsam von afrikanischen Elementen durchsetzt wird, die den Übergang in die Wüste einleiten. In ihrer Entwicklung ist die Steppe außer von den Böden und der Verteilung der Temperaturen von den Regenmengen abhängig. Sie paßt sich in Zusammensetzung und Verbreitung im allgemeinen den Klimalandschaften an.

In ihrem Aussehen wechselt die Steppe mit den Jahreszeiten. In den Sommermonaten ist sie grau und macht einen vertrockneten Eindruck, die sperrigen und dornigen Büsche stehen weit auseinander meist auf einer niedrigen sandigen Kupste, und auf steinigem Gelände wachsen nur vereinzelte, vertrocknete Zwergsträucher. Bäume stehen höchstens in flachen Vertiefungen, in denen der rötlich-gelbe lößartige Boden näher dem Grundwasser liegt. Es sind Akazien, hier und da eine Palme oder Pistazie, die ein dunkles verstaubtes Grün in die Landschaft bringen. Erst nach den Herbst- und Winterregen, etwa von Januar bis April, wird die Steppe üppiger. Kräuter und Gräser schießen auf, und bald bedeckt den Boden, wenn die Frühjahrsregen nicht ausbleiben, ein üppiger Teppich gelb und weiß blühender Pflanzen, zwischen denen rote und blaue Farbflecken aufleuchten. Auch die Dornbüsche treiben harte dunkelgrüne Blättchen und erhalten buntfarbene kleine Blüten. Mit höhersteigender Sonne und zunehmender Wärme ist die Pracht der Frühlingsblumentrift bald vorbei. Kurze Zeit sieht man noch die vertrockneten Gräser und Kräuter, die Steppe legt ihr graues Sommerkleid an.

Kameldornsträucher (Zyziphus lotus), der Dornbusch Calycotome, Beifußgewächse (Artemisia), Tamarisken, Akazien, ginsterähnliche Gewächse wie Retama Raetem und Ginestra tripolitana, zu denen im Frühjahr vor allem sich noch Zwiebelgewächse wie Asphodelus, die Meerzwiebel (Chenopodiacee) und andere Kräuter und Gräser gesellen, bilden die Steppe z. B. der Dschefara in Meernähe, teils mehr geschlossener auf lößartigem wasserhaltendem Boden, teils lichter, wo schon Kalkkrusten nahe an die Oberfläche treten oder Dünen über die Ebene ziehen. Diese werden vom Menschen festgelegt und hier steht angepflanzt ein lockerer Busch aus Eukalypten, australischen Akazien, Kiefern und Tamarisken. Eukalypten begleiten auch im besiedelten Gebiet die Wege und werden im Verein mit Tamarisken als Hecken zum Schutz für Baumkulturen und Felder (Weizen, Gerste, Lupinen) angepflanzt.

Gegen den tripolitanischen Dschebel wird die Steppe dürftiger, die Böden sind schlechter, z. T. mit Schutt übersät, nackte Kalkkrusten treten an die Oberfläche. Locker ist die Steppe übersät von Kupsten, Hügeln bis 1 m Höhe, auf denen der Kameldorn wächst, breite Fluren lassen nur lockere Zwergsträucher gedeihen und ausgedehnte Gebiete nehmen Halfagras (Stipa tenacissima) und Espartogras (Lygeum sparticum) ein.

In dem vom Meer stark beeinflußten Küstenstreifen liegt hinter einem niedrigen Kliff oder Dünen ein Streifen von Salzwasserlagunen und Salzsümpfen, zwischen denen sich ausgedehnte Oasen erstrecken. Die Salzpfannen umgibt ein Streifen von salzliebenden Pflanzen, verschiedene Salicornien, der von den Kamelen gerne gefressene Belbel (Zygophyllum album), Halocnemum u. a. Kräuter und harte Gräser, die z. T. bis auf die Dünen hinaufziehen. Hier wächst auch das rotblühende Cynomorium coccineum, dessen Pulver als Würze und Medizin benutzt wird. Bis in die Palmoasen dringen niedriger Busch, Tamarisken und Akazien. Außer Dattelpalmen gedeihen in ihnen Feigen, Aprikosen, Mandelbäume, Bananen und Citrusfrüchte. Gartenfrüchte, Getreide und Lupinen reifen auf den bewässerten Feldflächen.

Ähnlich mit geringen Änderungen zieht die Küstensteppe nach Osten. Im Syrtengebiet verschmälert sich der Steppenstreifen auf knapp 30 km. Schon bald hinter dem Dünen- und Sebkenstreifen wird der lockere Busch zu einer Zwergstrauchsteppe, in die kleinere und größere Salzpfannen mit Salzpflanzensteppe eingestreut sind. Im Küstenstreifen sieht man nur selten einmal eine kleine Oase, deren Gärten und Palmen wie bei Syrte, dem Trockenbett eines Wadis folgen.

Erst in der Cyrenaica verbreitet sich wieder der Steppenstreifen und wird feuchter. Kleinstachlige Büsche (Poterium spinosum) leiten in ihn über. Ausgedehnte Flächen gegen die untere Stufe des Dschebel Achdar sind mit Espartogras bestanden und wilde Artischockenfluren dehnen sich bei Abiar, Barka und Derna. Die steinige, mit dünnen Karstroterden bedeckte Kalkplatte von Benghasi trägt bis an die Küstendünen außer dürftigen Feldern niedriges Strauchwerk. Nur in Dolinen, in denen terra rossa zusammengeschwemmt ist, wachsen Dattelpalmen, Feigen-, Öl- und Mandelbäume. Auch die Oasen an der Küste sind nur klein. Östlich von Tokra wird der Küstensteppenstreifen schmal, verbreitert sich erst wieder östl. von Derna, wo im Nordsektor des Dschebels eine typische Steppenflora auftritt, die in Tripolitanien z. T. fehlt, u. a. einige Umbelliferen afrikanischen Charakters.

b) Immergrüner Hartlaubbusch

In den beiden küstennahen Gebirgen Libyens, dem tripolitanischen Dschebel im W, besonders aber dem Dschebel Achdar in der Cyrenaica, ist als Rest einstigen Waldbestandes ein immergrüner Hartlaubbusch erhalten geblieben. In Tripolitanien findet man ihn auf rötlichbraunen feuchteren Böden, die heute größtenteils von Baumpflanzungen eingenommen sind. Trotzdem sind noch der wilde Ölbaum, der Johannisbrotbaum, Feigen, Wacholder, der Mastixstrauch (Pistacia lentiscus), Myrten und Pinien in lockeren, inselförmigen Beständen erhalten. Durch Anpflanzen von Quercus ilex, Akazien und Eukalypten sucht man wieder größere Waldbestände aufzuforsten. Auf dem westlichen meerferneren Dschebel wächst, abgesehen von einigen Oasen mit Anbau, nur Steppe, die gegen S lockerer wird und in Zwergstrauchsteppe übergeht. Immer schütterer wird der Pflanzenwuchs aus kaum fußhohen Dornbüschen, Gestrüpp und Polstern. Endlich erreicht die Steinwüste die Oberhand und Büsche und vereinzelte Bäume, Akazien und Tamarisken, ziehen sich ganz in die Wadis zurück, in denen sie noch einen dichteren Vegetationsstreifen bilden.

Auf dem Dschebel Achdar bedeckt stellenweise noch geschlossene immergrüne Macchie die Höhen bis zu 50—60 km von der Küste. Schon auf der ersten Stufe zwischen 100 und 250 m ü. M. beginnt zwischen Tokra und Bomba der Busch, häufig durchbrochen von ausgedehnten Feldfluren. Auf der 2. Stufe (400—500 m) verdichtet er sich, um noch wahre Buschwälder mit hohen geraden Stämmen von 10—12 m Höhe bes. des Wacholders (Juniperus phöniceus), dann auch des Lentiscus (Pistacia lent. = Batum) 6—8 m hoch zu bilden. Zu ihnen gesellen sich Quercus ilex, Myrte, Erdbeerbaum (Arbutus unedo), Baumheide (Erica arborea), Ricinus comm. und andere. Sehr verbreitet ist die wilde Olive, von der es angeblich noch 2 Mill. Stück zwischen Barce und Derna gibt, und die ein Abkömmling aus den Olivenpflanzungen des Altertums sein soll. Von den einst weit verbreiteten Zypressen (Cupressus sempervirens), die auch schon im Altertum Erwähnung finden, gibt es leider seit dem letzten Kriege nur noch wenige Exemplare im Wadi el Caf. Die von 20—30 m Höhe sind wohl alle vernichtet. Noch vor 60 Jahren sollen es Wälder gewesen sein. Zwischen die Buschwaldinseln schieben sich nach S immer häufiger Steppen aus Thymian, Rosmarin, Stechginster und Cistrosen, die dann weiter in lichte Dornbuschsteppen aus Zyziphus, Rhus oxyacantha, Tamarisken und Polsterpflanzen sowie verschiedenen Kräutern gegen die Vorwüste übergehen. In ihnen wächst die antike Medizinalpflanze Silphion (Drias, Thapsia garganica?), die aber angeblich ausgerottet sein soll.

c) Wüstenpflanzen

Zur Wüste hin wird die Flora langsam dürftiger. Es kommt zu einer Abnahme der Arten und Individuen infolge Rückganges und unregelmäßiger Verteilung der Regen, zunehmenden Temperaturen und stärkeren Verdunstung. Die nordafrikanische Flora erhält das Übergewicht. Die Pflanzen überleben infolge längerer Wurzeln, reduzierter Blätter und eingekapselter Samen. Schon im N der Wüste hat sich die Vegetation ganz in und an die sandig-steinigen Betten der Wadis zurückgezogen, die durch vereinzelte Akazien, Gestrüpp der Retama, Rhus oxyacantha, Zilla spinosa, Coloquinten (Citrulla colocynthis) und Gräser, darunter das gerne von den Kamelen gefressene Had (Cornacula monocantha), angezeigt werden. Ist der Boden salzhaltiger, sieht man wenige Salsolaceen und Compositen. Außerhalb der Wadibetten stehen auf den unteren Teilen der geröllübersäten Hänge noch vereinzelte Akazienbüsche, Retama und Atriplexsträucher. Die steinigen Flächen und Kiesebenen zwischen den Wadis sind so gut wie ohne Pflanzenwuchs, und doch sprießt auch hier, wie z. B. auf der Hamada el Hamra, nach Regen auf den rötlichen Verwitterungsboden zwischen dem Gestein und in flachen Regenpfannen eine kurzlebige Krautflora. In den niedrigen Bergländern zieht die Vegetation in den Wadibetten aufwärts, und Pflanzenwuchs, der in kleinen Becken oft etwas üppiger wird, läßt sich bis auf die Höhen hinauf verfolgen und macht auch deren Besuch für die Nomaden lohnend.

Im Fezzan trifft man außer auf die fast pflanzenlosen Serire (Kieswüsten), die Stein- und Sandwüsten, auf langgestreckte talartige Niederungen wie das Wadi es Schati, Adschal u. a., in denen Grundwasser nahe an die Oberfläche tritt, Sümpfe und Sebken entstehen läßt und Anlaß zur Ansiedlung üppigerer Vegetation gegeben hat. Durch den Menschen entstanden hier die ausgedehnten Dattelpalmoasen, die sich, von Streifen wildwachsener Palmen und Buschvegetation unterbrochen (Hatia), über einige 100 km hinziehen. In den Oasen wachsen einzelne Akazien, Tamarisken und die von S her eingewanderte Calotropis procera, an ihrem Rande Sträucher von Traganum, Zygophyllum sowie der Agul (Alhagi maurorum), Gramineen und holzige Chenopodiaceen. Ein lockerer Akazien- und Tamariskenwald dehnt sich westlich Ubari im Wadi Irauen, in dem die Bäume der einzelnen Gruppen 10—20 m, die Gruppen in Abständen von einigen 100 m auseinanderstehen. Sumpfige Stellen in den Talungen werden vom Juncus arabicus umgeben, auf halbsumpfigen wächst die Euphorbia granulata, und wo das Wasser in kleinen Seen zutage tritt, wie z. B. bei Traghen, wird das Wasser außer vom Juncus arab. von der Imperata cylindrica, dem Scirpus litoralis u. a. umgeben. Phragmites comm. wächst am und im Wasser, wo auch Algen gedeihen. Reiche Weideflächen befinden sich noch im Wadi Berdschudsch mit Tamarisken, Zilla und Had oder in der Hofra aus Zygophyllum album und Alhagi maurorum. Auch die Sand- und Dünengebiete der Ergs sind nicht ganz pflanzenlos. Von den die Oasen umgebenden Hattien dringen ausgedehnte Zungen von Vegetation in die Ramla ein. Es sind vornehmlich Büschelgräser der Aristida pungens mit ihren über 20 m langen Wurzeln, holzige Salsolaceen, darunter der Atriplex Halimus und das Traganum nudatum, die den Fuß der Dünen umsäumen.

Nach den Extremwüsten im E wird außerhalb der wenigen Oasen die Vegetation immer dürftiger, unendliche Flächen erscheinen völlig pflanzenlos. Nur die Wadis im Nordsporn Tibestis haben einige Gras-, Strauch- und Baumflora, die nach S fortschreitend zunimmt und in Wadis steppenhafte Buschstreifen mit Bäumen entstehen läßt, die nach den Ebenen zu auslaufen. Die Inselberge Arkenu-Auenat, nahe der Ostgrenze Libyens, weisen in ihren Wadis nur geringfügige Vegetation auf, nur nach seltenen Regen sind sie für kürzere Zeit von üppigem Kraut- und Graswuchs umgeben. So sind auch die ödesten Wüsten nicht ganz bar aller Pflanzen. Sie wachsen nur äußerst selten und sporadisch. Ihr Aufsprießen nach Regen zeigt, daß Sporen fast überall in den staubigen Böden vorhanden sind und längere Trockenzeiten überdauern können.

6. Die Tiere

Die Tierwelt Nordafrikas — und damit auch Libyens — stellt man in tiergeographischer Hinsicht gerne innerhalb der palaearktischen Region zur mediterranen Unterregion, die eine Art Übergangszone zur afrikanischen Tierwelt und damit zur aethiopischen Region darstellt. In Afrika umfaßt sie das gesamte Gebiet nördlich der Sahara. Unter den *Säugetieren* sind neben palaearktischen Elementen natürlich afrikanische Formen vertreten wie Schleichkatzen, Klippschliefer und verschiedene Kleinsäuger (z. B. die Elefanten-Spitzmäuse). Ausgerottet sind heute Löwe, Elefant und der Strauß, dessen Eierschalenreste man fast in ganz Libyen finden kann. Die Cyrenaica besitzt infolge zeitweiser Trennung manche Tiere, die in Tripolitanien nicht vorkommen. Im ganzen gesehen ist in beiden Landesteilen Libyens bis in die Wüste hinein die Fauna an Zahl der Arten und Individuen nicht allzu reichhaltig.

a) Wildtiere

In Steppe und Wüste trifft man Gazellen, weit im Süden vielleicht noch Addax- und Oryx-Antilopen, soweit man sie nicht in den letzten Jahren ausgerottet hat, und das Waddan (Mähnenschaf), das außerhalb besiedelter Gebiete bis nach Tibesti hinein vorkommt. In der weiteren Umgebung der Oasen, auch in den Buschsteppen der Cyrenaica, hört man des Nachts noch das Lachen der Hyäne, schleichen sich Schakal und Fennek (Wüstenfuchs) bis an den Lagerplatz heran, ein schwarzweißes marderähnliches Stinktier (Zorilla), verwilderte Hunde, Füchse und Wildkatzen (Cyrenaica, Tibesti) schweifen umher. Stachelschweine und Igel beleben die Hochflächen des tripolitanischen Dschebels und Dschebel Achdar nebst der großen Zahl der verschiedenen Mäusearten, unter denen die Springmäuse besonders auffallen. Selten einmal bekommt man eines der größeren Säugetiere zu sehen. Erst nachts kommen sie aus ihren Schlupflöchern. Man wundert sich aber, wovon die zahllosen kleineren Säuger, besonders die Mäuse und Springmäuse, in der offenen Wüste leben. Ist erst einmal eine erschienen und hat Futter gefunden, sind es bald zehn und zwanzig. Sie halten sich zwar gerne nahe vereinzelter grüner oder vertrockneter Büsche auf, sie fehlen auch nicht auf den Flächen des feinen silbrigen Aristida-Grases, sind aber auch in pflanzenlosen Gegenden zu finden. Hier müssen sich wohl längere Zeit Wurzelgeflechte, Pollen und verwehte Samen im Boden halten, worauf auch zahlreich auftretende Schaben und Mantiden (Fangschrecken) deuten, die als Beute für die Mäuse in Betracht kommen.

Sehr viel stärker fallen in Steppe und Wüste die *Vögel* auf, die im Norden Libyens den Winter über und auch in der Wüste zur Zeit des Wandervogelfluges an Zahl zunehmen. Unter den stationären Vögeln herrschen Lerchen, Sperlinge, Rebhühner und andere Flughühner, die vornehmlich im nördlichen Hochlande zwischen Steinen und Büschen brüten, sowie Tauben, Rabengeier und Eulen vor. Dazu kommt dann noch die Masse der Zugvögel, große Schwärme von Wachteln und Turteltauben und viele andere euroasiatische Brutvögel. Stare fallen in den Wintermonaten z. B. jeden Abend schwarmweise in die Bäume an Plätzen und Straßen der Stad Benghasi ein, Stelzen, Blaukehlchen, Bienenfresser, Drosseln, Amseln, Finken und Meisen verteilen sich über Steppe und Oasen, dazu der Wiedehopf, Pirol und verschiedene Schwalbenarten. Sie streifen von hier bis in unbewohnte, wasserlose Wadis, und auch außerhalb der Zugzeiten sieht man sie oft viele Kilometer weit in der leblosen Wüste. Zur Flugzeit erscheint die Wüste zeitweise oft belebt von Vögeln. Besonders wenn scharfer Nordost sie behindert, sitzen sie im Schutz von Steinen, erheben sich, nur um den Menschen auszuweichen, fliegen aber auch in kleinen Gruppen gegen den Wind an. Ihr Feind, der Lannerfalke, der zwischen Steinen brütet, lauert in der Wüste und macht reiche Beute, ehe er nach dem Norden zurückkehrt. Wasservögel beleben die wenigen wasserführenden Wadis im Norden und vereinzelte Seen der Wüste. Es sind Enten, Gänse, Wasserhühner (Wau en Namus), dann Reiher und Störche, welche im allgemeinen wohl die Wüste schnell überfliegen. Flamingos in größerer Zahl sah ich nur in den flachen Lagunen bei Benghasi.

Reptilien halten sich außer in den Steppen meist am Rande der Oasen und in den Wadis auf, wo man zahlreiche große und kleine Eidechsenarten, Agamiden und Warane und Schildkröten beobachten kann. Das Chamäleon lebt besonders im Norden (Tripolis-Azizia) und im Fezzan auf Bäumen und Sträuchern, Geckos halten sich als Insektenvertilger in Häusern auf. An Schlangen sind hauptsächlich Vipern verbreitet, die Hornviper (Cerastes cerastes), die Avicennaviper (Cerastes vipera), die Puffotter (Bitis lachesis), dann die Naja haie, die ägyptische Brillenschlange oder Uräusschlange, die in Steppe und am Wüstenrande der Wadis (Fezzan) auf Mäuse jagt. Die Sandnatter (Psammophis biseriatus) kommt bei Gat vor, dann erlegte mein arabischer Begleiter eine etwa 1½ m lange Schlange am Tmed Aleua (nördl. des Wau en Namus), und JANY erwähnt sie aus der Gegend von Kufra.

Außerordentlich zahlreich sind in Steppe und Wüste die *Insekten* und andere Arthropoden. Vornehmlich Lauf- und Sandkäfer, Aaskäfer, Mistkäfer und Scarabäen fallen hier auf. Ameisen, Termiten, wilde Bienen und Wespen, Mücken (darunter Anopheles), Fliegen, Bremsen, Grillen und Heuschrecken, die oft durch ihre Menge in den Steppen Schaden anrichten, einige auch giftige Arten Tausendfüßler, Spinnen, Schaben und Asseln sind bis weit in die Oasen des Südens zu finden. Wanzen leben in den Häusern und Hütten, Zecken in großer Zahl unter Palmbüschen und Gestrüpp. Die überall vorkommenden Skorpionarten treten oft in so großen Mengen auf, daß die Behausungen in den Oasen von den Bewohnern verlassen werden, weil die Spinnentiere von den mit Palmwedeln gedeckten Dächern herabfallen. Netzflügler und Libellen halten sich in der Nähe der Brunnen und Quellen auf. Tagschmetterlinge sind selten, um so zahlreicher die Nachtfalter, die in Mengen in das Licht und Holzfeuer stürzen. Echte Läuse, Kopf-, Kleider- und Filzläuse, beherbergen die Eingeborenen. Seit der Bekämpfung mit Giften sind sie stark zurückgegangen. Das Vorkommen von Menschenflöhen in der Sahara ist gering.

Stehendes Wasser gibt es, wie erwähnt, nur an wenigen Plätzen Libyens. An diesen Stellen, öfters aber noch in dem periodisch stehenden Wasser der Geltas sowie an Sümpfen und Brunnen, halten sich krötenartige Amphibien auf, besonders Bufo viridis (Wechselkröte), die man fast in allen Oasen von Tripolis bis Gat antreffen kann.

Außer Mückenlarven beleben das Wasser Flohkrebse und Wasserasseln. In verschiedenen Salzseen des Fezzan kommt Artemia salina vor, ferner Ringelwürmer und Cercarien von Anneliden, Egel und Schnecken (Limnaea). Im Fezzan gedeihen in Brunnen auch Mollusken, im Sumpf und unter Steinen u. a. Bulinus contortus, Melania tuberculata und Limnaea ovata, die wichtigsten Zwischenwirte von Schistosoma haematobium.

In den Wadis zwischen Gat und Gadames kann man, trotzdem die Wasser nur an wenigen Tagen des Jahres in diesen Wadis laufen (W. Tarat, W. Iseien), kleine Fischchen beobachten, die bei Trockenheit im Schlamm überdauern (Clarias Lacera [Siluriden], Barbus deserti und Hemichromis bimaculatus) und ebenfalls in Tibesti gefunden werden. Auch in einigen Brunnen der Oasen von Gat halten sie sich auf. Eingeführt wurde die Gambusia holbrooki zur Vernichtung von Mückenlarven in den Seen bei Murzuk, Traghen und Tmessa.

b) Haustiere

Von den Nutztieren der Eingeborenen Libyens ist an erster Stelle das Dromedar (einhöckriges Kamel) zu nennen, das neben den Palmen den Fremden als erstes den Eindruck der Fremdartigkeit des Landes vermittelt. Man unterscheidet das schwere grobknochige Lastdromedar, das jetzt mehr und mehr auch zum Fleischtier wird, und das schlanke, hochbeinige Reittier, das Mehari, das man in Steppen und Wüsten auf Schnelligkeit züchtet. Neben dem für den Warentransport über weitere Entfernungen verwendeten Lastkamel gebraucht man für kurze Strecken den Esel, von dem es kleinere und großwüchsige Tiere gibt. Sie sind äußerst genügsam im Futter und, sofern sie gut gehalten sind, schöne Tiere mit glattem Fell und dunklem Rückenstreifen. An Pferden trifft man in Libyen zwei Rassen, das schwere ramsköpfige Berberpferd (es gehört zu den iberischen Pferdeformen), welches, wie Felszeichnungen beweisen, schon frühzeitig in Libyen vorhanden war. Der orientalische Typ des Pferdes ist erst seit ca. 1500 Jahren im Lande.

Auch die Rinder sind für Libyen typisch. Sie sind kleine schwarzbraune bis fahlgelbe, kurzhörnige Tiere. Da sie wenig Milch geben, versuchte man Aufkreuzungen mit europäischen Rindern, die aber Krankheiten stärker ausgesetzt sind. Vereinzelt werden europäische Rinder in Städten zur Milchgewinnung in Ställen gehalten. An Kleinvieh gibt es Ziegen und Schafe, die wichtigsten Tiere der Halbnomaden und Nomaden, die in der Steppe und bis weit in die Wadis der Wüste hinein in größeren Herden weiden. Hier leben auch die hornlosen Fettschwanzschafe, deren Widder mit der bekannten Schneckenspirale geschmückt sind. Ihre Wollfarbe ist weiß bis schwarz. Neben ihm wird im Fezzan und Kufra und weiter nach Süden hin als eine typische Steppenform das Langbeinschaf gezüchtet, das an Stelle der Wolle dichtes, straffes Haar besitzt und dessen Bock eine Mähne trägt. Die Hörner sind in weitabstehenden Hornspiralen gewachsen. Verschiedentlich treten zu den genannten noch kleinwüchsige Mähnenschafe die wie die Langbeinschafe wohl mit den Hamiten eingewandert sind. Die Ziegen sind schöne Tiere mit langen, glänzenden Haaren, deren Farbe meist schwarz oder weiß ist oder eine Mischung dieser beiden zeigt. Die großen Hörner der Böcke sind in Spiralen gewunden, die der Ziegen in schwachen Halbmonden. Sie sind eine alte, typisch afrikanische Form. Maltaziegen sind z. T. in Tripolitanien, der größeren Milchleistung wegen, eingeführt worden.

Die Hunde sind vielfach gekreuzt. Drei Rassen lassen sich unterscheiden, einmal ein kleiner terrierähnlicher schwarz-weißer oder braungefleckter afrikanischer Hund mit steifen Ohren, der sich in den Orten als Abfallvertilger betätigt, dann der berberische schöne, große, meist weiße Hütehund, der als guter Wächter Zelte und Herden bewacht, und endlich der Slughi, ein hochgezüchteter Jagdwindhund, der sorgfältig gepflegt wird, während man die anderen mit Fußtritten und Steinwürfen bedenkt. Auch bei den Katzen findet man verschiedene Mischungen, auf dem Dschebel dagegen noch eine Falbkatze mit hellrotgelbem Fell und einer rosa Nase. Hühner und Tauben leben in den Siedlungen bei den Häusern, die Tauben in Spalten und Löchern der Wände oder in einfachen an diesen aufgehängten Holzkästen.

Zählungen der Haustiere (1960) ergaben für Libyen:

Schafe	860 000
Ziegen	950 000
Kamele	153 000
Rinder	80 000
Esel	92 000
Hühner	782 000

B. Die Menschen und ihre Lebensformen

1. Geschichtlicher Überblick

a) Die vorgeschichtliche Zeit

Forschungen über die letzte geologische Vergangenheit Libyens ergaben, daß schon vor der Quartärzeit längere *Trockenperioden von Regenzeiten* abgelöst wurden, und daß in der Diluvialzeit beide in einem gewissen Rhythmus je nach dem Vorstoßen oder dem Rückgang des Eises in Europa auftraten. War es hier warm, wie es z. B. während des letzten Interglazials der Fall war, dann erreichten keine wandernden Tiefdruckgebiete, wie heute in den Wintermonaten, die nordafrikanische Küste. Auch waren die im Sommer wehenden NE-Winde abgeschwächt, während der aus der Äquatorialgegend Feuchtigkeit bringende Monsun weit über die Zentralgebirge der Sahara nach N hinaus wehte. Es regnete in der Zentralsahara bedeutend stärker als heute, wüstenhaft wurde es erst gegen den Nordsaum.

Dann kam die letzte *Eiszeit* (Würmeiszeit), während der es in Nordafrika kühl wurde. Regenbringende wandernde Zyklone drangen weit nach Nordafrika hinein. Die Wüste zog sich nach S bis in den Sahel zurück und wurde in ihrer Breite wohl stark eingeengt. Im Postglazial begann mit dem Wärmerwerden wieder ein Vordringen des Monsuns, damit ein Feuchtwerden in der südlichen Sahara mit langsamerem Trocknerwerden im Norden, in den während der Sommermonate weit hinein der trockene Passat (NE) drang, und die wandernden Zyklonen im allgemeinen nur den Nordsaum erreichten. Anscheinend muß seitdem, ähnlich wie in Europa, mit geringen Klimaschwankungen im Laufe der Jahrhunderte immer wieder gerechnet werden. Es war in der Sahara z. Z. der Römer etwas feuchter, und dann wieder im 15. und 16. Jahrhundert, in deren Verlauf Rinderhirten nach N vordringen konnten.

Archäologische Funde bestätigten die oben erwähnten Klimawechsel. Schon aus dem letzten Interglazial lassen sich Primitivkulturen des unteren Paläolithikums (Altsteinzeit) nachweisen. Es wurde Nordafrika anscheinend von hellfarbigen, blonden Völkern bewohnt, die mit der Cro-Magnon-Rasse in Verbindung gebracht werden. Zu ihnen stießen dunkelhaarige Kurzköpfe, die mit den vorarischen Südeuropäern verwandt waren, deren Ursitze in Europa oder Asien, jedenfalls nahe dem Mittelmeer zu suchen sind. Bei beiden handelt es sich nicht um eigentlich afrikanische Rassen.

Im Postglazial drangen mit dem Feuchterwerden der südlichen Sahara dunkelhäutige Völker mit Ackerbau aus dem S vor, während hellhäutige Libyer (Gätuler) als Rinderhirten die Sahara bevölkerten. Es ist die Zeit des Neolithikums, der Jungsteinzeit (etwa 3500—1500 v. Chr.), aus der die reichen Felszeichnungen und Höhlenmalereien stammen. In ihnen sind nicht nur Rinder, oft mit langen geschwungenen Hörnern, sondern auch Jagdszenen auf Tiere dargestellt worden, die heute in der Sahara ausgestorben sind, wie Elefant, Rhinozeros, Giraffe, Krokodil, Strauße u. a. Elefanten belebten zur Römerzeit noch die Wälder am Südfuße des Atlas; Löwen wurden hier erst vor etwa 100 Jahren ausgerottet, der schwarzhaarige Berberlöwe wurde noch 1892 in der Nähe von Bône gesehen. Giraffenherden tummelten sich noch vor wenigen Jahrzehnten im Sahel, verkümmerte Krokodile fand man in einigen Seen des Ennedi in der zentralen Sahara. Die letzten Strauße verschwanden wohl Anfang dieses Jahrhunderts. Ganze Nester von Straußeneierschalen findet man z. B. in den Wadis westlich der Harudsch, Schalenreste auf den Seriren. Der Vater meines Führers Belgassem hielt sich noch nach 1900 einen zahmen Strauß in Tobga. Ebenso beobachtet man heute im libyschen Nordafrika neben der Verarmung der Fauna auch ein Zurückgehen und Ärmerwerden der Flora sowie ein langsames Versiegen des Grundwassers.

b) Die frühgeschichtliche Zeit, das Garamantenreich

Während des *Neolithikums* war die Sahara also noch ziemlich leicht durchgängig. Es trat eine Vermischung zwischen den hellen Völkern im N und den rötlich-braunen Rindernomaden ein, aus denen die heutigen Libyer hervorgingen. Eng waren die Beziehungen zu den Ägyptern, welche die Libyer nicht rot, wie die Ägypter selbst, sondern hellfarbig mit blondem und braunem Haar darstellten. Herodot (5. Jh. v. Chr.) schildert die Libyer noch als hellhäutig, von schlankem Wuchs und mit kräftigen Gliedmaßen. Gegensätze zwischen den Nomaden und Ackerbauern waren vorhanden, spielten aber in Libyen wohl keine allzu große Rolle.

Zwei Tiere wurden in der Folgezeit für die Saharavölker wichtig, das Pferd und das Kamel. Im Verlaufe der semitischen Wanderungen stoßen unter Sesostris (12. Dyn., um 1890 v. Chr.) semitische Völker gegen Ägypten vor. Vermutlich hatten sie schon Kamele, denn Abraham, der wohl z. Z. der Hyksos (1650—1550 v. Chr., 15. Dyn.) Ägypten aufsuchte, bringt Kamele mit (1. Mos. 12, 16), während die Hyksos aus Asien mit Pferden und Wagen vorstoßen. Handel mit Kamelkarawanen ist in jenen Zeiten in Vorderasien und nach dem Niltal lebhaft (1. Mos. 32, 8 u. 16, Ismaelitenkarawanen: 1. Mos. 37, 25). Eine Pestilenz unter dem Vieh wird in 2. Mos. 9, 3 erwähnt.

Die Ägypter und später die sog. Seevölker machten wohl Pferd und Wagen bei den Libyern bekannt. Es setzten sich damals (um 1200 v. Chr.) Achäer, Sardinier, Sikuler, Thyrrener und Philister im Verein mit Libyern gegen das Westdelta des Nils in Bewegung. Sie wurden von Ramses III. (20. Dyn., 1171—1085 v. Chr.) geschlagen und z. T. im Delta angesiedelt. Anscheinend drangen Libyer in der Folgezeit nach, denn Scheschonk I. (22. Dyn. [= Sisak der Bibel, 1. Kön. 14, 25, um 950 v. Chr.]) war Libyer.

Schon um die Mitte des 2. Jahrtausends entstand in der Sahara ein Wüstenreich, dessen Zentrum mit der Hauptstadt Garama im heutigen Fezzan lag. Hier lebten die Garamanten, die den italienischen Ausgrabungen (Pace, Caputo) nach im Typus den heutigen Tuaregs ähneln. Sie stehen den indogermanischen Völkern näher als den semitischen. Mit den umliegenden libyschen Stämmen verband sie ein Zusammengehörigkeitsgefühl.

Die Garamanten hatten schon Wagen und Pferde entweder von Ägypten oder von N von den phönizischen Puniern übernommen. Mit ihren leichten Kampfwagen mit Viergespann (Herodot IV) warfen sie im S die Äthiopier zurück, stießen aber auch nach N über die Hamada vor. Felsmalereien der 2. Hälfte des 2. Jahrt. zeigen behelmte, mit Wurfspeeren bewaffnete Krieger, vierrädrige Kampfwagen, aber auch Wagen mit Rindern als Zugtieren. Ihre Kultur wurde von der Küste, aber auch von S-Marokko her stark beeinflußt. Sie erhielten von hier aus das Tifinag, die libyschen Schriftzeichen phönizischer Herkunft.

Zwischen Ägypten, den atlantischen Völkern im W (Senegal, Marokko), der Mittelmeerküste und dem Sudan hatten sich auf Grund von Handelsbeziehungen Verkehrswege entwickelt. Die Straße nach dem W verband Theben mit Siwa (wo heute noch ein libyscher Dialekt gesprochen wird) und Audschila im Lande der Nasamonen, von wo man in 10 Tagen nach Garama gelangen konnte. Am Ahaggar vorbei kam man nach S zum Niger, nach W zu den Salzvorkommen von Taudeni. Von der Syrtenküste führte eine Straße über Cidamus (Gadames), die Tassili zum Ahaggar und weiter zum Niger, eine westlicher gelegene von Numidien durch das Gebiet der Gätuler (westlich der großen Ergs) und Pharusier nach dem oberen Senegal.

Im Syrtengebiet nomadisierten westlich der Nasamonen (Audschila) als weitere libysche Hirtenvölker mit ihren Schafherden die Maker und Gindamer, in der Cyrenaica die von den Ägyptern Tehenu genannten Stämme.

c) Die Festsetzung fremder Völker an der libyschen Küste

Ende des 2. Jahrtausends (etwa 1200 v. Chr.) begannen die *Phönizier,* wohl im Verlaufe der Seevölker-Wanderungen (1150—1080 v. Chr.) in das westliche Mittelmeer vorzudringen. Sie setzten sich zunächst durch Handelsfaktoreien an den Küsten fest, wohl dort, wo schon libysche Siedlungen mit Verbindung zum Hinterlande lagen. Erst später kam es zu einer Befestigung der Niederlassungen. So wurde vom reichen Tyros aus, das unter dauerndem Druck durch die Assyrer zu leiden hatte, im Jahre 814 v. Chr. Karthago gegründet. Auch die Siedlungen an der tripolitanischen Küste bestanden schon länger, besonders Sabratha am Ende der Nigerstraße, wo die Karthager im 5. Jh. v. Chr. ihre Faktoreien mit einer Mauer umgaben. Die zweite Stadtgründung war Leptis (Ende 5. Jh. v. Chr.) an der Mündung des Wadi Lebda, zunächst nur ein bescheidener Vorposten der Karthager und Ausgangspunkt der Straße in den Fezzan. Von der Gründung Oeas ist wenig bekannt. Wie bei Karthago wird es in der Umgebung der Städte zu einer Ansiedlung libyscher Bauern gekommen sein, die außer Dattelpalmen und etwas Getreide den von den Phöniziern eingeführten Ölbaum und Rebstock anbauten. Tierzucht durch Nomaden lieferte Wolle und Haare von Schafen und Ziegen, sowie Rinder und Pferde.

Mit dem 5. Jh. v. Chr. begannen auch die großen Saharaexpeditionen der *Punier,* um den Zwischenhandel der Garamanten auszuschalten. Sie benutzten Wagen, Ochsen und Pferde, als Tragtiere wohl Esel. Da die Punier aus Asien als ausdauerndes Tragtier das Kamel kannten, werden sie es vermutlich nach den ersten Saharadurchquerungen in größerer Zahl eingeführt haben. Kamele aus dem westlichen Nordafrika werden allerdings erstmalig im 1. Jh. v. Chr. erwähnt. Cäsar erbeutete von König Juba 22 Kamele nach der Schlacht von Thapsus im April 46 v. Chr. (Mommsen, Röm. Geschichte, Bd. V).

Die Karthager erhielten aus dem Sudan Gold, Elfenbein, Straußenfedern, Pelzwerk, Smaragde und Chalcedone. Allein die Zolleinnahmen von Leptis brachten dem punischen Staatsschatz zu Beginn des 2. Jh. v. Chr. täglich je ein Talent (n. Livius, XXXIV, 62/3). Vermutlich wurde die Dattelpalme durch die Punier von der Küste aus bis ins Land der Garamanten verbreitet.

Nach der Zerstörung Karthagos 146 v. Chr. knüpften die Bewohner Tripolitaniens die alten Beziehungen zum S wieder an. Die Römer überließen sie zunächst dem numidischen Reich des Königs Massinissa, handelspolitisch unterstellten sich die Städte aber freiwillig Rom. So kamen sie nach dem Kriege Roms gegen Jugurtha (106 v. Chr.), ohne Einbußen zu erleiden, zur römischen Provinz Afrika.

In der Cyrenaica verlief Besiedlung und Kulturentwicklung anders als in Tripolitanien. Im Jahre 640 v. Chr. landeten *Griechen* aus Thera, dann auch Spartaner und Kreter auf der Insel Platäa im Golf von Bomba. Unter Führung des Spartaners Battos gründete man von hier aus auf Grund eines Orakelspruches zu Delphi 630 v. Chr. die Stadt Kyrene, die bald von Griechen aus dem Peloponnes und den Inseln Zuzug erhielt. Die Landnahme brachte Kämpfe mit den Libyern und 544 v. Chr. eine schwere Niederlage der Griechen. Infolgedessen wurde die Königsmacht der Nachfolger Battos durch eine Demokratie eingeschränkt, konnte sich aber noch bis 450 v. Chr. halten. Schon vorher hatte man begonnen, von Kyrene aus weitere Städte zu gründen; es entstanden 567 v. Chr. Barka (Barce), 515 v. Chr. Euhesperides (Berenice, Benghasi), weiter Teucheira (Tokra) und Apollonia (Marsa Susa), der Hafen von Kyrene (Pentapolis). Als Getreidelieferant wurde die Cyrenaica für Griechenland außerordentlich wichtig, es exportierte außerdem das Sylphion (Thapsia Garganica var. Sylphium = Drias der Araber) als Heilmittel für Herzkranke, ein wohlriechendes Harz einer Cistusart, Keramiken und Vasen. Die Nomaden lieferten Produkte der Schaf- und Pferdezucht. Auch mit Karthago trat die Pentapolis in Handelsbeziehungen. Nach kurzen Kämpfen um die Grenze der Einflußsphären kam es bald nach 450 v. Chr. zu einer Verständigung. Der Handelsumschlagplatz wurde Charax (unweit des heutigen Ölhafens el Sidr). Die 5 Städte der Pentapolis wuchsen, Luxus machte sich breit, es blühten Künste und Wissenschaften, in Kyrene entstand eine Philosophenschule.

Ohne Kämpfe unterwarf sich die Cyrenaica Alexander dem Großen (332 v. Chr.) und mußte einige Jahre später nach harten Kämpfen die Oberherrschaft der Ptolemäer (Ptolemäos Soter I) anerkennen. Ptolemais (Tolmeta) wurde als Hafen Barkas gegründet. Die Bedeutung der Städte wurde unter ägyptischem Einfluß geringer, es trat eine zunehmende Vermischung mit fremden Volkselementen ein, der Hellenismus wurde zurückgedrückt. Außer Libyern und Ägyptern wanderten viele Juden in die Städte ein, die zeitweise bis zu $^1/_4$ der Stadtbevölkerung ausmachten.

d) Libyen als römische Kolonie

Im Jahre 95 v. Chr. kam das Land durch Erbschaft in den Besitz der *Römer.* Da Unruhen in dem zinspflichtigen Lande ausbrachen, unterwarf es 67 v. Chr. Pompeius und vereinigte es mit Kreta zu einer Provinz. Erst z. Z. Trajans machte es wieder von sich reden, als 116 n. Chr. der Aufstand der Juden ausbrach, dem 200 000 Griechen und Römer zum Opfer fielen. Er wurde blutig niedergeschlagen. Die Römer suchten durch

Gründung der Kolonie Adrianopolis das entvölkerte Land wieder zu heben, Nomaden aber hatten schon weite Teile des fruchtbaren Landes besetzt, die ihnen nicht mehr abgenommen werden konnten. So kümmerte das Land dahin, wurde eine Provinz Ostroms, litt 616—629 unter der Besetzung durch die sassanidischen Perser (Chosrav II., zur Zeit des Kaisers Herakleios (610—641)), bis der erste Arabereinfall 642 n. Chr. endgültig alles griechische Leben auslöschte.

Tripolitanien blieb nach der Eingliederung in die Provinz Afrika zunächst vor kriegerischen Erschütterungen bewahrt. Nach den Bürgerkriegen in Italien wurde durch Ansiedlung ausgedienter Legionäre und libyscher Bauern das besiedelte Land langsam nach S vorgeschoben. Das brachte Aufstände der Nomaden, die sich aus den besten Landstrichen verdrängt sahen. Sie wurden wiederum unterstützt durch die Garamanten, und so unternahm Cornelius Balbus von 20—19 v. Chr. einen Vorstoß in den Fezzan. Cydamus (Gadames) wurde besetzt und von hier aus über die südliche Hamada Garama erobert. Die Legio III übernahm den Grenzschutz. Noch zweimal stießen die Garamanten nach N vor, einmal nach Numidien, um den Befreiungskrieg des Tacfarinas (17—24 n. Chr.) zu unterstützen, und später, gerufen von der Stadt Oea, die sich ihrer Rivalin Leptis nicht mehr erwehren konnte. Der Proconsul Valerius Festus schlug die Garamanten zurück und verfolgte sie bis in den Fezzan. Später waren die Garamanten Verbündete der Römer bei ihren beiden Vorstößen unter Septimius Flaccus und Julius Maternus bis in das Land der Äthiopier (Ende 1. Jh. bis Agysimba, wohl im Sudan zwischen Niger und Tschad gelegen).

Für Tripolitanien begann eine lange Friedensperiode. Die Südgrenze gegen die Nomaden wurde durch eine Reihe von Forts geschützt. Zu Cydamus kamen noch die Befestigungen von Gheriat el Garbia und Gheriat es Schergia. Zwischen Misda und diesem vorgeschobenen Standort findet man, etwa je 30 km voneinander entfernt, Reste fester Türme mit ummauertem Hof, wohl zum nächtlichen Schutz für Karawanen auf der Straße „intra montes" nach Brak und Garama. Vermutlich ist auch es Schueref als letzter Brunnen vor dem Engpaß durch die westlichen Ausläufer der Schwarzen Berge (Dschebel es Soda) befestigt gewesen. Bu Ngem war Stützpunkt für etwa eine Cohorte an dem Karawanenwege „extra montes" von Leptis über Socna nach dem Fezzan. Die Forts waren durch eine Art „Rennweg" miteinander verbunden.

Im Vorlande war vielleicht noch Garama befestigt; hier liegt das Grabmal der Caecilia Plautilla, in den Ruinen des Ortes ein Torbogen und Mosaiken. Wahrscheinlich ist aber Larocu am Übergang über das Bab el Macnusa an der Straße über Dschanet zum Niger sowie Zuila (Cillaba) befestigt gewesen, das in der östlichen Hofra den Karawanenweg nach Bornu deckte.

Hinter der Militärgrenze gegen die Nomaden kam es zur Ansiedlung von libyschen und römischen Bauern und Kolonen im Anschluß an den Küstenstreifen, in dem, gestützt auf Anbau des Ölbaums und Weinstocks, sich z. T. große Güter entwickelten, z. B. um Zliten (Mosaiken), Misurata und im Einzugsgebiet der Wadis Kaam (Kinyps) und Lebda. Dicht besiedelt waren außerdem der Dschebel und die großen Wadis Soffedschin, Zemzem und Bei el Kebir, in denen man Reste von Dorfanlagen, bes. auf niedrigen Inselbergen, und Einzelgehöfte in Schutzlage findet. Auf zahlreiche, größtenteils verfallene Zisternenanlagen, Dämme zum Regulieren des Wassers in den Wadis, Reste von Bewässerungs- und Terrassenanlagen sowie Ölmühlen trifft man überall in den Wadis, ebenso verfallene feste Türme, Meilensteine an Straßen und vereinzelte Mausoleen.

Die drei Küstenstädte blühten durch den Saharazwischenhandel, Einfuhr der Sudanprodukte (s. o.) und Ausfuhr von Wein, Textilien und Glaswaren dorthin. Textilarbeiter waren in der Bekleidungsindustrie tätig, Töpfer stellten ein grobes Geschirr her, daneben gab es Schmiede und Goldschmiede. Das im Land gewonnene Öl war zunächst nur minderwertig und wurde in Rom nur zur Seifenfabrikation und zu Beleuchtungszwecken verwertet. Dann verbesserte man die Raffineriemethoden und stellte ein erstklassiges Öl her. So besaß das städtische Bürgertum bald Latifundien, Häuser und Hunderte von Sklaven. Einige 100 Familien rechneten zu den Millionären.

Leptis magna entwickelte sich allmählich zu einem Hochseehafen und mit Hilfe des Kaisers Septimius Severus, der seine Geburtsstadt mit Bauten schmückte (Triumphbogen, 203 n. Chr.) und auf jede Weise förderte, zu einer Stadt von 80—100 000 Einwohnern, der zweitgrößten Stadt der Provinz. Sabrata als Umschlagplatz des Sudanhandels mit 15—20 000 Einwohnern besaß eine große Zahl vielstöckiger Häuser, wie sie im allgemeinen nur Küstenstädte kannten. Oea war wohl kleiner, barg aber in seinen Mauern den vierbogigen Triumphbogen (163 n. Chr.) des Marc Aurel (161—180) und seines Adoptivbruders L. Verus. Es ist die Zeit, in der auch das Christentum sich in Nordafrika ausbreitete.

Trotz Kontakten mit der ägyptischen und griechischen Kultur wurde die römische energisch vorangetrieben. Bis weit in die Sahara dehnte sich die Romanisierung aus. In Tripolitanien sprach man eine Art lingua franca, das Numidische stark durchsetzt mit libyschen und punischen Elementen und lateinischen Fachausdrücken. Sprache und Schrift, das Tifinag, breiteten sich in der Sahara aus. Das Christentum kam von Rom nach Afrika (um 180) und wurde bald allerorts verkündet.

Im südlichen Hinterlande der Städte lebten bald 500 000 Menschen, eine Zahl, die das Land kaum fassen konnte. Der Geburtenüberschuß strebte nach den Städten, die durch das besitzlose Proletariat übermäßig anwuchsen. Es stiegen die Abgaben, der allgemeine Wohlstand ließ nach.

Im Jahre 251 brach eine Seuche, vielleicht die Pest, aus, bald darauf unter Kaiser Valerianus (253—260) nochmals in Italien und in Afrika (260), wo sie am stärksten wütete. Gegen Germanen und Perser führte der Kaiser unglückliche Kriege. Als er durch die Perser gefangen wurde und starb, ging im Reiche alles drunter und drüber, wobei Afrika ziemlich verschont blieb. Diokletian (284—305) gelang es noch einmal, die Auflösung des Reiches aufzuhalten und eine Reorganisation der Verwaltung durchzuführen. In den Grenzbezirken Tripolitaniens (jetzt Provinz Numidia tripolitania) begannen bald darauf verschiedentlich Kämpfe mit vordringenden Nomaden.

Theodosius einte das letzte Mal das zerfallende Reich (394). Unruhen und Kämpfe, teils religiösen, teils sozialen Charakters, brachen überall auch in Afrika aus. Als Alarich 410 Rom einnahm, hörte die Ausfuhr aus den Städten auf, Arbeitslosigkeit und Gehaltskürzungen waren die Folge, und besonders die landwirtschaftlichen Arbeiter entfachten im Verein mit den Sklaven Aufstände. Das Imperium kämpfte um seinen Bestand und mußte vornehmlich die allseits vordringenden Völker aus dem Norden von den Häfen des Mittelmeeres fernhalten. So verhängte ein Gesetz von 419 die Todesstrafe über den, der die Fremden in Schiffahrtskunde und Schiffbau unterrichtete.

Trotzdem entstand an der südspanischen Küste im freundschaftlichen Einvernehmen mit iberischen Seeleuten die vandalische Flotte, mit der die Vandalen im Jahre 429 nach Afrika übersetzten. Bis auf Karthago war 431 Numidien und die Provinz Afrika in der Hand Geiserichs. Die Stadt wurde erst 8 Jahre später überrumpelt. Die geringe Zahl der 80 000 *Vandalen* und Alanen erlaubte es nicht, Besatzungen in die tripolitanischen Städte zu legen, Krankheiten (Malaria u. a.) dezimierten Heer und Volk. So zerstörten sie nur die Befestigungsanlagen der Städte. Bekannt sind die Eroberung Siziliens, Sardiniens und Roms (455) mit Hilfe der Libyer und Punier. Die Kämpfe mit den Nomaden im S, die langsam vordrangen, waren nicht glücklich. Bis zu seinem Tode hatte Geiserich Luxus und Sittenverderbnis von seinem Volke ferngehalten. Als der 80jährige König der Vandalen und Alanen 477 starb, schwand auch der Einfluß der Alanen am Hofe zu Konstantinopel, die bisher ein Vorgehen gegen Geiserich verhindert hatten. Der oströmische Feldherr Belisar landete 533 in Afrika und schlug mehrfach den Urenkel Geiserichs, Gelimer (533). Der Rest der Vandalen wurde in nutzlosen Aufständen vernichtet. Afrika, Tripolitanien und die Cyrenaica wurden zu einer Provinz vereinigt, der Limes zurückverlegt.

Das ganze Land befand sich in einem traurigen Zustande, als berberische Kamelreiternomaden es verwüsteten. Einige Küstenstädte wurden nochmals befestigt, zum Zurückdrängen der Libyer fehlten die Kräfte. Die Cyrenaica litt 10 Jahre unter persischer Besetzung. In dieser Zeit allgemeinen Verfalls kam an Stelle von Leptis als Flottenbasis Oea auf und erhielt den Namen Tripolis.

e) Die Eroberung Libyens durch die Araber

Im Jahre 642 eroberten *die Araber* von Ägypten aus die Cyrenaica, ein Jahr später, infolge des schwachen Widerstandes der Byzantiner, auch Tripolitanien und Tunis. Tripolis wurde erstürmt, Sabrata und Leptis geplündert. Nur die libyschen Berberstämme leisteten erbitterten Widerstand, sowohl hier als auch in der Cyrenaica, wo auch die Byzantiner sich wieder festzusetzen versuchten. Die Araber, die sich unter den Aglabiten (um 800) in Kairuan einen Mittelpunkt geschaffen hatten, mußten bis in die Cyrenaica zurückweichen. Erst ein neuerlicher Vorstoß unter den ägyptischen Fatimiden vereinigte die Teile wieder bis in den Westen. Einige Zeit herrschte unter Statthaltern der Fatimiden Ruhe, dann begannen überall, auch in Tripolitanien, Kämpfe mit den einheimischen Berbern, bis die Fatimiden nach der Eroberung Ägyptens (968) die Beni Hilal und Beni Suleiman (Sliman) 1050 gegen den abtrünnigen Maghreb einsetzten, die einen wilden Glaubenskrieg entfesselten. Die Beni Hilal stießen sofort zum Westen durch, die Beni Suleiman blieben zunächst länger in der Cyrenaica und zogen langsamer weiter zum Fezzan (12. Jh.) und später bis zum Sudan, nur Teile blieben von beiden Stämmen in der Syrte und in Tripolitanien. Barka blieb als wichtiger Platz, umgeben von Mauern und Gräben, infolge seiner Verbindung nach der Küste bei Tolmeta und nach dem Inneren in ägyptischem Besitz.

Die letzten Reste des Christentums und der römischen Kultur waren gebrochen, die Pflanzungen zerstört, die Äcker verlassen, die Städte vernichtet oder doch entvölkert. Nur der Hafen Tripolis behielt einen gewissen Wert. Im Jahre 1183 zerstörte ein Erdbeben die Stadt, es soll 20 000 Tote gegeben haben. Tripolitanien wurde der Regierung in Kairuan unterstellt. Die Islamisierung und die Verschmelzung zwischen Arabern und Berbern ging schnell vor sich, da in Kultur und Sitte die beiden Völker in vielem übereinstimmten. Die Araber heirateten gern die schönen Töchter der Berber. Durch die Arabisierung kam es zu einer ethnischen Änderung, die Arabo-Berber sind heute das stärkste Bevölkerungselement Libyens.

Jedoch war damit noch nicht wieder Ruhe eingekehrt. Abenteurer und Prinzen versuchten, eine Herrschaft zu gründen. In dieser Zeit der Kreuzzüge muß auch die Lepra nach Nordafrika eingeschleppt worden sein. Die Normannen verjagten die Araber aus Sizilien, besetzten die Insel Dscherba und eroberten von hier aus für 15 Jahre Tripolis (Mitte 12. Jh.). Die Hafisiden setzten sich in Kairuan fest, vereinigten Tunis mit Tripolitanien zur Ifrikija und verlegten im Jahre 1318 ihre Residenz nach Tripolis. Bald darauf verloren sie Stadt und Umgebung an die Beni Thabit, im Jahre 1355 vorübergehend an Filippo Doria. In dieser Zeit (1348) wurde über Italien die Lungen- und Bubonenpest, der „Schwarze Tod", eingeschleppt. In der zweiten Hälfte des 15. Jh. proklamierte sich Tripolis unter der Herrschaft von Notabeln zur freien Stadt und zog nun, ebenso wie die anderen Staaten, Reichtum aus Seeräuberei und schwarzem und weißem Sklavenhandel. Um diese Zustände zu unterdrücken, ließ Kaiser Karl V. von Spanien aus die Städte der nordafrikanischen Küste besetzen. Tripolis vertraute er ebenso wie Malta dem Orden der Johanniterritter an, ließ es befestigen und das Kastell bauen, bis Chaireddin Barbarossa im Jahre 1551 die Stadt eroberte und unter die Oberhoheit der *Türken* stellte, die sich im Jahre 1517 schon die Cyrenaica genommen hatten.

f) Libyen als türkischer Vasallenstaat

Den türkischen Vasallenstaat regierten zunächst von der Hohen Pforte eingesetzte Paschas, die meist nicht sehr energisch waren. Gegen die Janitscharen, die dauernd rebellierten, konnten sie sich nur schwer durchsetzen, weil die Regierung in Konstantinopel meist nachgab, wenn sie ihre Deys selbst einsetzten. Der Seeraub brachte Konflikte mit europäischen Staaten, so daß es seit 1654 mehrfach zu Bombardierungen von Tripolis durch europäische Staaten kam. Aufstände tobten im Inneren. Trotzdem wurde 1576/77 von Tripolis noch der Fezzan unterworfen. Dieser war im Jahre 622, fast ohne Widerstand zu leisten, in die Hände der Araber gefallen, die Garama zerstörten. Hauptstadt wurde von 900—1100 Cillaba-Zuila. Dieses eroberten Sudanesen aus Kanem, Hauptstadt wurde Traghen, bis 1300 ein marokkanischer Stamm das Land überrannte, Murzuk (1310) gründete und zur Hauptstadt erkor. Es blieb während eines Zeitraumes von fünf Jahrhunderten Sultanat.

In den Jahren 1683—93 wurde Tripolis mehrfach von den Franzosen beschossen. Die Regierung mußte dem Druck weichen, bis ein energischer und tüchtiger türkischer Kavallerieoffizier, Ahmed Karamanli, Dey und Pascha absetzte und selbst die Regierung in die Hand nahm. Vom türkischen Sultan Ahmed III. wurde seine erbliche Dynastie schließlich anerkannt. Er gliederte den verlorengegangenen Fezzan wieder an, schickte seinen Sohn als Gouverneur in die Cyrenaica und versuchte, die politischen und wirtschaftlichen Verhältnisse zu ordnen. Im Jahre 1728 wurde Tripolis als Repressalie gegen Piraterie wieder von den Franzosen bombardiert.

Mehrfach wechselten in den folgenden Jahren schwache mit energischen Herrschern. Rebellionen und Bürgerkriege traten im Hinterlande auf, und das Jahr 1785/86 brachte dazu eine schwere Hungersnot, die von der Pest begleitet wurde. Von 14 000 Einwohnern kamen in Tripolis über $^1/_4$ um. Wie die früheren Paschas waren auch die Karamanli auf Zahlungen der europäischen Staaten angewiesen, die diese ausgaben, um ihren Handel und ihre seefahrenden Untertanen zu schützen. Die Amerikaner weigerten sich, Tribute zu leisten. Weil daher ihre Schiffe aufgebracht wurden, kam es durch sie zu einer Beschießung der Stadt und einer Expedition gegen Derna, das vorübergehend besetzt wurde (1805). 1816 brach in Derna die Pest aus, von 7000 Menschen blieben nur 500 am Leben.

Die dauernde Beunruhigung durch die Berberstaaten (Barbareskenstaaten) beschäftigte auch den Wiener Kongreß. Franzosen und Engländer hatten mehrfach Flotten an die Küsten geschickt, und auch die kleineren Staaten suchten, von den Tributen loszukommen. Die dauernden Streitigkeiten, Revolten im Fezzan und in der Cyrenaica, das fehlende Geld und die unzufriedenen Janitscharen führten endlich den Sturz der Karamanli herbei (1835), und der türkische Sultan beschloß, Tripolitanien selbst wieder zu besetzen, um es nicht in die Hand europäischer Mächte fallen zu lassen. Bis 1842 hatten die Türken das Land wieder in ihrer Hand, außer dem tripolitanischen Dschebel, der bis 1858 revoltierte. Die Cyrenaica war effektiv unter die Herrschaft der Senussi geraten. Dieser im Jahre 1835 gegründete Orden begann von der Sauia el Beida auf dem Dschebel Achdar eine missionierende Tätigkeit, um den Islam zu reformieren. Er überzog das Land mit einer Reihe von Stützpunkten. Sein Einfluß vergrößerte sich besonders stark durch Verlegung seines Hauptsitzes nach Dscharabub im Jahre 1856, einem Platz außerhalb des türkischen Machtbereiches. Er war fremdenfeindlich eingestellt, verhinderte Reisen von Europäern und geriet im Süden des Landes in Konflikte mit den Franzosen. Im Jahre 1895 wurde der Hauptsitz in die Oase Kufra nach Et Tag verlegt.

g) Libyen als italienische Kolonie

Zur Zeit des deutsch-französischen Marokko-Konfliktes im Jahre 1911 besetzten die *Italiener* Tripolitanien in der Hoffnung, daß die Bevölkerung und die Senussi ihnen beistehen würden. Es kam aber zu einer islamischen Kampfgemeinschaft gegenüber dem christlichen Feinde, die nach Ausbruch des Krieges im Jahre 1914 die Italiener fast aller mit schweren Opfern errungenen Eroberungen beraubte. Erst nach dem Kriege konnte das Land in langwierigen Kämpfen wieder besetzt werden. Ein Teil der Araberstämme sowie die Senussi und ihre Führer gingen außerhalb des Landes.

Die Italiener hatten die Absicht, die Steppengebiete im Norden des Landes zu einem großartigen Siedlungsgebiet für ihr Volk auszubauen. Land wurde von Einheimischen gekauft bzw. von den Rebellen eingezogen. Seit 1928 ging die Kolonisation zunächst in Tripolitanien rasch voran. Im Jahre 1938 waren etwa 9000 Personen angesiedelt. Im Jahre 1938 kamen nochmals 15 000 Neusiedler dazu, und für das Jahr 1940 waren 35 000 für die Cyrenaica vorgesehen. Die Ansiedlung erfolgte auf Großbetrieben und durch staatliche Siedlungsgesellschaften. Libyen sollte blühender werden als zur Zeit der Römer. Mit dem verlorenen Kriege im Jahre 1944 brachen die weitgesteckten Pläne zusammen.

h) Das Königreich Libyen

Im Verlauf des Zweiten Weltkrieges wurde Libyen von den Engländern und Franzosen (Fezzan) besetzt, die bis zum Jahr 1951 auch die Verwaltung übernahmen. Nach langen Verhandlungen in der UN wurde eine verfassungsgebende Nationalversammlung eingesetzt, die dem Enkel des Gründers der Senussia, dem Emir der Cyrenaica, Sayed Mohammed Idris el Mahdi es Senussi als König Idris I. die Krone anbot. Am 24. 12. 1951 wurde die Gründung des *Vereinigten Königreiches Libyen* als freier und souveräner Staat verkündet. Er bestand zunächst aus drei selbständigen Ländern, Tripolitanien, Cyrenaica und Fezzan. Im Jahre 1963 wurde eine Vereinheitlichung der Verwaltung durchgeführt und die Länder ab 1965 durch eine königliche Verordnung vom 27. 4. 1963 in zehn Provinzen (Muhafeda = Muqataa) aufgeteilt, mit Untergliederung in Mutessafariah (= Distrikt, Reg.-Bezirk) und Mudiriah (= Kreis).

2. Die Völker und ihre soziale Gliederung

In Libyen lebten schon in den Anfängen der geschichtlichen Zeit *Berbervölker*, die sich nach ihrer eigenen Sprache Mazigh nannten. Sie gehörten der mediterranen Rasse an, die mit braunen Hamiten untermischt war (weißafrikanische Rasse). Die weiteren Rassenvermischungen, im Küstengebiet mit Puniern und Römern, im S mit Negern, blieben gering.

a) Die Berber

Am reinsten haben sich unter den Berbern die *Tuareg* erhalten, die vermutlich von den Römern aus ihren einstigen Weidegebieten in Algerien/Tunis in die Sahara abgedrängt wurden. Von ihnen lebt nur ein Teil der Nordgruppe der Azger in Libyen, und zwar die Großfamilien (Tribus) der Imanghasseten und Oraghen. Die Tuareg unterwarfen in der Sahara die ursprüngliche Bevölkerung, anscheinend auch die (berberischen?) Garamanten, und nahmen Teile des Kulturbesitzes dieser Stämme an.

So kam es zu einer *sozialen Gliederung* in 3 Gruppen, die Vornehmen (Imajeghan), die nur kleine Tribus bilden, aber die politisch administrative Macht in den Händen haben. Sie sind groß und schmal, aber kräftig gebaut, mit Langschädel, feinem langen Gesicht mit starkem Kinn, gerader Nase, wellig dunklem Haar und rötlich-gelber Hautfarbe.

Soziale Gliederung: Unter den adligen Tribus stehen die Diener oder Hörigen (Imgad), die in eigene Tribus mit eigenen Häuptlingen gegliedert sind. Sie hängen in der Gesamtheit von einem der vornehmen Tribus ab, müssen einige Arbeiten leisten, begrenzten Tribut zollen und im Kriegsfalle Hilfe stellen. Sie dürfen Land und Vieh erwerben und erfreuen sich oft eines größeren Reichtums als ihre Herren.

Die unterste Klasse sind die Sklaven (Ichelan), die Abkommen von Negern, die bei Razzien gefangen wurden. Sie sind heute frei, leben aber meist in der Familie mit ihrem alten Patron weiter und finden als Hirten, weibliche Mitglieder im Haushalt Verwendung.

Jede Großfamilie hat ihr Haupt, den Scheich, und umfaßt die Nachkommen eines gemeinsamen Stammeshauptes. Innerhalb jeder Großfamilie bestehen verschiedene kleinere Familien, die von dem männlichen Erzeuger abhängen. In der Großfamilie gilt die mütterliche, in der Kleinfamilie die väterliche Deszendenz. Adel, Ämter, Eigentumsmarken, Titel vererben sich in weiblicher Folge, die Beziehungen zwischen Eltern und Kindern werden in männlicher Folge geregelt. Persönliches Eigentum und Erwerb bleibt der Kleinfamilie, alles, was mit Hilfe des Kollektivs erworben wurde oder aus Erbe des Geschlechts stammt, kommt der Großfamilie und damit dem Gesetz der mütterlichen Deszendenz zu (Mordini). Langsam ist jetzt das Mutterrecht im Schwinden und setzt sich das koranische Erbrecht durch.

Die Frau erfreut sich großer Freiheit. Sie ist meist die Gebildetste der Familie, besitzt Eigentum, spricht im Rat mit, widmet sich der Erziehung der Kinder und beschäftigt sich mit Nähen von Kleidungsstücken oder Arbeiten in Fellen. Die Monogamie hat sich fast durchweg durchgesetzt. Häufig leiten alte energische Frauen die Familie.

Handarbeit ist bei den Vornehmen nicht geschätzt, ihre Freude ist die Aufzucht von Kamelen. Schafe und Ziegen sind der Sorge der Imgad anvertraut.

Die Beziehungen der Tuareg zum Islam sind sehr locker. Trotzdem manche „Heilige“ unter ihnen wohnen, neigen sie zum Glauben an präislamische Reste des Animismus. Genien mit übernatürlichen Kräften, gute und böse, spielen eine große Rolle. Gegen letztere nimmt man Hexenmeister in Anspruch, die sehr geachtet sind und in allen Lebenslagen befragt werden.

b) Die Araber-Berber und Araber

Die östlichen Berber sind gegenüber den Tuareg sehr viel stärker *mit Arabern durchmischt* worden. Die ersten Vorstöße im 7./8. Jh. wurden von kleinen Gruppen durchgeführt, waren aber für die langsame Durchsetzung mit dem Islam wichtig. Die Araber fühlten sich als eine höhere Rasse, und so kam es erst zur Unterwerfung und rassischen Durchdringung, als im 11. Jh. die Beni Hilal und Beni Suleiman in das Land einbrachen. Lange und harte Kämpfe führten die Berber gegen die Araber. Da es sich aber bei den einfallenden Orientalen um eine verwandte weiße Rasse handelte, blieb eine Vermischung unvermeidlich. Vom 13. Jh. ab entstanden durch Zwischenheiraten *die Araber-Berber*, besonders in den nomadischen Stämmen. Mit ihrer Selbständigkeit verloren die Berber trotz ihrer größeren Zahl auch z. T. ihre Sprache. Das Arabische und die arabische Schrift setzten sich durch, das alte Volksleben wurde durch die Gebräuche des Koran verdrängt. Nur in einzelnen Teilen, besonders auf dem tripolitanischen Dschebel, in Zuara und Umgebung, in Gadames, Audschila und Siwa u. a. wird noch heute ein berberischer Dialekt gesprochen und herrschen berberische Sitten vor. Diese Ackerbauern nahmen auch nicht den an starren Buchstaben haftenden Islam an, behielten freiere Formen, vermengt mit alten Glaubensresten, bei, so daß sie bei den Arabern als ibaditische Ketzer (ibad = Sklave) gelten.

Körperbau: Körperlich sind die Berber robuster, 1,60—1,80 m groß, haben einen kräftig entwickelten Schädel, ein ovales Gesicht und eine hohe breite Stirn, von der sich die schmale Nase scharf absetzt. Ihre Hautfarbe ist weißbraun bis zu einem mittleren dunkelbraun, sie besitzen braune Augen und schwarze Haare. Blonde Haare und blaue Augen, wie manchmal erzählt wird, werden nur ganz selten einmal bei Kindern angetroffen, häufiger dagegen sind Negermischlinge (Abb. 29).

Die Araber sind graziler, schlanker und sehniger, haben ein ovales, manchmal volles Gesicht, eine hohe Stirn und im allgemeinen nur bei reinen Arabern die gebogene semitische Nase, aber schwarze Haare und schwarze Augen. Ihre Hautfarbe ist weiß bis hellbraun (Abb. 28).

Beide Rassen sind, wie erwähnt, heute zum großen Teile verschmolzen, es herrschen zwischen ihnen gute Beziehungen. Vielfach wird angenommen, daß die Berber die Seßhaften waren, die Araber nur Hirten und Nomaden. Das ist wohl nicht richtig, denn schon vor dem Arabereinfall stießen berberische Nomaden gegen den Dschebel und die Küste vor. Auch Plinius erzählt, daß sie ihre Weideplätze wechselten und Zelte mit sich führten. Viele Araber ließen sich auch in Städten nieder, sie waren also nicht nur Nomaden, und die Gegensätze zu den Berbern sind auch in dieser Beziehung gering.

Soziale Gliederung: An der Spitze der *Tribus* steht als erbliches Haupt aus bestimmten Familien der Scheich. In manchen Fällen wird auch eines der tüchtigsten Familienhäupter gewählt. In den Städten stehen den Quartieren und Mehallas Scheichs vor.

Die einzelnen Stämme und Tribus der Nomaden, berberische und arabische, haben sich im Laufe der Zeit zu Bünden zusammengeschlossen, ihr jeweiliger Bund hat einen besonderen Namen angenommen, wie es z. B. bei den Zentan der Fall ist, die eine der großen Kriegstribus Tripolitaniens bildeten. Ihr Korpsgeist, der menschliche Beziehungen ablehnt, ist noch heute eine dauernde Drohung für den Frieden unter den Stämmen. Ihr Hauptort ist Zentan-Taghermine im tripolitanischen Dschebel. Mit ihren Herden ziehen sie über die Hamada el Hamra nach S bis Edri im Fezzan. Auch die Megarha, die zwischen dem es Schati im Fezzan und dem Syrtengolf nomadisieren, sind ein Bund aus sieben Tribus verschiedenen Ursprungs. Sie sind heute noch eine der stärksten Tribus des Fezzan und stellten früher den Schutz für den Pascha in Tripolis. In den gemischten Bünden stellen Araber und Berber je ein Oberhaupt.

Unter den Araberstämmen sind die sog. *Scherif-Tribus* zu erwähnen, die von der Familie des Propheten abstammen (z. B. Tribus in Zawia und Zuara im Tripolitanischen, oder in Zuila im Fezzan), dann *Marabutische Stämme*, die ihre Herkunft von einem Heiligen ableiten, der gewöhnlich auf ihrem Territorium begraben und hoch geachtet ist. Die Marabutstämme sind verschiedenen Ursprungs, sie sind Araber oder auch Araber-Berber. In Tripolitanien kennt man solche Tribus von Zliten Misurata, Waddan (Dschofra) u. a., und auch aus der Cyrenaica eine ganze Reihe starker unabhängiger Tribus

(s. Karte 12). Sie erfreuen sich im allgemeinen eines großen Respekts und Ansehens sowie gewisser Privilegien.

Von den einfallenden Arabern sind einzelne Stämme unterworfen worden, die sie als *Marabtin* (= Gebundene) in ihre Abhängigkeit brachten. Sie sind heute in den Stämmen aufgegangen oder auf Grund ihres Nomadismus unabhängig geworden.

c) Die Tibbu

Von dem Volke der *Tibbu* leben in Libyen nur wenige hundert Menschen im S des Landes, und zwar im Wadi Hecma zwischen Gatrun und Tedscherri, im Wau el Kebir, dann in Tibesti Nord Dohone in einigen Tälern mit Brunnen, verstreut in Kufra, Rebiana, Bzema und Tazerbo. Sechs Familien leben in Auenat-Arkenu. Infolge der Wasserarmut und Kargheit ihrer Stützpunkte sind sie gezwungen, als Nomaden hin und her zu wandern.

Erst seit dem 17. Jh. bildete sich das heutige ethnische Bild Tibestis aus. Clans, besonders aus der südlichen Umgebung, aber auch aus dem Fezzan und Kufra, wanderten in Tibesti ein. Durch Sklavenjagden und -handel trat eine Vernegerung ein (Kronenberg).

Körperbau: Die Tibbu sind mittelgroß bis groß, mager, aber elastisch im Laufen und Springen. Ihre Gesichtszüge sind regelmäßig, teilweise fein, die Haare schwarz, kurz, manchmal etwas kraus, der Bart spärlich. Die Nasen sind gerade, oft etwas breit, die Hautfarbe dunkelbraun bis braunrot (Abb. 30, 31). Die Frauen sind ebenfalls groß und sehnig, oft etwas männlich, ihre Haare lang, wenig gewellt (Abb. 32).

Ihr Charakter wird als nicht besonders gut geschildert, mehr als mißtrauisch und falsch, ohne Gefühl für Ehre und Gastfreundschaft.

Soziale Gliederung: Die Tibbu gliedern sich in Vornehme und Volk. Einige *Clans* sind vornehmer als die anderen. Diese haben das Vorrecht, Häuptlinge zu stellen. In Tibesti steht an der Spitze der Dardai, der gewählt wird und Vorsitzender des Rats der Vornehmen ist. Seine Autorität ist begrenzt und beschränkt sich auf das Amt des Schiedsrichters. Für das libysche Gebiet ist der Mudir von Gatrun das Oberhaupt. Neben dem Clan, der Großfamilie, steht die patriarchalisch gelenkte Kleinfamilie.

Wie bei den Tuareg besitzt die ledige und verheiratete Frau große Freiheiten. Im allgemeinen leben die Tibbu monogam, die Polygamie ist aber zugelassen und wird ausgeübt, wenn der Mann viel auswärts ist und an mehreren Orten Besitz hat. Die Frau sorgt in seiner Abwesenheit für Herden und Güter.

Islamisiert wurden die Tibbu in der 1. Hälfte des vorigen Jahrhunderts durch die Senussi, die mit Hilfe von Arabern das Sultanat der Tibbu in Tazerbo-Kufra zerstörten und diese zur Abwanderung zwangen. Diese üben den Islam wenig aus, obgleich sie Fanatiker sein sollen, dagegen ist Animismus und Dämonenglaube noch stark vorhanden.

Zur Zeit scheinen die Tibbu von Gatrun her im Vordringen zu sein. Sie haben die Oase Wau el Kebir wieder besetzt, die unter den Italienern als Verbannungsort diente und von freien, unabhängigen Bewohnern geräumt war. Von hier wandern sie bis zur Graret Waddan am SW-Rande der Harudsch (östlich von Tmessa).

d) Die Fezzaner

Die *Fezzaner* (Fazazna), die mit Araber-Berbern zusammen als Seßhafte im Fezzan leben, sind ein Volk starker Rassenmischung. Das Grundelement geben wieder die Berber ab, hier Garamanten, die anscheinend schon im Altertum etwas römisch-punisches Blut aufnahmen, sich aber sehr viel stärker mit Negern vermischten, die aus Bornu, Wadai, Ennedi und dem Sudan seit alten Zeiten als Händler, teils wohl auch als Eroberer, dann aber auch als Sklaven kamen. Arabische Tribus (Suleiman u. a.) setzten sich im Fezzan fest, später noch Türken.

Körperbau: Die erhebliche Negerbeimischung beeinflußte stark *das körperliche Aussehen* der Fezzaner. Teile der arabischen Bevölkerung haben sich reiner und damit heller gehalten. Der gewöhnliche Fezzaner ist robust, von mittlerer Statur, etwa 1,67 m groß, hat ein breites Gesicht, eine kleine Nase, große Lippen und schwarze, wollige bis krause Haare. Die Hautfarbe wechselt zwischen einem hellen Rotbraun bis zum schwarzen Braun (Abb. 33, 34). Bei den Frauen ist der Negereinschlag noch ausgesprochener (Abb. 35, 36). Sie sind im allgemeinen kleiner, nur 1,55 m groß, haben wollige Haare, dicke Lippen, breite Nasen und infolge der schweren Arbeit oft einen konkaven Rücken. Sie gehen unverschleiert, erfreuen sich großer Freiheit, die Ehe wird als Arbeitsgemeinschaft zur Aufzucht von Kindern aufgefaßt. Scheidungen sind daher häufig.

Soziale Gliederung: Man unterscheidet im Fezzan die Freien (ahrar) und die Schuaschena, die Kinder von Negern, die im Fezzan geboren sind, bzw. Abkömmlinge der einstigen Sklaven, die heute frei sind. Die freien Bediensteten sind im allgemeinen bei den entsprechenden Familien geblieben und stehen hier im gleichen Arbeitsverhältnis. Sie rechnen zu der Familie, erhalten Lohn und verrichten wie früher Arbeiten im Haus, als Hirten und als Landarbeiter, wobei ihnen die schwere Arbeit des Bewässerns zufällt.

Die Vornehmen trennen sich aber doch in mancher Beziehung von den dunkleren Fezzanern. So gibt es z. B. in el Gedid (Sebha) zwei Quartiere, ein aristokratisches und ein plebejisches (en Zela), das von Abkömmlingen einstiger Sklaven bewohnt wird. Die Heirat zwischen beiden ist durch ein stillschweigendes Abkommen verpönt. Wer sich darüber hinwegsetzt, kommt in Verruf, ist nicht mehr angesehen und von öffentlichen Ämtern ausgeschlossen, eine aristokratisch geborene Frau sinkt auf die Stufe einer Negerdienerin hinab.

Wo die Sitten nicht so streng sind wie in el Gedid, kann man sich als Nebenfrau eine schwarze Dienerin halten. Dieses Konnubium ist weit verbreitet. Die mulattischen Kinder genießen dasselbe Ansehen und die gleichen Rechte wie legitime, und nicht selten üben Mulatten die Autorität eines Familienoberhauptes aus.

e) Die Splittervölker

Dasselbe ist nicht nur der Fall im Fezzan, sondern auch an der Küste Tripolitaniens, wo noch einige 1000 *Neger* leben. Trotzdem wird auch hier die Heirat zwischen Negern und Weißen nicht besonders gern gesehen. Andrerseits gibt es hier auch ganze Negersiedlungen mit eigenem Häuptling, der den örtlichen Behörden untersteht. In der Oase Tauorga leben etwa 5000 Neger, davon über $^4/_5$ Schuaschena, deren Voreltern man seinerzeit hier zur Aufzucht von Sklaven angesiedelt hatte.

Weitere zu den Fezzanern zu rechnende Mischlinge sind die ca. 200 *Dauada*, die an den Seen in der Edeien von Ubari wohnen. Ihre Vorfahren sind anscheinend von N aus dem Wadi Adschal gekommen. Seitdem haben sie wenig Zuzug erhalten, heiraten nur untereinander und leben unter eigenen Häuptlingen (Abb. 37).

Aus den Küstengebieten sind an Volkssplittern die *Kologli* zu nennen, die Nachkömmlinge von Janitscharen und türkischen Beamten aus den verschiedensten Teilen des osmanischen Reiches mit Araber- oder Berberfrauen oder christlichen Sklavinnen sind. Obgleich ihre Zahl gering ist — heute sind es einige 30 000 — stellten sie während der türkischen Herrschaft wie auch heute noch die Beamten. Sie heiraten im allgemeinen nur Weiße und leben in den Oasen um Tripolis, kleinere Teile auch in Benghasi und Derna.

Die *Israeliten* stellten schon immer nur einen geringen Bevölkerungsteil. Sie waren mit den Arabern nach dem Westen gekommen, auch nahmen damals einige Berberfamilien den jüdischen Glauben an. Zuzug erhielten sie nach 1491 infolge der Vertreibung der Moslems und Juden aus Spanien. Sie vermieden es im allgemeinen, sich mit anderen Rassen zu vermischen. In der Cyrenaica lebten größere Gemeinden in Benghasi und Derna. Seit 1945 sind sie bis auf einen Rest in Tripolis ausgewandert.

Außer einer Gruppe *Kreter*, die infolge der Okkupation Kretas durch Griechenland nach der Cyrenaica auswichen, kamen 1911 die *Italiener* ins Land. Das große Siedlungsunternehmen der Italiener mußte 1942/43 infolge des verlorenen Krieges und des Verlustes der Kolonie abgebrochen werden. Tausende waren schon in die Heimat zurückgekehrt, besonders die Cyrenaica war von ihnen verlassen worden, so daß 1962 nur noch etwa 30 000 Italiener im Lande waren, die meisten als Beamte, Kaufleute und Techniker in den Städten. Nur einige Tausend sind noch als Siedler in der Landwirtschaft tätig, z. T. um Tripolis, z. T. in den Kolonien südlich von Misurata. Eine wesentliche Vermischung mit den Araber-Berbern hat nicht stattgefunden.

3. Die Nomaden, Halbnomaden und ihre Lebensweise

Reine Nomaden gibt es nur noch wenige. Es sind in Libyen die Tuareg und Tibbu und unter den übrigen Tribus nur einzelne kleinere, die verarmt sind und von den anderen Tribus Herden in Pflege nehmen und mit diesen umherziehen. Bei den großen Stämmen, auch schon bei den Tuareg, macht sich eine Tendenz zur Seßhaftwerdung geltend. Sie säen nach genügend Regen Getreide aus (Regenfeldbau), kaufen sich von ihren Einnahmen aus der Viehzucht Palmen oder Ölbäume, die beaufsichtigt und geerntet werden müssen, d. h. also, sie sind einige Monate im Jahr mit Feldbau und Baumkultur beschäftigt und widmen sich nur einen Teil des Jahres der Viehzucht, die allerdings zunächst die wichtigste Erwerbsquelle bleibt. Ein Teil der Familien ist gezwungen, länger an einem Ort zu bleiben, seßhaft zu sein, und so entwickelt sich eine Wirtschaftsform, die als Halb- oder Seminomadismus bezeichnet worden ist. Vielleicht ist dieses für Libyen die gegebene kommende Wirtschaftsweise, wenn erst das richtige Vieh gezüchtet worden ist, für die trockene Jahreszeit das notwendige Trokkenfutter (Luzerne) bereitgestellt wird, und man den Nomaden in richtiger Form in Landwirtschaftsschulen eine rationelle Art der Landwirtschaft nahegebracht hat. Man rechnete im Jahre 1954 zu den Halbnomaden 18% der Bevölkerung = 196 110 Menschen, zu den Nomaden 8% = 87 290 Menschen. Dieser Prozentsatz der Nomaden hat sich bis heute zu ihren Ungunsten verschoben. Die meisten sind Halbnomaden geworden. Die Unterscheidung zwischen beiden Gruppen ist vielfach schwer.

Auch unter den Nomaden findet man heute schon Halbseßhafte, sehr viel mehr bei den Halbnomaden, die feste Dörfer besitzen. Als rein Seßhafte sind die Fezzaner anzusehen, dann natürlich die Farmer und Siedler im Norden sowie endlich die Städter, die zum Nomadentum und zur Landwirtschaft größtenteils alle Beziehungen verloren haben, allenfalls noch familiäre Verbindungen zu ihren Tribus pflegen und nur selten wieder dorthin zurückkehren.

a) Die Tuareg

Bis vor kurzem waren in Libyen der größte Zweig der reinen Nomaden die Tuareg, die ohne dauernden Aufenthaltsort umherziehen. Allerdings besitzen sie überall Orte, in denen sie sich relativ lange aufhalten und neben Zelten auch Hütten bauen, die längere Zeit stehenbleiben. Diese Zeitwohnungen liegen z. T. nur wenige Meilen voneinander entfernt, jedenfalls niemals nahe einem dauernd bewohnten Ort, aber immer dort, wo es Weide und Wasser gibt. Die italienische Regierung versuchte ab 1930, sie möglichst an einem der Plätze seßhaft zu machen, an denen sie sich sowieso länger aufhielten.

Das für die Tuareg charakteristische *Lederzelt* ist nicht mehr so häufig wie früher anzutreffen. Es besteht aus langen, zusammengenähten, rot gefärbten Fellstreifen von Schaf oder Ziege, die von einigen Pfählen gehalten werden. Es ist in zwei Teile geteilt, links für die Männer, rechts für die Frauen. Als Boden dient der Sand, der vielfach mit Fellen bedeckt ist, man schläft auf dem Sand, auf einer Matte oder einem Teppich, als Kopfkissen dient ein zusammengelegtes Kleidungsstück. Holzbetten kennen nur wenige Privilegierte. An den Wänden des Zeltes liegen die Sättel, stehen Holzgefäße für Flüssigkeiten, große Ledergefäße für die halbflüssige Butter, und hängt eine Girba, ein Schaf- oder Ziegenfell, mit Wasser.

Die *Hütten* werden nur von den Frauen, ohne Männerhilfe, in cylindrischer Form erbaut. Das Gerüst besteht aus Ästen, die Wände aus festgeflochtenen Gräsern des Dis oder Sbat, so daß ein festgefügter Bau entsteht, der auch heftigen Winden Widerstand leistet. Gedeckt werden die Hütten mit einer halbkugelförmigen Kuppel, seltener mit einem Spitzdach. Kuppel und Dach bestehen auch aus Dis (Imperata cylindrica), das mit feineren Schnüren desselben Materials festgebunden wird. Die Höhe der Hütte beträgt ca. 2 m, die Größe um 20 m², der schmale Eingang wird durch eine Matte geschlossen.

Im Inneren der Hütte ist keine Trennung, sie dient dem Familienhaupt, seiner Frau und den Kindern als Aufenthaltsraum, zum Schlafen und Aufbewahren des Eigentums. Strohmatten und Ziegenfelle bedecken vielfach den Boden. Im Osten der Hütte liegt der umzäunte Hof, dessen südlicher Teil im allgemeinen überdacht ist. Der Zaun besteht aus festgeflochtenen Gräsern, der Zugang zwischen zwei überragenden Zäunen kann durch eine Strohmatte geschlossen werden. Unter dem offenen Dach, das von Tamariskenstämmen getragen wird, wohnen die Diener und werden die Gartenprodukte aufgehoben. Der unbedeckte Hofteil wird immer sehr sauber gehalten, wenn man auch oft Schafe und Ziegen bei starkem Wind, sehr heißer oder kühler Temperatur in das Innere hineinnimmt. Er dient in heißen Nächten zum Schlafen.

Außerhalb des Zaunes liegt, einige Meter von der Hütte, ein geschützter Raum, der ebenso umgeben ist wie der Hof und der als Küche dient. Das Feuer wird hier unter der Asche aufbewahrt. Wechselt die Familie den Ort, dann wird die Hütte abgerissen, die Äste werden mitgenommen (Abb. 38).

Die Hütten liegen zu 3 und 4 beieinander, die einzelnen Gruppen über 100 m voneinander entfernt. Das Dorf dehnt sich daher lang aus und zählt 20 bis 50 Hütten. Ein Teil der Familie ist jeweils mit anderen zusammen (ca. 10 Menschen), um die Kamele, Esel, Ziegen und Schafe in der Nachbarschaft zu weiden. Sie schlafen hinter einem Baum oder Felsen. Ist reichlich Weide vorhanden und erlaubt hochliegendes Grundwasser das Aussäen von etwas Gerste, Mais, Hirse, Tomaten, Zwiebeln oder Paprika, werden nur von Männern — auch nicht von Vornehmen — Gärten angelegt. Wenn auch der Gartenbau langsam wichtiger wird, bleibt die Viehzucht doch die vornehmste Beschäftigung.

Als *Nahrung* dienen den Nomaden hauptsächlich Milchprodukte von Kamel, Schaf und Ziege als Milch, Käse und Butter. Von denselben Tieren wird auch das gekochte Fleisch gegessen, das manchmal durch Jagd mit Flinte oder Fallen ergänzt wird. Die Gerste wird ebenso wie Samen von wildwachsenden Gramineen zwischen Steinen zerrieben und zu einem Brei gekocht. Die Tuareg essen außer Fischen und zwei großen Eidechsenarten (Warane) so ziemlich alle Tiere. Mit letzteren betrachten sie sich als verwandt, sie sind also für sie tabu. Als Getränke bevorzugen sie gesäuerte Milch, aber auch den leicht sauren, gut schmeckenden Palmwein, und wie alle Libyer starken, gekochten schwarzen und grünen Tee, manchmal vermengt und vielfach aromatisiert mit Minze und Erdnuß.

Kleidung: Gekleidet haben sich früher die Tuareg in rotes und blaues Leder, heute bevorzugen sie Wollstoffe, die aus dem Sudan oder Europa kommen, da sie nicht selber weben. Sie tragen weiße Hosen mit roten oder indigo Streifen und drei lange Tuniken, eine weiße oder indigofarbene auf der Haut, von den beiden anderen ist die eine oft reich bestickt. Die Indigofarbe dringt in die Haut ein, so daß diese oft leicht blau getönt erscheint. Charakteristisch ist der Schleier, der ab 13 Jahre getragen wird, schwarz oder indigo, weiße tragen nur die Diener. An den Füßen haben sie große Sandalen aus Schafleder, die auch aus dem Sudan stammen. Kleine Ledertaschen, Amulette in Ledersäckchen, auch Waffen, Schwert an Lederbandelier, Dolch und Lanze sowie ein Barrakan (Burnus) vervollständigen die Kleidung, die bei den Dienern weniger kompliziert ist. Vornehme Frauen tragen einen Wollbarrakan um Bauch und Hüften, darüber zwei Tuniken und einen roten Barrakan oder Wollstoff, Schuhe wie der Mann. Ohrgehänge, Silbermünzen und kunstvolle Amulette schmücken Gesicht und Brust. Auf die Haarfrisur wird große Sorgfalt verwendet. Dienerinnen sind einfacher gekleidet.

Ebenso wie die Männer glauben die Frauen, durch das Berühren mit Wasser krank zu werden. Sie waschen sich daher angeblich nie. Zum Reinigen der Kleidungsstücke benutzen sie einen weißen Ton oder die gestampften Stengel einer Salsolacee, die mit Wasser aufschäumt.

Zauberglaube: Wie erwähnt, glauben die Tuareg an gute und böse Dämonen. Gegen die letzteren können sie durch den Zauberer (Imechelleauen = Schamanen) unterstützt werden, der die Geheimnisse des Jenseits kennt und sie durch einen mächtigen Geist, einen ihm hörigen Schutzgeist, erhalten hat, den er jederzeit rufen kann. Schon bei der Geburt ist die Gegenwart des Zauberers nötig, weil es vorkommt, daß das Neugeborene nicht dem Vater ähnelt, d. h. ein Dämon eine Vertauschung des Kindes im Mutterleibe vorgenommen hat. Der Zauberer schickt seinen Schutzgeist ins Land der Dämonen, läßt den wahren Sohn zurückholen und eine neue Vertauschung vornehmen, indem er den Neugeborenen dem Dämon zurückgibt. Auch bei Abort ist der Zauberer notwendig. Die Tuareg glauben, daß der Abort nicht durch einen unerlaubten Eingriff, sondern durch Dämonen hervorgerufen wird, die das Kind im Mutterleibe erwürgen. Durch Anbringen von Amuletten an Frau und im Zelt will der Zauberer in der Folge normale Geburten erreichen.

Auch in der Todesstunde ist der Zauberer vonnöten. Er macht die letzten Versuche, den Sterbenden am Leben zu erhalten, er hält die Leichenwacht und gibt dem Toten die notwendigen Anweisungen für seinen Weg, so daß der getröstete Tote auch die Erde verläßt, denn täte er es nicht, wäre er eine große Gefahr für die Lebenden. Auch das Schlafen von Frauen auf dem Grabhügel, der Wahrsagerei wegen, scheint das Überbleibsel eines uralten afrikanischen Totenkultes zu sein.

Die Zauberer üben auch aggressive Zauberei aus, indem sie bei abnehmendem Monde entweder ihren Schutzgeist beschwören, jemanden krank zu machen oder den Tod zu bringen, oder sie machen sich Statuetten aus Ton oder Stoff, identifizieren sie mit dem Betreffenden und zerbröckeln oder zerstören sie unter magischen Beschwörungen. Das davon in Kenntnis gesetzte Opfer erkrankt oder stirbt bestimmt. (Seßhafte Tuareg [Gat und Umgebung] s. Oasenbewohner).

b) Die Tibbu

Auch die kleinen Gruppen der *Tibbu*, die in Libyen wohnen, sind durchweg Nomaden, wenn sie auch manche feste Standorte haben, in denen ein Teil der Familien zurückbleibt (Gatrun, Wau el Kebir). Das Wesentliche ist, daß dauernd der größere Teil der Bevölkerung mit den Herden unterwegs ist. Im Wadi Hecma fällt dies nicht so auf, da sie hier mit Fezzanern vermischt leben, um so mehr in kleineren Oasen, wie z. B. im Wau el Kebir, wo bei einem Besuch der Oase kaum $^1/_3$ der Bewohner anzutreffen war.

Die Tibbu wohnen in *Zelthütten,* die leicht abzubauen sind. Sie bestehen aus einem Gerüst aus Ästen der Acacia arabica, die so zusammengebunden sind, daß sie eine elliptische Form bilden. Über den Zweigen sind Matten befestigt. An einem Ende ist der Einlaß, der durch eine Matte verhängt wird. Je nach der Länge des beabsichtigten Aufenthaltes sind die Hütten 2—3 m lang, nur etwa 1,20 m hoch, oder aber als Dauerwohnungen 10—12 m lang, bis 1,80 m hoch und etwa 4—5 m breit. Die ersteren sind kaum eingerichtet, sie dienen nur dem Schlafen auf dem sandigen Boden. Die großen sind in mehrere „Räume" geteilt durch starke Quergerüste, die etwa drei Meter voneinander entfernt stehen. An den Gerüsten sind die Äste der Außenwände befestigt, alle durch dünne Stricke fest miteinander verbunden, durch dünnere

Fäden sind die Außenmatten an ihnen angebunden. Durch den Matteneingang gelangt man, sich bückend, in das Innere, in dem man zur Not stehen kann. Der Eingangsraum ist nicht groß, nur etwa 2 m breit und dient wohl nur zum Aufheben von Gegenständen. An der mit Matten verhängten Zwischenwand vorbei kommt man in den Aufenthaltsraum. Hier liegen einige Matten und Teppiche auf dem Boden, Kissen als Armstützen an den Wänden. In der Mitte ist ein Platz zum Abstellen des Kohlenfeuers beim Teetrinken oder der großen Schüssel beim Essen aufgespart. Der dritte Raum dient zum Schlafen. Aufgerollte Matten und Teppiche, auch eine Truhe, befinden sich an der Wand. Über dem Gerüst der Zwischenwand hängen Kleidungsstücke und schließen ihn gegen den Mittelraum ab. Die großen Hütten stehen häufig innerhalb eines Hofes, der von einem Palmwedelzaun umgeben ist. Hier befindet sich die Küche, ein Gerüst mit Palmwedeldach und 1—2 auch durch Palmwedeln geschützten Seiten. Das Feuer brennt in einer Vertiefung des Sandbodens. Nahe der Küche ist aus festen Palmwedelwänden gewöhnlich noch eine Vorratshütte errichtet. Außen vor dem Eingang in den Hof ist noch ein kleiner runder Vorhof durch einen Steinkranz abgetrennt. Dieser, der Hof, Küche und Hütte sind peinlich sauber.

Zwischen den beschriebenen Zelthütten gibt es alle Variationen, bei länger stehenden fehlt auch der Hof, die Küche steht frei. Kehren sie bei ihren Wanderungen an bestimmte Plätze zurück, lassen sie die Stützäste vielfach stehen (Abb. 39).

Statt ihrer Mattenhütten errichten die Tibbus vielfach *Seriben*. Es sind relativ leicht, aber gut gebaute Hütten aus Palmwedeln mit flachem Dach, etwa 2 m hoch und vielfach, je nach der Zahl der Bewohner, nur wenige m² groß. 3—4 horizontale Querleisten aus verflochtenen Palmrippen halten die Wände zusammen, die gegen den Wind auch mit Ton beworfen werden. Die Seriben sind oft mit einem Hofzaun umgeben, der auch ein Schutzdach für Küche und Vorräte oder wenigstens eine Feuerstelle umschließt (Abb. 40, 41).

Da es beim Umherziehen sich oft nur um wenige km handelt und jährlich dieselben Gebiete abgeweidet werden, haben sich die Tibbu an bestimmten Plätzen steinerne Rundmauern gebaut, die nur durch Matten abgedeckt zu werden brauchen, also schnell eine Zelthütte abgeben. Auf diese Weise sparen sie das unnötige Herumschleppen von Zeltmaterial. Die Wände der Rundmauern sind als Trockenmauern aufgeführt, etwa 1¹/₂—2 m hoch, Durchmesser 2—3 m, und geben genügend Windschutz. Durch Verschmieren mit Lehm werden sie manchmal gegen den Wind völlig abgedichtet, wie es bei den Hütten in Hochtibesti meist der Fall ist.

Die *Kleidung* der männlichen Tibbu ist ähnlich derjenigen der Tuareg (Abb. 30), 2—3 Tuniken ohne Ärmel, eine weiße auf der Haut, darüber eine indigo oder blau gefärbte, oft reich bestickte aus dem Sudan, ein Paar Hosen und Sandalen sudanischen Typs. Dazu kommt eine weiße oder rote Kappe, in der die Umwicklung mit dem Schleier beginnt. Sie sind weniger sorgsam mit ihm wie die Tuareg, lassen ihr Gesicht auch Fremde sehen. Als Waffen führen sie eine Lanze mit sich (2—3 m) mit Metallspitze, den am Arm befestigten Dolch, selten ein Wurfmesser und Schwert. Im ganzen gesehen ist die Kleidung bei den armen Tibbu Libyens sehr viel ärmlicher als die beschriebene (Abb. 43).

Die Frauen tragen ein Unterkleid, ein weißes Wollhemd, darüber ein Hemd ohne Ärmel, schwarz, indigo oder rötlich gefärbt, und einen kleinen Barrakan. Der Schmuck besteht aus Silbermünzen, Glasperlen, farbigen Steinen (Amazonit) und Korallen. Rechts ist die Nase perforiert und ein kleiner Silberring eingeführt. Die Lippen werden mit Hilfe eines Stachels tätowiert und eine Mischung von Antimon, Galle und Kohle verrieben, bis ihre Farbe dunkelblau wird. Die Zöpfe tragen sie nicht auf dem Kopfe, sondern lassen sie oft bis auf den Rükken hinabfallen (Abb. 32, 44). Die Frisuren ändern sich, je nachdem sie verlobt oder verheiratet sind. Die Frauen flechten Matten, weben und stellen manchmal auch Töpfe her. Ihre Lederarbeiten sind ärmlich.

Die Tibbu züchten sehr schöne *Tiere*, besonders sieht man bei ihnen hervorragende, ausdauernde Kamele, Esel mit glänzendem Fell und kräftige Ziegen und Schafe. Bis Kufra legen sie zum Verkauf über 400 km meist ohne Verluste zurück. Zur Ein Zueia am Dschebel Auenat kommen die Tiere von selbst regelmäßig zum Trinken, die Kamele alle 3 Tage, das Kleinvieh alle 2 Tage. Hier war 1958 auch ein Rind einer kleinen braunen Rasse, das sich zu den Eseln hielt, ein Zeichen dafür, daß Rinderzucht trotz Wasserarmut hier ebenso wie in Kufra, wo 2 Rinder waren, möglich ist.

Die *Nahrung* der Tibbu besteht vornehmlich aus Milchprodukten. Diesen wird oft etwas Gerstenmehl bzw. Mehl von Wildgräsern beigefügt. Die Coloquinten werden gesammelt, ihre Samen gekocht — sie sind giftig —, entrindet und getrocknet. Sie sind dann schmackhaft und gut zu essen. Aus den Samen gewinnen sie auch eine Art vegetarischer Butter, und sie verstehen, mit Datteln eine Art Dauerbrot herzustellen, das sehr haltbar und außerordentlich nahrhaft ist. Fleisch vom Kamel und Schaf gibt es nur selten. Im nördlichen Teil Tibestis (Dohone) wachsen auf libyschem Boden keine Dattelpalmen. Geschätztes Getränk ist neben dem Tee der Palmwein. Gartenbau ist gering.

Zauberglaube: Dämonenglaube und Animismus herrscht bei den Tibbu wie bei den Tuareg. Opfer werden gebracht, um Regen zu erbitten, auch Totenopfer und Sühneopfer. Amulette gibt es gegen den bösen Blick. Der Marabut (Schamane) wird gefragt wie bei den Tuareg, gibt er sich mit Magie ab, muß er auswandern. Interessant ist das Sandorakel, das bei jeder Gelegenheit befragt wird, die Leber hat eine gewisse Bedeutung beim Schwurleisten und als Clantabu.

Erkrankt jemand, so wird die schmerzende Stelle geschnitten, um Blut fließen zu lassen, oder mit glühendem Eisen gebrannt. Oft sieht man die Narben davon an Kopf oder Körper. Ich behandelte ein Mädchen, die sich das Ellbogengelenk gebrochen hatte. Man hatte sie scheußlich wenigstens 4—5mal unterhalb des Gelenkes gebrannt. Das Gelenk war versteift, es war kaum etwas zu machen. Sie war nur noch zum Kindergebären brauchbar. Kranke erhalten auch Butter und Natron zu trinken, sie werden mit dem Kopf nach S, den Füßen nach N gelegt, zwei Personen sind dauernd bei ihnen. Stirbt der Kranke, erheben die Frauen ein großes Geschrei, er wird gewaschen, bekleidet und bald begraben. Über das Grab kommt ein Steinhaufen.

c) Die Araber-Berber-Halbnomaden

Die arabisch-berberischen Stämme, die zwischen dem Fezzan und der Zwergstrauchsteppe in der Gibla sowie im Syrtenland und der nördlichen Cyrenaica leben, unterscheiden sich in ihrer Lebensform schon wesentlich von den reinen Nomaden, so daß sie, wenn auch Übergänge vorhanden sind, als *Halbnomaden* bezeichnet werden müssen. Eine Anzahl dieser Eingeborenentribus sind zu Bünden zusammengeschlossen, deren wichtigste in der Gibla die Zentan und Megarha sind. Die ersteren sind eng mit dem tripolitanischen Dschebel, die letzteren mit dem Wadi es Schati im Fezzan verbunden (A. CAUNEILLE).

Bis zur Besetzung durch die Italiener 1911 herrschte auch hier der reine Nomadismus mit dauerndem Streit unter den Tribus um die Weideplätze vor. Dann kam das Durcheinander der Kriegsjahre mit Flucht und damit Trennung vom Besitz, das Trockenjahr 1917/18 mit Dahinsterben des Viehs, Typhus und anderen Infektionen unter der Bevölkerung und weitere Kriegsjahre, wieder mit Verlassen des angestammten Landes, z. T. sogar Flucht über die Grenze. Erst nach 1930 trat eine gewisse Beruhigung ein, die durch den Zweiten Weltkrieg wenig unterbrochen wurde. In dieser Zeit setzte, mit Unterstützung der Italiener, eine langsame Entwicklung zum Halbnomadismus und damit zur Seßhaftmachung ein. Auch die jetzige Regierung unterstützt diese Tendenz und versucht, möglichst ausgeglichene Verhältnisse zwischen den nomadischen Rückkehrern, den Halbnomaden und den Fastseßhaften zu schaffen.

Außer verarmten Hirtennomaden sind als *reine Nomaden* nur noch 3 Tribus der Megarha anzusehen. Sie ziehen mit ihren schwarzen Zelten von es Schueref im mittleren Wadi Bey el Kebir bis auf die guten Weiden in der Syrtengegend. In den Wadis Bey el Kebir und Rawawus sind ihre Sommerweiden, und hier wird im Regenfeldbau auch etwas Gerste und Hirse ausgesät. Sie leben in stetem Streit und Feindschaft mit ihrer Umgebung, von der sie nicht gerade gerne gesehen sind (Abb. 45).

Es sind zunächst die *Fast-Nomaden*, die etwas stärker vom Regenfeldbau in den genannten Wadis abhängen und hier ihre Zeltdörfer für längere Zeit vom Herbst bis zum Frühjahr stehen haben. Im Sommer verstreuen sie sich mit ihren Herden von es Schueref bis zum Wadi es Schati, wo auch noch in schlechten Zeiten das Vieh in den Dünen um das Wadi Zellaf Futter finden kann. Diese Fastnomaden leben in steter Gefahr, ihren Reichtum, ihr Vieh, zu verlieren und arm zu werden. Trockenheiten wie im Jahre 1917 können jederzeit (z. B. schwächer 1936) wieder auftreten. In der genannten Zeit büßten sie $^1/_3$ ihrer Kamele und über die Hälfte der Schafe und Ziegen ein. Regnet es auch nicht in der Zeit vor der Ernte, müssen sie Hunger leiden. Leicht werden da die Nomaden entwurzelt, ziehen sich an die festen Dörfer zurück und versuchen, sich als Hirten und Angestellte an die Halbnomaden zu verdingen oder sich Vieh zu leihen (Abb. 46).

Auch für die reinen Halbnomaden bleibt *die Viehzucht* wichtig. Sie sind in den Frühjahrs- und Sommermonaten als nomadisierende Hirten unterwegs, gehen aber dann von August bis November zur Überwachung ihrer Palmbäume in den Fezzan und kehren zur Aussaat nach dem Wadi Bei el Kebir-Zemzem zurück (Megarha). Der Halbnomade muß ein erstklassiger Viehzüchter sein, wenn er mit Erfolg auf kurze Entfernungen Viehzüchten und außerdem Feldbau und Baumkultur treiben will. Er schickt deshalb, soweit er sich selbst meist im Fezzan (Wadi es Schati) aufhält, Hirten mit Vieh bis zur Syrte, verleiht es auch an Arme oder gibt es an Nachbarn weiter. Aus den Erlösen sucht er dann, weiter Palmen oder, wie die Zentan, Oliven- und Feigenbäume zu kaufen. Berühmt ist bei letzteren der Olivenhain bei ihrem Dorf Zentan im Dschebel. Dattelpalmhaine besitzen sie in der Gegend von Geriat und im es Schati. Die Zentan sind auch gute Brunnen- und Zisternenbauer und gehen in dieser Eigenschaft oft weit nach S oder N. Werden Zisternen nicht gut gehalten, dann werden sie leicht zu Brutstätten der Malariamükken (z. B. bei den Siaan in der Dschefara).

Durch den Kauf von Bäumen wird der Halbnomade fast unmerklich zum *Halbseßhaften*, für den die Baumkultur wichtiger wird. Er wird damit selbst bewegungsarm und lebt meist in einem der Dörfer des Schati um Brak, die hohe Prozentsätze einstiger Nomaden aufweisen. Trotzdem ist hier in ihrem alten Stützpunkt der Oase Ghira oder auch in Bergin noch eine gute Kamelaufzucht. Hier haben die reichen Viehzüchter ihre Häuser. Die Herde, die leichten, aber auch unsicheren Reichtum abwirft, wird an Hirten gegeben. Weitaus solidere Einnahmen werfen die Palmbäume im Wadi Zellaf ab (Abb. 47).

In Bergin leben auch Teile vom Stamme der *Hotman*, die wenigstens bis 1939 als Händler zwischen Tunis bzw. Gabes und Murzuk pendelten. Sie waren mit Karawanen von 50 bis 100 Kamelen etwa $2^1/_2$ Monate unterwegs und brachten Tee, Zucker u. a. Produkte in den Fezzan. Ein Kamel trägt bis zu 150 kg, 30 Karawanen etwa verkehrten im Jahr. Ihre Gärten ließen sie durch Pächter betreuen. Nach dem Kriege verkehrten bis 1951 französische LKWs. Jedenfalls lebt der Halbseßhafte mit seinen zwei Wirtschaften bequemer und besitzt im allgemeinen mehr als der Seßhafte. Dieses Ziel zu erreichen, ist überhaupt das Ideal der Halbnomaden. Sein wichtigstes Arbeitstier wird der Esel.

Auch der reiche *Seßhafte* ohne Vieh, aber mit viel Dattelpalmen, sucht sich diesem Zustand des Halb-Seßhaften durch Erwerb von Schafen zu nähern. Durch Angestellte läßt er sein Vieh versorgen, durch andere seine Baumkulturen. Seßhaft werden, wie erwähnt, auch die Halbnomaden, deren Vieh zugrunde gegangen ist. Sie verdingen sich bei Fezzanern oder reichen Megarha, oder irren entwurzelt umher und gehen in die Dörfer und Städte als Polizisten, kleine Beamte usf. (Abb. 42, 52).

Eine besondere Entwicklung nahm der *Nomadismus in der Gegend von Tarhuna*, wo er ebenfalls bis zur italienischen Besitzergreifung vorherrschte. Die Herden waren in den Wintermonaten auf den Hochflächen der Dahar und kehrten zur Sommerweide in den Dschebel, das Gebiet der Dörfer mit den Hauptbrunnen, zurück. Zur Ernte im frühen Mai wanderten sie zu den Feldern in der Dschefara und dem Dschebel. In der Dahar (südl. Hochflächen) wird nur in einigen Wadis Feldbau getrieben. Da das Gebiet verhältnismäßig gut beregnet wird und schon im Altertum Olivenkulturen bestanden, hatten die Italiener etwa 40 000 ha beschlagnahmt, um italienische Siedlungen mit Baumkulturen anzulegen. Das zwang einen Teil der Nomaden, auszuwandern, besonders nach Tripolis (BREHONY).

Nach dem Kriege nahmen die Msellam und andere Tribus ihre Ländereien wieder in Besitz. Damit kam es zur Vermehrung des Viehs. Ein Teil des Landes ging durch Kauf in die Hand wohlhabender Nomadenfamilien über, die nun neben Viehzucht und Feldbau auch Baumkultur betreiben. Damit ist der Anreiz zum Halbnomadismus und Siedeln auch für die anderen Familien gegeben, die z. T. schon Baumkulturen und Feldbau der Viehzucht vorziehen. Kalksteinhäuser für den Winter werden gebaut. Die Regierung unterstützt diesen Zug des Abbaus des Nomadismus durch Verkauf von Land und Baumpflanzungen.

In der *Cyrenaica* siedeln Teile der *Beni Suleiman,* und zwar 9 Stämme der *Saadin,* die nach ihrem Vorfahren Saada benannt sind. Dise Stämme (Tribus) der Jiberna (4) und Harabi (5) besetzten als Halbnomaden in schwacher Ostwanderung um 1800 das Land. Durch verwandte Stämme haben sie Beziehungen zu Ägypten, wohin sie viel Vieh, das sie längs der guten Weidegründe dorthin treiben, verkaufen. Als Araber haben sie sowieso eine Neigung zu den Beduinen im Osten, die nach denselben Gebräuchen, Gesetzen und Anschauungen leben wie sie selbst.

Neben den 9 Saadin-Tribus gibt es noch die schon erwähnten *Marabtin-Stämme,* die aus dem Maghreb (Westen) kamen und mehr oder weniger Klienten der Saadin waren. Während der türkischen Zeit waren sie noch Klienten, die auf dem Lande der Saadin lebten. Heute sind sie, nach den Bemühungen der Senussi, den Status zwischen freien und Kliententribus zu mildern, meist unabhängig und zahlen auch keine Abgaben mehr für das Land, auf dem sie leben. Zum Teil sind die Marabtin in den freien Stämmen aufgegangen, zum Teil leben sie gleichberechtigt unter den Saadin, besonders die heiligen Marabtin-Stämme (Vorbeter-Stämme), die aus Marokko stammen. Andere, ohne heilige Verbindungen, zahlen manchmal noch einem freien Stamm Abgaben dafür, daß sie Erde und Wasser benutzen dürfen. Die meisten reinen Nomadengruppen in der Cyrenaica sind Klienten-Tribus, die sich selbst aber als unabhängig betrachten. Teile von ihnen schweifen zwischen dem Fezzan, Nil und Sudan, wandern, wohin es ihnen gefällt, wo Gras und Wasser ist.

Die Heimat des größten Teils der Stämme liegt auf dem Dschebel Achdar, wo sie auch Land bebauen. Der Landbesitz ist hier an strenge Gesetze gebunden. Erst wenige Kilometer südlich der Wasserscheide des Dschebel Achdar (der Tariq Aziza) gibt es keinen Landbesitz mehr. Nur die Brunnen bleiben in festem Eigentum. Nach dem ersten Regen ziehen sie südwärts in die dortigen Weidegründe und kehren mit ihren Herden in der trockenen Jahreszeit zurück, um ihr Vieh tränken zu können. Diese mehr nomadischen Teile der Tribus mit Schaf- und Kamelherden sind gewöhnlich reicher als die mehr seßhaften mit Rindern und Ziegen, die nur wenig wandern und Kamele und unter Umständen auch Schafe den ersteren mitgeben. Im November, dem Monat, in dem das Gras sprießt, werfen die Schafe, im Dezember beginnt dann nach dem Pflügen und Säen von Gerste der Aufbruch nach dem für die Lämmer wärmeren Süden. Bis Mitte April brauchen die Tiere, selbst Pferde, nicht zu trinken. Dann beginnt die Ernte in der Barce-Ebene und an der Küste, im Mai bis Ende August im Hochland. Meist ist die Ernte an Gerste und auch Weizen reichlich, so daß selbst einige schlechtere Jahre überbrückt werden können. In Löchern im Boden und alten Grabkammern wird das Korn gespeichert (EVANS-PRITCHARD).

Bis etwa 1930 war das Land in der Hand der Saadin-Stämme. Dann begannen die Italiener mit Enteignungen, um eigene Kolonisten anzusiedeln. Dies war ohne Vertreibung und Vernichtung einzelner Halbnomadentribus, die sich auflehnten, nicht möglich. Nach dem Kriege nahmen die Halbnomaden ihr gewohntes Leben wieder auf. Auch die jetzige Regierung versucht, nun zum Teil wenigstens die Halbnomaden seßhaft zu machen. Wenn man sie zunächst in alten italienischen Siedlungen, wie z. B. in Fasura (Baracca) und bei Barce, in ihren schwarzen Zelten neben leeren Kolonistenhäusern, die als Viehställe dienten, hausen sah, so fiel doch letzthin schon auf, daß manche Häuser wenigstens zeitweise bewohnt und Gärten angebaut waren. Teile des Busches im Dschebel Achdar waren eingezäunt und sollen zu Wald werden, was bisher die Ziegen und holzsuchenden Nomaden verhindert hatten. Nur am Südhang und außerhalb des Dschebels sieht man noch größere Herden, Pferche, Sommerwohnungen und Zelte neben kleinen festen Siedlungen, hier und dort auch kleine Olivenhaine. So macht der seßhafte Halbnomadismus auch hier Fortschritte.

Das arabische Zelt ist für die halbnomadischen und nomadischen Araber-Berber die gewöhnliche Wohnung. Vielfach wird es nur selten von seinem Platz bewegt, obgleich es im allgemeinen praktisch ist, die Zelttype zwischen Sommer und Winter zu wechseln. Im Sommer benutzt man ein Zelt aus nur weißen Wollstreifen, welche die Sonnenstrahlen nicht absorbieren, das Winterzelt ist schwerer und wärmer und schwarz von Kamel- und Ziegenhaaren. Manche Zelte armer Nomaden bestehen nur aus übereinandergenähten Lumpen, die über ein Holzgestänge gespannt sind. Im Inneren ist es aber windgeschützt und warm. Meist liegen einige Zelte nebeneinander (Abb. 45, 46).

Im Sommer ziehen die Halbnomaden von der Gibla nach dem Wadi es Schati und nehmen ihre Zelte mit. Soweit sie dort nicht feste Häuser besitzen, haben sie ca. 1 m hohe Mauern aus Schlamm und Kies in der Größe eines Araberzeltes errichtet, über die sie mit Pfählen und Stricken das Zelt, möglichst die ältesten Zeltbahnen, befestigen. Vor dem Zelt, das manchmal auch nur durch eine niedrige Mauer gegen den Wind geschützt wird, bleibt ein offener ummauerter Raum für die Küche. Der innere Raum des Zeltes ist durch Zeltbahnen getrennt, der bessere Teil dient den Männern als Schlafraum und als Vorratsraum für wertvolle Dinge.

Der Standort der Zelthäuser liegt jeweils abseits der gemauerten Häuser, immer außerhalb von Oasen. Sie liegen in Gruppen von einigen 10, jedes Zelthaus vom anderen ca. 10 m entfernt, die Gruppen im Abstand von etwa 1000 m, meist in Wadis und Senken geschützt gegen Regen und Wind.

Manche Halbnomaden leben im Winter in *festen Wohnungen* mit den Seßhaften zusammen. Die Häuser sind entweder einfache Kastenhäuser aus Lehm und Kies, meist weiß getüncht (Gira), manche, wie in Bergin, sind auch zweigeschössig (siehe Oasenbewohner). Auch die Häuser liegen gruppenweise zusammen, aber immer in einigem Abstand voneinander. Die Dörfer sind klein und ganz unregelmäßig gebaut. Viele Häuser besitzen auch ein gewölbtes Dach (z. B. Misda und Umgebung). In den Berg getriebene Höhlenwohnungen gibt es in Tobga und an anderen Orten. Neuerdings liegen in manchen Nomadendörfern auch Schulen (Abb. 48).

Die *Kleidung* ist weniger bunt als bei den Tuareg. Über eine weiße lange Leinenhose fällt ein weißes Hemd mit langen Ärmeln bis zum Knie. Ein weißes oder farbiges wollenes Tuch hält es über dem Leib zusammen. Über das Hemd wird eine farbige Weste gezogen oder auch nur der weiße wollene Barrakan getragen. An den Füßen haben sie Sandalen, die oft aus dem Gummi alter

Autoreifen geschnitten sind, oder eine Art Halbschuhe, auf dem Kopf eine weiße Kappe oder einen roten Fes.

Die Frauen tragen einen dunklen Barrakan, den sie auch vor das Gesicht ziehen. Darunter haben sie ein langes Hemd. Die Nomaden sehen es nicht gerne, wenn man in die Nähe ihrer Zelte kommt, da die Frauen hier meistens unverschleiert arbeiten. Sie weben aus Wolle die Zeltbahnstreifen, auch die Säcke für die Reisen und Schafwollbarrakane. Die Frauen werden im allgemeinen bei den Araber-Berbern vom Vater dem Sohne gekauft. Obgleich es den Mohammedanern erlaubt ist, vier Frauen außer Nebenfrauen zu haben, hat sich wegen der hohen Kosten die Monogamie ziemlich durchgesetzt. Scheidungen sind leicht, aber nicht allzu häufig, da seit der italienischen Besetzung der Mann gesetzlich gezwungen ist, für die geschiedene Frau zu sorgen, was beibehalten wurde. Der Mann herrscht über die Frau, und der Gang ihres Lebens wird ausschließlich durch den Vater, später durch den Ehemann bestimmt. Das Mädchen bleibt als Kind bei der Mutter, lernt hier die häuslichen Pflichten und muß bei der Aufzucht der jüngeren Geschwister helfen. Es beaufsichtigt sie und trägt sie herum. Mit beginnender Pubertät muß es sich verschleiern. Die Knaben gehen mit etwa 6 Jahren zum Vater und werden von diesem in die männlichen Arbeiten eingeführt. Bis zum 13.—14. Lebensjahr müssen sie beschnitten sein. Die Beschneidung wird durch ein Familienfest gefeiert.

Nahrung: Die Nahrungsmittel der Halbnomaden sind, schon ihres engen Zusammenwohnens mit den Seßhaften wegen, reichhaltiger. Sie ernten Datteln und Oliven, auch wohl Feigen und Granatäpfel, können diese auf jeden Fall von den Seßhaften eintauschen, ebenso die Gartenfrüchte Melonen, Zwiebeln, Paprika u. a. Mais und Gerste für das Vieh bauen sie meist selbst an, Weizen für die Eigenernährung. Daneben haben sie die Milch und Milchprodukte sowie das Fleisch ihres Viehs.

Zauberglaube: Bei den arabischen Nomaden ziehen Ärzte (Tabib) von Stamm zu Stamm, die zwar von klinischen Diagnosen nichts verstehen, sich nur auf das Brennen beschränken, aber immerhin gewisse chirurgische Fähigkeiten besitzen, besonders in Reposition und Heilung von Brüchen. Im übrigen wird durch Amulette und Besprechen geheilt, denn es sind ja Geister, die Krankheiten und Tod bringen, aber auch allerlei Unfug anrichten, die Leute im Schlaf stören, Alpdrücken verursachen, Mädchen entjungfern usf. Gefürchtet sind weibliche böse Geister, die die Gestalt eines Tieres, z. B. einer Schlange, annehmen können, oder als Nachtvogel durch ihr Geschrei den Tod von Kindern ansagen. Wird aber jemand aggressiv beschwörend tätig, wird er verjagt.

4. Die Seßhaften, ihre Siedlungen und ihre Lebensweise

a) Die Oasenbewohner des Fezzan

In den Oasen der Wüste südlich der Steppen Libyens sind die Seßhaften zahlreicher als die Nomaden und Halbnomaden. Die ausgedehntesten Oasengebiete besitzt der Fezzan zwischen Gat im Westen und Tmessa im Osten, el Fogha im Norden und Tedscherri im Süden. Weit im Osten, außerhalb des Fezzans, befindet sich die kleine Oasengruppe von Kufra. Alle Oasen liegen zwischen 24° und 28° N. Trotzdem die Oasen des Fezzan recht fruchtbar sind, sind sie nur schwach besiedelt. Größtenteils sind es dunkle Schuaschena, vielfach Abkömmlinge ehemaliger Sklaven, nur in geringerer Zahl Araber-Berber, bzw. im Westen seßhafte Tuareg.

Zwischen dem Fezzan und den Steppengebieten sind punktförmig einige wenige Oasen zwischen Gadames und Dscharabub im Osten verteilt. Sie liegen zwischen 29° und 30° N. In ihnen leben vornehmlich Araber-Berber bzw. Berber, wie auch in den anschließenden Vorwüstengebieten, seit langem Seßhafte und seßhaft gewordene Halbnomaden (Abb. 47).

Während der Kriege in den Jahren 1914—1922 haben die Seßhaften, besonders im Fezzan, schwer gelitten. Unter Führung der Senussi wurden die Italiener bis an die Küste zurückgeschlagen, und von allen Seiten drangen nun, wie so oft in früheren Zeiten, die Nomaden in den Fezzan ein, plünderten die Dattelreserven und das Korn, raubten den Bewohnern selbst ihre Kleidung und die wenigen Schmucksachen und zündeten Hütten und Häuser an. Manche Dörfer wurden gänzlich zerstört und von allen Einwohnern verlassen, in jedem Dorf waren Häuser vernichtet. Noch bis in die jüngste Zeit sah man die Folgen dieser Ereignisse. Die Fezzaner verbargen sich im Dattelgestrüpp oder flohen bis nach Tunis. Es kamen noch die Hungerjahre, besonders im Jahre 1917, in denen man sich Mehl aus den Stämmen der Dattelpalmen machte, das grüne Getreide und die Schößlinge der Palmen aß, damit aber die Bäume abtötete. Die Sterblichkeit, besonders unter den Kindern, war groß.

Kufra wurde erst im Jahre 1931 von den Italienern erobert. Auf der Flucht kamen viele Menschen um, et Tag, der Hauptsitz der Senussi über el Dschof wurde z. T. damals, dann im Zweiten Weltkrieg völlig zerstört. Erst seit 1958 wird es wieder aufgebaut, da in der Moschee der Vater des Königs nebst anderen Familienmitgliedern beigesetzt ist.

Die Oasenbewohner sind größtenteils *Ackerbauer*. Ihre Gärten liegen am Rande oder in den Palmhainen und müssen bewässert werden. Die Palmen wachsen dort, wo das Grundwasser hoch steht, und sind umgeben von Hatiyen, dürftigen Weidegebieten aus locker stehenden Büschen, Palmgestrüpp und wenigen Gräsern. Der Garten ist wechselnd groß, etwa 30 : 200 m, und in viele kleine Quadrate geteilt, über die das Wasser verteilt wird. Der Boden wird mit der Hacke bearbeitet. Die Gärten unterscheidet man je nach der Art der Bewässerung, ob durch Quelle (uta), was fast nur im Wadi es Schati vorkommt, durch Brunnen mit Hilfe einer mit einem Stein beschwerten Balancierstange (Kettara) oder mit Hilfe eines Fellsackes von Ziege oder Schaf, der über ein fest eingebautes Gerüst (Dalu) durch Langziehen des U-förmigen Sackes über zwei Rollen in die Kanäle (Sekia) entleert wird. Die Stricke werden hierbei durch Esel und Mensch gezogen, die über eine schiefe Ebene hinabgehen. Der Sack faßt 15—25 l Wasser. Das Knarren der Rollen der Dalu hört man in der heißen Zeit die halbe Nacht bis in die Vormittagsstunden. An der Balancierstange der Kettara hängt ein Korb aus Leder, der von einem über dem Brunnen stehenden Manne hinaufgezogen und in einen halben ausgehöhlten Stamm entleert wird. Brunnen und Gärten (suani) werden gegen die Seiten, von denen der Wind meist kommt, durch Palmwedelzäune oder Mauern geschützt (Abb. 26, 27).

Im Winter wird vornehmlich Weizen angebaut (2. Hälfte Okt. bis März/Mai), auf leichteren Böden, und wo Wasser weniger reichlich vorhanden ist, Gerste, als Gemüse Erbsen, Bohnen, Karotten, Rüben, Zwiebeln, etwas Knoblauch und Minze, Kohlrüben für Esel und

Schafe. Nach der Ernte der Winterfrucht im Mai sät man auf dasselbe Feld Hirse, seltener etwas Mais. Infolge der starken Verdunstung und oft auch des Wassermangels wegen ist die Ernte nicht allzu ergiebig. Jetzt werden auch Tomaten und roter Pfeffer gepflanzt, Melonen, Gurken, Coloquinten und Auberginen. Dazu kommt oft noch etwas Tabak und wenig Baumwolle, Pflanzen, die von den Türken eingeführt wurden. Die Luzerne überdauert bei guter Düngung mehrere Jahre. Die jungen Triebe im Januar und Februar werden gegessen, von März bis November gibt es dann noch mehrere Schnitte für Futter von Ziegen, Schafen, Eseln und Rindern. Die Kulturen mit starker Bewässerung waschen den Boden aus, so daß er für 1—2 Jahre Ruhe haben muß. Nur $^1/_3$ bis $^1/_4$ des Gartens wird dann angebaut.

Die wichtigste Baumfrucht liefert *die Dattelpalme*. Die bewässerten Bäume, besonders im Wadi es Schati, bringen eine relativ reichliche Ernte, im Mittel 15—35 kg. Die meisten Bäume werden von den Einheimischen künstlich befruchtet, da es nur wenig männliche Bäume gibt. Der Befruchter, der etwa 25—30 Bäume am Tage bestäuben kann, erhält $^1/_8$ der Ernte. Ohne Befruchtung liefern die Bäume nur an die 5 kg, reichen die Wurzeln bis in das Grundwasser, kommen sie auf das Doppelte. Im Fezzan wachsen etwa 850 000 Palmen, ihr Ertrag schwankt zwischen 1000—2500 to. Nur die besten Sorten aus dem Schati und Buanis eignen sich für den Export. Durch Einschneiden an der Spitze gibt der Baum Palmsaft ab, der ein erfrischendes Getränk (lagni) liefert. Leicht gehen hierbei die Bäume zugrunde. Außer Bauholz gewinnt man noch von ihnen Fasern für Stricke, Körbe und Kamelsättel.

Die übrigen Fruchtbäume müssen öfter bewässert werden. Außer Feigen wachsen in den Gärten Mandelbäume und Granatäpfel, seltener Agrumen und Oliven. Neuerdings wird, seiner Ölfrüchte wegen, der Ricinusstrauch angepflanzt.

Die Seßhaften haben nur wenig *Vieh*, die Familie meist nur 1—3 Schafe oder Ziegen, wobei erstere der Wolle und Milch wegen vorgezogen werden. Kühe sind kaum vorhanden, die Hattien in der Umgebung der Oasen sind zu minderwertige Weideflächen. Das Arbeitstier ist der Esel, der für Bewässerungszwecke und als Lasttier Verwendung findet. Die Kamele gehören meist einstigen Nomaden, die jetzt z. T. vom Handel leben. Wohlhabende Araber besitzen im Fezzan noch etwa 500 Pferde.

Araber-Berber sind Eigentümer vom größten Teil des Grund und Bodens, die große Masse im Fezzan sind Pächter und Arbeiter. Kleine Eigentümer bearbeiten selbst ihren Garten und besitzen einige Palmen und Tiere, leben aber im allgemeinen auch nicht viel besser als die Pächter. Die schwerste Arbeit, die Bewässerung der Gärten, nimmt 10 bis 12 Stunden am Tage in Anspruch. Im besten Falle werden mit 2 Eseln 40—50 ar bewässert, d. h., während des Winters höchstens 7—9 Ztr. Getreide gewonnen. Davon erhält der Pächter $^1/_4$, der Eigentümer $^3/_4$. Durch den Einsatz von Wind- und Ölmotoren ließen sich bei ergiebigeren Brunnen größere Flächen bewässern. Notwendig sind dann aber auch genügend Mechaniker für die anfallenden Reparaturen. Bei Verwendung von artesischen Quellen mit einer Schüttung bis zu 70 m^3/h kann es leicht zu einer Überwässerung des Bodens mit Auslaugung, aber auch Versalzung, kommen (s. Wadi es Schati).

Das *Arbeitseinkommen* und damit auch die *Nahrung* ist für den Fezzaner also gering. Das Korn wird durch Sammeln von wilden Gramineensamen gestreckt, in Handmühlen zwischen 2 Steinen gemahlen und zu einem Brei verarbeitet, der, mit Saucen versetzt, genossen wird. Gesammelt werden auch Trüffel, die sehr geschätzt werden. Fleisch gibt es nur selten, Schaf- und Hühnerfleisch werden gesotten dem Kuskus aus grobem Korn oder Hirse beigegeben, eine Art Brot wird aus ungesäuertem Gerstenmehlteig hergestellt. Eier liefern die Hühner. Durch Jagd sucht man den Fleischbedarf zu ergänzen und sich mit Hilfe von Fallen der Gazellen, des Waddan, der Hasen, der Mäuse und einiger großer Eidechsen zu bemächtigen. Auch gekochte und gestoßene und dann mit Dattelmehl vermengte Heuschrecken sind beliebt. Von den Nomaden wird Fett, Öl, Butter und etwas Trockenfleisch gekauft. Neben gesäuerter Milch und Palmwein ist beliebtestes Getränk aus Asien grüner oder schwarzer gekochter Tee, meist japanischen Ursprungs, auch eine Mischung beider, dem Erdnuß oder einige Blätter Minze beigefügt sind. Er wird neben Zucker und anderen Produkten durch Händler von Tunis eingeführt.

Die Frauen der Dauada fischen aus dem Bahar ed Dud und Bahar et Trona in Leinwandsäckchen kleine Kruster (Artemia salina), zusammen mit einer Alge, die in bestimmtem Verhältnis gemischt und getrocknet werden. Dann pressen sie diese zu einer Art Kuchen zusammen (Duda). Sie werden von den Fezzanern direkt verspeist oder als Sauce verwendet. Andere Kuchen werden aus Larven der Ephyden, die in Mengen an den Ufern der Seen leben, oder nur aus Algen hergestellt.

Trotz ihrer schweren Arbeit führen die Fezzaner ein kärgliches Leben. Viele suchen daher, um ihr Los zu verbessern, nach der Küste auszuwandern, was wieder für die Oasen den Verlust von Arbeitskräften und damit von Brunnen und Gärten bedeutet. Die Regierung bemüht sich daher, die Pächter und Arbeiter durch Zuteilung von Land zu kleinen Eigentümern zu machen, um sie an der Scholle zu halten, und ihnen die Arbeit des Bewässerns durch mechanische Pumpen zu erleichtern.

Die *Kleidung* der armen Fezzaner unterscheidet sich nur wenig von der der Halbnomaden. Ein kurzes Leinenhemd wird von einem Gürtel gehalten und fällt über ein Paar breiter faltiger Hosen. Manchmal wird auch ein Barrakan von Wolle oder Leinen getragen. Breite Sandalen mit doppelter Ledersohle werden durch einen Riemen gehalten, der zwischen der großen und der zweiten Zehe durchläuft. Die ganz Armen benutzen auch Sandalen aus Palmblättern oder Gummi der Autoreifen. Auf dem Kopf trägt man ein weißes Käppchen aus Wolle oder einen Turban aus einem um den Kopf geschlungenen Handtuch, über das man den Barrakan schlägt. Die Haare werden rasiert, meist bleibt ein Schopf stehen.

Die *Frauen* tragen eine lange Tunika von blauer Wolle, oft über einem Hemd, und einen Gürtel, der das Gewand rafft, dazu ein breites quadratisches Kopftuch von dunkler Farbe, das dazu dient, Gesicht und Rumpf zu bedecken. Die Sandalen sind gleich denen der Männer, manchmal bestickt. Als Schmuck sieht man große silberne Ohrringe, oft von über den Kopf gelegten Lederriemen gehalten, Halsbänder aus Perlen mit silbernen Anhängseln, silberne oder häufiger Lederarmbänder, mit bunten Glasperlen bestickt, wie sie im Sudan hergestellt werden. Manche Frauen tragen auch einen kleinen Silberring im durchbohrten rechten Nasenflügel.

Die Haare der Frauen und Mädchen sind meist in zahlreichen Flechten gelegt, die bis über die Ohren herabhängen. Die Frisuren unterscheiden sich etwas voneinander, man soll an ihnen Verheiratete und Unverheiratete erkennen können. Durch Epilation wird ab 10. bis 11. Jahr der ganze Körper enthaart (Abb. 49, 50, 51).

Die Frauen des Fezzan helfen bei der Landwirtschaft durch Bearbeiten des Bodens und betätigen sich handwerklich durch Spinnen von Wolle, die von den Nomaden gekauft wurde, und deren Verweben zu Decken und Kinderbarrakanen. Matten und Körbe werden aus Palmblättern geflochten und Töpfe und Gefäße aus Ton in Spiraltechnik hergestellt, die erst an der Sonne getrocknet und dann gebrannt werden. Schon sehr jung werden sie mit Hausarbeit beschäftigt, mit Wasserholen, Brennholzsammeln, Wäschewaschen und Beaufsichtigen und Umhertragen jüngerer Geschwister.

Die wohlhabenden Araber-Berber tragen feinere Kleidung, bunte, gestickte Westen und einen wollenen, weißen Barrakan (Abb. 28). Ihre Schuhe aus Ziegenleder sind oft bunt bestickt. Die Frauen tragen einen Zipfel des Barrakan vor dem Gesicht, so daß nur ein Auge zu sehen ist.

Die *Dörfer* des Fezzan liegen im allgemeinen nahe dem kultivierbaren Boden in bzw. am Rande der Oasen, wo es Wasser gibt. Sie sind meist klein, die *Häuser* mit ummauertem Hof unregelmäßig aneinandergebaut. Als Baumaterial dienen unbehauene Steine, kleine Blöcke aus Salzton und in der Sonne getrocknete Ziegel, die durch einfachen Tonmörtel miteinander verbunden werden. Die engen Gassen verlaufen gewunden, vielfach kreisförmig, ohne viele Verbindungen nach außen. Die äußeren Mauern der randlich liegenden Wohnungen geben meist gleichzeitig die Außenmauern des Dorfes ab. Selten nur erhebt sich ein Haus durch ein aufgesetztes Stockwerk über die anderen. Manche Dörfer sind um ein altes Kastell gebaut, dessen als Polizeistation verwendeten Reste mit dem Marktplatz im Zentrum liegen (z. B. Zuila). Zuila besaß auch eine Außenmauer mit vorspringenden Türmen und Zinnen, ähnlich wie Murzuk u. a., die aus großen rechteckigen Blöcken erbaut war. Sie umgab im Rechteck den Ort und ist heute nur noch in Resten erhalten. Geht man in eines der Dörfer hinein, befindet man sich zwischen grauen Mauern, die ab und zu von geschlossenen Holztüren unterbrochen sind. Durch schmale Bogen oder auch das höhere Stockwerk eines der Häuser ist die Gasse manchmal überbaut, dann sieht man einmal eine halb eingefallene Mauer, trifft auf Trümmerlücken und steht plötzlich vor einer kleinen Moschee mit einem schiefen Minaret. Selten einmal ist eine Mauer oder ein Hausaufsatz weiß getüncht, die vorherrschende Farbe ist grau. Das Dorf macht einen verlassenen Eindruck. Schnell huscht einmal eine Frau über die Gasse oder laufen scheu einige Kinder davon. Alte Männer sitzen manchmal auf einer Bank in einem schattigen Winkel zusammen (Abb. 52, 53, 59).

Vor manchen Dörfern stehen verstreut kümmerliche Seriben, Hütten aus Rohr- bzw. Palmwedeln. Es gibt auch größere, gut gebaute als Dauerwohnungen, die stellenweise, wie z. B. in der Hofra, zu Dörfern zusammengefaßt sind. In der Umgebung von Gat leben in ihnen z. B. Abkömmlinge einstiger Sklaven. Ganz aus dem Rahmen des Althergebrachten fällt die neue Beamtenstadt von Sebha, Dar el Bey, die nach dem Kriege im sandigen, wüsten Gelände zwischen el Dschedid, el Gorda und Hadschara erbaut wurde. Mit ihren Regierungsgebäuden, der königlichen Villa, dem großen Krankenhaus und den modernen weißgetünchten Flachdachhäusern mit ihren Gärten macht sie den Eindruck einer Kolonialstadt europäischen Stils, besonders wenn sie nachts einsam im elektrischen Lichte erstrahlt. Eine 950 km lange, asphaltierte Straße verbindet sie mit der Küste.

Auf die einfachen Seriben, die wie die Zeitwohnungen der Nomaden gebaut sind, wurde schon hingewiesen. Soweit sie als Dauerwohnungen dienen sollen (Abb. 40), sind sie fester und sorgfältiger gebaut, oft reihen sich mehrere Höfe aneinander (Abb. 41, 42), und wenigstens ein Raum ist mit Lehm beworfen oder aus Ziegeln erbaut, der im Winter zum Aufenthalt dienen soll (siehe Abb. C). In einem mit Palmzweigen gedeckten Hof spielt sich das Familienleben ab. Von ihm aus gelangt man in weitere Räume und die Küche. Im Eingangshof werden die Besucher empfangen.

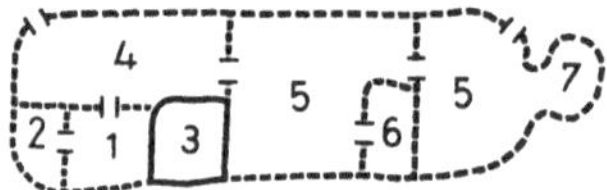

Abb. C. Seriba, Wadi Etba, in der Hofra und bei Gatrun (nach Despois): 1 gedeckter Hof, 2 Zimmer, 3 Winterzimmer, 4 Eingangshof, 5 Innenhof, 6 Küche, 7 Zaun für Tiere.

Die kleinen Behausungen der ärmeren Leute in den Dörfern sind oft viel kümmerlicher. Durch eine Tür aus Palmbrettern tritt man in einen schmalen Hof, den 2—3 m hohe Mauern umgeben. Eine niedrige Mauer oder ein Zaun vor dem Eingang verhindert den Blick in das Innere. In einer Ecke des Hofes befindet sich ein gemauerter gedeckter Raum, der Aufenthalt für die Familie, ein etwa ½ m höherer Teil einer Seite dient zum Schlafen auf Matten, evtl. Decken. An diesen festgebauten Teil schließt, abgetrennt mit Palmwedeln oder Zweigen, die Küche an, hinter der noch ein palmwedelgedeckter Raum zum Aufheben von Vorräten oder Gegenständen folgt, in dem man wohl auch im Sommer schläft. Den Boden bedeckt überall Sand. Für Tiere, die gelegentlich mitgenommen werden, und für Hühner ist am Ende des Hofes noch eine Umzäunung (Abort).

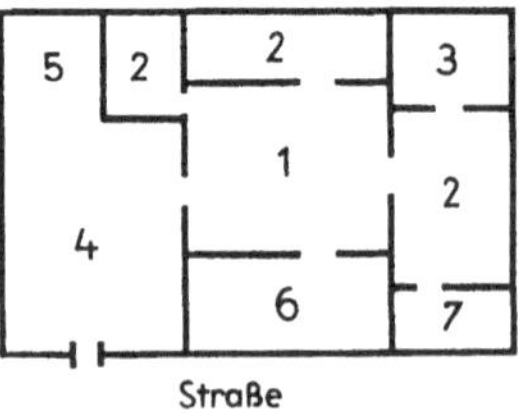

Abb. D. Haus in Bendbeiya, Wadi Adschal (nach Despois): 1 gedeckter Hof, Aufenthaltsraum der Familie, 2 Zimmer, 3 Küche, 4 Eingangshof, 5 Pferdestall, 6 Schuppen, 7 Abort.

Außer diesen primitiven findet man in den Dörfern auch größere Erdgeschoßwohnungen (siehe Abb. D). Um den gedeckten Wohnhof, in den man aus dem Eingangshof gelangt, liegen dann mehrere Räume, auch die Küche, und von hier aus oder einem der kurzen, gewundenen Korridore, die dem Besucher den Blick in das Familienleben verwehren, ist auch der Zutritt zu einem Abort. Ein Loch bzw. ein durch Palmstämme gesicherter Schlitz im Boden führt in die meist von außen zugängliche Grube. Die Decke der Räume liegt auf halbierten Palmbalken und besteht aus dicht gelegten Palmwedeln oder Stroh, über die manchmal eine Lehmdecke kommt. In den Palmwedeln setzt sich gerne Ungeziefer fest, z. B. Skorpione. Der Boden des gedeckten Hofes und der Räume besteht aus festgestampftem Lehm oder auch nur aus lockerem Sand. Er ist meist mit geflochtenen Strohmatten belegt, auf denen man sitzt oder auch schläft. Teppiche sind seltener. Da die Häuser nur aus Trockenziegeln erbaut sind, stürzt bei heftigen Regengüssen, bei denen sich die Ziegel auflösen, leicht ein Teil ein. Es wird dann neu auf- und angebaut, u. U. bezieht man auch ein verfallenes und verlassenes Haus in das seinige mit ein.

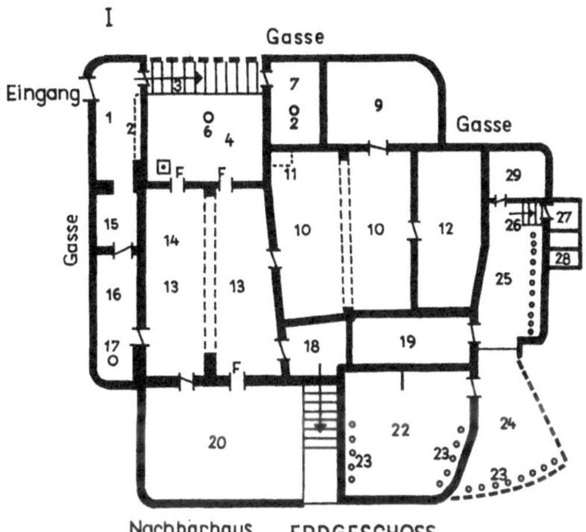

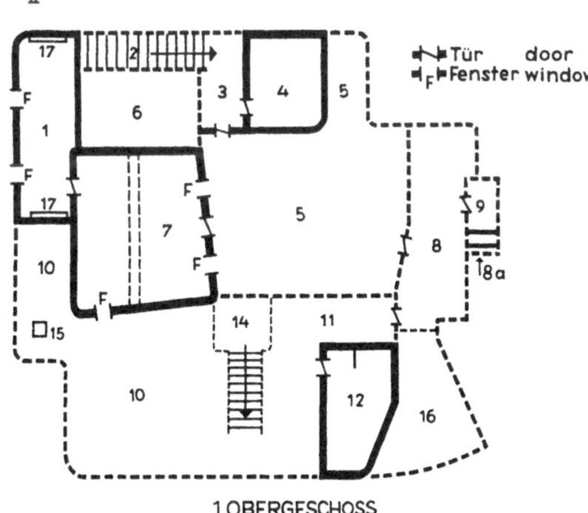

Abb. E. Großes Haus in el Dschedid (Gedid) (nach E. Scarin): Gasse, Eingang, Nachbarhaus. *Erdgeschoß:* 1 Eingangsraum, 2 Steinbank im Eingangsraum, 3 Treppe zum 1. Stock, 4 Offener Hof, 5 Brunnen, 6 Grube, die als Abzugsgraben dient, für Regen- und Brunnenwasser, 7 Bad, 8 kleines Bassin für Wasser, 8 a Sitzschlitz über 28, 9 Lager, Speicher, 10 großer gedeckter Raum, 11 kleine Scheidewand für Datteln usf., 12 Lager, Speicher, 13 großer Raum des Erdgeschosses, 14 dünne Scheidewand, 15 kleiner Korridor, 16 Korridor zum großen Raum, 17 Oberlicht (in Decke), 18 Teil des gedeckten Korridors 19, 20 Lager, Speicher, 21 zweite Treppe zum Obergeschoß (1. Stock), 22 bedeckter Marstall (Stallung), 23 Krippen, 24 offene Stallung, 25 Stall für Tiere, 26 kleine Treppe zum Abort, 27 Abort, 28 Schacht vom 1. Stock zur Abortgrube, 29 Stall für Tiere. *1. Obergeschoß:* 1 Empfangsraum, 2 Treppe zum 1. Stock = Nr. 3 im Erdgeschoß, 3 offener Zugang zum 1. Stock, 4 kleiner Raum zum Schlafen, 5 obere Zentralterrasse (Hof), 6 kleiner Hof des Erdgeschosses = Nr. 4, 7 großer Aufenthaltsraum, 8 zweite kleine Terrasse, 9 Abort, 10 Terrasse zum Trocknen der Ernte, 11 Terrassenkorridor, 12 Küche, 13 Zugangstreppe zum 1. Stock = Nr. 21, 14 offener Teil des Korridors im Erdgeschoß = Nr. 18, 15 Lichtschacht (Oberlicht) (= Nr. 17), 16 offene Stallung des Erdgeschosses (= Nr. 24), 17 Gestelle für Bücher.

Stärker werden die Häuser gebaut, die noch ein Stockwerk besitzen. Erwähnt wurden schon die rundeckigen Berberhäuser des Ortes Bergin (Fezzan), von denen ein Teil noch ein aufgesetztes Zimmer mit Fenstern und anschließender Dachterrasse besitzt, die nur dem Aufenthalt der Frauen dienen. Durch eine Treppe ist die Terrasse vom Hofe aus zu erreichen. Ähnlich, nur z. T. etwas größer, sind Häuser z. B. in Gat.

Sehr viel besser ausgebaut sind die Häuser der wohlhabenden Araber, z. B. in el Gedid (siehe Abb. E). Im Erdgeschoß besitzen sie in einem der Höfe ihren eigenen Brunnen, dann ein Bad, Abort, Lagerräume für Gegenstände und Lebensmittel, einen Stall und, anschließend an den Eingangshof, einen großen Raum zum Empfangen von Gästen, dessen Decke ein Tragebalken und Stützbalken halten, der mit Matten und Teppichen ausgelegt, manchmal auch mit Bildern geschmückt ist. Das sehr saubere Obergeschoß mit mehreren Räumen und der Küche sowie den großen Terrassen dient der Familie, besonders den Frauen, die bei einem Besuch des Stockwerks durch Fremde sich vorher zurückziehen. Im Gegensatz zu den dunklen Frauen der Fezzaner bekommt man die weißen der Araber-Berber als Fremder nie zu sehen.

b) Die Oasenbewohner der nördlichen Wüstengegenden und des tripolitanischen Dschebels

Die Oasen-Dörfer der nördlichen Wüste machen im großen und ganzen denselben Eindruck wie die des Fezzan. Teile von ihnen sind noch zerstört, Neubauten oft weiß getüncht oder auch erdfarben, trotz mit Ton geglätteter Mauern. Und doch zeigt jeder Ort seine besonderen Eigenheiten. Dscharabub z. B. fällt auf durch die Grabmoschee des Gründers des Senussiordens mit ihrer großen weißen Kuppel, der Gubba, und durch die neue Koranschule. In der Oasengruppe von Dschalo besteht das Dorf Dschkerra ganz aus Seriben, und selbst die Moschee mit dem Minaret ist aus Palmwedeln erbaut. Die Häuser der anderen Oasen sind mit ihren Gärten durch andringenden Sand bedroht, gegen den sie sich durch Palmwedelzäune geschützt haben. Marada ist z. T. am Fuße der alten mauerbewehrten Gara mit größtenteils locker stehenden, mauergeschützten Wohnhäusern neu wiederaufgebaut worden. Geriat Garbia, über der Palmoase am Rande des Wadi Zettar und damit auf der Hamada el Hamra gelegen, erinnert mit Resten der Mauer und des römischen Tores an vergangene Zeiten. In Socna, das innerhalb seiner alten Mauer fast ganz zerstört war, gruppieren sich neue, großenteils weißgetünchte Häuser um das alte Berberschloß mit seinem Marktplatz. Im tripolitanischen Dschebel, dessen alte verfallene Berberburgen mit dem umgebenden Dorf auf Vorsprüngen des Steilabfalls liegen, setzte sich in einigen Orten wie Garian oder Tarhuna schon die starke Beeinflussung durch die Italiener durch. Besonders in Garian hat ein Großteil des Dorfes, abgesehen von den Minarets, einen süditalienischen Charakter. Nur die einstigen italienischen Siedlungshäuser der Umgebung gleichen sich durch ihre erhöhten Dachecken etwas der arabischen Bauweise an. Dafür findet man von Garian bis über Nalut hinaus die alten berberischen Höhlenwohnungen, die auch heute noch gebaut werden. Am imposantesten aber wirkt von allen Oasen Gadames mit seinem großen Palmenhain, den durch Quellwasser gut bewässerten ummauerten Gärten, seinen engen, teils übermauerten Gassen und mehrgeschossigen Häusern (Abb. 54, 55).

Die Einwohner von *Gadames* sind zu $^3/_4$ Berber, die auch heute noch einen berberischen Dialekt sprechen und als wohlhabende Kaufleute Verbindungen nach Tripolis und Tunis und zu den südlichen Oasen haben. Noch außerhalb der Oase liegen im SE Erdgeschoßhäuser, teils grau, teils getüncht, hier stehen längs der Zugangsstraße Kaufläden. Schule und Hospital befinden sich auf einem niedrigen Hügel, über dessen Hang sich um das weiße Grabmal eines Marabut der Friedhof hinzieht. Der ältere ummauerte Ort erstreckt sich in die Oase hinein, und hier stehen nebeneinander, zwischen Gärten und Palmen, einige 10 m hoch, die alten Berberhäuser. Ihre Fundamente sind aus Stein und tragen über dem Erdgeschoß noch 2 Stockwerke aus grauen unverputzten Ziegeln. Nur die obersten Teile der Mauern mit den erhöhten Ecken, die Schutz gegen böse Geister geben sollen, sind weiß getüncht. Auf der Mauer der Terrasse liegt auch eine Topfscherbe, die den Nachtvogel, der den Tod der Kinder verursacht, fernhalten soll. Das erste Stockwerk ist häufig über das Erdgeschoß vorgezogen, überkragt die darunterliegende Gasse oder ist ganz über sie gebaut (Abb. 21).

In das Erdgeschoß gelangt man durch eine Tür (siehe Abb. F), die gegen den bösen Blick der Mitmenschen durch Gazellen- oder Mufflonhörner geschützt ist. Es enthält außer Korridoren, der Treppe zum ersten Stock sowie der Jauchegrube, die gegen außen zu öffnen ist, ein großes Zimmer für Lebensmittel, Holz, Waren usf., das man in der heißen Jahreszeit als kühlsten Raum auch zum Schlafen benutzt. Der wichtigste Raum des Hauses ist der Temenaht, der Empfangssaal, der durch die beiden oberen Stockwerke hindurchgeht und Licht durch eine Öffnung in der Dachterrasse empfängt. Durch ihn gelangt man in die Zimmer des 1. und durch Treppen auch in die des 2. Stockes und auf die Terrasse. Der Abort, ein einfaches Loch im Boden, liegt in einem schmalen Raum des 1. Stocks über der Grube. Das Temenaht ist reich mit Gipsornamenten an den Türen geschmückt. Die Türen sind mit stilisierten Blumen und Pflanzen bemalt. Kupfergefäße, der Reichtum des Hauses, hängen, eng aneinandergereiht, mit Becken und Medaillons an den Wänden. Kupfervasen, Platten aus Messing, Samovare und Uhren stehen auf Wandbrettern, hier und da hängt ein Bild mit einer orientalischen Landschaft. Geflochtene Matten und wertvolle Teppiche aus Kairuan, Arabien und Persien schmücken den Boden, Kissen liegen an den Wänden. Die Dach-Terrasse, die man als Fremder nicht betreten darf, ist der Aufenthaltsraum der Frauen. Auf ihr befindet sich die Küche mit Öfen und eisernen und tönernen Töpfen und das Terrassenzimmer, in dem die Eltern, abgesondert von den Kindern, im Sommer schlafen. Von Haus zu Haus gibt es Verbindungen, so daß sich die Frauen, ohne die Gasse benützen zu müssen, besuchen können.

Eine weitere charakteristische Behausung der Berber ist die erwähnte *Höhlenwohnung* des Dschebels (Abb. 56). Diese ist als 6—8 m tiefer und bis zu 8 m breiter quadratischer Schacht senkrecht in den lößartigen Boden hineingearbeitet. Oben liegt ein rötlichgelber, 4—6 m mächtiger Löß, darunter hellere, mit Kalkkonkretionen gefüllte Massen, auch standfeste grünliche mergelige Ablagerungen mit Gipskristallen, vom Löß getrennt durch eine Kalkkruste. In dieser festen unteren Schicht gehen vom Boden des Schachts die Eingänge in die einzelnen Räume aus, die ihr Licht nur durch die Türe erhalten. Einige dienen als Schlaf- und Aufenthaltsräume, einer als Küche, einer als Viehstall, besonders für die Hühner, und einer als Abort. Die Räume zum Aufheben von Lebensmitteln und Gegenständen liegen meist über den Wohnräumen und sind durch Leitern zu erreichen. Der Boden des Schachts liegt so hoch, daß er auch bei höchstem Grundwasserspiegel, der manchmal über dem wasserundurchlässigen Grundgestein aus Kalk- und Sandsteinen steht, trocken bleibt. In einer Vertiefung in der Mitte des Schachtbodens, die als Abfallgrube dient, sammelt sich manchmal Regenwasser an. Der Zugang zum Schacht erfolgt oben durch eine Tür, die in einen gewundenen Gang mit einigen Stufen führt, der bis in den Hof hinabführt (Abb. 57).

Die Höhlenwohnungen in Zintan sind vielfach etwas verschieden. Ein nur kurzer offener Zugang führt in den Hof, von dem man in die in den Berg gearbeiteten Zimmer gelangt. In Tobga erfolgt der Zugang zu den Räumen auch direkt vom Berghang durch einen kurzen geschlossenen waagerechten Gang (Abb. 48).

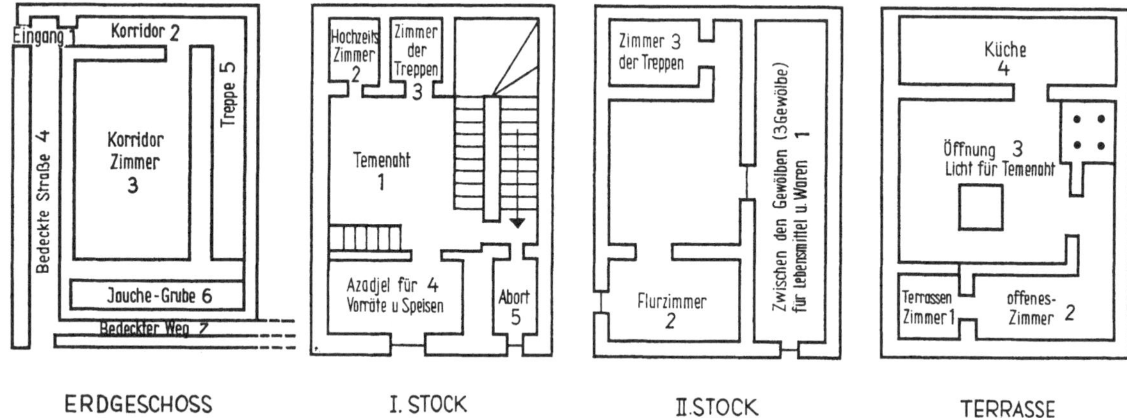

Abb. F. Gadames-Haus (nach Cpt. Aymo). Berber-Haus. *Erdgeschoß:* 1 Eingang, 2 Korridor, 3 Korridorzimmer, 4 bedeckte Straße, 5 Treppe, 6 Jauche-Grube, 7 bedeckter Weg. *I. Stock:* 1 Temenaht, 2 Hochzeitszimmer, 3 Zimmer der Treppen, 4 Azadjel für Vorräte u. Speisen, 5 Abort. *II. Stock:* 1 Zwischen den Gewölben (3 Gewölbe) für Lebensmittel und Waren, 2 Flurzimmer, 3 Zimmer der Treppen. *Terrasse:* 1 Terrassenzimmer, 2 offenes Zimmer, 3 Öffnung, Licht für Temenaht, 4 Küche.

Die Einrichtung der Höhlenwohnungen ist meist primitiv, wie in allen Behausungen der ärmeren Bevölkerung. In Garian besuchte ich die Höhlenwohnung eines wohlhabenden Mannes, die nahe seiner oberirdischen Wohnung lag und aus deren Hof zu erreichen war. Neben dem unteren Hofeingang lag links der Stall für Hühner und Ziegen, rechts die Küche, in der zum Brotbacken ein kleiner Ofen neben dem offenen Herde stand. In großen Tonkrügen wurde das Wasser aufgehoben. Der gewölbte Besuchsraum war weiß getüncht, zahlreiche bunte Teller und Gefäße waren auf Borden aufgereiht, an Bindfäden hingen Bilder. Der Boden war mit Matten belegt, und Matten hingen vor dem Eingang in den hinteren Raum, in dem ein verhängtes Bett stand. Alles war sehr sauber. Weitere Räume waren durch Türen verschlossen. Einer diente als Aufenthaltsraum für das frisch vermählte Brautpaar, in dem die junge Frau die ersten 14 Tage verbringen muß. In die Höhlenwohnungen ziehen sich die Leute im Sommer zurück, da schon wenige Meter unter der Oberfläche die Wirkung der dunklen Wärmestrahlung aufhört, im Winter sind sie warm und windgeschützt.

In Misda sah ich einen Hof, der rings von Gebäuden mit rundlichen Dächern umgeben war. Man gelangte in ihn durch einen schmalen Gang in einem der Häuser. Diese waren teils eingeschossig, teils besaßen sie noch ein Stockwerk. In die oberen Räume (Speicher) gelangte man nur durch eine Leiter bzw. schmale ungeschützte hervorstehende Treppenstufen an den Außenwand, unten befanden sich Wohnräume, Küche und Ställe. Das ganze machte in seiner Anlage den Eindruck einer oberirdischen Höhlenwohnung (Abb. 58). Drei konische feste Steintürme im oberen Dorfteil von Misda deuten noch auf die einstigen Kämpfe zwischen den beiden Tribus der berberischen Guntrar, die Misda bewohnen. Der höchste Turm besitzt 5 Stockwerke mit Schießscharten (Abb. 59).

In den meisten größeren Oasendörfern befindet sich schon, wenn auch nicht ein Krankenhaus mit wissenschaftlich gebildetem Arzt bzw. Ärzten wie in Sebha, Murzuk, Hon, Kufra und anderen, wenigstens ein *Ambulatorium* mit einem ausgebildeten Sanitäter. Der Arzt kommt im Turnus oder auf Anforderung. Allmählich gewinnt die Bevölkerung Vertrauen zu den Ärzten und läßt sich behandeln. Die Anschauung der einfachen Mohammedaner ist die, daß Allah die Krankheiten zur Sühne für die Sünden schickt. Hat er die Genesung beschlossen, erlaubt er dem Arzt, den Kranken zu heilen. Hervorgerufen werden die Krankheiten dadurch, daß sich Allah der Sternbilder, z. B. der Plejaden, welche Siechtum erzeugen, oder der Mondphasen bedient, aber auch der Menschen, die durch den bösen Blick Unheil bringen, oder dadurch, daß sie böse Geister und Dschinnen um Hilfe für ihre schlechten Unternehmen anrufen und benutzen. Das Weltall ist voll von diesen männlichen und weiblichen Dschinnen, welche anscheinend die ersten Bewohner der Welt gewesen sind, und unter deren okkultem Einfluß der Mensch steht. Sie werden daher auch von guten Mohammedanern gefürchtet und verehrt (Denti di Pirajno).

c) Die Bewohner der Städte und küstennahen Orte

Am stärksten sind in Anlage und Bauweise die *Städte und Orte an der Küste* und in Küstennähe von Europa her, besonders von den Italienern, beeinflußt worden. Neue Ortskerne und Geschäftsstraßen muten ganz süditalienisch an. Dieser Form haben sich zum Teil auch die Einheimischen angepaßt. Ihre Wohnhäuser haben, direkt nach der Straßenseite zu, eine Eingangstür und oft sogar Fenster. Erst nach dem Hof befinden sich fensterlose, nur durch eine Außentür zugängliche Räume, die dem Familienleben dienen. Der ummauerte Hof ist groß, wegen des Harems oft zweigeteilt, enthält manchmal einige Bäume und an der Hinterseite den Abort. Die moderne Zeit brachte es mit sich, daß mancher Hof auch für Wagen von der Straßenseite zugänglich gemacht wurde, zum Ausladen und Lagern von Waren und Abstellen von Wagen. In fast allen Orten ist aber noch in einigen Teilen die alte arabische Bauweise anzutreffen (Abb. 60).

Die durch einheimische Siedler von den Italienern übernommenen Siedlungshäuser der Umgebung haben 2—4 Zimmer mit Fenstern, die gegen die Straße vielfach mit Blenden verstellt sind, denn der kleine Hinterhof mit Schuppen und Nebenräumen eignet sich wenig für das arabische Familienleben. Deshalb zogen die Halbnomaden der Cyrenaica zunächst auch das Wohnen im Zelt neben dem Siedlungshaus vor, dessen Dach allerdings oft beschädigt war. In der Landwirtschaft haben die Einheimischen die von den Italienern eingeführte Anbauweise von Gärten, Baum- und Getreidekulturen mit Bewässerung oder Regenfeldbau übernommen.

Die Städte besitzen im allgemeinen noch ihr arabisches Viertel. In *Tripolis* liegt diese weiße Altstadt noch innerhalb der zum Teil erhaltenen Stadtmauer, die an das Kastell anschloß (Abb. 62). Die Gassen sind eng, die Häuser zum Teil einstöckig mit Dachterrasse, der Eingang erfolgt über den Hof mit Geschäfts- und Lagerräumen. Manche ein- bis zweistöckigen Häuser reicherer Leute haben den Hof in der Mitte. Von ihm gelangt man in die unteren fensterlosen Räume, in die oberen von einer umlaufenden Galerie. Hier und nach hinten hinaus befinden sich die Frauengemächer. Solche größeren Häuser sind oft auch an mehrere Familien vermietet. Jede hat einen vom Hof oder der Galerie ausgehenden fensterlosen Raum, 4—5 Familien eine gemeinsame Küche und einen Abort (Abb. 61).

Auch die alten Geschäfts- und Handwerkerstraßen, in denen die einzelnen Berufe zusammengefaßt leben, sind zum Teil noch erhalten. Ein kleiner Laden grenzt an den anderen, die Gassen sind dauernd bedeckt oder werden doch im Sommer zum Schutz gegen die Erhitzung des Bodens durch Matten abgeschirmt. Manches Haus ist aber auch in der Altstadt in letzter Zeit neu oder umgebaut worden.

Im Osten und Süden erstreckt sich die schon von den Italienern angelegte Neustadt mit breiten Straßen, Regierungspalästen, großem Krankenhaus und 1- bis 2stöckigen Wohnhäusern (Abb. 63). Für Wasserversorgung und Kanalisation ist hier wie in jeder anderen Großstadt gesorgt. Heute werden ältere Gebäude schon abgerissen und an ihrer Stelle 6- bis 8stöckige Hochhäuser gebaut. Im SW ist ein Villenviertel im europäisch-amerikanischen Stil mit allem Komfort und dementsprechenden Preisen im Entstehen (Giorgimpopuli).

Am südlichen Stadtrande bildete sich in den letzten Jahren durch die vielen Zuwanderer aus den Oasen, die hofften, in der Großstadt besser bezahlte und leichtere Arbeit zu finden, ein Elendsviertel. Die Menschen hausen in kümmerlichen, eng aneinander stehenden Hütten aus Blechkanistern, Kistenholz und Säcken, in denen natürlich die primitivsten hygienischen Erfordernisse fehlen. Durch Bau einfacher Häuser und Rückführung der Auswanderer in die Heimat sucht die Regierung, des Elends Herr zu werden, um eine Slumbildung zu verhindern.

Ähnlich wie in Tripolis liegen die Verhältnisse in *Benghasi*, wo einzelne Teile durch den Krieg stark gelitten hatten. Auch hier grenzt ein italienischer Stadtteil an die arabische Altstadt. Ein neues arabisches Viertel entsteht in el Berka. Das Elendsquartier ist nur klein, die Hütten aus Wellblechplatten sind besser gebaut. Es hält sich zum Teil nur dadurch, daß hier keine Steuern gezahlt zu werden brauchen. Schwierigkeiten gab es mit der Wasserversorgung, die man durch Zuleitung von Wasser aus Karstquellen zu beheben hofft. Auf dem Dschebel Achdar ist die neue Stadt, *El Beida*, entstanden, mit Regierungsgebäuden und Wohnhäusern in modernstem Baustil (Abb. 64). Sie war als neue Hauptstadt Libyens vorgesehen, soll jetzt aber eine moderne Universitätsstadt werden. Das Parlamentsgebäude wird die Staats-Bibliothek. Unweit der ältesten Zauia der Senussi ist, etwa 3 km westlich der Stadt, außer einem königlichen Palast schon eine islamische Universität erbaut worden, die den gleichen Rang wie die El Azhar-Hochschule in Kairo erhalten soll.

In den Städten lebt die kleine Schicht gebildeter Araber als Regierungsbeamte und Geschäftsleute mit europäischen Anschauungen, Kleidung und Lebensstil. Hier befinden sich die wenigen in Fabriken und Betrieben Arbeitenden und hier sind die Ausbildungsstätten für Erwachsene und Schulen für Kinder.

Die Schulkinder sind auch schon ganz oder doch teilweise europäisch gekleidet, sie besitzen eine saubere Schuluniform und erhalten auch Schulspeisung. Schulzwang besteht nur für Jungen, der Besuch von Mädchenschulen ist freiwillig. Trotzdem es einzelne weibliche Studenten an der Universität in Benghasi gibt, verhüllen doch diese wie der größere Teil der Frauen und Mädchen noch auf der Straße das Gesicht bis auf ein Auge.

„Selbst die Schülerinnen (13- bis 18-jährig) des Lehrerinnen-Seminars in Benghasi sahen wir mit verhülltem Gesicht zum Schulgebäude gehen. Während des Unterrichts nehmen sie den Schleier ab. Sie entpuppten sich als europäisch gekleidete, hübsche, junge Mädchen mit modernen Frisuren, ließen sich aber nur von hinten photographieren. Beim Verlassen der Schule verhüllten sie sich wieder in den schwarzen Schleier oder den traditionellen Barrakan“ (L. Richter).

So besucht in den Städten schon eine ganze Anzahl Mädchen eine Schule, macht auch im Anschluß eine weitere Ausbildung als Lehrerin oder Schwesternschülerin durch. Nach Beendigung der Ausbildung, oft schon nach Erreichen des 14. Lebensjahres, heiraten viele, und nun hängt es von dem Manne ab, ob sie beruflich tätig sein dürfen.

In den Städten gibt es auch Abendschulen für Erwachsene, die man hier eifrig Schreiben und Lesen lernen sieht. So tritt langsam eine Lösung von den starren Lebensformen des Dorfes ein. Kenntnisse verbreiten sich, und die primitiven Lebensverhältnisse der ärmeren Schichten und Zugewanderten beginnen, sich zu verbessern.

Diesen allmählichen Umschwung bemerkt man vorläufig nur in den Städten selbst. Schon unmittelbar vor der Stadt beherrschen die Macht der Tradition durch Familie und Dorfgemeinschaft und religiöse Vorschriften das Leben der Landbevölkerung und erschweren und verlangsamen jeglichen Fortschritt. Nur dort, wo Elementarschulen in größerer Zahl in den letzten Jahren gegründet wurden, spürt man eine beginnende Auflockerung.

C. Einrichtungen des Gesundheitswesens und der Hygiene

I. Einrichtungen zur Krankenbehandlung

1. Tripolitanien

Vor der Besetzung Libyens durch die Italiener waren hygienische Einrichtungen gering und beschränkten sich auf die Stadt Tripolis, die damals 30 000 Einwohner (1910) hatte, und einige größere Orte, in denen türkische Garnisonen lagen. In Tripolis waren die Gassen der engen Altstadt nicht gepflastert, für Abzugsgräben war schlecht gesorgt, das Oberflächenwasser sammelte sich in Morästen, in die auch Jauche aus den Häusern floß. Brunnen lagen in den Höfen der Häuser. Da die Stadt dicht besiedelt war, reichte das Wasser nicht aus, und so waren an verschiedenen Stellen bedeckte Zisternen angelegt, in denen man das Wasser von Dächern und Straßen sammelte. Zisternen und auch Brunnen und damit das nur 5—10 m tief gelegene, stellenweise salzige Grundwasser waren vor dem Einsickern von Abwässern nicht geschützt. Jede Menge von Mücken, Fliegen und Krankheitskeimen entwickelten sich jährlich in den Morästen und Zisternen.

So trat Cholera fast jährlich auf, öfter auch Pest; Malaria und Fleckfieber waren in der Stadt endemisch. Seit 1670 hatten die Franziskaner in ihrem Kloster Einrichtungen zur Behandlung von Kranken geschaffen. Traten Epidemien auf, errichteten sie zusätzlich Lazarette, bei der Choleraepidemie 1910 im Kloster auch ein Lazarett für Europäer. Die Türken begannen erst in den letzten Jahren ihrer Herrschaft (nach 1900) für Sanitätseinrichtungen zu sorgen. Die Italiener fanden 1911 also nur wenige vor. Am Hafen war das Ufficio di Sanità Marittima (Überwachung von Schiffen und Mekkapilgern) mit Laboratorium für Lebensmitteluntersuchung. In der Stadt befanden sich das Ospedale civile municipale mit Abteilungen für Chirurgie, Innere und Augenkranke, jedoch ohne Latrinen oder hygienische Einrichtungen, dann das brauchbare, von einem türkischen Militärarzt geleitete Militärhospital. Hier wurden auch bakteriologische Untersuchungen und Impfungen durchgeführt. Seit 1910 bestand ein Cholera-Lazarett aus 5 Holzbaracken vor der Bab el Gedid. Infektionskranke wurden im allgemeinen nicht isoliert, sondern zu Hause behandelt, obwohl oft die ganze Familie in nur einem Raum hauste. Es gab in der Stadt 6 Apotheken, als bedeutendste die Stadtapotheke am Kastell, die erst nach dem letzten Kriege abgerissen wurde.

Als Libyen besetzt war, standen vor den italienischen Behörden als wichtigste Aufgaben die Bekämpfung der Infektionskrankheiten, die Sanierung der Städte und größeren Orte sowie die Errichtung moderner Krankenhäuser für die Bevölkerung. Zivil- und Militärbehörden arbeiteten Hand in Hand. Der Verkehr von dem Inneren nach Tripolis wurde überwacht, bei Suk el Giuma und Gargaresch ein ärztlicher Dienst eingerichtet und etwa 7000 Menschen untersucht, von denen rund 50% Krankheitssymptome, besonders Trachom, Grind (Tinea favosa), Lues und andere Infektionskrankheiten zeigten. Schon seit Herbst 1912 gab es keine schweren Epidemien mehr. Die Stadt wurde gründlich saniert, eine tägliche Straßensäuberung eingeführt, Abzugsgräben angelegt und die überlaufenden Kloaken gesäubert.

a) Krankenhäuser

Erst nach dem Kriege begann ab 1922 der systematische Aufbau der neuen Stadt Tripolis und damit des Sanitätswesens, dessen Einrichtungen später der libysche Staat übernommen und erweitert hat. Im Verlaufe dieses Programms wurde als erstes das Ospedale coloniale, das heutige Regierungskrankenhaus, am südlichen Stadtrand im Pavillonsystem errichtet. Es erhielt, getrennt nach Geschlechtern, mehrere Abteilungen, Operationssäle, auch eine bakteriologische Station, eine Kinderabteilung und eine Station mit 100 Betten für offene Tuberkulose. In Hammanyi baute man nahe dem Wadi Megenin und dem Meer ein Hospital für ansteckende Krankheiten mit 7 Pavillons, eine Irrenanstalt mit Psychiatrischer Abteilung in Feschlun, das Tuberkulose-Sanatorium in Busetta und ein Lepraheim. Daneben gibt es einige Privatkrankenhäuser und das britische Militärhospital, das der libyschen Sozialversicherung (I.N.A.S.) Anfang 1966 übergeben wurde.

Auch in der Provinz Tripolitanien (1964: 816 795 Einwohner) richteten die Italiener Krankenhäuser ein. Die ersten entstanden in den kleinen Verwaltungszentren. Heute verfügt die Provinz mit Tripolis (6) über 16 Hospitäler mit mehr als 2500 Betten (s. Tabelle). Jedes Krankenhaus hat meist mehrere Krankenwagen, die oft weite Wege zurückzulegen haben, so daß ihre Zahl noch nicht ausreicht.

b) Ambulatorien

Für die Bevölkerung wurden auch ambulatorische Stationen (Dispensaries) eingerichtet, die von Ärzten versorgt werden. Heute (1964) hat die Stadt (Municipality of Tripolis) 18 Dispensaries, von denen 8 ständig mit Ärzten, die übrigen durch ärztliches Hilfspersonal besetzt sind. Diese werden aber täglich von den Ärzten besucht. An privaten Spezialdispensaries gibt es ein Augenambulatorium, eines für venerische Krankheiten, ein Ambulatorium der Franziskaner-Schwestern und zunächst eine Beratungsstelle für Mutter und Kind. Die Ambulatorien sind gut eingerichtet und reichlich mit Medikamenten versehen und verfügen meist über einige Betten.

Die Dispensaries in der Provinz sind auf 129 angewachsen, darunter Beratungsstellen für Mutter und Kind (dazu Tripolis 18 und 4). Auch hier sind nur wenige mit Ärzten besetzt. Ein Arzt besucht das Ambulatorium nur an bestimmten Tagen. Liegen eilige Fälle vor, wird er bzw. das Krankenhaus, dem es untersteht, verständigt. Im Jahre 1964 reiste unter Führung des deutschen Arztes Dr. Meinck ein Klinomobil im Lande, wodurch die selten von Ärzten besuchten Orte versorgt und Impfungen durchgeführt wurden.

Tabelle I. *Einrichtungen für Krankenbehandlung in Tripolitanien*

a) Krankenhäuser:

		Betten	
Tripolis:			
(6)	Regierungshospital (mit allen Abteilungen)	1460	
	Hospital für ansteckende Krankheiten		
	Lepra-Hospital und -Heim	50 + 20	
	Busetta = Tbc-Sanatorium	150	
	Irrenanstalt mit psychiatr. Abt. Feschlun		
	Regierungsunfallkrankenhaus	100	
	Regierungshospital für offene Tbc	100	
	Libysches Militärkrankenhaus		
	Britisches Militärkrankenhaus, seit 1966 der I.N.A.S. = Staatliche Sozialversicherung übergeben		
	Mehrere Privatkrankenhäuser (darunter 1 geburtshilfliches Krankenhaus der I.N.A.S.), noch 1 großes Krankenhaus im Bau (1966)		
Tripolitanien:			
(10)	Zawia	140	
	Zuara	80	
	Garian	60	
	Jefren	110	(140)
	Nalut		
	Gadames	20	
	Beni Ulid	40	
	Misurata	410	
	Gargaresch (neue Nervenklinik)	510	
	Zliten	?	
	Homs (im Bau)		
	Sirte (im Bau)		
	Dschado: Klinik in Fayasla geplant		

b) Dispensaries:

	Tripolis-Stadt (Municipality)	18 + 4 (darunter 3 Tbc Disp.)	
Mudiriah:			
(= Kreis)	Suk el Giuma	4	
	Tadschura	6	
	Ben Gaschir	6	
	Azizia	3	
	Zawia	6	(1 × Tbc)
	Zanzur	6	
	Bianchi	4	
	Sorman	2	
	Sabrata	5	
	Zuara	6	(1 × Tbc)
	Nalut	10	
	Gadames	4	
	Garian	9	(1 × Tbc)
	Jefren	8	(1 × Tbc)
	Dschado	9	
	Misda	5	
	Beni Ulid	1	
	Tarhuna	6	(1 × Tbc)
	Kussabat	3	
	Homs	7	(1 × Tbc)
	Misurata	9	(1 × Tbc)
	Zliten	6	
	Sirte	4	

Weitere Gesundheitszentren sind im Raum von Dschado geplant in Slamat und Schekschuk, ferner bei Gadames in Dersch und Sinauen.

Anmerkung: Die Tabelle gibt den Stand von 1964 wieder.

c) Ärzte

Eine gewisse Schwierigkeit besteht noch in der Besetzung der Krankenhäuser mit Ärzten. Bei einer Bevölkerung von 1 029 216 Menschen waren 1964 in Tripolitanien 275, in der Cyrenaica 88 und im Fezzan 23 Ärzte tätig, in ganz Libyen mit den Ärzten in den Ministerien 386, darunter vorläufig nur 20 libysche Ärzte, deren Zahl allerdings von Jahr zu Jahr zunimmt. Es studieren eine größere Zahl (mehr als 50) in Europa und den USA sowie an der amerikanischen Universität in Beirut. Die fremden Ärzte stammen größtenteils aus Italien (125), neuerdings auch in größerer Zahl aus Jugoslawien und Spanien, dazu einige Griechen, Engländer, Franzosen und Chinesen. Die Zahl der deutschen Ärzte (4) ist leider gering, obwohl sie durch ihre Tätigkeit sehr zur Steigerung des deutschen Ansehens beigetragen haben. Im Jahre 1965 sind noch weitere 300 spanische, jugoslawische und national-chinesische Ärzte in libysche Dienste getreten.

d) Pflegepersonal

Für die Ausbildung von libyschen Pflegern und Pflegerinnen, die noch sehr knapp sind, gibt es jetzt Schulen in Tripolis nur für Schwestern und weibliches Personal und in Benghasi für männliches Sanitätspersonal. In der letzteren werden neuerdings auch medizinisch-technische Assistenten ausgebildet (Health Training Institute). Im Jahre 1964 gab es in Tripolitanien 174 Pfleger, in der Cyrenaica 80, im Fezzan 4. Ihre Zahl nimmt langsam zu, wenn auch besonders bei den weiblichen Pflegerinnen die Gefahr besteht, daß sie verheiratet werden und dann nicht mehr arbeiten dürfen, da es das Ansehen der Familie schädigen würde. An nicht libyschem Personal zählte man 196 Schwestern und Pfleger.

e) Hebammen

Um einen Stamm ausgebildeter Hebammen für die Bevölkerung zu erhalten, hat der deutsche Gynäkologe Professor Dr. Föllmer eine Hebammen-Lehranstalt mit Ableger in Benghasi ins Leben gerufen, welche die bisher allein tätigen weisen Frauen allmählich ersetzen sollen. Durch 2-monatige Kurse versucht man, diesen letzteren wenigstens die primitivsten hygienischen Grundbegriffe beizubringen. In der Stadt und der Provinz sind 43 voll ausgebildete Hebammen tätig, in der Cyrenaica 5, im Fezzan 5 (1964). Eine Hebammen-Lehranstalt mit angegliederter Klinik wird in Tripolis gebaut (1966).

f) Apotheken

Jedes Krankenhaus hat eine Apotheke. Die meisten Privatapotheken haben keine ausgebildeten Apotheker. Eine Zentrale für Pharmazeutika mit Magazin soll in Tripolis entstehen.

2. Cyrenaica

In der Cyrenaica (451 469 Bewohner) lagen die Verhältnisse ähnlich wie in Tripolitanien. Durch die Kriege, besonders durch den letzten, in dem die Cyrenaica mehrmals den Besitzer wechselte, litten vornehmlich die größeren Orte. Besonders war durch Luftangriffe Benghasi zerstört worden. Noch heute sind die Spuren an Häusern und freie Plätze, wo Trümmer fortgeräumt worden, zu sehen. Gelitten hat dadurch natürlich auch das noch zur italienischen Zeit verlegte Rohrnetz für die Wasserversorgung und für die Abwässer.

a) Krankenhäuser

Das große Regierungskrankenhaus im Pavillonsystem (500 Betten) im Norden Benghasi's (gegr. als Ospidale coloniale) enthält wie in Tripolis sämtliche Stationen und ein Ambulatorium getrennt in die einzelnen Krankheitsfächer. Nach dem Stand von 1964 sind dort 22 Nonnen tätig, die als Operationsschwestern fungieren und die komplizierteren Apparate (Röntgen, Physiotherapie, Laboratorien) bedienen, in Küche und Wäscherei die Aufsicht führen sowie als Schwestern die Stationen betreuen. Sie unterstützen die 40 Ärzte. Für Tuberkulosekranke sind 100 Betten zur Verfügung gestellt. Neben diesem großen Krankenhaus gibt es noch das sehr viel kleinere Städtische Krankenhaus. Auch hier wird eine Dispensary von den Krankenhausärzten (8) und 10 Nonnen betreut. In der Stadt ist noch ein kleines Missionskrankenhaus der Adventisten mit 2 Ärzten, Personal aus Palästina und 30 Betten. Dazu kommen noch 3 Dispensaries, in denen je ein praktischer Arzt immer Dienst hat, in der Sharia Bagdad, in es Sabri und Berka, und eine Tbc-Poliklinik mit 3 Ärzten, die von der WHO eingerichtet wurde.

Der Vorort Berka im Südosten der Stadt ist in regem Aufbau begriffen. Neue Häuserblocks entstehen, und hier wird infolge des erwarteten starken Bevölkerungszuwachses vorgesorgt. Es ist ein großes neues Regierungskrankenhaus (500 Betten) im Bau, ein Frauen- und Kinderkrankenhaus der I.N.A.S. (staatl. Sozialversicherung) ist fast fertig und ein neues Tbc-Krankenhaus (140 Betten) entsteht in Guarscha (15 km von Berka). Auch die Adventisten sind dabei, ein neues Krankenhaus (100 Betten) an der Straße nach Soluch zu bauen, während die libysche Armee ebenso wie die britische ihr eigenes Krankenhaus in Berka besitzen.

In der Provinz hat vorläufig nur Derna ein großes z. Z. (1964) von einem deutschen Arzt (Dr. Klug) geleitetes Regierungskrankenhaus mit 10 Ärzten, 420 Betten, von denen 140 für Tbc-Kranke reserviert sind (seit Mitte 1965 chinesische Ärzte). Als Fachrichtungen sind Augenkrankheiten, Kinderkrankheiten, Geburtshilfe, Chirurgie und Innere Krankheiten vertreten. In der Stadt ist noch eine Dispensary, die mit einem Arzt besetzt ist, eine zweite, die gerade fertig geworden ist (Januar 1965), ist noch ohne Arzt. Das neue Krankenhaus in Beida ist noch nicht in Betrieb genommen, das Krankenhaus in Barce (el Merj), das früher 108 Betten hatte, wurde durch das Erdbeben 1963 z. T. zerstört. Zur Zeit (1964) steht den Kranken nur eine Baracke mit einem Arzt zur Verfügung sowie ein kleines Krankenrevier, das 3 Nonnen leiten. Die Amerikaner schenkten den Libyern ein neues Krankenhaus in Tobruk; die drei Ärzte sind 1 Palästinenser und 2 Ägypter. Die B.D.S.A. (britische Hilfsorganisation) hat in Cyrene ein Tbc-Krankenhaus mit Lungenchirurgie erbaut. In ihm arbeiten 4 Ärzte und Schwestern aus Jugoslawien. Sonst gibt es nur noch kleine Krankenhäuser in Messa und Adschedabia, wo ein Fachchirurg arbeitet. Eine größere Dispensary mit 10—20 Betten und 1 Arzt hat Kufra, in Audschila ist eine in Bau, auch für Dschalo ist eine in Aussicht genommen. M'said (Capuzzo) besitzt außerdem, da Grenzstation, eine Isolierbaracke.

b) Ambulatorien

Dispensaries sind besonders durch englische Initiative fast in jedem Dorf der Cyrenaica eingerichtet und mit einem Heilgehilfen besetzt worden. Sie werden z. B. im Bezirk Derna von den Ärzten des Regierungskrankenhauses wenigstens einmal in der Woche und auf Anforderung besucht. Krankenwagen stehen den Krankenhäusern, auch den entfernteren Oasen, zur Verfügung. Die Abnutzung bei den weiten Entfernungen verschleißt die Wagen so schnell, daß sie nur zeitweise verwendungsfähig sind. Hubschrauber werden für Schwerkranke zur Verfügung gestellt.

c) Ärzte

In der Stadt Benghasi gibt es 47 Ärzte, auf dem Lande 22, in den beiden anderen Provinzen 19 Ärzte.

Zahnärzte gibt es in Benghasi 4—5 (Regierung und Privat), je einen in Beida, Derna und Tobruk.

d) Hebammen

S. o. Im Bezirk Derna sind 3 in Derna, 2 in Gubba. Sie dürfen nach einem 2monatlichen Kursus in der Hebammen-Lehranstalt in Benghasi vorläufig ihren Beruf weiter ausüben. Schwestern bilden dort jährlich etwa 20 aus.

e) Apotheken

Jedes Krankenhaus hat eine Apotheke. Private Apotheken gibt es in Benghasi 14, davon sind 4 ausgebildete Apotheker, in Derna 2 ohne Apotheker und je eine in Tobruk, Beida und Adschedabia.

3. Fezzan

Am letzten wurde in sanitärer Hinsicht der Fezzan erschlossen (78 714 Bewohner). Wohl gab es schon in der italienischen Zeit in Orten mit Garnisonen kleinere Ambulatorien, in denen Militärärzte auch die zivile Bevölkerung behandelten. Ein Krankenhaus wurde erst in der Zeit der französischen Besatzung eingerichtet. Es liegt heute in der neuen Haupt- und Verwaltungsstadt des Fezzan Dar el Bei zwischen den 3 Sebha Oasen. Das große moderne, von 6 französischen Ärzten betreute Krankenhaus enthält 100 Betten und verschiedene Spezialstationen besonders für Tbc-Kranke (30 Betten), Operationssaal, Laboratorium pp. und Apotheke. Ein kleines Tbc-Sanatorium (30 Betten) wurde später angefügt.

Kleinere Krankenhäuser, die sich aus italienisch militärischen Ambulatorien mit einigen Betten (2—4) entwickelten, sind heute in Hon, Brak und Gat. Ein neues, gut ausgestattetes Krankenhaus mit 20 Betten bauten die

Tabelle II. *Einrichtungen für Krankenbehandlung in Cyrenaica*

a) Krankenhäuser:

		Betten	Ärzte	
1. Provinz Benghasi:				
Stadt und Land:	Regierungskrankenhaus	400 + 100 Tbc	40	
	Städt. Krankenhaus	40	8	
	Missionskrankenhaus der Adventisten	30	2	
	(Britisches Militärkrankenhaus	60	3—4)	
Berka:	Neues Regierungskrankenhaus Berka	ca. 500		im Bau
	Frauen- und Kinderkrankenhaus in Berka (I.N.A.S.)			im Bau
	Neues Missionskrankenhaus der Adventisten in Berka	ca. 100		im Bau
	(Libysches Armeekrankenhaus Berka)	?	?	
	Guarscha Tbc-Krankenhaus (15 km von Berka)	140	1	
Benghasi:	Adschedabia, 1 Krankenhaus	ca. 100	1	
	el Abiar, größere Dispensary	20		
	Audschila, größere Dispensary	10	1	
	Dschalo, größere Dispensary			soll gebaut werden
	Kufra (el Dschof), größere Dispensary)	10—20	1	
2. Provinz Dschebel Achdar:				
Barce:	(el Merj) zerstört durch Erdbeben, früher kleines Lungensanatorium	100 z. Z. (1964): 100	1 Baracke, 1 Arzt Dispensary und 3 Nonnen	
	Cyrene (Schahat), Tbc-Krankenhaus mit Lungenchirurgie	150	4	
	Beida, neues Krankenhaus, Anfang 1965 noch nicht in Betrieb	?		
	Messa	90	2	
3. Provinz Derna:				
Derna Stadt:	Regierungskrankenhaus	280 + 140 Tbc		
	Hospital geplant	122		
	M'said (Capuzzo), größere Dispensary	—		Isolierbaracke im Bau (Grenze)
Tobruk:	1 Krankenhaus, neu	120	3	neu erbaut von USA
	1 Krankenhaus, alte Garnisonsgebäude, Hospital geplant	150 120		
b) Dispensaries:				
Benghasi:	4 mit Ärzten besetzte. Fast jedes Dorf hat eine Dispensary, Tbc-Behandlung in Adschedabia, Barce, Beida, Derna, Tobruk			

Anmerkung: Besetzung durch Ärzte für 1964 nicht vollständig.

Amerikaner in Murzuk (1962 fertig). Ein Arzt (Spezialist für Augenkrankheiten) arbeitete bisher in der alten Revierstube (6 Betten). Als Spezialist operierte er besonders Trachom. Die Kranken lagen in ihren Betten, soweit sie von ihren Frauen begleitet waren, schliefen diese vor dem Bett auf dem Boden. Ein zweiter Arzt wurde mit Fertigstellung des Krankenhauses erwartet. Ein moderner Operationssaal, ein kleines Kreißzimmer, Röntgen- und medizin-physikalische Einrichtungen, Laboratorium und Apotheke sowie die notwendigen, reichlich bemessenen Nebengelasse in einem besonderen Haus (Küche, Wäscherei, Vorratsräume), in denen zur Not auch Kranke untergebracht werden konnten, vervollständigten die Einrichtung. Männer- und Frauenstationen sind durch die Behandlungsräume getrennt. Gegenüber dem Krankenhaus liegt ein neues Ärztehaus, in dem jetzt wohl 2 Ärzte wohnen.

Den Krankenhäusern sind jeweils eine Anzahl Dispensaries unterstellt, in denen im allgemeinen geprüfte Pfleger arbeiten. 1962 waren z. B. dem Krankenhaus in Murzuk 10 Dispensaries angeschlossen, die der Arzt auf Anforderung besuchte. Sein Betreuungsgebiet erstreckte sich nach W bis Tessaua, nach E bis Tmessa und nach S bis Tedscherri. Im ganzen Fezzan sind etwa 30 Dispensaries vorhanden (1964).

Tabelle III. *Einrichtungen für Krankenbehandlung im Fezzan*

Krankenhäuser (1964):

	Betten	Ärzte	
Sebha	108	6	(Tbc-Abt. 30 Betten)
Brak	20	—	
Murzuk	20 *)	2	*) Geburtsh. u. Chirurgie
dazu	20 *)		*) ansteckende Krankheiten
Gat	18	—	
Hon	20	—	

Ärzte im ganzen (1964):	23
geprüftes Pflegepersonal (1960):	15
nicht geprüftes Pflegepersonal (1960):	59
geprüfte Hebammen (1964):	4
geprüfter Apotheker (1962):	1

4. Maßnahmen zur Weiterentwicklung des Gesundheitswesens und zur Gesundheitserziehung

Das libysche Gesundheitsministerium und die WHO stellten einen 5-Jahres-Gesundheitsplan auf, der dazu dienen soll, die vorhandenen Grundlagen des Gesundheitsdienstes fortzuentwickeln. Dieser 5-Jahresplan ist im Finanzjahr 1963/64 angelaufen.

An erster Stelle steht der Neubau von Hospitälern, ihre Vergrößerung und Ausbau mit Einrichtungen neuer Spezialabteilungen bei den älteren, die auch mit neuzeitlichen Apparaten und Instrumenten ausgerüstet werden sollen. Die bisher vorhandene Zahl der Betten (3657) beabsichtigt man, auf 5800 zu bringen, so daß für je 1000 Bewohner etwa 3,5 Betten zur Verfügung stehen.

Selbständig neben den Hospitälern stehen der zu fördernde Antituberkulosedienst in Tripolis und das Tuberkulose-Zentrum in Benghasi, die für die Tbc-Bekämpfung das notwendige Personal ausbilden und die mobilen Teams zur Feststellung, Behandlung und Kontrolle der Seuche aussenden. Eine Anzahl Dispensaries stehen diesem Dienst zur Verfügung. Mit mobilen Einheiten wird auch der Kampf gegen die Malaria und Bilharziasis durchgeführt. Die vom Epidemiology Centre for Trachom ausgehende Trachomkontrolle gibt Gesundheitsschutz und Behandlung durch mobile Gruppen mit Zelten (medizinische Camps), die sich besonders auch der Nomaden annehmen. Die Lehrer werden soweit ausgebildet, daß sie die Schüler überwachen, auf den Nutzen persönlicher Sauberkeit und die Gefahren der Augenerkrankungen hinweisen können.

Zur Betreuung der Gesundheit in den Schulen soll je ein Zentrum in Tripolis und Benghasi entstehen. Schulvisitationen werden auf Sauberkeit innerhalb und außerhalb der Schulen achten und darauf, daß die Schüler in gesunden Räumen unterrichtet werden. Sie sollen die Lehrer unterstützen, damit bei ersten Symptomen ansteckender Krankheiten eingegriffen werden kann. Mobile Zahnkliniken werden im Turnus die Schulen auf dem Lande besuchen. Die Schulspeisung mit Milch, Brot, Datteln u. a. Nahrungsmitteln will man erweitern.

Eines der wichtigsten Vorhaben ist die Einrichtung von Gesundheitszentren (Health Centres) je nach der Bevölkerungsdichte. Davon sind 61 bisher in Aussicht genommen. Sie sind vornehmlich für die ambulante Behandlung von leichter Erkrankten gedacht, enthalten mindestens 13 Räume, davon je 1 für 2 Ärzte und eine Hebamme. Es sind also reguläre Polikliniken mit reichlicher Ausrüstung und eigener Transportmöglichkeit. Diesen Gesundheitszentren werden dann je 3 Dispensaries (total also 183) angegliedert, die von ihnen aus ärztlich betreut werden. Man will auch diese möglichst im eigenen Hause mit wenigstens 3 Behandlungsräumen unterbringen. Klinomobile besuchen die nicht seßhafte Bevölkerung.

Großer Wert wird auf eine Entwicklung des Mutter- und Kind-Gesundheitsdienstes (Maternal and Child Health Service) gelegt. Die Zentren für Ausbildung und Unterricht liegen in Suk el Dschuma bei Tripolis und in Benghasi (M. & C. Health Schools and Demonstration Centres). Schülerinnen werden zu Schwestern ausgebildet, auch Hebammen können hier lernen. Sie übernehmen später den Dienst in den Hauptzentren (Main M. C. H. Centres). Diese sind wieder angelehnt an die Gesundheitszentren (s. o.). Den Main M. C. H. Centres unterstehen kleinere Subcentres (Tab. XI). Die Zentren sollen möglichst nur mit weiblichem Personal und auch Ärztinnen besetzt werden.

Wie sich bei den ersten M. C. H.-Zentren zeigte, gilt es, zunächst die Scheu der Frauen vor dem Gesundheitsdienst zu überwinden, dann aber kommen die Besucherinnen, nachdem sie sich von dem Nutzen der Einrichtung überzeugt haben, in immer größerer Zahl. Sie lernen, ihre Säuglinge richtig zu behandeln, man sagt ihnen, welche Nahrung sie nach dem Abstillen zu geben haben, zeigt, wie diese richtig zubereitet wird, und ihre Kinder werden untersucht und wenn nötig behandelt. Den Frauen wird klar, daß Impfungen nicht schädlich sind, sondern die Kinder schützen. Die Schwestern machen sie mit den primitivsten hygienischen Erfordernissen bekannt, regen sie zur Reinlichkeit an, betreuen die schwangeren Frauen auch in ihren Wohnungen und sorgen dafür, daß sie besser ernährt werden.

Weitere Projekte des Gesundheitsplanes sind ein Wohnungsprogramm als Ersatz für die Slums. Etwa 4000—5000 Wohnungen sind in Aussicht genommen, davon etwa 3000 für Tripolitanien und 1500 für die Cyrenaica.

Quarantänestationen sollen in den Häfen Tripolis und Benghasi, im Idris Airport und in Benenina sowie an der Grenze bei Zuara und M'said errichtet werden.

Die Nahrungsmittelkontrolle (Bäcker, Fleischer pp. Schlachthäuser, Restaurants) wird erweitert.

II. Trinkwasserversorgung

1. Tripolitanien

a) Tripolis Stadt

Von den Grundwasservorkommen in und um Tripolis wurde zunächst nur der obere Grundwasserhorizont (6—10 m) ausgenutzt. Er war durch Hausbrunnen und in der Oase auch für Bewässerung durch Dalus (Brunnengerüst mit Ziegenhautschlauch) erschlossen. Das Wasser reichte völlig aus. Anders wurde es, als die Italiener die neue Stadt bauten und in der Umgebung die Dalus z. T. durch Pumpen ersetzt wurden. Um für die Stadtversorgung genügend Wasser zu erhalten, zog man schon den Bau eines Wasseraufbereitungswerkes in Erwägung, aber nach längeren Bohrversuchen fanden die Italiener ergiebige Wasservorräte bei Bu Meliana, die noch durch Erschließungen bei Hamadie ergänzt wurden. Von hier aus baute man ein Leitungsnetz in die neue Stadt. Heute sind die schadhaften und alten Rohre schon z. T. ausgewechselt und im Durchmesser verdoppelt worden; durch das Netz wird die ganze Stadt bis zur Porta Tadschura und Mellaha und im Westen bis in die Altstadt hinein versorgt, wo ein großer Hochbehälter über dem Kliff steht (seit 1962). Bei der Porta Ain Zara ist ein kleines Wasserwerk entstanden, das Wasserwerk von Bu Meliana ist durch zwei moderne Pumpanlagen bedeutend vergrößert und modernisiert worden (1964/65).

Nur kleinere Stadtteile stehen noch außerhalb der allgemeinen Versorgung. Da wäre das Neubaugebiet von Giorgimpopuli an der Küste westlich der Stadt zu nennen, das vorläufig (1964) noch von einigen privaten Gesellschaften sein Wasser erhält, später sollen diese aufgekauft und dem allgemeinen Versorgungsnetz angeschlossen werden. Ein größeres Sorgenkind für die Stadtverwaltung ist das Gebiet südlich der Altstadt, das in kleine Parzellen aufgeteilt ist und in dem wild gebaut wurde. Viele ärmere Besitzer können den Anschluß an das Netz jedoch nicht bezahlen, sie beziehen ihr Wasser noch aus Brunnen (5—6 m) in ihrem Hofe. Es fehlt dann gewöhnlich auch der Anschluß an das Abwassernetz. Aus ihrer bzw. der nahen Senkgrube des Nachbars dringen keimhaltige Abwässer in Grundwasser und Brunnen.

Der starke Wasserverbrauch durch Irrigation aus dem Grundwasser im Hinterlande (1960: 103 Mill. cbm/Jahr) droht, die geregelte Wasserversorgung der Stadt zu gefährden. Ein Mehrverbrauch ist im Laufe der Jahre zu erwarten und damit ein stärkeres Abpumpen, das leicht Einbrüche von Salzwasser von See her nach sich ziehen kann. In Suk el Dschuma ist das Wasser schon brackig geworden.

Die Amerikaner versorgen ihren benachbarten Flugstützpunkt Wheelus Field auch durch Brunnen, die der obere Grundwasserhorizont speist. Das Wasser läßt sich aber hier nur noch in beschränktem Maße abpumpen, da die Tonschicht zwischen den beiden quartären Horizonten ungleichmäßig dick ist und verschiedentlich zerbrach. Damit drang auch Salzwasser nach. Durch Einführen von Zement wurde das Loch verstopft, die danach abgepumpte Wassermenge mußte aber stark reduziert werden. Ein kleines Werk zur Entsalzung von Seewasser wurde von den Amerikanern zusätzlich erbaut.

b) Übriges Tripolitanien

Die kleineren Städte Tripolitaniens werden, soweit sie noch kein Wasserrohrnetz haben, allmählich ebenfalls mit Leitungen versehen. Jeweils gleichzeitig sollen auch die Rohre für die Abwässer verlegt werden. Das bedeutet für die Klosetts der Häuser Übergang zur Wasserspülung. Sitzklosetts sind vielfach stark verschmutzt, so daß m. E. Hockklosetts mit Spülung aus hygienischen Gründen vorzuziehen wären.

Die Wasserversorgung ist bei den *Küstenorten* z. T. recht schwierig, weil die nahe der Küste gelegenen Brunnen nicht überbeansprucht werden dürfen. Zawia erhält z. B. gutes Wasser aus der unmittelbaren Umgebung, leider macht sich infolge Überbeanspruchung durch Irrigation im Süden schon ein langsames Sinken des Wassers bemerkbar (s. Bir Ghnem Projekt). *Zuara* zwischen Sebkas und zeitweisen Salzseen leidet an Wassermangel. Die Italiener hatten in dem Dünengebiet in der Umgebung des Ortes Gallerien vorgetrieben, die das Wasser sammelten und in Zisternen leiteten, die mit den Brunnen etwa 100 cbm/Tag lieferten. Bei Agelat wurde aus über 500 m kräftig fließendes artesisches, allerdings salzhaltiges, aber für Irrigation brauchbares Wasser erbohrt, und zur Zeit legt man Rohrleitungen nach Süden in das Gebiet jenseits der Sebken, wo man bei Menscha, el Gamil und Regdalin Wasser brauchbarer Qualität fand.

Gutes Wasser aus geringer Tiefe geben die Brunnen in Homs, in Zliten aus 6—8 m nur salzhaltiges Wasser, das für die Bewässerung der Palmen genügt, für menschlichen Genuß aber unbrauchbar ist. In der Umgebung des Ortes sind schon einige Farmen wegen zu starker Versalzung der Brunnen verlassen worden. Tiefbohrungen ergaben nicht besseres Wasser. Heute beliefert den Ort das Wadi Caam mit Trinkwasser. Zliten erhielt wie auch Misurata ein kleines Werk für Salzwasseraufbereitung aus dem Meer. Diese Werke sind bei der Bevölkerung nicht sehr beliebt, weil der Genuß dieses Wassers angeblich nur Mädchen und keine Söhne zur Welt bringen läßt. Im übrigen wird Misurata aus einigen Wadis des Hinterlandes, die vom Südosthang des Dschebels kommen und in denen man brauchbares Wasser fand, versorgt, ebenso wie die Siedlungskolonien Tamina (Crispi) und Kararim (Gioda), bei denen außerdem an einigen Stellen brauchbares artesisches Wasser für Irrigationszwecke erbohrt wurde. Die Bewässerung mußte bei Misurata marina wegen Salzwassereinbrüchen in die Brunnen infolge des Einsatzes von Pumpen zunächst gestoppt werden. Wenig Süßwasser liefert auch die Umgebung von Syrte (z. T. aus Dünen), das aber knapp für Mensch und Vieh reicht.

Die *Orte des tripolitanischen Dschebels* erfreuen sich im allgemeinen guten Wassers, das im feuchteren Osten z. T. in Quellen zutage tritt. Tarhuna verfügt z. B. in der Stadt über einen älteren (italienischen) Brunnen, der aus 42 m 150 cbm/Std. liefert, und nahe dem Ursprung des Wadi Ramla tritt eine Quelle mit fließendem Wasser aus, das zeitweise 5 km NNE von Tarhuna als 4 m hoher Wasserfall über eine Stufe stürzt.

Schwieriger ist die Wasserversorgung von Garian. Einige kleine Quellen, besonders die Ain Turk (100 cbm/

Tag) und Ain Tobi (15 cbm/Tag) füllen Reservoire für das städtische Leitungsnetz. Bohrungen in der Umgebung blieben ohne wesentliche Erfolge. Im Wadi Gan fand man kürzlich reichlich Wasser, das man 200 m aufwärts zur Stadt pumpen will. Jefren wird mit Wasser aus den Rumiaquellen südlich des Ortes versorgt, das in Hochbehälter gepumpt wird, und ähnlich ist es in Dschado und Nalut, wo in den nach Norden zur Dschefara ziehenden Tälern der Grundwasserspiegel an die Oberfläche tritt. Von hier wird das Wasser zu den Orten in die Höhe gepumpt. Aus teilweise großen Zisternen und Brunnen mit Schmutzfängern, die Regenwasser und spärliches Quellenwasser speichern, wird die Bevölkerung und das Vieh in Zintan, Cabao und Tegrinna und Umgebung versorgt. Für Irrigation reicht das Wasser nicht aus.

2. Cyrenaica

Infolge des Kalkreichtums der Cyrenaica ist es nur stellenweise und nur in größerer Tiefe, wo Mergel und Tone auftraten, zur Ausbildung eines ausgedehnteren Grundwasserspiegels mit brauchbarem Wasser gekommen. In den mitteltertiären Kalken und Kreidekalken hat sich ein Karstwassersystem entwickelt. Das erschwerte schon im Altertum die Wasserversorgung einer seßhaften Bevölkerung, Städte entstanden nur dort, wo Karstquellen in erreichbarer Nähe zu Tage traten, wie bei Cyrene (Apolloquelle = Ain Schahat), bei Apollonia, Dernà, Tolmeta-Ptolemaide (8 km Leitung zu einer großen Zisterne von 6500 cbm Fassungsvermögen) oder trinkbares Grundwasser erreichbar war, wie bei Berenice-Benghasi, Tokra und Barce-Merj. Die ländliche Bevölkerung des Dschebels Achdar konnte infolge der günstigen Niederschlagsverhältnisse Wasser in Zisternen speichern.

In den letzten Jahren wurde systematisch nach Wasser gesucht und eine ganze Reihe von Testbohrungen niedergebracht, da sich infolge der wachsenden Bevölkerung besonders in den Städten und größeren Orten immer wieder Schwierigkeiten ergaben. *Benghasi*, das sich zu einer volkreichen Stadt entwickelte (136 641 Einwohner), litt am meisten unter Wassermangel. Für die Altstadt genügten Ziehbrunnen aus 15—20 m, die nicht allzu viel und meist leicht brackiges Wasser lieferten. Brunnen, welche die Italiener dann mit Kraftpumpen betrieben, gaben bald ein Wasser minderer Qualität, da Salzwasser nachdrückte. Wegen des Salzgehaltes wurden Brunnen und Rohrleitungen aus der italienischen Zeit bald unbrauchbar. Noch vor wenigen Jahren fuhren Wasserwagen, ein Faß auf 2 Rädern mit Zapfhahn, durch die Stadt, die gutes Trinkwasser verkauften. Testbrunnen bis 1000 m nahe Benghasi ergaben kaum Wasser. Erst in der Nähe von Benina (im Osten) fand man mehrere Brunnen (75 m tief) guter Qualität, welche heute die Stadt versorgen. Bei einigen Bohrungen zwischen Benina und dem Meere besteht die große Gefahr des Salzwassereinbruchs. In Guarscha, im Süden der Stadt, früher ein gutes Gartenbaugebiet, liegen jetzt viele Brunnen dauernd oder doch zeitweise trocken. Bohrungen ergaben nur wenig oder salzhaltiges Wasser. Dagegen wurde im Osten von Benina bei Er Regima in 300 m Tiefe reichlich gutes Wasser gefunden. Im Norden der Stadt ist das Wasser der Zeianaquelle, die am Rande eines Strandsees zutage tritt, leider leicht brakkig, auch das Wasser der kleinen Quellen von Coefia und Tokra ist von mäßiger Qualität, so daß es für eine Versorgung der Stadt nicht in Frage käme. Man glaubt, daß ein unterirdischer Karstfluß vom Gebirge her diesen Quellen und einer Reihe von kleinen Einsturzdolinen Wasser zuführt. Man dachte schon an eine Ergänzung des Wassers der Stadt aus der Debussiaquelle im Osten des Dschebels (nahe Derna), hat das Projekt wegen des Wasserfundes bei Er Regima vorläufig aber zurückgestellt.

Reicher an Wasser ist der Nordost- und Ostrand des *Dschebels Achdar*. Hier treten in einigen der tief in die erste, teils auch zweite Stufe eingerissenen Wadis Karstquellen zutage. Von diesen sind einige mit reichlicher Wasserführung neuerdings erschlossen worden. Besonders ist da die Debussiaquelle im gleichnamigen Wadi zu nennen, das in das Wadi Latrun mündet. Durch den jetzt gefaßten und für die Wasserentnahme hergerichteten Quellenaustritt kann man 7 km in den Berg bis zu einem kleinen See gelangen. Durch oberirdische Rohrleitungen einer britischen Firma wird das Wasser zunächst bis el Beida geleitet. Die Zufuhr, die bis Barce gedacht war, genügt nicht mehr den Anforderungen, da man nachträglich sämtliche Dörfer in der Nähe der Leitung angeschlossen hat und diese zusätzlich mit Wasser versorgt. So wurde Mannesmann beauftragt, eine zweite Leitung über Beida und Messa bis Barce zu bauen. Längs der nördlichen Straße nach Derna sind unter Benutzung eines z. T. schon von den Italienern ausgehobenen Grabens große Strecken Rohre verlegt worden. Die Italiener beabsichtigten, Wasser aus der Schahatquelle bis Barce zu leiten. Da sie zu wenig Wasser liefert, eignet sie sich jedoch nicht für eine Fernleitung. Der Debussiaquelle sollen täglich 6 Mill. Gallonen (= 27 Mill. Liter) durch Abpumpen für den Westen entnommen werden. 9 Mill. Liter = 2 Mill. Gallonen sind für Beida, 9 Mill. für Barce und 9 Mill. für die anliegenden Dörfer bis zu 20 km von der Leitung bestimmt. Madalena und Oberdan sollen für Bewässerungszwecke Wasser erhalten und in Fasura (Baracca) z. B. jedes Einzelgehöft versorgt werden. Man befürchtet aber, daß die kleineren Quellen im unteren Wadi Latrun und die Kaskaden (50 m) in der Bucht von Hilal ihr Wasser verlieren werden (Abb. 22).

Beida wurde bisher aus einigen kleinen Quellen der Umgebung versorgt, auch Barce erhielt nur Wasser aus einigen Brunnen (187 m) und Zisternen, das gerade für den Hausgebrauch und das Vieh reichte. Seit man die alte Quelle für Tolmeta wiederentdeckte, erübrigt es sich, von Barce Wasser dorthin zu leiten.

Das Wasser der Ain Mara (6 Quellen), 15 km östlich von Gubba, sollte zu den umliegenden Dörfern und Gehöften geleitet werden, wogegen die Nomaden, denen die Quellen gehörten, Einspruch erhoben. So wird vorläufig das Wasser nur für die Bewässerung des Tales und zum Tränken des Viehs benutzt. Das überschüssige Wasser läuft ungenutzt ab. Die Quellfassungen durch die Italiener sind noch vorhanden, das große Pumpwerk ist dagegen zerstört. Man hofft, da genügend Wasser festgestellt ist, doch durch Verhandlungen mit den Nomadenstämmen zu einer besseren Ausnutzung des Wassers kommen zu können.

Aus dem Wadi Derna wird die Stadt *Derna* von der Quelle Bu Mansur (22 634 cbm/Tag) versorgt. Eine etwa 12 km lange Rohrleitung führt Trinkwasser zur Stadt. Der Überschuß stürzt über den Derna-Wasserfall (20 m) ab, wird in Gräben gesammelt und dient der Bewässerung der Gärten der Stadt. Obgleich die Quelle reichlich Trinkwasser nach der Stadt liefert, wird es manchmal knapp, weil die Bewohner aus Bequemlichkeit auch Trinkwasser für Bewässerungszwecke benützen. 6 km unterhalb der Mansurquelle liegt die Ain el Bilad, von der aus eine oberirdische Rohrleitung (178 km) bis Tobruk geführt ist (Lieferung: 10 185 cbm/Tag).

In vereinzelten Wadis, z. B. bei Gubba, fand man gutes, wenn auch wenig Wasser. Auch Martuba verfügt über eine Quelle, und Tmimi erhält gutes bis leicht brakkiges Wasser durch Kaptation (Sammelgalerien) aus benachbarten Wadis, auch Testbohrungen in der Nähe des Ortes brachten gutes Wasser. Das Wadi Um er Rezzem verfügt über gutes Wasser aus oberflächlich gelegenen Brunnen. Nomaden verwenden es z. T. zur Bewässerung ihrer Felder. Slonta am Südhang hat in der Nachbarschaft eine kleine Quelle, Mechili einige Brunnen und Zisternen. Auf dem ganzen Dschebel versucht man, die alten verschütteten Zisternen wieder zu beleben. Für 2 lib. £ werden sie auch von den Bauern wieder gereinigt und dienen als zusätzliche Wasserspender.

Tobruk erhielt sein Hauswasser aus Sammelgalerien zweier westlich gelegener Wadis und von Wasserhändlern, bevor die Pipeline für Wasser Tobruk erreichte (im Jahre 1962). Für die britische Garnison brachten Tankschiffe von Bardia sogar von Cypern das Trinkwasser. Testbohrungen zwischen Tobruk und el Adem zeigten die Nutzlosigkeit jeglicher weiterer Bohrungen. Da die Stadt wächst und am Ende einer Ölleitung Ölhafen (Brit. Petrol) werden soll, muß noch eine Anlage zur Destillation des Meerwassers gebaut werden. Weiter nach Osten gibt es erst bei Bardia und gegen die ägyptische Grenze hin bescheidene Brunnen mit brauchbarem Wasser.

Südlich des Dschebels Achdar werden die Wasserverhältnisse im allgemeinen schlechter. Adschedabia, dessen Brunnen nicht besonders gutes Wasser liefern, erhält für seine Leitung Wasser aus der Nähe von Zuetina (Küste) und Sidi Sultan. Für den Ölhafen Marsa el Brega, der in schneller Entwicklung begriffen ist, wurde eine Wasseraufbereitungsanlage für Meerwasser angelegt. Marada hat etwas artesisches Wasser, die verstreuten Brunnen sind alle salzhaltig, nur einige zur Not trinkbar, und ähnlich ist es bei den Dschalo-Oasen, die wohl viel Wasser besitzen, das z. T. aber für Irrigation nur benutzt werden kann, weil der Boden sandig ist. Der Brunnen Buttafal hat das beste Wasser des Oasenkomplexes. Es wird aus 1 m Tiefe gewonnen und zum Verkauf nach El Ergh (Dschalo) gebracht.

3. Fezzan

Der ganze Fezzan hat eigentlich bis auf wenige Stellen genügend brauchbares Wasser, das für die Versorgung der Bevölkerung und für Bewässerung der Gärten ausreicht. Testbohrungen zeigten, daß aus devonischen Schichten noch reichlich artesisches Wasser zu gewinnen ist.

Die Neustadt in *Sebha,* Dar el Bei, hat als erste eine Wasserversorgung erhalten. In das Leitungsnetz sind die Altstadt el Gedid und der kleine Oasenort Gorda sowie Hadschara mit Fort Elena (Leclerc) nebst Siedlung und Flugplatz einbezogen. Das Wasser liegt nahe der Oberfläche (bis 12 m), tritt nördlich el Gedid auch in schwach fließenden Quellen zutage.

Testbohrungen ergaben zusätzliches Wasser aus dem nubischen Sandstein. Manchmal ist das Wasser etwas salzig, es reicht aber für die Versorgung der Bevölkerung und für Irrigationszwecke. Dabei tritt vielfach eine Versalzung der Gärten auf, wohl weil der Abfluß nicht genügend stark ist. Ähnlich sind die Wasserverhältnisse im ganzen Buanis. Sie reichen noch für eine Bewässerung mit Dalus und z. T. auch mit kleinen Pumpen aus.

Von den großen Wadis ist das 150 km lange *Wadi Schati* wohl am günstigsten gestellt. Zahlreiche artesische Brunnen gibt es längs des Nordrandes, alle führen eine relativ gute Wasserqualität, und die Italiener waren vorsichtig mit der Erschließung neuer Brunnen. Nach der Besetzung begannen die Franzosen, die L.A.J.S. und Private besonders bei Brak neue Brunnen zu bohren mit dem Resultat, daß viel Wasser ungenutzt abfloß, den Boden versalzte und Wasser von unten in die Mauern der Häuser des Dorfes drang. Höher gelegene Brunnen, die bisher kleine Oasen bewässerten, hörten teilweise auf zu fließen. Man hatte wohl die Absicht, große Strecken bisher ungenutzten Geländes zu erschließen. Es war im Jahre 1962 erschreckend, die weißen Salzflächen und die versumpften und versalzten Unterläufe der Wadis zu sehen. Bis auf 9 Brunnen, die weiter Wasser liefern sollen, hat die Regierung die Brunnen heute (1964) unter Kontrolle genommen, vielleicht gelingt die Entsalzung durch die Anlage von bewässerten Reisfeldern durch Experten. Einige Erfolge sollen schon erzielt sein (Abb. 7).

Das *Wadi Adschal* hat genügend Wasser aus Brunnen, früher wurden die Oasen durch die Anlage von Foggaras bewässert. Bei Testbohrungen bis 350 m durchstießen die Franzosen mehrere Wasserträger. In der *Hofra* liegt gutes Wasser genügend hoch, bei Traghen fließen drei kleine Quellen (kl. Seen), auch das Wadi Hekma (Gatrun) leidet nicht an Wassermangel (Brunnen).

In der *Dschofra,* einem Becken mit Verwerfungen im Norden des Dschebel es Soda, erbohrten die Italiener bei Hon aus 446 m ein warmes, mineralhaltiges Wasser, das für Irrigationszwecke brauchbar ist. Derselbe Horizont ist in Waddan gefunden, nur tiefer und salzhaltiger. Bei Ain el Hamman nördlich Socna wurde ein Brunnen mit erträglich salzhaltigem Wasser erschlossen (400 m tief) und vor kurzem (1964) einer mit gutem, reichlichem, süßem Wasser etwa 2 km südlich von Socna (200 m tief). Dieses soll den Ort Socna versorgen und nach Hon geleitet werden. Findet man bei Waddan kein gutes Wasser, soll die Leitung bis dorthin verlängert werden. Das bisher aus dem oberflächlich liegenden Horizont gewonnene Wasser ist nur von geringerer Qualität und wenig reichlich. Am Bir Waschka, 40 km von Socna im Dschebel es Soda, lag wohl auf derselben Verwerfung schon immer ein einsamer Brunnen mit Süßwasser (1933). Jetzt ist hier ein Palmenhain mit Gärten entstanden. Zella, weiter östlich, verfügt über wenige Quellen und Brunnen mit gutem Wasser und angeblich auch über einige Foggaras für Bewässerungszwecke.

III. Abwässer- und Abfallstoffbeseitigung

1. Tripolitanien

a) Tripolis Stadt

Mit der Befestigung und Asphaltierung der Straßen führten die Italiener auch eine Säuberung und Abfuhr des anfallenden Mülls ein. Heute gehen zweimal täglich Reiniger mit fahrbaren Mülltonnen durch die Straßen, die Abfälle zusammenkehren und zu Sammelplätzen bringen. Außerhalb der Stadt wird er verbrannt oder zum Aufschütten von Gelände verwertet. Zur Zeit (1964/65) wird vor dem Kliff der Altstadt ein Teil der Lagune hinter den Klippen aufgehöht.

Ihre Abwasserrohre leiteten die Italiener in den neuen Hafen und ins Meer westlich des Hafens. Zum Teil sind sie veraltet, auch durch Bombeneinschläge beschädigt worden, so daß Abwässer in das Grundwasser sickern konnten und es vermutlich an noch nicht gefundenen undichten Stellen auch noch verunreinigen können. Teilweise Verlagerungen und Neuverlegungen erfolgten zwischen Altstadt und Hafen 1964. Werden nach oberflächlicher Säuberung die Schieber geöffnet, kann man Ansammlungen von Möwen und Fischen beobachten, welche das weitere Reinigungswerk übernehmen. Leider werden westlich des Hafens Schwebstoffe durch die Strömung nach den städtischen Bädern geleitet, wo außerdem aus lokalen Aborten überfließende Jauche ins Meer läuft und das Wasser verschmutzt. Der vorgesehene Ausbau der Bäder wird diese Mißstände wahrscheinlich beseitigen. Für die Abwasserentfernung besteht ein Plan, das bisherige Netz umzukehren und auf Rieselfelder bei Castel verde zu leiten, die dann für Gemüseanbau verwertet werden sollen. Die Sand- und Dünengebiete im Süden der Stadt sind hierfür gut geeignet. Bassins zum Reinigen des Wassers und Pumpenanlagen sind im Bau. Es sollen auch die Gruben, durch die das Grundwasser gefährdet ist, sowie die Septiktanks, an die, wie in Giorgimpopuli, jeweils mehrere Häuser angeschlossen sind und die zeitweise gereinigt werden müssen, verschwinden.

b) Übriges Tripolitanien

Die Abwässer in Dörfern und größeren Orten, die bisher noch keine zentralen Rohrsysteme haben, werden für einzelne Häuser oder auch Häusergruppen in zementierten Gruben oder auch in mehreren runden, nebeneinander liegenden Gruben (Khazan Tahlil) aufgefangen, deren Wände aus Trockenmauern bestehen. Das Wasser versickert langsam im Boden, der Rückstand wird entweder von Zeit zu Zeit abgefahren und die Grube gereinigt oder die Trockenmauergruben bleiben liegen, wenn sie gefüllt sind. Anschließend an sie werden neue gebaut. Moderne Septiktanks haben zunächst im allgemeinen nur öffentliche Gebäude und Polizei.

Einzeln stehende Bauernhäuser, auch Häuser in Oasen, haben eine Latrine meist in einem Verschlag hinter dem Hause. Die Gruben sind offen, grabenartig, ab und zu werden die Fäces mit Erde überschüttet. Über ihnen liegt ein Brett, auf das man treten kann, oder es befindet sich in einer Ecke ein Loch im Boden. Auch diese Gruben bleiben, wenn sie gefüllt sind, liegen. Nach 4—6 Jahren wird der verhärtete Dung herausgenommen und auf Feldern verwertet. Die Jauche fließt in unebenem Gelände vielfach aus dem Hause über den Hof zur Straße und verliert sich im Boden.

Die Höhlenwohnungen bei Garian-Tigrinna u. a. haben ihre Latrine in einem schmalen, vom Hofe zugänglichen Raum. Bei Zintan fiel auf, daß anscheinend nicht alle Häuser und Höhlenwohnungen Latrinen besaßen, dafür verlassene, eingestürzte Höhlenwohnungen und deren grabenartige Zugänge sowie auch freies Gelände als solche benutzt wurden.

2. Cyrenaica

Die Müllabfuhr in den Städten ist ähnlich wie in Tripolis. In Benghasi schüttet man im Norden der Stadt Teile des Mülls über eine Rampe ins Meer, über die auch Fässer mit Fäces geschüttet werden. Ähnlich ist es in anderen Orten, z. B. Tobruk, wo Müll und Abfälle über das 10 m hohe Kliff im Norden geworfen werden. Die Abwässer werden nach Passieren von Faulgruben z. T. auch in Benghasi noch ins Meer und in den Hafen geleitet. Da man Teile der Sebken di Punta und Giuliana zuschüttet, wird hierzu auch Abfallmaterial verwertet. Das ganze Abwassersystem soll auch in der Stadt Benghasi zusammengefaßt und auf Rieselfelder bei Guarscha geleitet werden. Ausgedehnte Ländereien stehen hier zur Verfügung, von denen die Stadt mit Gemüse versorgt werden soll.

In Beida behilft man sich z. Z. noch mit Septiktanks für mehrere Häuser, welche die Stadt entleeren läßt. Ein Rohrsystem ist vorgesehen, durch das die Abwässer gereinigt dem Wadi el Caf als Vorfluter zugeführt werden sollen. Auch für Derna ist eine moderne Kanalisation in Aussicht genommen, vorläufig läßt man die Jauche aus abgepumpten Gruben ins Meer fließen. Um die Häuser und Hütten der armen Bevölkerung, die auf den Höhen über dem Stadtteil el Bilad wohnt, kümmert man sich wenig. Die Hütten sind vielfach wild, ohne Wasser, Elektrizität und Kanalisation auf Regierungsland gebaut. Die Jauche läuft aus den Behausungen in die Gassen, dann abwärts frei über Kalkhänge in die Irrigationskanäle, stellenweise neben oberflächlich liegenden Wasserrohren. Der Wurmbefall der Bevölkerung ist daher groß. Wie in Derna ist auch in Tobruk eine Kanalisation im Aufbau.

In den Dörfern hat meist jedes Haus seine Grube in einem Verschlag, die Nomaden bevorzugen im allgemeinen das freie Gelände. In den übrigen Oasen ist die Abwasserfrage noch nicht geregelt. Die besseren Häuser besitzen einen abgeschlossenen Abort über einer Jauchegrube, die geleert werden kann, neben den Hütten und Seriben liegen durch Palmwedelzäune abgeschlossene Gruben. Kleinkinder benutzen auch den Sandboden der Hütten, von dem dann die Exkremente entfernt werden. In Zella standen neben der Schule des neuen Dorfes z. B. eine Reihe Aborte, die allerdings nach der Rückseite frei entleerten, so daß Jauche und Fäces den benachbarten Hang hinabliefen. Die Schulkinder wurden aber an die Benutzung von Aborten gewöhnt. Vielfach werden in den Oasen außer Gruben noch verfallene Häuser, Gräben und freies Gelände benützt.

3. Fezzan

Im Fezzan ist nur für Sebha eine moderne Abwässeranlage vorgesehen. Pumpen sollen das Wasser bis in eine Kläranlage 5 km nördlich des Ortes befördern, wo die Kloakenwasser gereinigt und das Wasser zur Irrigation, der abgesetzte Schlamm zu Düngezwecken verwertet werden sollen. Bisher sind Septiktanks vorhanden, die gereinigt werden müssen. Sie entsprechen teilweise nicht ganz ihrem Zweck, denn beim Hotel z. B. hatte sich im Jahre 1962 ein Sumpf gebildet, in dem Jauche und sonstige Abwässer standen. Sonst liegen die Verhältnisse wie schon beschrieben. Das freie Gelände wird viel benutzt. Infolge der Sonne und des verminderten Feuchtigkeitsgehalts der Luft geht aber die Vernichtung der Fäces schnell vor sich, so daß sie kaum der Weiterentwicklung von Insekteneiern oder sonstigen Keimen dienen können.

D. Krankheitsvorkommen beim Menschen

I. Das Auftreten der quarantänepflichtigen Krankheiten in Libyen

1. Pest

Die *Küstenstädte Libyens* wurden noch im vorigen Jahrhundert von Pest befallen. Meist wurde sie von Ägypten eingeschleppt, wo ein endemischer Herd im Niltal lag, von dem sich die Pest epidemisch ausbreitete. Die Pest war also in Libyen nicht endemisch. Am schlimmsten wurde vor 150 Jahren Derna heimgesucht, dessen Bevölkerung 1816 von 5000 auf 500 Einwohner infolge einer urbanen Pest zusammenschmolz, d. h. die Seuche wurde vornehmlich von dem Rattenfloh auf den Menschen übertragen.

Von 1863—1912 scheint Libyen pestfrei gewesen zu sein. Trotz enger Verbindungen zu Alexandria wurde in dieser Zeit keine Pest eingeschleppt. Nach der Besetzung des Landes beobachteten die Italiener die ersten Fälle in Tripolis 1913 (bis zu 81 Erkrankungen), zu denen 1915 noch 12, 1918 noch 18 Fälle kamen. Nach kurzem Erlöschen flackerte die Seuche 1917/18 wieder auf. Im Jahre 1919 waren es wieder 33 Erkrankungen, die festgestellt wurden, 1920: 20, 1921: 43 Fälle. Infolge der Ratten- und Nagetierbekämpfung sowie durch Überwachung des Hafens und von Bäckereien und Getreidemühlen blieb die Stadt von der Seuche im allgemeinen weiterhin verschont.

Im *tripolitanischen Hinterlande* traten in einzelnen Jahren wieder sporadisch Erkrankungen auf, hier im allgemeinen die sogenannte rurale Form ohne Mitwirkung der Ratten, nur einzelner Steppen-Nager, deren Flöhe den Menschen infizierten.

Es erkrankten:

1924 in Zanzur	18	1933 in Zanzur	8
1925 in Tripolis	1	in Haschan	3
1930 in Zuara	2	in Tarhuna	2
in Agelat	8	1934 in Suk el Dschuma	2
1931 in Agelat	20		

Im Jahre 1940 gab es in El Ugila bei Suani ben Adem (südl. Tripolis) einige für Bubonenpest verdächtige Tote. Die Cabila wurde isoliert. Es traten noch 6 Fälle auf, dann war die Seuche erloschen. Sie war aus Algerien eingeschleppt worden.

In der *Cyrenaica* traten die ersten Pestfälle dieses Jahrhunderts 1913—1922 in einzelnen verstreuten Herden auf, 1913 in Benghasi, dann 1913/14 in Derna, worauf sie von der Küste nach dem Inneren übersprang, von Apollonia nach Cyrene und von Tolmeta nach Barce. Im Jahre 1917 erreichte sie ihren Höhepunkt in Benghasi mit 1449 Toten, 1918 mit 446, 1921 mit 54 und 1922 mit 6 Toten (Ragazzi). Danach traten infolge Bekämpfung durch die Italiener nur noch vereinzelte Fälle auf, kleine rurale Epidemien zwischen 1924 und 1929. Wenn auch die Pest in Libyen seit 1940 als erloschen gelten kann, so zeigt diese kurze seuchengeschichtliche Übersicht jedoch, daß dieses Land als ein für Pest anfälliges, potentiell gefährdetes Gebiet angesehen werden muß. Die geomedizinisch bedeutungsvolle Erkenntnis liegt in der Tatsache, daß die Nagetierwelt Libyens ein äußerst empfängliches Reservoir für Pest darstellt. Von Osten oder von Übersee kann es auf dem Seewege oder auf dem Landwege durch Karawanen aus Ägypten zu neuen Einschleppungen kommen.

2. Pocken

Pocken traten in Libyen zunächst überwiegend sporadisch auf, breiteten sich dann aber durch Verbesserung der Verkehrswege, Zunahme der Bevölkerung und ihre Zusammendrängung in größeren Orten stärker aus, so daß kleine Epidemien auftraten, z. B. in *Tripolis* 1921/22 und 1924/25 mit 60 bzw. 77 Fällen. Während des Zweiten Weltkrieges kam es zu einer schweren Epidemie von 1944 bis 1948 mit dem heftigsten Auftreten in 1946/47, die Hand in Hand mit einer ausgedehnten Epidemie in Ägypten ging. Durch systematische Impfungen wurde die Seuche gebrochen. Seitdem traten Erkrankungen nur noch vereinzelt auf, allerdings mit Todesfällen bei Kindern, in den letzten Jahren angeblich jährlich in Socna, Hon, Waddan.

In Tripolis lagen 1926—1948 die Fälle folgendermaßen:

1926	29 Fälle	1932	2 Fälle	1946	1450 Fälle
1927	8 Fälle	1943	6 Fälle	1947	2400 Fälle
1928	3 Fälle	1944	89 Fälle	1948	236 Fälle
1931	7 Fälle	1945	104 Fälle		

In den folgenden Jahren wurden keine Fälle mehr gemeldet.

3. Fleckfieber

Das *epidemische Fleckfieber,* dessen Erreger, die Rickettsia prowazeki, durch Kleiderläuse (auch durch rickettsienhaltigen Staub) übertragen wird, scheint in Libyen kaum noch aufzutreten, da die Bekämpfung der Kleiderläuse in den letzten Jahren mit DDT stark eingesetzt hat. Selbst in Schulen der Oasen konnte ich sehen, wie der Lehrer den Knaben DDT unter ihre Hemden stäubte, und aus eigener Erfahrung kann ich mitteilen, daß ich auf meinen beiden letzten Reisen in Libyen 1962/63 und 1964/65 trotz enger Berührung mit den Einheimischen keine Läuse bekam, die sich auf meinen früheren Reisen immer eingestellt hatten.

Das durch Nagerflöhe übertragene *endemische Fleckfieber* verläuft beim Menschen bedeutend milder als das klassische Fleckfieber. Der ähnliche Krankheitsverlauf von Grippe, Typhus, Paratyphus u. a. erschwert oft eine exakte Diagnose.

Ein weiteres, durch *Zecken übertragenes Fieber* soll nach ärztlichen Beobachtungen, die jedoch noch nicht gesichert sind, durch Zecken von Hund, Kamel und Esel auf den Menschen übertragen werden.

Vor der Besetzung Libyens durch die Italiener gab es schwere Fleckfieberepidemien. Von 1921 ab beschränkte es sich im westlichen Libyen auf geringe Vorkommen, in Tripolis-Stadt 8 Fälle, in den Außenbezirken 9 Fälle, auf wenige Vorkommen in Garian (1933) und Zliten (1935). Hier wurde die Seuche vermutlich von Tunesien eingeschleppt, denn das Heiligtum des Sidi Abdulsalam bildete eine Etappenstation der Pilger, die zu Fuß nach Mekka unterwegs waren (Muccio). Durch seuchenfreie Jahre wird auch die Widerstandsfähigkeit der Bevölkerung allmählich geringer.

Im Dezember 1937 traten wieder einige Fälle in Garian (7) auf (Modica), die sich in den nächsten Monaten in der Form ausdehnten, daß im Raume Zuara, Nalut, Garian, Zliten, Misurata zunächst nicht mehr als durchschnittlich 10 Fälle im Monat auftraten mit Maximum im Mai (18) und Rückgang im Sommer. In den Jahren 1938/39 begann die Seuche epidemische Formen mit 188 Fällen anzunehmen (Karte 14):

1939/40	4 Fälle		1944	91 Fälle
1941	116 Fälle		1945	52 Fälle
1942	650 Fälle	= 1200 Fälle	1946	95 Fälle
1943	558 Fälle	unter etwa 10 000 Menschen	1952	29 Fälle

Immer wieder zeigten sich sporadisch auftretende Fälle und kleine aufflackernde Herde, besonders wohl auch unter der nomadischen Bevölkerung, wie die Angaben von 1959/60 (21 bzw. 11 in Tripolitanien; 15 bzw. 40 in der Cyrenaica) vermuten lassen. Fliegende Bäder mit kostenloser Ausgabe von Seife und Desinfektion in den Herbstmonaten bewirkten einen weiteren Rückgang der Seuche, der 1961/63 die Erkrankungen auch im Fezzan bis auf wenige zurückgehen ließ.

4. Rückfallfieber

Als eine weitere alte Seuche in Libyen hat das Rückfallfieber auch heute noch eine Bedeutung. Das Rückfallfieber hat zwei typische Infektionswege, von denen der durch Läuse als europäischer Typ, der durch bestimmte Arten von Zecken übertragene Infektionsweg als afrikanischer Typ bezeichnet wird. Die Erreger, Borrelien verschiedener Species, werden mit dem Kot der Läuse ausgeschieden, kommen aber auch in deren Speicheldrüsen vor. Bei den Zecken findet die Übertragung durch den Stich oder durch das ausgeschiedene Coxalsekret statt. Beim Kratzen wird das Sekret in oberflächliche Hautverletzungen eingerieben.

Die das Rückfallfieber übertragenden Zecken gehören der Familie der Argasiden an, die im Gegensatz zu der anderen großen Zeckenfamilie der Ixodiden wie die Wanzen leben (beim Beschauen dorsal sieht man ihren Kopf nicht), sich in Ritzen von Holz und Lehmwänden verstecken und nur zum Blutsaugen ihre Schlupfwinkel verlassen. Sie halten sich auch in Höhlen von Mäusen und Ratten und kleineren Säugern auf. Als Überträger der Krankheit hat man an Arten festgestellt:

Argas persicus (Vorkommen von Martini bezweifelt) in Benghasi, Kufra, Marada, Tobruk und Tokra, Ornithodorus savignyi in Audschila, Kufra, Dschalo, Dscharabub und Marada, Ornithodorus franchini (zur Gruppe lahorensis) in Bardia, Kufra, Marsa Luch, Gadames, Tgutta, Edri und Brak, Ornithodorus moubata in der Cyrenaica und Tripolitanien.

Übertragen wird von den Zecken die Borrelia centralafricana durch O. savignyi und die Borrelia duttoni, die sich durch ihre Größe auszeichnet, vom O. moubata. Keine Bedeutung hat O. megnini.

In Libyen wurde von den Italienern eine kleine Epidemie von Rückfallfieber 1911/12 in Tripolis beobachtet, 1913 bei italienischen Soldaten 25 Fälle. Einige weitere Fälle traten in der Cyrenaica auf (Karte 14).

In den Jahren:

1915	in Barce (Merj) und Umgebung	48 Fälle
1925/26	in Porto Bardia undDscharabub	84 Fälle
1927	in Barce	einige Fälle
1929	in Gerdes Gerari	22 Fälle

1923 bis 1937 einzelne sporadische Fälle an mehreren anderen Orten

Es handelte sich hierbei im allgemeinen um Soldaten ohne Läusekontakte, die sich bei militärischen Übungen infizierten, darunter auch 18 eryträische Soldaten (1929). Unter den britischen und australischen Truppen traten während des letzten Krieges die meisten Fälle in Tobruk auf, einige auch in Benghasi bei Soldaten, die diesen Ort während der Inkubationszeit (7 Tage) nicht verlassen hatten oder sich nur wenige Tage dort aufhielten.

Bei Einheimischen tritt das Fieber abgeschwächt auf, bleibt fast unbeobachtet oder wird mit anderen Infektionskrankheiten verwechselt. Rückfallfieber und Typhus exanthemicus (Fleckfieber) sollen z. T. zusammen auftreten (Mischinfektionen) und der eine sich verändern und latent bleiben, wenn der andere auftritt (Medulla 1933).

Das jahreszeitliche Auftreten der Seuche liegt vornehmlich in den Monaten Mai bis Dezember, das Maximum im August und Dezember. Die Übertragung der Borrelien erfolgt durch Kleiderläuse praktisch alle Monate, durch Zecken von April bis Dezember mit Maximum im Mai und Juni.

Wo die Zecken an Menschen, aber auch Haustieren, Ratten und Mäusen infiziertes Blut saugen, gibt es leicht Herde von Rückfallfieber wie z. B. auf der ganzen Hochebene der Cyrenaica (Dschebel Achdar) bis Benghasi, von hier weiterverbreitet in der Syrte und nach Osten bis nach Dscharabub und Bardia. Nomaden verschleppen die Seuche und ebenso Karawanen längs der Handelswege, über die in Ballen und Kisten Zecken verfrachtet werden. Eine der größeren Ausbrüche dieser Seuche in Libyen trat in den Jahren 1942—44 im Fezzan auf. Im April 1942 erkrankten Gruppen der Meghara-Nomaden zwischen dem Dschebel es Soda und dem Fezzan, die während des Sommers Weideplätze im Wadi es Schati des Fezzan aufsuchen. Sie übernachten in Höhlen am Schati, wo sie vom O. franchini gebissen werden, der sich in jenen aufhält. Im Mai begann die Seuche in Sebha und Ubari, später in Murzuk und wurde dann nach Dersch-Gadames und Sinauen verschleppt, wo sie im August 1943 ihren Gipfel erreichte. Sie wanderte längs der Handelsstraßen nach Tunesien bis zur Küste und nach Algerien (Tuggurt) weiter. Im Fezzan fand man in Gorda (Oase bei Sebha, in der die Karawanen rasteten) im Sommer 1944 bei 750 Einwohnern 224 Erkrankte. Die Letalität betrug im Fezzan 8—10% der Erkrankten. Etwa die Hälfte der Bewohner des Fezzan soll 1942/44 von der Seuche befallen gewesen sein. Im Jahre 1947 gab es wieder einige 100 Fälle. In den Oasen des Fezzan kann man an den Palmbüschen zahlreiche Zecken beobachten. Oft rastete ich mittags im Schatten der Palmen. Schon nach wenigen Minuten kamen zahlreiche Zecken auf uns losmarschiert. Höchstens 2 bis 3mal bin ich im Verlaufe meiner Reisen gebissen worden, nicht viel häufiger meine libyschen Begleiter. Zecken scheinen die Kamele zu bevorzugen, an denen nach jeder Rast mehrere Zecken hingen und sich vollsaugten.

Es wird aber immer noch Gruppen von Nomaden in den Bergen der Cyrenaica geben, die periodisch unter kleinen Epidemien zu leiden haben. Auch in Tripolis wird es noch kleinere Herde wegen der Auswanderer aus den Oasen des Fezzan in die Elendsbaracken im äußeren Stadtrand geben. Hier wurden im Jahre 1964 noch etwa 15 Fällen behandelt.

5. Cholera

Wie oft und wann Cholera in Libyen aufgetreten ist, kann wohl kaum noch festgestellt werden. Im Jahre 1876 sollen Erkrankungen in der Altstadt von Tripolis und in einigen Zelten am Stadtrande aufgetreten sein. Zu einer Ausbreitung der Seuche ist es nicht gekommen. Von der letzten großen Cholera-Pandemie 1892 blieb Tripolis anscheinend verschont. Erst im Jahre 1910 trat sie epidemisch in Tripolis und Umgebung auf und verursachte in 3 Monaten 309 Erkankungen mit 200 Toten. Im Jahre 1911 wurden 1048 Cholerafälle mit 332 Toten registriert. Seitdem ist die Seuche in Libyen erloschen, besonders da auch die hygienischen Verhältnisse durch die Italiener grundlegend verbessert wurden. Im Inlande, besonders dem Fezzan, findet der Choleravibrio ungünstige Bedingungen vor, da er sich in diesen Gebieten der größeren Trockenheit wegen schlecht halten kann.

II. Endemisch vorkommende Infektionskrankheiten

a) Durch Insekten übertragene Infektionskrankheiten

1. Malaria

Die Malaria ist in ganz Libyen vorhanden, zeigte aber bis zum Ausrottungsprogramm der WHO (ab 1959) keine allzu hohen Erkrankungsziffern und trat unter den Einheimischen nicht besonders schwer auf. Im 17. Jahrhundert schätzte man, daß 9,5 pro mille der Bewohner befallen waren, das wären etwa 6000 bis 6500 Menschen gewesen. Nach Berechnung der WHO war 1958 nur 0,019% des nationalen Gebietes als verseucht und nur 2,58% der Totalbevölkerung als bedroht anzusehen. War 1/3 der Bedrohten von der Seuche befallen, so würde das im Verhältnis zur Bevölkerung des 17. Jahrhunderts etwa dem damaligen Befall entsprechen, so daß also keine wesentliche Verschiebung in der Verhältniszahl der Erkrankten zu den Gesunden stattgefunden hätte. Der Beschreibung wird die Verseuchung von den 1920er Jahren an zugrunde gelegt.

Die Malariaplasmodien werden durch bestimmte Mückenarten aus der Gruppe der Anopheliden übertragen. Die Parasiten machen in der Stechmücke einen geschlechtlichen Entwicklungsgang durch und einen zweiten endogenen im Blute des Menschen nach dem Stich durch die infizierte Mücke. Bei letzterem entstehen die Gameten, durch deren Aufnahme beim Stechen des kranken Menschen die Mücken sich von neuem infizieren. Nur die Weibchen der Mücke saugen Blut. Man unterscheidet drei Arten von Plasmodien, die als Parasiten die Malaria quartana (Plasmodium malariae), die Malaria tertiana (Pl. vivax) und die Malaria tropica (Pl. falsiparum) übertragen. Letztere ist in Libyen nicht vorhanden.

In *Tripolitanien* kommen heute nach der Bekämpfung der Malaria durch die Italiener und die WHO frische Erkrankungen kaum noch vor. Anders lagen die Verhältnisse noch vor 1935 (s. Karte 15). Es gab verschiedene Gebiete, die für die Entwicklung der Anopheles besonders günstig waren, und in deren Umgebung zahlreiche Menschen wohnten. In der Umgebung von Tripolis lagen zwei Malariaherde, welche die Italiener bald nach der Besetzung sanierten. Ain Zara im Süden vor der Stadt war ein Gebiet mit Sümpfen zwischen den Dünen, das von Grundwasser gespeist wurde und dem bei Hochwasser auch das Wadi Megenin im Herbst und Winter Wasser zuführte. Hier endeten die Karawanenstraßen aus dem Süden und Fezzan und hier sammelten sich die Karawanen für den Rückmarsch. Malariainfizierte Menschen waren hier ständig zu finden. Ein günstigeres Gebiet für die Verbreitung einer Seuche war kaum zu finden. Heute wird das sanierte Gebiet vom Verkehr kaum noch berührt, der Karawanenhandel ist erloschen. Ebenso gelang es, den Herd bei Tadschura im Osten der dicht besiedelten Tripolis-Oase auszurotten. Durch Trockenlegung der dortigen Sümpfe und Ableitung des Wassers wurden die Mücken vernichtet oder stark reduziert, die Bevölkerung wurde mit entsprechenden Medikamenten behandelt.

Westlich von Tripolis hatten sich in den längs der Küste gelegenen Oasen weitere kleine Malariaherde (Ciottola) gebildet. Auch die Anopheles multicolor und superpictus waren in dem landwirtschaftlich genutzten Bewässerungsgebiet vorhanden. In El Maia, Tuebia Zanzur, Mohammera (Haschan), Zawia, Sabrata, Agelat und Alalga treten immer wieder Infektionen auf, die manche Jahre einige 100 Fälle erreichten. Ähnlich war es östlich der Tripolis-Oase an der Mündung des Wadi Targut (A. turkhudi) im Wadi Maid (bei Gasr Garabulli), Wadi Ramla, Fonduk Nagazza, dem Wadi Homs und Wadi Caam. Außer den genannten wurde im Jahre 1943 noch die Anopheles maculipennis bei Tadschura und Homs festgestellt sowie A. algeriensis und A. constanti.

In Tauorga, einem dritten Herd mit seiner großen versumpften Sebka und in seiner Umgebung, war nach Ragazzi 1933 etwa 1/3 der Bewohner infiziert, trotzdem das Klima von Tauorga für die Entwicklung der Anopheliden nicht besonders günstig sein soll, weil es z. T. zu kalt, z. T. zu heiß und trocken ist. Unter 500 Mücken fanden sich, außer A. maculipennis, 12% A. mauritianus, als Plasmodium nur Pl. falciparum.

Von den Bewohnern sind etwa 6 Monate nur einige 1000 in der Oase, die übrigen kommen nur zur Dattelernte. Wegen der großen Menge von NaCl im Boden (3,42%) ist der Anbau anderer Pflanzen als der Dattelpalme nicht möglich. Die Häuser sind aus Palmstämmen, Erde und kaum aus Steinen gebaut. Sie sind lang, ohne Fenster, besitzen nur eine Tür und geben so ein gutes Rückzugsgebiet für die Mücken ab. Die kleinen Siedlungen liegen auf Inseln inmitten von Sümpfen, für die Bewässerung der Palmen sind Kanäle gebaut, deren stagnierendes Wasser gute Zuchtstätten für die Mückenlarven abgeben (Abb. 4).

Von der Bevölkerung von Tauorga sind 90% Neger gegenüber 20% in Tripolitanien. Die ganze Gegend war früher (Modica u. a. 1960) ein Gebiet mit hohem Malariabefall. In Tauorga litten 11% der Neger gegenüber 4,2—4,5% der Neger in Tripolitanien an der Seuche. Die Zahl der Malaria-Erkrankungen lag hier dreimal höher als im Rest des Landes. An Stelle der zurückgegangenen Malaria ist eine Anämie mit Sichelzellen getreten, die folgende Veränderung zwischen 1957 und 1960 zeigte (s. S. 60).

Alle Träger von Sichelzellen-Hämoglobin sind Neger. Sie zeigen einen Sichelzellenbefall von 11,2% in Tauorga und nur 4,5% im Rest Tripolitaniens. Entweder entsteht hier von neuem ein endemischer Malariaherd oder es ist nur die Konkurrenz zweier Faktoren eingetreten, d. h. die Sichelzellen traten an Stelle der Malariaplasmodien (Modica). Neue Untersuchungen über das Auftreten der Sichelzellen auch in rassisch ähnlich zusammengesetzten Gebieten wie Tauorga, die früher Malariaherde waren, sind vorgesehen.

	Tripolitanien 1957	Hb S	*1960*	Hb S	*Tauorga 1960*	Hb S
Araber	483 (80,5%)	0	1232 (80%)	0	18 (7%)	0
Neger	117 (19,5%)	5 (4,2%)	308 (20%)	14 (4,5%)	242 (93%)	27 (11,1%)
Total	600	5 (0,8%)	1540	14 (0,9%)	260	27 (10,4%)

Abseits der Küste, im Süden der Dschefara, sind kleine Malariaherde entlang des Quellhorizontes entstanden, der sich vor der Stufe des tripolitanischen Dschebels gebildet hat. Durch das aus dem Schuttfuße austretende Wasser entstanden Sümpfe in den kleinen Oasen der Wadis, die Wassergräben verkrauteten. Besonders befallen waren Tischi (Tigi) und Dschosch (Giosh), in denen A. multicolor und A. sergenti lebten. Der Quellhorizont erstreckt sich nach Osten über Schekschuk (Scesciuk) bis Bu Gheilan.

Die Cyrenaica ist heute ziemlich frei von Malaria. Allerdings werden an den Mündungen der Wadis, in denen hinter einem Sand- oder Schotterwall Wasser gestaut ist, z. B. an der Mündung des Wadi Latrun, Larven von Anopheles multicolor, A. turkhudi und A. martari gefunden. Fast jährlich (1964) kommen daher aus der Gegend zwischen Derna und dem Ras Hilal aus den Orten Kersa, Latrun und Ras Hilal einige Fälle frischer Malaria in das Krankenhaus von Derna (Klug). Aus 1956 wurden noch 150 Neuerkrankungen gemeldet. Dieser Herd scheint noch nicht völlig saniert zu sein. Die Sümpfe und Lagunen um die Stadt Benghasi waren früher auch Malariaherde. Sie wurden von den Italienern saniert. In der Oase Marada beobachtete man September/Oktober 1956 etwa 20—30 Infektionen. Im übrigen scheint das südöstliche Wüstengebiet frei von der Seuche zu sein.

Am stärksten war die Malaria im *Fezzan* verbreitet. Vorherrschend scheint hier eine benigne Malaria tertiana mit Plasmodium vivax zu sein. Die Malaria übertragenden Anopheliden treten sehr häufig im Wadi es Schati, Wadi Adschal, in der Hofra und dem Wadi Hekma auf. Als wichtigste der Mücken nennt Zavatari die Anopheles multicolor. Diese Mücke ist in fast allen Oasen des Fezzan zu finden, da sie fähig ist, sich auch in stark salzigem Wasser zu entwickeln. Als weitere Anophelesarten führt er A. sergenti und A. superpictus an, zu denen Vermeil noch A. broussesi aus el Barkat (Terr. Gat) und A. hispaniola (Brighanti) hinzugefügt hat. Ob dazu noch in Ubari und Edri A. gambiae auftritt (Lodato), wird als fraglich bezeichnet. Weitere Mückenarten sind Aedes mariae, Culex pipiens und C. fatigans, die sich in verlassenen Brunnen vermehren. Nester von Culiciden-Larven fand Vermeil besonders in Gat, Gatrun und der Hofra es Schergia.

Lodato (1933) fiel in fast allen Oasen die geringe Beteiligung der Frauen (7—9%) an der Malaria auf, im Gegensatz zu den Kleinkindern mit 96%, die Tag und Nacht während des Frühlings und Sommers ständig nackt sind, den Knaben mit langem, weißem, dünnem Hemd mit 70% und den männlichen Erwachsenen mit 40 bis 50%, trotzdem diese lange Leinenunterhosen, ein Hemd fast bis auf die Füße und oft noch einen Barracan tragen, in den sie sich beim Schlafen fast ganz hineinwickeln. Die Frauen werden also am wenigsten angegriffen, trotzdem sie schwerste Arbeit tun und häufig nur in ein einziges dünnes, blaues Leinwandhemd mit einem schwarzen Tuche gekleidet sind. Lodato fand, daß die Frauen ein stark riechendes öliges Mittel aus 11 Ingredienzien gebrauchen. Mit diesem sind sie bis zu den Haaren völlig imprägniert, selbst ihr Halsschmuck nimmt das Öl an. Den charakteristischen aromatischen Geruch der Fezzanerinnen empfindet man auf 5 und mehr Meter in der freien Natur und einen Tropfen des Öls auf der Hand verrieben spürt man trotz Waschens noch 3 Tage. Ihn mögen anscheinend die Mücken nicht und ziehen die Haut der Kinder und Männer, die ein Rosenparfüm benutzen, vor. Infizierte Frauen, die meist der ärmsten Klasse angehören, gebrauchen dieses Öl nicht.

Bis auf die Hofra es Schergia (östliche), das südliche Wadi Hecma und das Buanis (Sebha-Oasen) waren vor dem Kriege alle Oasen des Fezzan von Malaria verseucht. Besonders befallen war der alte Hauptort des Fezzan Murzuk in der Hofra el Garbia (westliche), vor dessen Mauern früher die Karawanen aus dem Süden einige Tage rasteten, und dessen Markt sie versorgten. Schon Nachtigal erzählt in seinem Reisewerk, daß Arabern und Berbern zeitweise das Betreten des Ortes des Fiebers wegen untersagt war. Er selbst litt im Herbst und Winter 1869/70 unter wöchentlichen Fieberanfällen. Brackige Grundwasserteiche an den Stadtmauern und Sümpfe vor dem alten Kastell (s. Abb. 10) waren Brutort der Mücken. Die Sümpfe legten die Italiener trocken, die Teiche vor den Mauern sind z. T. noch (1962) vorhanden. In ihnen setzten sie damals die Gambusia helbrocki zwecks Vernichtung der Larven mit gutem Erfolge aus (Zavatari). Trotzdem verlegten sie den Hauptort des Fezzan hauptsächlich der dort herrschenden Malaria wegen nach dem gesünderen Sebha.

Außer in Murzuk versuchten die Italiener, auch in den übrigen Oasen die Seuche zu bekämpfen. Die Bevölkerung wurde mit Chinin behandelt. In Edri und Ubari gelang es ihnen, durch Sanierung auch die Mükken auszurotten. Ihr Ziel erreichten sie nicht in dem wasserreichen Brak und Umgebung (Wadi es Schati). Die obengenannten Gebiete scheinen kaum oder nur schwach verseucht gewesen zu sein.

Auch die meisten Oasen in der weiteren Umgebung des Fezzan waren malariafrei, das abgelegene, wenig besuchte Fogha, die Oasen von Gat, das als Verbannungsort benutzte Wau el Kebir und das einsame Wau en Namus, die Mückenoase, mit Seen und Pflanzen. Ebenso sind wohl die Kufraoasen malariafrei. Ricci (1934) behandelte in el Dschof und Umgebung innerhalb von zwei Jahren 28 Fälle, die sich ihre Infektion aber alle in Ägypten oder dem Sudan geholt hatten. Es leben hier zwar Mücken (Jany), aber in Tazerbo z. B. wurden keine Anopheliden festgestellt, vermutlich auch nicht in den übrigen Oasen. Bis auf Marada sind die Oasen zwischen dem 28. und 30. Parallel malariafrei, z. T. wegen geringen und brackigen Wassers (Dschalo), z. T. wohl auch wegen ihrer abseitigen Lage (z. B. Gadames). Hon war als Sitz des militärischen Kommandos der Südterritorien anscheinend seuchenfrei.

Italienische Biologen und Ärzte hatten schon bald nach der Besetzung des Landes systematisch das Vorkommen der Malaria und das Auftreten von Mücken besonders der die Seuche übertragenden Anopholidenarten untersucht und hatten mit ihrer Bekämpfung durch Sanierung und Behandlung der Bevölkerung begonnen. Durch den Krieg 1939—1943 wurde diese Arbeit unterbrochen und damit viel Erreichtes zerstört.

Danach begannen die Besatzungsmächte, besonders der Army Health Service, mit einer neuerlichen Aufnahme der malariaverseuchten Gegenden. Als erster wurde der Malariaherd in Tauorga in Angriff genommen. Von 1954—1957 wurde im Ort und Umgebung gesprayt, die Bevölkerung behandelt, so daß ab 1957 keine neuen Infektionen durch die Dispensary gemeldet wurden. Im Fezzan beschränkte sich die Behandlung auf die Einnahme von Chinin (bis 1952), dann setzte im Jahre 1959 das Ausrottungsprogramm der WHO ein, die die weiteren Aufgaben übernahm, nachdem die wichtigsten verseuchten Gebiete von ihr ausgesucht waren (Preparatory Phase). Es waren zwei Oasengruppen südwestlich von Tripolis, der Herd an der Küste westlich von Derna und die meisten Oasen des Fezzan (Attack Phase). Man bekämpfte die Larven und Mücken innerhalb und außerhalb der Wohnräume mit DDT und Öl, auch durch Besprayen des Wassers, behandelte die mit Malariaparasiten infizierten Menschen und legte Brutplätze durch Säuberung und Drainage trocken (1959 bis 1961). Ab 1962 wurden noch Restherde ausgerottet, die Menschen durch Blutuntersuchungen überwacht und wo notwendig eine radikale Behandlung mit Drogen durchgeführt (Consolidation Phase). Alle 2 Monate werden die Dörfer besucht. An der Landesgrenze werden Malariaposten eingerichtet. Diese Konsolidationsphase endet mit Ende des Jahres 1966, und damit beginnt die Erhaltungsphase (Maintenance Phase) mit Überwachung durch den öffentlichen Gesundheitsdienst.

Mit dieser Durchführung des WHO-Programmes soll die Sanierung Libyens und völlige Ausrottung der Malaria erreicht werden. Wie weit das gelungen sein wird, werden die Krankheitsstatistiken der kommenden Jahre zeigen. Bei der relativ geringen Bevölkerung, den wenigen größeren Orten, der punktförmigen Verteilung der Oasen-Bevölkerung, den geringen Flugweiten der Mükken von durchschnittlich nur 1½ km bis höchstens 5 km ist eine Verbreitung infizierter Anophelen gering. Es besteht aber die Möglichkeit der Verschleppung durch Auto und Flugzeug, des Einsickerns infizierter Personen aus infizierten Gebieten über die Slums der Stadtränder in die Städte und die in Entstehung begriffenen Ölhäfen und ebenso bei Besiedlung landwirtschaftlich zu nutzender Gebiete und ein Festsetzen der Mücken in diesen, so daß sich hier neue Herde bilden können (siehe Karte 15, seuchenbedrohte Gebiete).

2. Leishmaniasen

In Libyen kennt man beim Menschen *Hautleishmaniasen* (Erreger: Leishmania tropica), bei der Flecken und Papeln zu Geschwüren werden (Orientbeule, Aleppobeule), sowie *viscerale Leishmaniasen* (L. donovani, Kala Azar). Für die Leishmaniase sind Hunde, Schakal, Hyäne und Nager als Reservoir anzusehen. Die Italiener untersuchten in den Jahren 1925/26 in Tripolitanien 117 Hunde und fanden nur zwei erkrankte, in der Cyrenaica unter 638 Tieren aus Merj (7), Tolmeta (76) und Benghasi (555) nur einen. Überträger der Protozoen auf den Menschen sind Phlebotomen, die an verschiedenen Stellen Tripolitaniens und der Cyrenaica vorkommen.

An Phlebotomen werden aus Libyen Ph. sergenti und Ph. papatasii für die Leishmania tropica (Hautleishmaniase) genannt, aber auch Ph. major-Arten (Ph. minutus aus der Benghasi-Zone und Ph. langeroni aus der Cyrenaica) und Ph. perniciosus für die viscerale Form (L. donovani). Die kutane Form tritt hauptsächlich gegen Ende des Sommers während der Hauptflugzeit der Phlebotomen auf und ist vornehmlich eine Kinder-Krankheit (Allgemeinerkrankung) (1.—5. Lebensjahr), die sich meist in einer Splenomegalie mit chronischem Fieber äußert. Aber auch Leber, Knochenmark, Drüsen und Muskeln werden von den Parasiten durchsetzt. Erwachsene bleiben nicht von der Erkrankung verschont, sie tritt bei ihnen in einer leichteren Form auf.

In der Literatur werden nur vereinzelte Fälle von Leishmaniasis angeführt. Im Jahre 1910 behandelten die Türken einen Fall von Kala Azar in Tripolis. Nach der italienischen Besetzung meldete das Gebiet um Homs 12 Fälle, in der Zeit von 1912 bis 1923 kamen einige 30 in Tripolis vor (Franchini). Aus dem Jahre 1929 führt Medulla drei Erkrankungen an, das bakteriologische Laboratorium in Tripolis für 1939 bis 1952 fünf positive Fälle. In der Cyrenaica erkrankte ein Kind von vier Jahren (Milzpunktion positiv) in Barce, zwei Fälle blieben verdächtig, ein Kind in Tolmeta, dessen Eltern in Barce lebten, sechs Personen im Campament Gubba und ein Kind von 20 Monaten und dessen 40jähriger Vater. Die Tab. XIV für die Jahre 1959/63 führt zwei Fälle aus dem Fezzan und sechs aus Tripolitanien an. Es sind also nur wenig Erkrankungen, die Erwähnung finden. Sicherlich sind viele besonders unter den Nomaden, deren Kinder ständig mit Hunden in Berührung kommen, nicht erfaßt worden oder als eine ähnlich verlaufende Krankheit diagnostiziert worden.

3. Dengue

Die Dengue verläuft mild und geht mit Kopf-, Gelenk- und Muskelschmerzen, auch einem Hautausschlag, einher und erinnert damit an Masern, Scharlach und Urticaria. Der Überträger des Virus ist die Stechmücke Aedes aegypti. Epidemien von Dengue in der Cyrenaica aus den Jahren 1859 und 1879 beschreibt schon der türkische Arzt Pasqua (Medulla). In den Jahren 1913/14 traten sporadische Fälle in Tobruk, im Jahre 1914 in Apollonia auf und im Jahre 1928 kam es zu einer starken Epidemie in Benghasi-Stadt und im Süd-Benghasino zur gleichen Zeit, als eine große Epidemie in Griechenland wütete, während der in Athen 80% der Bevölkerung erkrankten. Seit 1928 kommt es in Benghasi in den Monaten September/Oktober in fast jedem Jahr zu einer Reihe von Erkrankungen. Im Jahre 1930 erweiterten sie sich nochmals zu einer kleinen Epidemie, die ihren Ursprung im mohammedanischen Viertel in Benghasi nahm. Seitdem kommt es immer wieder einmal zum Befall einer größeren Zahl von Personen. Die statistische Tabelle gibt allerdings für das Jahr 1963 in der Cyrenaica nur 4 Erkrankungen, für den Fezzan im Jahre 1961 16 Erkrankungen an.

4. Pappatacifieber

Der Krankheitsverlauf des Pappatacifiebers ist ganz ähnlich dem der Dengue, so daß beide Erkrankungen leicht verwechselt werden können. Der Überträger des

Virus ist eine Mücke derselben Gattung (Phlebotomus papatasii), in der die exogene Entwicklung des Virus ähnlich der des Malariaplasmodium in der Anopheles verläuft. Die Brutplätze der Mücke sind in Kanälen, Gruben und feuchten Kellern. In den Tabellen über Infektionskrankheiten Libyens ist das Pappatacifieber nicht angegeben, da es hier vermutlich selten epidemieartig auftritt, wenn es auch im ganzen Mittelmeerraum vorkommt.

b) Durch Wasser und Nahrungsmittel übertragene Infektionskrankheiten

1. Amoebenruhr

Amoebiasis ist an ein warmes Klima gebunden. Die Entamoeba histolytica parasitiert im Dickdarm des Menschen, ohne zunächst Schädigungen hervorzurufen (Minutaform), erst wenn ihr der Weg in die Darmschleimhaut geöffnet wird, beginnt sie pathogen zu werden (Gewebeform). Dieses geschieht meist durch eine bakterielle Infektion, die Geschwüre hervorruft, und so werden häufig die Bakterienruhr und Amoebenruhr vergesellschaftet gefunden.

Die Übertragung der Amoebenzysten erfolgt infolge von Verschmutzung und Verseuchung des Bodens, von Unterkünften und des Trinkwassers. Fliegen, Ratten und Mäuse sorgen für Verbreitung. Auch die Übertragung von Mensch zu Mensch ist möglich. Während des letzten Krieges waren in Libyen bis zu 26% der deutschen Soldaten Amoebenträger. Viele litten außerdem an Amoeben- bzw. bakterieller Ruhr. Nach der Rückkehr nach Deutschland verlor sich die Amoebeninfektion. In Tobruk fand man bei 30% der Bewohner im Darm Protozoenzysten, die Entamoeba histol. und die Lamblia intestin., eine Flagellate, deren Zysten häufig im Darm, besonders bei Kindern, auftreten, die nur bei massiver Infektion pathogen sind.

Im Jahre 1935/36 litten 15% der Erkrankten im Hospital in Tripolis an Amoebiasis (Tripodi), in Tarhuna waren 20—25% der Bevölkerung, Einheimische und Europäer, infiziert. Als Folge der Erkrankungen traten häufig Leberabszesse auf, ebenso Amoebenansammlungen in der Lunge (Lungenabszesse) und seltener im Gehirn.

Das bakteriologische Laboratorium in Tripolis stellte im Jahre 1939 229 Fälle an Amoebenruhr fest (wohl aus ganz Tripolitanien), die bis zum Jahr 1952 auf 29 Fälle zurückgingen, dann aber wieder anstiegen. Vereinzelte Amoebenruhrerkrankungen gab es im Jahre 1933 in Tauorga (Ragazzi), einen Fall in Zliten, drei Fälle im Jahre 1948 (Tripodi) aus Tripolitanien. Für die Jahre 1949/50 berechnete Angrisani für die Ostbezirke Tripolitaniens 3% der Erkrankungen für Amoebiasis.

In der Cyrenaica trat die Erkrankung in den letzten Jahren häufig, aber leicht auf (Klug). Nach den Veröffentlichungen in medizinischen Fachzeitschriften kommt es immer wieder zu vereinzelten Erkrankungen, die sich manchmal häufen und zu schweren Endemien führen können, wie z. B. in den Jahren 1912/13 in Derna (Testi).

Im Fezzan (Zavatari) soll ebenso wie in Kufra (Ricci) die Amoebiasis nur eingeschleppt vorkommen. Dagegen sprechen jedoch die Zahlen der Tab. XIV für die Jahre 1959/63, aus denen man wohl auch auf zahlreiche Zystenträger schließen darf. Für ganz Libyen rechnet man, daß 20—30% der Bevölkerung Amoebenträger sind. Scaduto gibt die Zahl für Tripolitanien mit 8 bis 10% (dazu 3% Entamoeba coli), Nastasi mit 14,85% an.

2. Bakterienruhr

Von bakterieller Ruhr (besonders Typ Shiga-Kruse) wurden im bakteriologischen Laboratorium jährlich nur einige wenige positive Fälle festgestellt (1939/52, siehe aber Tab. XIV über die Jahre 1959/63).

3. Bauchtyphus

Der Bauchtyphus ist eine bakterielle Erkrankung mit dem Hauptsitz im Darm, von dem aus sich eine allgemeine Sepsis entwickelt. Zur Infektion kommt es infolge einer primitiven Lebenshaltung mit schlechten Abwässerverhältnissen, durch die es zu einer Verschmutzung des Bodens, der Hände des Menschen, von Nahrungsmitteln und des Trinkwassers kommt. Die Keime werden von Menschen aufgenommen. Er ist das einzige Lebewesen, in dem sich die Bakterien der Salmonella-Typen halten. Kinder erkranken oft nur ganz leicht. Nach Gesundung werden die Keime im Stuhl und Urin noch eine Zeit lang ausgeschieden (Dauerausscheider), jedoch können auch Gesunde als sogenannte Keimträger die Erreger weitergeben. So kann es besonders in den warmen Sommer- und Herbstmonaten (Fliegen) zur Ausbreitung endemischer Typhusherde innerhalb menschlicher Siedlungen (Dorf und Stadt) kommen.

In Libyen ist der Typhus heimisch. Verschiedentlich werden Typhusfälle beschrieben, z. B. auch Typhus mit Paratyphus in den tripolitanischen Ostbezirken in den Jahren 1949/50 (1½% der Erkrankungen nach Angrisani), in der Cyrenaica 3 Fälle aus Beida. Typhus wird im allgemeinen in Libyen als selten angesehen, jedoch hat das bakteriologische Laboratorium in Tripolis aus dem Zeitraum der Jahre 1939/52 mehrere 1000 positive Untersuchungen durchgeführt. Auch die Tabelle über die Jahre 1959/63 zeigt jährlich einige hundert Fälle.

4. Paratyphus und andere Salmonellosen

Die Erreger des Paratyphus C sind zwei Gattungen aus der Salmonellagruppe, die gewöhnlich bei Tieren gefunden werden und als Fleisch- und Nahrungsmittelvergifter auftreten. Beim Menschen, vornehmlich bei Kindern, verursachen sie unspezifische bakterielle Enteritiden. Campolillo erwähnt 15 erkrankte Soldaten aus Homs, bei denen eine Enteritis mit Wurmbefall auftrat (1938), Angrisani beobachtete im Januar/Juni 1953 in Tadschura 252, in Miari (südl. von Tripolis) 190 und in Beni Ulid 64 Fälle. Aus den Jahren 1959/63 werden nur wenige Fälle gemeldet, so daß man annehmen kann, daß es auch hier nur zu gelegentlichen Endemien kommt.

c) Durch Kontakt übertragene Infektionskrankheiten

1. Tuberkulose

Besonders in den Küstengebieten Tripolitaniens scheint die Tuberkulose schon seit langem vorhanden zu sein. In einzelnen Jahren (so z. B. im Jahre 1887) trat sie gehäuft auf und raffte besonders die Sklaven dahin, die schlecht untergebracht und meist unterernährt waren. Im Jahre 1912 wurde in Tripolis von den Italienern das Vorhandensein von 88 Tbc-Kranken in dem dicht bewohnten hebräischen Altstadtteil la Hara sowie einzelne Fälle in Garian und Tarhuna festgestellt. Deshalb richteten sie nach dem Ende der Kolonialkriege in den zwanziger Jahren in Tripolitanien die ersten Zentren zur Bekämpfung der Tuberkulose in Tripolis, Zawia, Tarhuna und Homs ein. Nach dem Inneren zu begnügten sie sich mit der Errichtung einzelner Nebenstellen, da sich zeigte, daß die Erkrankungen nach dem Landesinneren stark abnahmen.

Im Jahre 1937 schickte das italienische Gouvernement eine Gesundheitskommission nach dem Fezzan, die an 72 verschiedenen Stellen 8917 Personen untersuchte. Sie stellte nur zwei Fälle offener Tuberkulose fest und wenig Fälle mit fibrösen Formen. Ähnliches hatte sich schon im Jahre 1931 in Kufra und Tibesti gezeigt, so daß die Annahme berechtigt erschien, in den Wüstengebieten sei die Tuberkulose selten. Die Oasenbewohner leben in kleineren Dörfern, die Familien, wenn auch in engen Behausungen und Hütten, voneinander getrennt. Außerdem sind die voneinander isolierten Familiengruppen der Nomaden viel an der frischen Luft, scheinen also gegen Masseninfektionen geschützt zu sein.

Durch den letzten Krieg wurden viele Einrichtungen, welche die Italiener zur Bekämpfung der Tuberkulose geschaffen hatten, wieder aufgelöst oder geschlossen, wie z. B. das erst im Jahre 1938 gegründete Sanatorium Generale Caneva (1941). Viele Einheimische waren vornehmlich nach Tunesien geflüchtet, die nach dem Kriege zurückkehrten. Entwurzelte Nomaden und Abwanderer aus dem Fezzan drängten an die Küste, besonders nach Tripolis und den wenigen Städten (Benghasi u. a.), wo sie zusammengepfercht in Slums („Kistendörfern") am Stadtrande ohne irgendwelche hygienischen Einrichtungen leben mußten. Ihre Ernährung war knapp, vitamin- und eiweißarm, nach FAO nur 2000—2300 Kalorien am Tage.

So zeigte sich nach dem Kriege in ganz Libyen, besonders aber in Tripolitanien, eine sehr starke Zunahme der Tuberkulose. Die Krankheit breitete sich dort in Gegenden aus, in denen sie bisher fast unbekannt war. Die gleiche Erscheinung wurde im Fezzan beobachtet. Hier zeigte die Tuberkulose eine schwere und schnelle Entwicklung. Besonders leicht wurden diejenigen Fezzaner und auch Araber Tripolitaniens befallen, die nach Tripolis bzw. an die Küste zogen. Ihr körperlicher Widerstand gegen die Seuche war gering, da sie nicht so immun waren wie die Einheimischen und Angehörigen alter zivilisierter Nationen, mit denen sie hier zusammentrafen. Es kam bei ihnen eine aktive Form der Tuberkulose-Entwicklung mit schwerer, schneller Erkrankung und baldigem Tod in Gang.

Im Jahre 1953 unternahm die UNICEF eine Impfkampagne in ganz Libyen. Es wurde mit BCG geimpft (Impfung nach D. Nicolaides). Die WHO hoffte, daß damit der nichtinfizierte Teil der Bevölkerung durch Steigerung der spezifischen Resistenz genügend immunisiert würde. Es folgte auf die aktive die chronische Form, mit deren Problemen nunmehr auch der Fezzan begann (Cl. Lollini 1956). Der Rückgang der Todesfälle setzte ein, damit ein Steigen der Erkrankten. Der Index der Tuberkulose auch in Tripolitanien blieb hoch, höher bei Männern als bei Frauen. Während man früher die Fälle schnell ausscheiden konnte, ist heute (1960) eine wechselnde Zahl neuer Patienten zu behandeln, die chronischen Fälle müssen betreut (Lungen-, Knochen-, Drüsen- und abdominale Tuberkulose) und nach Wiederherstellung überwacht werden. Die Tuberkulose nähert sich damit dem Typ der europäischen, sie wird benigner und chronischer.

In großem Umfange wurden Tuberkulinproben unter den Arabern gemacht, besonders unter Kindern und Schülern. Die positiven Ergebnisse stimmten mit der Dichte der Fälle in einer Gegend überein. Sehr hoch waren die Prozente in Knabenschulen bei 15—18jährigen in Tripolis und Umgegend (Cl. Lollini, 1960).

Tripolis und Umgegend	79—81%
im Dschebel tripolit.	25%
im Fezzan	19—47%

Jedes Jahr sollen etwa 1000 neue Fälle an Lungentuberkulose und 100 sonstige Tuberkuloseerkrankungen auftreten. Durch Gründung neuer Klinikabteilungen,

Tabelle IV. *Tuberkulose in Libyen*

a) *Fezzaner* in der Gouvernements-Klinik in Tripolis 1950—1955 (Cl. Lollini)

Geschlossen	offene Form einseitig	offene Form beiderseits	Tod	krank geworden in Tripolis	krank geworden in Fezzan
20%	20%	20%	40%	73%	27%

b) *Tripolis-Stadt:*

offene Form der Tuberkulose		Positive Tuberkulose-Diagnosen:		
1939—1944	79%	1939—1946	Europäer 514=21,47%	Araber 741=37,61%
1945—1949	85%	1947—1950	Europäer 445=22%	Araber 2016=34,63%
1950—1954	74%			

c) *Tripolis-Stadt:*
Mortalität an Tbc:

1916	Araber 5,16‰	
1917	Araber 9,13‰	
1939	Araber 1,43‰	
1945	Araber 0,39‰	Europäer 0,63‰
1950	Araber 0,67‰	Europäer 0,39‰
1954	Araber 0,33‰	Europäer 0,12‰

d) *Todesfälle in Tripolitanien und im Fezzan:*

(ohne Tripolis-Stadt)	Fezzan
1940: 41	—
1945: 27	—
1950: 56	4
1954: 69	4

Ambulatorien und Polikliniken, durch Isolierung Infizierter und Impfungen, Durchleuchtungen und Sputumuntersuchung der Bevölkerung (5% Erkrankte wurden festgestellt) sucht man, der Seuche Herr zu werden. An Gefährdete werden vorbeugend Nahrungsmittel und zusätzlich Kleidungsstücke verteilt, in den Primärschulen Brot, Suppe und Milch, außerdem bemüht man sich, die Frauen zur Hygiene zu erziehen.

Die erkrankten Araber leben heute lange in den Hospitälern (Sanatorien) und besuchen nach der Entlassung regelmäßig die Polikliniken. Während früher bei den Arabern Heilungen eine Ausnahme waren, treten sie heute infolge der antibiotischen und chemotherapeutischen Heilmittel in überraschender Zahl ein.

Der staatliche Anti-Tuberkulose-Dienst behandelt nach seinen Angaben jährlich 6000 Fälle in Tripolis. In Benghasi ist ein Anti-Tuberkulose-Dienst seit 1963 tätig.

2. Trachom

Das Trachom ist nicht von den Jahreszeiten abhängig, es verläuft als endemische, ansteckende, follikuläre Bindehautentzündung chronischer und zeichnet sich durch das Auftreten zahlreicher geschwollener Follikel (Trachomkörper) aus, die zur Verödung der drüsigen Organe der Bindehaut und zur Geschwürsbildung der Hornhaut führen. Die Kombination von bakterieller Augenentzündung (bes. Gonococcen) und Trachom ist am gefährlichsten.

Im Fezzan ist das Trachom am stärksten verbreitet, hier wird die Morbidität der Bevölkerung auf über 60% geschätzt. Bei Negern ist der Befall geringer. Zwischen den Norden und den Fezzan schiebt sich das Gebiet der nomadisierenden Stämme, die sehr viel weniger betroffen sind als die Seßhaften unter sonst ähnlichen Bedingungen. Das kultiviertere Küstengebiet war geringer befallen, zeigt aber jetzt infolge der Wanderungen aus den südlichen Gebieten nach der Küste eine starke Zunahme. So sollen in den Küstengebieten in den 1950er Jahren bei Zliten bis 30% der Bewohner, auf dem Dschebel nur 7% (Angrisani 1952) erkrankt sein, bzw. an den Folgen einer Trachomerkrankung leiden. In Tripolis soll in den Elendsquartieren des Stadtrandes die Ziffer der Erkrankungen bis auf 70% gestiegen sein. Aus der Cyrenaica berichtete Medulla 1931 einen Trachombefall von der Mutter auf das Kind bis zu 90%. Durch energische Behandlung und Aufklärung der Bewohner soll jetzt ein Rückgang bis auf 5—10% erreicht sein (Klug).

Über den hohen Befall in den südlichen Oasenbezirken berichtete der Augenspezialist Caseti (1937), der im Fezzan 8917 Personen untersuchte. 5161 von diesen litten an Augenkrankheiten, von denen wiederum 4128 trachomatös waren. Er gibt eine Aufstellung sämtlicher Erkrankungen, von denen hier nur die wichtigsten wiedergegeben werden sollen:

akutes Trachom	2091	Konjunctivitis catharalis	374
Trachom und Konjunctivitis	1011	Konjunctivitis angolare	62
		Konjunctivitis gonococc.	6
Narbentrachom	1026	Pterygium	411
		komplette Blindheit	58

Auch in der Oase Kufra waren Augenerkrankungen verbreitet.

Der Trachombefall der Bevölkerung regte die Italiener schon bald zu Bekämpfungsmaßnahmen an. So gründete der Gouverneur Balbo im Jahre 1938 in Tripolis das Centro di Studi di profilassi per il trachoma beim Roten Kreuz, die Fortsetzung ist das Epidemiology Centre for Trachoma mit zwei reisenden Augenkliniken und 6 Kontroll-Teams. Die Bevölkerung wird besonders durch die Zentren für Mutter und Kind, aber auch in den Schulen aufgeklärt. Die Lehrer überwachen die Kinder und behandeln sie mit Aureomycin-Salbe und Sulfonamidtabletten. Planmäßig wird die Schuljugend durchuntersucht. Durch diese Maßnahme ist eine Besserung eingetreten, jedoch ist die Krankheit noch weit verbreitet, wie die in Tripolitanien erfaßten 4126 Fälle für das Jahr 1963 (Tab. XIV) zeigen. Die Fliegen, die zur Verbreitung beitragen, werden energisch bekämpft.

3. Andere Augenerkrankungen

Augenerkrankungen stehen in Libyen mit an erster Stelle. Infolge von Proteinmangelschäden und Vitamindefizit der Ernährung sind besonders die Kinder *Bindehautentzündungen* mit *bakteriellen Konjunctivitiden* ausgesetzt, die durch Schmutz, Staub und Fliegen von der Mutter und Geschwistern auf das Kleinkind übertragen werden. Für einen Großteil der geschwächten Kinder verlaufen schon diese Augenerkrankungen tödlich. In den heißen Wüstengegenden sind die bakteriellen Augenentzündungen am stärksten verbreitet und unterliegen hier jahreszeitlichen Schwankungen. So tritt in Libyen zur Zeit der Dattelreife (Fliegen) die Herbstconjunctivitis auf, die oft in wenigen Tagen zu einem Durchbruch der Cornea und zum Irisprolaps führt, wenn Vitamin-A-Mangel besteht.

4. Lepra

Die im afrikanischen Mittelmeergebiet heimische Lepra (Aussatz) tritt sporadisch auch in Libyen auf. Diese Schmutzkrankheit wird von Bakterien hervorgebracht, für die Kinder am empfänglichsten sind. Wieviele Kranke tatsächlich in Libyen vorhanden sind, ist schwer zu ermitteln, nur ein Teil der Erkrankten wird erfaßt, immer wieder kommen neue Fälle dazu. Im Jahre 1937 wurde von den Italienern die Isolierung der Erkrankten gesetzlich angeordnet, die im Kolonialhospital in Tripolis zusammengefaßt wurden. Es waren damals nach Nastasi 15 Kranke (12 Männer und 3 Frauen). Von 1923—1953 wurden im ganzen 190 Aussätzige (175 Libyer, 6 Italiener, 8 Hebräer, 1 Erythräer) nach Zaccaria ermittelt, heute befinden sich im Regierungshospital fluktuierend bis zu 100 Patienten. Herde soll es bei Misda, in Zliten und Misurata geben. Erkrankte kamen in den letzten Jahren auch aus der Cyrenaica nach Tripolis. Hier stellte die WHO in den Jahren 1947/49 25 neue Fälle fest (= 0,071% der Bevölkerung). Im Regierungs-Hospital (Dermatologische Abteilung) in Benghasi litten im Jahre 1960 0,3%, im Jahre 1961 0,28%, im Jahre 1962 0,25% und im Jahre 1963 0,12% der behandelten Erkrankten an Lepra (Dogliotti).

5. Geschlechtskrankheiten

Die *Gonorrhoe*, die während des Krieges bei den englischen und deutschen Truppen schon nicht häufig auftrat, kommt heute relativ selten, eher noch als Blennorrhoe bei Kleinstkindern vor (s. Trachom).

Häufiger ist dagegen *Lues* besonders in ihrer sekundären und tertiären Form bei den Arabern, in deren Gefolge venerische Erkrankungen der Haut, der Mucosa und Knochen, des Herzens und oft die Leberzirrhose, auch Nervenerkrankungen (FELICE) auftreten. RICCI meldet auch einige Fälle aus Kufra, wo ich selbst einen Erkrankten sah. In Derna behandelte KLUG 3—4 Fälle. In den Jahren nach dem Kriege soll die Lues in Libyen stark zurückgegangen sein. Aus dem Krankenhaus Benghasi gab DOGLIOTTI für Lues aus dem Jahre 1960 8,8%, aus dem Jahre 1961 7,7%, aus dem Jahre 1962 7,0% und aus dem Jahre 1963 5,8% der Erkrankungen seiner Abteilung an.

6. Framboesie

Die in Libyen *Pian* genannte Framboesia tropica kommt in vereinzelten Fällen bei Negern (KLUG) vor. Sie ist kontagiös und erzeugt himbeerähnliche Papeln auf der Haut. RAGAZZI meint, daß es in Tripolitanien einige endemische Zentren der Framboesie gibt, besonders da die Nomadenbevölkerung sehr isoliert lebt. Im Jahre 1962 wurde 1 Fall in Tripolitanien angeführt.

III. Sonstige Infektionskrankheiten

1. Übertragbare Kinderkrankheiten

Von infektiösen Kinderkrankheiten werden die Jugendlichen wie überall befallen. Diphtherie soll selten sein und sich meist an europäische Einwanderer halten, die Verbreitung von Poliomyelitis ist erheblich, Parotitis, Windpocken, Masern und Keuchhusten treten häufiger auf, die beiden letztgenannten oft schwer. Sie schaffen oft die Disposition für Tuberkulose. Wurmbefall ist zeitweise wohl bei allen Kindern vorhanden (besonders Askariden und Oxyuren), fast alle Kinder sind im Fezzan vom S. haematobium befallen, ohne aber stärkere Blutungen zu zeigen.

Jährlich treten vereinzelte Fälle von *Diphtherie* auf. Im Zeitraum von 1945/51 waren es in Libyen durchschnittlich 4 auf 100 000 Einwohner, in Tripolitanien wenig mehr, in der Cyrenaica etwas weniger. Aus Tripolitanien erwähnt ANGRISANI (1953, 1. Halbj.) das Auftreten einiger Fälle. Auch in Sebha (Fezzan) tritt die Diphtherie manchmal als Kinderkrankheit auf. KLUG hat in der Cyrenaica in den letzten Jahren keinen Fall gesehen, ebenso keinen von *Scharlach*, der in Libyen ganz sporadisch hauptsächlich bei Europäern auftritt.

Selten treten auf die *epidemische Genickstarre* (Meningococcenmeningitis) bei Kindern und Säuglingen, das *Erysipel* (Streptococcen) ebenso Septikaemie (Staphylococcensepsis) mit Abszessen, Angina und Osteomyelitis. Auch *Pneumokokkenerkrankungen* der kleinen Kinder, Pneumokokkenperitonitis sowie Bronchopulmonitis findet man relativ selten. *Putride Bronchitis* mit vielen Spirochaeten im Sputum wird nur in einem Fall aus Tarhuna (MEDULLA) erwähnt. Die *Angina Plaut-Vincenti* soll in der Cyrenaica (KLUG), vielleicht sogar in ganz Libyen, nicht vorkommen.

2. Viruskrankheiten

Virusinfektionen mit Übertragung von Mensch zu Mensch und oft zahlreichen Erkrankungen sind auch aus Libyen zu nennen (Tab. XIV über die Jahre 1959/63). Ausgesprochen epidemisch treten die *Masern* in den Städten auf, in kleinen Schüben auch auf dem Lande vornehmlich in den Schulen. Im Januar/Juni 1953 zählte z. B. ANGRISANI in Dschado 225, in Nalut 188, Beni Ulid 120, Tarhuna 99, Tripolis 64 und Sabratha 66 Fälle, in anderen Orten Tripolitaniens waren es weniger. Relativ häufig sollen Folgekrankheiten (z. B. Encephalitis) vornehmlich in den Oasen auftreten. In Dschalo (Cyrenaica) starben etwa 100 Menschen, nachdem vorher während einer Generation keine Erkrankungen an Masern aufgetreten waren (KLUG).

Röteln mit ihren Nacherkrankungen sind nicht allzu häufig, während die *Windpocken*, die vornehmlich Kinder befallen, recht ansteckend sind, aber im allgemeinen gutartig verlaufen.

Keuchhusten (Pertussis) tritt häufig, auch mit Meningitis zusammen, auf, in den Städten besonders ausgesprochen epidemisch und z. T. sehr schwer, wie z. B. in Benghasi (KLUG). BERTI berichtet von kleinen Epidemien aus der Msellata (Tripolitanien), die in Schüben verlaufen.

An *Mumps* (Parotitis epidemica) erkranken häufig Erwachsene, bei denen dann auch meist Komplikationen nicht ausbleiben. ANGRISANI nennt für Januar/Juni 1953 aus Tripolis 271, Zawia 127, Sabratha 103, Tadschura 30, Homs 55 und Tarhuna 51 Fälle.

Von weiteren Viruserkrankungen wird *Herpes Zoster* nur selten beobachtet, die *infektiöse Hepatitis* endemisch nur an vereinzelten Stellen gefunden, während das *Pfeiffersche Drüsenfieber* (Mononucleose) bei Kindern der ersten Lebensjahre die Halslymphdrüsen vornehmlich befällt, aber milde verläuft und relativ selten ist.

Grippe mit *Gelenkrheumatismus* als Folgekrankheit ist in Libyen häufig zu finden. Sie tritt im Sommer und Winter auf infolge von Temperaturschwankungen und hoher relativer Feuchtigkeit in der Küstenzone (MEDULLA). Vornehmlich führen zum Gelenkrheumatismus die mangelhaften Behausungen der Einwohner, die relativ leichte Kleidung auch im Winter und das Schlafen auf dem z. T. kalten und feuchten Boden. ANGRISANI fand im Januar/Juni 1953 in Bianchi 48, Zanzur 14, Garian 12, Misda 18, Beni Ulid 14, Zliten 58, Tarhuna 78 Erkrankte.

Die *Poliomyelitis* ist in Libyen immer endemisch gewesen, und zwar ist die Durchseuchung der Bevölkerung groß. Befallen werden von der Seuche vornehmlich Kinder, deren Sterblichkeit schon an und für sich hoch ist. Schwere Fälle von Poliomyelitis mit Encephalitis, Lähmungen von Armen und Beinen sind selten, es ist anzunehmen, daß eine stille Feiung bei der Bevölkerung vorhanden ist. Mit der Besserung der sanitären Verhältnisse verschiebt sich auch das Verhältnis zur Erwachsenenerkrankung (KLUG, Cyrenaica) und desto öfter werden auch die höheren Muskeln (Atem- und Gesichtsmuskulatur) befallen.

Alle Jahre treten Erkrankungen an Poliomyelitis, stellenweise auch kleine Epidemien auf. Aus den Jahren 1948/59 erwähnt MILELLA 260 Fälle in Tripolis, unter diesen 18 Italiener, 4 Hebräer, 1 Malteser und 15 Fälle aus den Oasen um Tripolis. Im ersten Halbjahr 1953 waren es in Tripolis nur 5 Fälle, in Garian 1 Fall, in Homs 4 Fälle (ANGRISANI). Im Jahre 1956 traten 20 Fälle um Tripolis auf, in den Jahren 1963/64 entwickelte sich eine kleine Epidemie in Tripolis und Umgebung mit 160, im Jahre 1964 mit 200 Fällen.

72 000 Kinder bis zu 15 Jahren wurden im Verlaufe der Epidemie in Tripolis geimpft (1963). 6 Fälle aus Sebha (Fezzan) wurden im Laufe der letzten drei Jahre im Regierungskrankenhaus in Tripolis behandelt (GIACOMETTI). Im Jahre 1964 führte Dr. MEINCK mit Hilfe

eines Klinomobils mehrere 100 Impfungen im Dschebel durch. In Derna (Cyrenaica) gab es seit einer Impfkampagne keine Erkrankungen mehr, während sonst jährlich 2—3 zur Behandlung kamen.

3. Krankheiten durch anaerobe Erreger

Auch *Gasödem*bacillen (Bac. oedematiens, Clostridium perfringens), die Wundinfektionen hervorrufen und sich durch Sporen fortpflanzen, kommen nur vereinzelt vor.

Tetanus, ausgelöst durch Stoffwechselprodukte der Tetanusbazillen (Clostridium tetani), kommt bei Neugeborenen infolge Behandlung der Nabelschnur mit feinem Sand, Verschmutzungen von Wunden bei Kleinkindern, aber auch als Tetanus puerperalis bei den gebärenden Frauen relativ häufig vor (Klug, Selby Lowndes) (s. Tab. VII).

Botulismus wird auch in Libyen angetroffen. Der Erreger Clostridium botulinum ist ein Giftbildner auf Fleisch und Nahrungsmitteln sowie in Konserven. Durch strenge Nahrungsmittelkontrolle wird er bekämpft. Im Darm von Mensch und Tier ist der Bacillus ein harmloser Schmarotzer.

4. Pilzkrankheiten und Krätze

Pilzinfektionen treten in Libyen auf wie z. B. Trichophytien. Favus und Microsporien, die eine Form der Alopecie hervorrufen, sollen sogar sehr häufig sein (Klug). Die Scabies ist in der Cyrenaica nach Klug selten (1964), während Angrisani (1952) für Garian, Jefren, Dschado 6% der Erkrankungen angibt.

IV. Wurmkrankheiten

1. Bilharziose

Die Bilharziose ist in Libyen als endemische Krankheit vornehmlich im Fezzan verbreitet. In diesem letztgenannten endemischen Gebiet ist die Erkrankung relativ leicht, stellenweise sind aber bis zu 86% der Bewohner erkrankt (Wadi es Schati). Besonders Kinder zeigen, ohne daß sie Fieber oder Schmerzen hätten, einen Urin, der bei der Miktion in den letzten Partien blutig wird. Es ist noch nicht geklärt, ob sich bei ihnen eine Immunität ausbilden kann, denn Zugewanderte aus nicht oder nur wenig verseuchten Gebieten, besonders von der Küste, erkranken jeweils recht schwer, obgleich an der libyschen Küste in Tripolitanien wie in der Cyrenaica Infektionsherde vorhanden waren und wahrscheinlich noch sind.

Die Schistosomen, welche die Seuche hervorrufen, das Schistosoma haematobium und Schistosoma mansoni (letzteres angeblich in Libyen nur eingeschleppt aus Ägypten), sind Bewohner der Blutgefäße des Menschen, das S. haematobium bevorzugt die Beckenvenen, die Eier dringen in die Gewebe, welche diese Gefäße versorgen und bewirken auf ihren Wanderungen entzündliche Wucherungen und Narben hervorrufende Prozesse. Das S. mansoni lebt in den Leber- und Mesenterialvenen. Mit dem Urin bzw. Kot gelangen die Eier nach draußen.

Als Zwischenwirte kommen nur bestimmte Süßwasser-Schnecken in Betracht. Nach dem Verlassen dieser Zwischenwirte durchdringen die Cercarien die Haut badender Kinder oder bei der Feldbestellung im Wasser watender Menschen. Von dem Vorkommen der Schnekken hängt die Zahl der Erkrankungen ab.

Vorherrschend als Zwischenwirt ist in Libyen Bulinus contortus (syn. truncatus). Außer diesem wurden durch die Italiener Mollusken gefunden, von denen allerdings nicht unbedingt feststeht, ob sie als Zwischenwirte in Betracht kommen (s. Tab. XII im Anhang).

Wie sich in Nordafrika herausstellte, ist das Vorkommen der Schnecken an die chemische Zusammensetzung des Wassers gebunden. Bulinus contortus z. B. kann nur in einem Wasser leben, das nicht mehr als 0,3 g Cl/l enthält.

Italiener und Franzosen haben mehrfach das Vorkommen der Bilharziasis (Urinuntersuchung auf Eier des Schistosoma) und der Zwischenträger untersucht. Im Jahre 1925 stellte Durand in Dschanet (85 km im SW von Gat) einen Herd von vesicaler Bilharziasis fest und das Vorkommen von Bulinus contortus. Soweit die Einheimischen sich erinnern können, tritt bei ihnen Blutharnen auf. Vermeil untersuchte daraufhin (1951) die Geltas an den Hängen der Tassili am Wege nach Gat und konnte hier ohne Mühe Bulinus contortus sammeln, ebenso auch in Brunnen des Territoriums von Gat. Hier hatten, außer in Gat selbst, die Italiener überall eine Verseuchung der Bevölkerung festgestellt, z. B. in el Barkat 65,62%, in Feuat 68,75%, aber nicht Bulinus contortus als Zwischenträger gefunden. Vermeil nimmt daher an, daß sie gerade in einer Zeit dort waren, in der diese Mollusken schwer zu finden waren (Zavattari im Sommer 1931, Giordano im März 1937, Nastasi im Juli 1937). Vermeil fand Bulinus contortus häufig in zahlreichen Brunnen des Territoriums Gat, besonders bei Feuat und el Barkat bis nach Auenat (Serdeles), außerdem Melanoides tuberculata, in el Barkat auch Limnaea laurenti und bei Gat Planorbis pfeifferi und ehrenbergi. Physopsis africana fand hier Boscardi im Jahre 1943. Auch Eier des Schistosoma mansoni wurden bei Erkrankten festgestellt (Karte 16).

Bulinus und Biomphalaria kommen angeblich nicht zusammen in demselben Wasser vor (s. auch Anderson in Tunis). Bei den Abaric-Brunnen nahe Gat liegen zwei Wasserlöcher nur wenige Meter auseinander, der eine mit Bulinus, der andere mit Biomphalaria. Durch Salze wird die Lebensfähigkeit des Bulinus hier eingeschränkt. In der Umgebung von Gat wird das Dalu (Brunnen mit Ziegenhautsack) von Rindern gezogen. Es ist möglich, daß hier auch Schistosoma bovis vorhanden ist.

Vermeil gibt für den Fezzan eine Zusammenstellung seiner Funde von Bulinus aus dem Frühjahr 1951 und die von Nastasi (in Klammern) aus dem Sommer 1937 nebst der Infektion der Bevölkerung in Prozenten (s. Tab. XIII im Anhang).

Wo kein Bulinus auftritt, sind die Lebensbedingungen für die Mollusken ungünstig, besonders ist der Gehalt an Cl wohl zu hoch. Treten an diesen Orten doch Bilharziafälle auf, sind sie vermutlich eingeschleppt worden. Die Bilharzia intestinalis scheint in Fezzan zu fehlen (aber Vorkommen von Melanioides tuberculata bei Brak und Limnaea ovata [Franchini]). Bei Brak haben die Italiener mit der Entseuchung begonnen und einige Erfolge erzielt. Die Brunnen wurden bedeckt, Pumpen für tiefere Brunnen angeschafft und dafür gesorgt, daß das erbohrte aufsteigende Wasser nicht mit verseuchtem in Berührung kam. Trotz Zementierung wurden die aufsteigenden Brunnen von Maharuga nicht entseucht. Kleine Planorben wurden noch von Vermeil gefunden. Zementierte Bewässerungsgräben müssen ebenso wie die nicht zementierten oft gereinigt werden, da die Mollusken sich gerne unter Steinen und Pflanzen in fließendem Wasser ansammeln. In den Gärten selbst sollen sich die Schnecken nicht halten, allerdings wird Kot dem Wasser, in dem die Landarbeiter herumwaten, zwecks Düngung beigemengt.

Im allgemeinen sind die älteren krater- und trichterförmigen Brunnen im Fezzan sowie die wenig tiefen zylindrischen leicht auch für Kinder zugänglich. Sie sind daher verseucht, wie z. B. die kleinen Teiche bei Traghen, die flach trichterförmigen Brunnen in Hammera, wo 25% der Mollusken Cercarien haben, und ebenso die leicht zugänglichen in Tmessa. Auch in kraterförmigen Brunnen mit Algen und Pflanzen an den Wänden, wie z. B. bei Dscherma (Wadi Adschal), findet sich viel Bulinus im organischen Schlamm, während er westlich bei Grefa in den weiten Brunnen, die in den kalkigtonigen Boden gegraben sind und keinen organisch zersetzten Schlamm unterhalb der steilen Wände besitzen, ebenso fehlt wie im Wasser mit mehr als 0,3 g Cl/l. Dadurch ist Edri, dessen Wasser 0,37 g Cl/l enthält, frei von Bulinus und die Einwohner frei von Bilharzia, ebenso Wenzerik mit 0,6 g Cl/l und Bergin. Das Vorkommen der Seuche in diesem westlichen Teil des Wadi es Schati ist begrenzt. Die Bevölkerung, besonders die Kinder, müssen daher dazu erzogen werden, die Brunnen nicht zu verschmutzen, das Urinieren in der Nähe des Wassers zu unterlassen und nicht zu baden. Alte Brunnen müssen zugeschüttet werden. Die Fezzaner selbst beschuldigen den heißen Sand als Grund für die Seuche.

In Tripolitanien wurden an einzelnen Stellen Zwischenwirt-Mollusken der Bilharzia gefunden, es ist aber fraglich, ob von hier aus eine Verseuchung erfolgte. Zavatari stellte in einem kleinen Wasserlauf bei Dersch und Tgutta Bulinus contortus fest. Ebenso soll die Schnecke in den Rumia-Quellen bei Jefren leben sowie in dem Tümpel von Farga bei Dschado. Ob sie heute noch im Gebiet von Ain Zara bei Tripolis, nachdem die Italiener die Sümpfe trockengelegt haben, vorhanden ist, wie frühere Beobachter melden, ist fraglich. Die Möglichkeit einer Ansteckung wäre dann gegeben, da die Karawanen nach und aus dem Fezzan sich hier zu sammeln pflegten. In dem verseuchten Sumpfgelände von Tauorga wurde nur Planorbis boissyi var. libyca und Melanioides tuberculata, aber kein Bulinus gefunden.

Fast bei allen Fällen, die im Hospital von Tripolis behandelt wurden oder die bei der italienischen Truppe auftraten, konnte man einen Aufenthalt im Fezzan nachweisen, so daß also eine Einschleppung von hier aus erfolgt war (Scaduto 1937). Auch Fälle aus der weiteren Umgegend von Tripolis, z. B. 6 Fälle aus Zliten in den Jahren 1932/33, darunter ein sehr leichter von Bilharzia intestinalis (Cicchiotto), müssen, ebenso wie die beiden aus Gadames gemeldeten, als eingeschleppt gelten. Die Zunahme in den letzten Jahren ist nur auf die stärkere Auswanderung aus dem Fezzan zur Küste zurückzuführen.

In der Cyrenaica hatte man schon 1916 einige Fälle von Bilharzia auch bei Soldaten festgestellt, die sich nur im Lande infiziert haben konnten. Etwas später fand man Hämaturie ohne Fieber und ohne besondere Schmerzen sowie Eier des Schistosoma haematobium im Urin von Hirten aus dem Wadi Um er Rezzem (südlich von Derna). Die Suche nach den Zwischenträgern ergab dann auch einige vom Bulinus contortus infizierte Wadis, z. B. das Wadi Derna vom Wasserfall bei der Ain Mansur nach abwärts, den Unterlauf des Wadi Latrun, die Umgebung der Ain Mara, der Quellen von Gubba und Psiara. Zu beachten bleibt, daß S. haematobium vielleicht auch andere Mollusken (s. o.) als Zwischenwirt durchlaufen kann.

Auch Schistosoma mansoni, das sporadisch an der Mittelmeerküste Libyens vorkommt und einen endemischen Herd im Nildelta besitzt, ist in der Cyrenaica beobachtet worden. Mehrere Fälle von Bilharzia intestinalis traten auf. Sie waren aber wohl wie die beiden Fälle in den Jahren 1954/55 aus Ägypten eingeschleppt. Auch Klug (Derna) kennt aus dem Lande nur Fälle von S. haematobium.

Ungeklärt ist in Libyen noch, ob hier Bulinus oder nur Biomphalaria der Zwischenwirt von S. mansoni sein kann. Die Nomaden in der Cyrenaica scheinen im allgemeinen doch etwas stärker infiziert zu sein, wie die Erkrankungen in der Cyrenaica aus den letzten Jahren ausweisen. Keine Bilharzia und auch keine Verseuchung mit Mollusken zeigen die Oasen Marada, Audschila, Dschalo, Dschkerra und Dscharabub, deren Seen bzw. Brunnen zu salzig sind, desgleichen die Seen des Kufra-Archipels und die Seen bei Benghasi. Auch die Dschofra (Hon und Umgebung) hatte bisher zu salziges Wasser, als daß es für eine Entwicklung von Bulinus in Frage käme.

Die WHO hat die Absicht, zugleich mit der Durchführung des Malariaausrottungsprogrammes auch die Vorkommen der Mollusken in den mit Bilharziasis verseuchten Gebieten zu vernichten. Brunnen und freie Wasserflächen sollen vor einer erneuten Verschmutzung durch Kranke und durch abfließende Jauche geschützt werden, die Infizierten bemüht man sich auszuheilen. Da die meisten Orte bekannt sind, in denen die Mollusken siedeln, und es sich nur um kleinere Bevölkerungsteile handelt, könnte diesem Projekt Erfolg beschieden sein.

2. Ankylostomiasis

Ankylostomiasis (Ankylostoma duodenale, Hakenwurm) ist eine der verbreitetsten Seuchen der Erde. Wegen der hohen Temperaturen und dem hohen Grad der Trockenheit ist Libyen eigentlich nicht sehr geeignet für die Entwicklung von Ankylostoma. Bacchelli (1937) nimmt daher an, daß der Wurm aus Italien bzw. Äthiopien eingeschleppt wurde. Die üppige Kultivierung in den Oasen mit kleinen rechteckigen Feldern, besonders für Luzerne, bringt eine mildere Temperatur und durch Bewässerung die notwendige Feuchtigkeit für die Entwicklung von Eiern, die mit dem Mist oder den Exkrementen von Feldarbeitern, die im Freien defäzieren, hierher kommen. Mit bloßen Füßen waten die Arbeiter in dem infizierten Schlamm, so daß die Larven in die Haut eindringen können. Sicher wird man auch im Fezzan Herde durch eingeschleppte Eier finden. In Ben Gaschir, südlich von Tripolis, treten jährlich Fälle von Ankylostomiasis auf. Durch Eier verbreitet sich die Seuche in die Umgebung (Giacometti). Vereinzelte Fälle stellte das bakteriologische Laboratorium in Tripolis (1932/52 nicht jedes Jahr) fest. In Misurata wurden bei Kindern vereinzelte Ankylostomen gefunden. Scaduto berichtet von einem eingeschleppten Fall aus Tunis, Polazzo aus Ägypten, auch kann es Herde in der Cyrenaica geben, besonders in der Oase Derna, wo Abwässer aus höher gelegenen Slums in die Bewässerungsgräben fließen.

3. Cestoden-Infektionen

An Taenien (Bandwürmern) kommen in Libyen Taenia saginata (Rinderbandwurm), Taenia solium (Schweinebandwurm) und Echinococcus granulosus, der Hundebandwurm, vor, besonders der letztere, dessen Eier im Menschen und Tier durch die Darmwand dringen und in die Leber und andere Organe verschleppt werden. Hier bilden sie einen Tumor mit großblasigen Zellen. Von diesen Cysticercen und Echinococcen werden besonders die Rinder und Schafe befallen, die auf den Weiden die Eier aufnehmen. Das bakteriologische Laboratorium in Tripolis hatte in den Jahren 1939/52 fast jährlich einige Fälle von Cestodeninfektionen diagnostiziert. In Tripolis wird die Fleischbeschau streng durchgeführt, weniger auf dem Lande. Der Cysticerus tritt hier sehr stark auf. Befunde von Echinococcose der Lunge und Leber, auch des Gehirns, nicht nur bei Libyern, sondern auch bei Italienern (GIACOMETTI) wurden beobachtet. Stark verseucht sind die Hunde. Man findet Cestoden etwa bei 60% der Hirtenhunde und 10% der Stadthunde, Finnen bei Schafen 40%, bei Rindern 70% und bei Schweinen 20% (CICOGNA 1961). In den Jahren 1951/61 wurden im Gouvernements-Hospital in Tripolis 57 Fälle behandelt. In Benghasi stellte DOGLIOTTI im Gouvernements-Hospital Benghasi in den Jahren 1960 bei 20,3% der Patienten der Haut-Abteilung, 1961 bei 28,2%, 1962 bei 26,75% und im Jahre 1963 bei 22,87% Finnen fest.

4. Sonstige Wurmkrankheiten

Wurmerkrankungen sind in Libyen weit verbreitet. Die Würmer verursachen, wenn sie beim Menschen in Massen auftreten, oft Anämien und Eosinophilie. Überall werden Helminthen festgestellt. In Benghasi findet sich Helminthiasis bei 17—19% der Erkrankten (DOGLIOTTI), auf dem Dschebel fand ANGRISANI in Dschado, Jefren und Garian bei 9% der im Jahre 1949/50 Untersuchten Wurmbefall, im Fezzan sind Trichuris (Peitschenwurm), Oxyuren (Madenwurm) und Ascariden (Spulwurm) weit verbreitet. In Osttripolitanien ergab eine Untersuchung der Koran- und Primärschulen in Misurata, Syrte, Zliten, Nofilia und Tauorga allein an Ascariden 70—75% Befall. TRIPODI (1935/36) stellte bei 50% der Erkrankten in Tripolis Ascariden, ihre Eier in 60—70% fest, Trichuris trichiura in 15%, Taenia saginata (Bandwurm) in 2% und Hymenolepis nana in 0,5%. Ascaris lumbricoides wird hier oft massenhaft bei Kindern gefunden. Trichuris ruft besonders bei Kindern Darmstörungen hervor. Ab und zu soll auch, früher wenigstens, der Guineawurm aus dem Sudan eingeschleppt worden sein (NACHTIGAL).

Trichinen (Trichinella spiralis) kommen beim Menschen kaum vor, da die Moslems kein Schweinefleisch essen.

V. Anthropozoonosen und Zoonosen

1. Brucellose

An Brucellosen kennt Libyen zwei Arten, das Malta- oder Mittelmeerfieber und die Bang-Erkrankung, deren Bakterien, Bruc. melitensis und Bruc. abortus keine Zwischenträger kennen, sondern durch Berührungen von Ausscheidungen (Harn und Milch) der Ziege, des Schafes und Rindes übertragen werden. Beim Rind (Bruc. abortus Bang) kommen noch Erkrankungen der Geschlechtsorgane mit Verwerfen dazu. Beim Menschen äußern sich die Infektionen mit undulierendem Fieber und rheumatismusähnlichen Erscheinungen.

Vermutlich war die Seuche in Libyen schon vor dem Eintreffen der Italiener endemisch. VIGLIETTA führt von den Jahren 1920—1933 8 Fälle an, die nur Italiener betrafen, und von denen er annahm, daß sie nicht autochthon seien, sondern durch aus Italien eingeführten Käse hervorgerufen wurden. TRIPODI aber erwähnt im Jahre 1936, daß das Melitensisfieber in Tripolitanien verbreitet sei und auch das bakteriologische Laboratorium führt jährlich einzelne Fälle an (1939/52), die besonders im Jahre 1939 (98) und im Jahre 1946 (90) leicht anstiegen.

In der Cyrenaica stellte MEDULLA (1931) in der Stadt Benghasi im südlichen Teile des Benghasino und in der Umgebung von Barce das Melitensisfieber fest, während Morbus Bang nicht bei einheimischem Vieh auftrat. Im Jahre 1934 kam es dann im östlichen Teil des Dschebel Achdar (Provinz Derna) nach VIGLIETTA zu einer Art Epidemie. 19% der Ziegen und 17% der Schafe waren von Bruc. melitensis angesteckt und dementsprechend trat an den verschiedensten Orten die Seuche auch beim Menschen auf, der eng mit den Tieren zusammenlebte. VIGLIETTA führt diese Ausbreitung von Bruc. melitensis auf die Einfuhr infizierter Herden aus Tripolis und Sizilien zurück, auch mögen aus Ägypten eingeführte Herden, deren Untersuchung im August 1934 negativ verlief, früher schon zur Verbreitung der Seuche und damit zur stillen Feiung der Einwohner beigetragen haben. Im Jahre 1953 wurden Schafe aus Malta importiert, worauf es wieder zu einer Epidemie kam (GIACOMETTI). Vereinzelte Fälle treten auch heute noch immer in Tripolitanien und der Cyrenaica auf (s. Tab. XIV).

2. Q-Fieber

Das Q-Fieber, dessen Erreger (Rickettsia burneti) in Rind, Ziege und Schaf leben, wird bei den Tieren von Zecken (Ixodiden) übertragen. Auf den Menschen gelangt er dann durch tierische Produkte, Harn und Milch, und Berühren der Nachgeburt, aber wohl auch aerogen durch Tröpfcheninfektion und Staub. Als Seuche trat das Q-Fieber erst seit dem Zweiten Weltkriege auf, und zwar zunächst ausschließlich bei Soldaten mit einer Morbidität bis zu 53%. Die Höhepunkte der Seuche lagen im Jahre 1941 bei deutschen und italienischen Truppen und im Jahre 1945 bei den Nachkriegstruppen der Engländer und USA-Formationen. Vom Vorkommen bei der libyschen Bevölkerung wird nichts berichtet. Bei der Ziegen- und Schafdichte in Libyen mag der größte Teil der einschlägigen Bevölkerung Träger von Antikörpern sein, auch ist das klinische Bild wenig charakteristisch, so daß Verwechslungen vorkommen können.

3. Milzbrand

Der Milzbrandbacillus (Bac. anthracis) gelangt durch Kot und Blut kranker Tiere auf die Weiden. Hier kommt es ebenso wie im Blute toter Tiere zur Sporenbildung. Die Sporen sind äußerst widerstandsfähig gegen Hitze und Kälte, Trockenheit und Feuchtigkeit. Die Sporen werden von Schafen, Pferden, Rindern auf den Weiden aufgenommen und dadurch der Bacillus weiterverbreitet.

Der Hautanthrax, kleine Pusteln bis tiefe Karbunkel, ist in Libyen nicht allzu selten (KLUG), Milzanthrax kommt kaum vor. Auf dem tripolitanischen Dschebel (Dschado, Jefren) wurde Hautanthrax mehrfach bei Sammlern von Fellen beobachtet (MEINCK). Unter 2000 toten Kamelen fand man nur eine Erkrankung.

4. Tollwut

Die Tollwut ist eine Säugetierseuche, und zwar nur von Fleischfressern. Befallen werden in Libyen Schakal, Fuchs, Hyäne und Hund, gelegentlich kommt es zu Übertragungen auf alle Säugetiere, auch die Pflanzenfresser, die aber wie der Mensch das Ende und nicht Ausgang der Seuche sind. In den Wüstengebieten wird die Seuche bedeutungslos.

Die Hirtenhunde in Libyen lassen sich nicht einsperren, außer ihnen gibt es zahlreiche herrenlose Hunde, die in den Orten umherstreunen. Es kommen infolgedessen auch beim Menschen jährlich einige wenige Tollwutfälle vor (1939/52 bakteriologisches Laboratorium, Tripolis), s. Tab. XIV für die Jahre 1959/63. KLUG beobachtete in zehn Jahren 8 Todesfälle in der Cyrenaica. Durch Impfungen von Menschen und Hunden sucht man der Seuche Herr zu werden.

5. Zoonosen der Haustiere

Bei den Haustieren treten in Libyen eine ganze Reihe von Infektionskrankheiten auf, die z. T. eingeschleppt wurden und gegen die sich der Mensch wehren muß, da bei einigen die Gefahr einer Übertragung groß ist. Auch die wirtschaftlichen Schäden können durch Verbreitung von Seuchen und Tod der Tiere groß werden. Die wichtigsten Krankheiten sollen nur kurz genannt werden (PRICOLO, ALONGI, BALBONI, ZAVATARI, FRANCHINI).

Afta epizoica (Mundschwamm) ist eingeschleppt. Die Seuche herrschte nicht unter einheimischen Rindern, die Gefahr der Verbreitung ist gering. Bei der Morva ist es ungewiß, ob sie einheimisch oder eingeführt ist. Man kennt 10 Erkrankungen.

Die Pleuropulmonitis des Pferdes und Rindes ist eingeschleppt. Eine Pulmonitis epizoica soll bei Ziegen vorkommen. Gegen die Schweinepest sind rigorose Maßnahmen durchgeführt, damit sie sich nicht in Tripolitanien ausbreitet. Rinderpest gibt es nicht in Libyen, jedoch besteht die Gefahr, daß sie bei der Einfuhr von Rindern aus Italien eingeschleppt wird. Tuberkulose tritt bei Tieren der Einheimischen sehr selten auf. Bei 500 Kamelen (Autopsien) wurde keine gefunden. An Milbenerkrankungen gibt es verschiedene Arten, die Kamel, Pferd, Rind, Schaf und Ziege befallen.

Die Benutzung der Tiere und ihrer Produkte werden besonders bei Kamel und Schaf herabgesetzt, z. T. kommt es auch zum Verlust der Tiere, die Schädigung durch die Seuche kann also beträchtlich sein.

In ganz Libyen gibt es Fundorte der Trypanosomiasis des Kamels, der Surra (debab, släl), die durch Trypanosoma evansi (syn. sudanense) hervorgerufen wird. An der Küste erkranken auch Pferde, Rinder und Schafe. Es kommt zu einer Abmagerung der Tiere. Die Überträger sind Bremsen (Tabaniden). Eine Übertragung durch Zecken wird vermutet (GIOVANNI CASTRONUOVO, KLUG). Durch diese Insekten werden auch Piroplasmosen, Spirochaeten und Filarialarven übertragen, die im Blute des Kamels leben. An Eingeweideparasiten findet man Trichuris und Strongyloides, bei Ziegen Dictyocaulus filaria und Protostrongulus rufescens. Die Distomatose ist selten. Der Echinococcus mit Cysticercose ist häufig in Kamelen, Rindern, Schafen und Ziegen.

Die Canicola-Leptospirose (Stuttgarter Hundeseuche) mit Gelbsucht und Leptospiren im Urinfiltrat wurde fünfmal im Jahre 1941 festgestellt, ebenso eine Spirochaetose der Hühner und Brucellose. Weitere Krankheiten sind eine Beschälseuche der Esel und eine verminöse Pneumonie der Schafe.

VI. Nichtinfektiöse Krankheiten

1. Krankheiten in Verbindung mit Schwangerschaft und Geburt

Die Verheiratung der Mädchen in den islamischen Ländern erfolgt frühzeitig, sie müssen als virgo intacta in die Ehe treten. Der Vater bzw. später der Ehemann bestimmt über die Frau, der erstere über den Zeitpunkt der Heirat und den Ehekandidaten. So konnte FÖLLMER noch feststellen, daß in Libyen $^1/_3$ der Mädchen vor dem Auftreten der ersten Menstruation verheiratet und auch die Ehe vollzogen wurde. Eine physiologische Sterilität für die ersten Jahre nach der Menarche konnte nicht festgestellt werden, auch zeigte sich, daß die arabische Frau keineswegs frühreifer als die europäische Frau ist. Innerhalb des ersten Jahres nach Eintritt der ersten Menstruation wurde die Mehrzahl der Frauen schwanger. Fehlgeburten traten bei Minderjährigen nur in wenigen Fällen auf, die erste Schwangerschaft wurde in den ersten beiden Jahren mit Beginn der Menstruation zu 89% ausgetragen. Frühgeburten sind bei Frauen jeden Alters häufiger als bei europäischen Frauen. Komplikationen während der Schwangerschaft wie Toxikosen und Hyperemsis gravidarum sind selten. Anders ist es mit häufigen z. T. schweren Anämien bei Schwangeren, und zwar nicht nur im weniger entwickelten Inneren des Landes, wo Malaria und Bilharziose noch endemisch auftreten und es auch häufiger Darmparasiten gibt, sondern auch in den Küstengebieten, in denen die genannten Krankheiten nur als eingeschleppte Fälle vorkommen. FÖLLMER vermutet als Ursache eine mangelnde Zufuhr an tierischem Eiweiß. Diese Ansicht wird durch die Erhebungen der FAO bestätigt, durch die festgestellt wurde, daß die Zufuhr höchstens 10 g täglich beträgt, gewöhnlich aber unter dieser Menge liegt. Frauen und Kinder essen nicht mit den Männern, sondern das, was von ihren Mahlzeiten übrig bleibt. Der Eiweißhaushalt der Frau wird außerdem dadurch belastet, daß ihr durch laufend aufeinanderfolgende Schwangerschaften und Laktation ständig Eiweiß entzogen wird. Es kommt zu einer Hypoproteinämie mit Vitamin- und Calciummangel, wodurch Schwangerschaftsbeschwerden verursacht werden. Darmstörungen während der Schwangerschaft, gegen welche die Frauen Holzkohle essen, verstärken die Anämien. Die tägliche Kalorienzufuhr beträgt 2000—2300 Kal. pro Person (FAO), bei den Frauen weniger.

Wie in vielen islamischen Ländern werden z. T. auch die jungen Mädchen in Libyen im 7.—10. Lebensjahr durch Entfernung der kleinen Labien und eines Teiles der Klitoris beschnitten. Durch Narbenbildung wird der Introitus vaginae verengt, als Folgen treten Schmerzen bei der Kohabitation und oft Schwierigkeiten während der ersten Geburt auf. Plastische Operationen während der Entbindung sind notwendig, um die Folgen zu beheben (FÖLLMER).

In Libyen spielt bei der Entbindung die häusliche Geburtshilfe noch die beherrschende Rolle, die zum großen Teil von ungeschulten Frauen ausgeübt wird. Sie gehen vielfach unter Verwendung von Öl oder auch von feinem Sand während der Geburt in die Scheide ein und kennen oft nicht die Grundregeln der Asepsis oder einfachster geburtshilflicher Handgriffe. Von 475 Entbindungen wurden 33 von diplomierten Hebammen, 14 im Krankenhaus (= 10% unter geschulter Aufsicht), 47 Entbindungen ohne Hilfe oder nur mit der Hilfe einer Nachbarin vorgenommen. Bei allen anderen Geburten waren arabische Hebammen ohne bzw. ohne wesentliche Schulung zugegen (1960). Unter der Geburt treten Uterusrupturen auf, besonders infolge Beckenverengung und infolge eines vorhergegangenen Kaiserschnittes, wenn die Frau die folgende Entbindung auf ihrem Dorfe durchmacht. Jede andere Operation ist daher dem Kaiserschnitt vorzuziehen, auch wenn das Kind in Gefahr gerät. Eine andere schwere Komplikation ist die vorzeitige Lösung der richtig sitzenden Placenta. FÖLLMER sieht als Hauptgrund für das gehäufte Auftreten dieser Komplikationen ebenfalls die Hypoproteinämie an. Als pathologische Geburten, die in Libyen auftreten, führt er weitere in Tab. V an.

Die Mortalität von Mutter und Kind liegt während der Geburtshilfe in Libyen auch in den Krankenhäusern höher als z. B. in Deutschland. (Nach FÖLLMER und BRACALE s. Tab. V.)

2. Säuglings- und Kindersterblichkeit

Die kindliche Mortalität liegt sehr viel höher bei den zu Hause und abseits der Städte Entbundenen. Wie erwähnt, ist hier die Geburtshilfe noch äußerst mangelhaft. Ferner treten Nabelinfektionen durch unsaubere Messer, Holz oder Steine auf, die zum Abquetschen der Nabelschnur verwendet werden. Das Abbinden erfolgt durch unsaubere Bänder oder Haare der Mutter, die Wunde wird durch Sand und Lehm versorgt, die Säuglinge werden in Sand gebadet. Tetanusinfektionen bleiben nicht aus (siehe Tab. VII).

100 Frauen im Alter zwischen 17—38 Jahren, die über ihre Geburten befragt wurden (FÖLLMER 1962), machten die in Tab. VI aufgeführten Angaben.

Das Geburtsgewicht der Kinder betrug bei Frühgeburten unter 2500 g. Bei Normalgeburten 2500 bis 4000 g, bei den meisten Neugeborenen um 3000 g. Infolge mangelhafter Pflege starben alle Frühgeburten. Junge Mütter hatten die meisten Frühgeburten (FÖLLMER):

16jährige	17jährige	18jährige
21%	16,7%	19,9%

Durch Maßnahmen der Schwangerenbetreuung und Beratungen in den Beratungsstellen für Mutter und Kind ist der Prozentsatz heute herabgedrückt.

Das weitere Gedeihen des Kindes hängt von der Ernährung ab. Anfangs erhält es Muttermilch. Reicht die Milchmenge der Mutter nicht aus, wird das Kind einer anderen Frau aus der Familie zum Stillen gegeben. Ist keine Frauenmilch zu bekommen, erhält es Kuh- oder Eselsmilch. Gewöhnlich treten hier die ersten Ernährungsstörungen auf, da die notwendige Verdünnung der Milch unterlassen oder nicht richtig angewandt und zu oft (alle drei Stunden) gefüttert wird. Das Kind wird dadurch gleichsam in Milch ertränkt (Eiweiß-Vergiftung, ANGRISANI, 1953). Ist nicht genügend Muttermilch vorhanden, nachdem z. B. eine neue Schwangerschaft eingetreten ist, wird oft schon vom 2. Monat (im allgemeinen vom 6. Monat) ab Nahrung vom Tisch der

Tabelle V. *Geburtshilfliche Operationen*

		Geburtshilfliche Operationen:	
Beckenendlage	0,54%	Beckenendlage	0,54%
Querlage	2,08%	Zangengeburt	7,00%
Einstellungsanomalien	—	Wendung	1,08%
Blutung ante partum	1,54%	Embryotomie	1,43%
(nur vorzeitige Lösung der richtig sitzenden Placenta)		Kaiserschnitt	1,43%
Placenta praevia	0,72%		
Blutung post partum	—		
Zwillinge	1,08%		

	Mütterliche Mortalität:	Totgeburten:	Perinatale Mortalität:
Libyen	2,6 ‰	31,0‰	108,3‰, davon die Hälfte Frühgeburten
Deutschland (1958)	1,16‰	16,4‰	21,1‰

Tabelle VI. *Natalität und Mortalität in der Stadt Tripolis*

	1958	1959	1960
Lebendgeborene auf 1000 Bewohner	18,4	23,3	23,4
Gestorbene auf 1000 Bewohner	17,1	17,5	19,2
Kindersterblichkeit auf 1000 Lebend-Geb.	375,4	292,6	359,5
Totgeburten auf 1000 Lebend-Geb.	134,3	113,9	98,5

ausgetragene Schwangerschaften	Fehlgeburten	lebende Kinder	tote Kinder	Kinder starben bis zum vollendeten 1. Lebensjahr	im Alter von 1—5 Jahren
475 + 9*)	42	272=56,2%	203+9*)=43,8%	150=30,9%	62=12,9%

*) = Zwillinge (davon je 1 Zwilling gestorben)

Erwachsenen beigefüttert, Makkaroni, Kuskus mit Pfeffer, Tomatenpurée und Gemüse, also Nahrung, die die Kinder noch nicht verdauen können (SELBY LOWNDES). Es kommt zu Brechdurchfällen und Dyspepsien. Bis zum Ende des 2. Lebensjahres erhält das Kind vornehmlich Kohlehydrate und nur eine unzureichende animalische Eiweißzufuhr durch Muttermilch. Dadurch werden die mangelhafte Gewichtszunahme, Eiweißmangelerscheinungen und die herabgesetzte Abwehr gegen Infektionskrankheiten (Fliegen, Staub) erklärt, und damit auch die hohe Mortalität von 50—60% der Lebendgeborenen bis zum 5. Lebensjahr.

An infantiler Gastro-Enteritis sterben jährlich wahrscheinlich 5000 Kinder, und zwar besonders in den Monaten Juni bis September in den größeren Orten (Gastroenteritis acuta, Enterocolitis acuta, Dystrophie). Auch die durch Staub und Fliegen übertragenen Augenentzündungen verlaufen für Kleinkinder häufig tödlich.

Für die Entstehung von *Herzerkrankungen* spielen ebenso wie bei Kreislauferkrankungen auch Luesinfektionen eine Rolle, in deren Folge oft die *Lebercirrhose* auftreten soll, ebenso Verschlußicterus, besonders nach Magen-Darmerkrankungen. Für *Diabetes* ist im Regierungs-Hospital in Tripolis seit 1960 ein antidiabetisches Zentrum mit 100 Betten eingerichtet worden. Koprostasen und Hämorrhoidalleiden entstehen häufig durch den Mißbrauch von Filfil (Pfeffer), Tee und Kaffee.

In den Kufraoasen und in Tibesti klagten die Einheimischen vielfach über Beschwerden und Schmerzen in der Magengegend. Bei der Untersuchung zeigten sich häufig Spannungen in der Magengegend, einmal ein deutlicher kleinapfelgroßer Tumor am Pylorus. Ich hatte nicht viel Medikamente bei mir, riet den Patienten aber, den Genuß des gekochten Tees, zumindest den ersten Aufguß, der mir selbst auch nie recht bekam, fortzulassen und gab ihnen außerdem für einige Tage Pan-

Tabelle VII. *Säuglings- und Kindersterblichkeit*

Todesursachen für Kinder unter 1 Jahr (FÖLLMER):

Während oder kurz nach der Geburt	Frühgeburt	Ernährung zu wenig Milch	Tetanus bis zu 1 Woche	älter als 1 Woche
12=8%	19=12,2%	25=16,7%	37	4
			=27,3%	
Darminfektion Brechdurchfall	**Infekte Masern, Lunge**	**Unfall**	**unbekannte Ursachen**	**Mißbildung**
18=12,0%	20=13,8%	3=2%	10=6,7%	2=1,3%

Todesursachen für Kinder über 1 Jahr (FÖLLMER, 1960):

Ernährung	Darminfekte (Fliegen)	Infekte	Circumcision	Unfall	unbekannt
4=6,5%	23=37,1%	22=35,5%	2=3,2%	1=1,6%	10=16,1%

3. Nichtinfektiöse Kinderkrankheiten

Die nichtinfektiösen Erkrankungen der älteren Kinder sind in Libyen zum großen Teil dieselben wie in Europa. Es sollen deshalb nur die wichtigsten eine kurze Erörterung finden. An den Folgen der vielfach unzweckmäßigen Ernährung und Unterernährung haben auch ältere Kinder später noch zu leiden. Amoebiasis ist häufig, Leishmaniase mit Splenomegalie tritt häufig bei Kindern zwischen dem 2. bis 6. Jahre auf. Nicht allzu selten sind Tuberkulose und Rachitis. Die Temperaturunterschiede im Herbst und Winter und die größere Feuchtigkeit bringen vielfach Erkältungskrankheiten mit sich, Husten, Angina und Bronchialkatarrh. Pneumonien sollen nur selten sein und treten in der trockenen Wüste so gut wie nicht auf (BARTOLI berichtete es aus Kufra). Die dauernden Erkältungen durch das Schlafen auf dem kalten Boden sind die Ursache für relativ häufig vorkommendem Rheumatismus, als dessen Folgekrankheiten nicht allzu selten wieder Gelenk- und Herzerkrankungen sowie Nephrosen auftreten.

4. Nichtinfektiöse Krankheiten der Erwachsenen

Der *Skorpionenbiß* ist für alle Jugendlichen gefährlich, jährlich treten Todesfälle auf. *Schlangenbisse* sind selten. Mein Führer (50 Jahre) wurde einmal beim Holzholen von einer Hornviper gebissen. Trotz sofortiger Anwendung einheimischer Mittel und einer nach kurzer Zeit erfolgten Seruminjektion hat er sich nie wieder so recht erholt.

sedon. Mit dieser Therapie hatte ich durchweg Erfolg. Sogar der Tumorpatient, den ich nach 6 Wochen wiedersah, kam freudig auf mich zu und sagte, daß er gesund sei. Tatsächlich war der Tumor völlig verschwunden.

Nichtinfektiöse *Augenerkrankungen* sind außer dem noch häufigen Trachom bei Erwachsenen wie in Europa zu finden.

Als nichtinfektiöse *Hautkrankheiten* sind die *Aihum* zu erwähnen, das Auftreten von Atrophie, Hypertrophie und Degeneration an den Extremitäten, besonders bei Verletzung der nackten Füße bei Gartenarbeiten. Sie tritt nur in wenigen Fällen auf. Drei von ihnen hat im Laufe von 15 Jahren GIACOMETTI aus der Umgebung von Tripolis gesehen. Vereinzelte Erkrankungen sollen bei Negern im Fezzan aufgetreten sein, 5 Fälle wurden aus dem Dschebel Nefusa gemeldet (ANGRISANI).

Ekzeme wie Dermatitis intertriginosa, Erythrodermien, feuchte und trockene variköse und seborrhoische Ekzeme (BERTI) werden in der libyschen Bevölkerung nur in einem relativ geringen Prozentsatz gefunden.

5. Psychische Störungen und Geisteskrankheiten

Im Regierungskrankenhaus in Tripolis werden ständig fluktuierend jährlich etwa 500—600 Patienten behandelt (GIACOMETTI). *Hysterie* entsteht oft bei Einheimischen und auch Italienern, z. T. durch den heißen Gibli (Südwind), oft auch verbunden mit epileptiformen Anfällen, die auch durch Ärger ausgelöst werden können.

Dazu kommt, daß die Psyche oft durch Aberglauben (Geister, bösen Blick) und durch Feindseligkeitn beeinflußt wird, die zu heftigen Explosionen (Psychosen) führen können, ebenso wie auch dauernde Kraftanstrengungen bei langen Karawanenreisen. Auch die Lues löst oft Psychosen, Tabes (Lues cerebri) und Paralysen aus. Zu Polyneuritiden mit peripheren Lähmungen führen verschiedene Erkrankungen.

Die Tabelle XIV bringt eine offizielle Aufstellung der Infektionskrankheiten von 1959 bis 1963. Zu beachten ist, daß es sich hierbei um Einweisungsdiagnosen handelt.

E. Landschaft und Krankheit in Libyen. Geomedizinische Schlußfolgerungen

Der Raum Libyens wurde in 26 Landschaften aufgegliedert, welche nach Bodenbeschaffenheit und Klima und damit nach ihren Wasserverhältnissen und dem Pflanzenwuchs Verschiedenartigkeiten aufweisen. Die Bewohner des Landes sind bis auf kleinere Bevölkerungsteile kulturell einheitlich und leben in den für sie günstigsten Teillandschaften, teils in festen Siedlungen als Städter oder Bauern, damit dichter beieinander, teils aber auch, um die weniger günstigen Landschaften zu nutzen, als Halbnomaden, oft angelehnt an eine feste Siedlung, meist aber doch umherziehend über das Land verstreut. Heute ist nur noch ein geringer Teil der Bevölkerung als Vollnomaden anzusehen. Eine ganze Anzahl Landschaften ist kaum nutzbar, daher menschenleer, so daß die Bevölkerung im Verhältnis zur Größe des Staatsraumes sich nur in wenigen Landschaften und hier meist in kleineren Teillandschaften aufhält.

Durch die Weite des Raumes, durch die großen Entfernungen zwischen den einzelnen Siedlungen und den immer noch schwierigen Verkehrsverhältnissen, wird der Gesundheitszustand der Bevölkerung mitbestimmt. Es ist ein Land, das einer schnellen Ausbreitung von Epidemien abträglich ist. Andererseits wird der Gesundheitszustand durch die endemisch vorkommenden Infektionskrankheiten beeinträchtigt, in erster Linie durch die „Nistseuchen" (Jusatz), die unabhängig vom Menschen in der Landschaft zu Hause sind und auf den Menschen durch Insekten, Wasser und Nahrungsmittel übertragen werden. Die Frage, die sich hier stellt, ist, wieweit sich eine Abhängigkeit dieser Krankheiten, wie z. B. der Malaria, den Leishmaniasen, der Dengue u. a., von der Landschaft in Libyen feststellen läßt.

Bekannt ist, daß eine solche Abhängigkeit z. B. bei der *Malaria* besteht, da für die Fortpflanzung der als Überträger dienenden Anophelesarten zu bestimmten Zeiten im Frühjahr Wasser vorhanden sein muß, auf dem die Eier abgelegt werden und in dem sich die Larven entwickeln können. Manche Larven sind nur auf Süßwasser angewiesen, andere gedeihen auch im Brackwasser. Es spielt für die einzelnen Arten eine Rolle, ob das Wasser stagniert oder strömt, ob es besonnt oder im Schatten gelegen ist. So bevorzugt z. B. Anopheles maculipennis sonnige stehende Gewässer mit Temperaturen zwischen 22° und 29°. In den Küstengebieten Libyens und auch im Fezzan steht das Grundwasser in den Brunnen meist relativ hoch, in den Sebken tritt es in Tümpeln, zwischen Dünen in versumpften Senken zutage. Infolge des Bewässerungsanbaues steht Wasser meist für längere Zeit in Gräben und Furchen der Gärten und Felder. Wenn es stärker regnet, bleiben oft Regenpfützen stehen, und an der Mündung der abgekommenen Wadis entstehen Teiche und Seen hinter Strandwällen. Auch in den Blattachseln der Palmen sammelt sich Wasser an. Schutz gegen zu schnelles Verdunsten geben die verschiedensten Pflanzen, besonders Binsen und Röhricht. Es ist also für die Entwicklungszeit der Larven von 4 Wochen zu Beginn des Frühjahres gewöhnlich genügend Wasser vorhanden. Die Jungmücken beginnen Ende Februar zu stechen. Infizieren sich die Weibchen beim Blutsaugen an Menschen, die Geschlechtszellen der Malariaplasmodien in ihrem Blute beherbergen, dauert es nochmals 3 Wochen, bis die Plasmodien gereift sind. Dies geschieht nur, wenn die Temperaturen nicht unter 16 °C liegen. Erst dann ist eine Infektion eines Menschen durch die Mücken möglich. Sie stechen von Ende Februar bis Ende November. Der Herbst ist in Libyen die Zeit der meisten Neuerkrankungen.

Während des Winters ziehen sich die Mücken in die menschlichen Behausungen zurück. In dunklen Ecken verweilen sie hier auch gerne tagsüber während der wärmeren Monate. Fehlen diese, verbergen sie sich in Mauerritzen, Palmwedelzäunen und Pflanzendickichten. Die Mücken benötigen zum Leben jeweils einen gewissen Feuchtigkeitsgehalt der Luft, zu heißes, trockenes Wetter tötet sie leicht ab. Darum schwärmen und stechen sie nur in den Abend- oder Nachtstunden.

Diese für das Leben der Anopheliden günstigen Verhältnisse bieten die auf der Karte 3 eingezeichneten Küstengebiete in Tripolitanien (1 a_2 und a_3, 2 c_1, 2 f, 4 b_1, b_2) und die eingetragenen Malariagebiete. Als nicht verseucht ist danach die Gegend von Zuara anzusehen, obgleich ausgedehnte, im Winter und Frühjahr wasserreiche Sebken in der unmittelbaren Umgebung liegen. Vielleicht ist das Wasser hier zu salzhaltig, besonders, da einige der Sebken mit dem Meere in Verbindung stehen. Dann scheint die Küste zwischen Tauorga und Benghasi (4 e, 14 a und d_1) malariafrei zu sein, obgleich auch hier Sebken, Strandseen an Wadimündungen und Zwergstrauchsteppen vorhanden sind. Die Möglichkeit für eine Entwicklung von Mücken ist also auch hier gegeben. Ghisleri (1912) bezeichnet diese Syrtenküste als berüchtigt für Malaria-Fieber. Allerdings ist bis auf wenige kleinere Orte und Zeltlager von Nomaden die ganze Teillandschaft so gut wie unbesiedelt, die Möglichkeit einer Infektion dadurch stark herabgesetzt. Neuerdings entstehen an der Küste drei Ölausfuhrhäfen, die bei ungenügender Vorsorge eine stärkere Verseuchung, die offenbar früher bestand, herbeiführen können (Karte 15).

Damit wäre auch das südlich anschließende, niedrige, zerschnittene Tafelland (4 d) gefährdet, in dem die nach der Küste abfließenden Wadis infolge von Stauung zeitweise Sümpfe entstehen lassen. In dieses von vielen Nomaden aus den umliegenden Oasen (bes. Zella und Umgebung) aufgesuchte Gebiet könnte Malaria verschleppt und dort verbreitet werden. Es läßt sich in diesem Beispiel eine geomedizinische Prognose aufzeigen, bei der die Bedeutung der Geofaktoren Boden, Wasser und Klima sehr gut zum Ausdruck kommt.

Im Osten war die Umgebung von Benghasi mit ihren Lagunen, wassergefüllten Einsturzdolinen bis zur Sanierung durch die Italiener befallen, ebenso wie der Küstenstreifen bis Apollonia (15 a_1). In dem anschließenden Teil bis gegen Derna ist heute noch (1965) Malaria vorhanden, da einige dauernd fließende Wadis, die Tümpel, reichlich Vegetation und an der Mündung, gerade nahe den kleinen Orten Strandteiche und -seen enthalten, noch Mücken beherbergen. Nach Osten gegen Tobruk zu wird das Küstenklima trockener, das Land wasser- und siedlungsärmer, so daß, obgleich stellenweise Anopheliden vorhanden sein können, kaum mit einer Infektion zu rechnen ist.

Von der Küste nach dem Inneren zu wird das Klima im allgemeinen trockener und wärmer, die Luftfeuchtigkeit und die Regenmengen nehmen ab. Nur am Fuße des etwas regenreicheren tripolitanischen Dschebels (2) liegt der erwähnte, heute sanierte Quellhorizont (1 d_1). Wie hier fließt auch von der Höhe des Dschebel Adchar (15 c) das Regenwasser schnell ab oder versickert. Nur an wenigen Stellen sind an einzelnen Quellen unbedeutende Sumpfflächen entstanden.

In der Vollwüste sagt das trockene Klima den Mükken noch weniger zu. Die Oasen verfügen vielfach nur über brackiges Wasser, das bei Bewässerungsanbau allmählich auch den Boden versalzt. Sind natürliche und neu erbohrte artesische, süße Quellen vorhanden (Gadames), wächst mit der Menge des Wassers auch die Gefahr einer neuen Verseuchung mit Malaria. Die Dschalo- und Kufraoasen liegen schon am Rande bzw. in der Extremwüste. Da sie außer Salzwasserseen auch nur relativ wenige Brunnen besitzen, kommen in ihnen Malaria übertragende Anopheliden kaum vor.

Im Fezzan sind die klimatischen und Wasserverhältnisse für die Mücken besser. Es sind zahlreiche offene, süße Brunnen sowie Bewässerungsanbau vorhanden und die einzelnen Oasen der langen Wadis liegen nicht allzuweit auseinander, so daß ein regerer Verkehr immerhin möglich ist. In den malariafreien Gebieten sind die Oasen wasserärmer, liegen auch weiter voneinander entfernt (Hofra es Schergia, südliches Wadi Hecma). Die kleinen Quelltümpel bei Sebha haben vermutlich die Italiener saniert, während in den wasserreichen Teilen des Wadi es Schati und Wadi Adschal eine Sanierung nicht gelungen war.

Als weiteres Beispiel für die Beeinflussung der Verbreitung einer Krankheit durch Geofaktoren seien hier die *Leishmaniase* und das *Pappatacifieber* angeführt, die durch Phlebotomen übertragen werden, welche ähnlich wie die Anopheliden leben. Zu ihrer Entwicklung brauchen sie Feuchtigkeit und brüten daher an den Wänden von Gräben und Kanälen, aber auch in feuchtem, faulendem organischem Material oder in Löchern von wilden Nagetieren. Man kennt etwa 60 Arten von Phlebotomen, von denen nur einige Arten die Hautleishmaniase, andere Arten die viscerale Leishmaniase übertragen. In erster Linie erfolgt die Übertragung von Tier zu Tier, der Mensch scheint nur Nebenwirt zu sein. In Libyen ist die Leishmaniase bei Hunden, Katzen und Nagern beobachtet worden. Für eine Übertragung auf den Menschen müssen Phlebotomen vorhanden sein.

In den trockenen Übergangsgebieten zur Sahara wird der Phlebotomus nicht mehr gefunden. In Algerien stellte man fest, daß er 30° N gegen die Wüste nicht überschreitet. Diese Grenze gilt wahrscheinlich auch in Libyen, jedoch fehlen genaue Angaben.

Der Überträger der im östlichen Mittelmeergebiet heimischen *Dengue*, die Mücke Aedes aegypti, liebt heiße Sommer und für die Entwicklung feuchte, milde Winter. Über eine Höhe von 600 m geht die Mücke nicht hinaus. Damit ist das Verbreitungsgebiet in Libyen auf den schmalen Mittelmeersaum begrenzt. Der Aedes ist eine anspruchslose Hausmücke und ganz an den Menschen angepaßt, wenn er auch Blut von Säugern, Vögeln und selbst Kaltblütern saugt, ohne diese jedoch zu infizieren. Seine Brutplätze finden sich überall, wo etwas Wasser stehenbleibt, in Dachrinnen, offenen Brunnen, Bewässerungsgräben und leeren, weggeworfenen Konservenbüchsen. Hier machen die Eier ihren 10—14tägigen Entwicklungsgang durch, können aber ein Austrocknen des Wassers monatelang überdauern, um dann gleich nach dem ersten Regen zu schlüpfen. In klimatisch günstigen Zeiten, im Winter mit einer hohen relativen Luftfeuchtigkeit, kommt es leicht zu einem Massenschlüpfen von Mücken. Folgen heiße Sommer mit starker Mückenvermehrung und sind Virusträger in der Bevölkerung vorhanden, dann treten leicht Dengue-Epidemien auf. Der ganze Küstenstreifen von Libyen, in dem sich die hierfür notwendigen Voraussetzungen finden, muß daher als gefährdet angesehen werden.

Als eine weitere endemische Seuche zeigt die *Bilharziose* eine starke Abhängigkeit von den Umweltverhältnissen. Die Bilharziose kann nur dort auftreten, wo ihren Zwischenwirten, Mollusken aus der Familie der Planorbiden, günstige Lebensbedingungen geboten werden, d. h. oberflächlich stehende oder auch langsam fließende Gewässer, die einen bestimmten Chlorgehalt nicht übersteigen (z. B. bei Bulinus contortus 0,3 g Cl/l). Sind keine Zwischenwirte vorhanden, kann es auch keine frischen, sondern nur eingeschleppte Erkrankungen geben.

Das große endemische Bilharziosegebiet Libyens liegt im Fezzan. Hier leben die Mollusken in offenen Brunnen, Geltas, Bewässerungsgräben und artesischen Quellen. Durch die erkrankte Bevölkerung, besonders durch Kinder, wird das Wasser immer wieder verschmutzt und die Seuche weiter verbreitet. Von den Mollusken und damit von der Seuche freie Oasen, wie Edri und Umgebung, die Oase Grefa (Wadi Adschal), Um el Araneb und Zuila waren schon genannt. Das Wasser ist zu salzig, die Brunnen im Kalk bieten der Schnecke keine Lebensbedingungen oder es gibt nur wenige Brunnen, da das Trinkwasser knapp ist.

Auch die nördlich vom Fezzan gelegenen Oasen sind für die Entwicklung von Mollusken wenig günstig, nur in Dersch und Tgutta wurden sie gefunden. Gadames scheint frei zu sein, wohl weil die große artesische Quelle, die Ain el Fras, ummauert und saubergehalten ist. Die neu erbohrten artesischen Brunnen könnten vielleicht eine Gefahr bedeuten, besonders, wenn die ablaufenden Wassermengen zu ständigen Wasseransammlungen Anlaß geben.

In Tripolitanien ist das Küstengebiet um Tripolis stets gefährdet gewesen, früher durch die Karawanen, die bei den jetzt trockengelegten Sümpfen bei Ain Zara rasteten, und heute durch die Auswanderer aus dem Fezzan, die am Rande der Stadt in Slums leben, und von denen viele die Pärchenegel mitbrachten. Günstige Bedingungen für eine Verseuchung bietet die gesamte Küste von Zuara über den Wallfahrtsort Zliten (2 f) bis Tauorga (4 b_1) und weiter entlang der Syrten-Küste (4 e, 14 a und d_1).

In der Cyrenaica ergab die Suche nach den Zwischenträgern, nachdem man die Krankheit bei Nomaden aus dem Wadi Um er Rezzem festgestellt hatte, daß Wadis mit dauernd fließendem Wasser (Wadi Derna, Latrun), die Umgebung der Ain Mara, die der Quellen von Gubba und Psiara auf der Hochfläche, die Mollusken beherbergen. Durch Nomaden, die anscheinend stärker als bisher angenommen verseucht sind, könnte von hier aus eine Weiterverbreitung der Bilharziose erfolgen.

Die südlich gelegenen Oasen von Marada, Dscharabub, des Dschalo- und Kufra-Archipels sind frei von der Seuche, da eine Ansiedlung von Mollusken infolge vielfach brackigen Wassers und wegen der Abgelegenheit kaum erfolgen dürfte.

Somit ist die Verseuchung Libyens mit dem Pärchenegel nur eine sehr beschränkte, deren Grenzen durch den erhöhten Salzgehalt der Wasservorkommen verschiedener Oasengebiete gezogen sind.

Dieses Beispiel zeigt sehr überzeugend die Bedeutung der Geofaktoren Wasser und Boden für die Epidemiologie eines Landes.

Als Gegensatz zu den Nistseuchen, die unabhängig vom Menschen in der Landschaft auftreten, kennen wir *die Wanderseuchen* (JUSATZ). In einem endemisch verseuchten Raum mit sporadisch vorkommenden Erkrankungen entstehen je nach Klima und Boden, der Entwicklung der Seuchenerreger und des Überträgers vereinzelte Herde, von denen aus die betreffende Seuche durch den Menschen, aber auch durch Tiere verschleppt und weiterverbreitet werden kann. Die geomedizinischen Bedingungen in Libyen ermöglichen den Wanderseuchen eine weite Ausdehnung ihres Areals. Hierfür seien einige Beispiele genannt.

Erkrankungen an *Fleckfieber* durch Rickettsien treten z. B. besonders in der kalten Jahreszeit auf, wenn wärmere Kleidung getragen und diese auch des Nachts anbehalten wird. Dieses feuchte Mikroklima am Menschen mit Temperaturen zwischen 31,5—33 °C sagt den Läusen besonders zu. Sie legen jetzt ihre Eier (Nissen), die an Körperhaaren und in der Kleidung haftenbleiben. Aus ihnen schlüpfen nach 5—6 Tagen die jungen Läuse aus. Die warme, trockene Jahreszeit ist für die Läuse ungünstiger, weil der Mensch leichte Kleidung trägt und sie jetzt der hohen Temperatur und der Insolation ausgesetzt sind. In Gegenden mit hygienischer Stufe II (nach v. BORMANN im Welt-Seuchen-Atlas III., S. 67, unzureichende hygienische Lebenshaltung), wie sie in Libyen unter den Nomaden der Cyrenaica und im Fezzan besonders anzutreffen ist, gibt es fast jährlich im Winter kleine Epidemien, denen besonders Kinder zum Opfer fallen. Die meisten Kinder werden aber für ihr Leben gefeit. Die Epidemie 1938/46, die wohl von Garian ausgegangen ist (Karte Nr. 14), soll hier als Beispiel für die Beteiligung der Nomaden als Seuchenüberträger dienen.

Läuse, ebenso wie auch bestimmte Zeckenarten, verbreiten auch Borrelien, die das *Rückfallfieber* erzeugen. Bei sporadisch auftretenden Fällen ist es in Nordafrika fraglich, ob das Fieber als Läuse- oder Zeckenfieber anzusehen ist. Das Läusefieber ist die europäische Form, kommt aber gelegentlich auch in Nordafrika vor. Die Zecke (Ornithodorus) lebt als Hausungeziefer in Spalten und Rissen der Häuser und im sandigen Boden. Jahrelang können die Borrelien in der Zecke virulent bleiben, gehen auch von den infizierten Zecken auf die Eier über, die an trockenen Orten in die Erde gelegt werden. Die Übertragung erfolgt durch die Zecken vom Nager zum Mensch und umgekehrt sowie von Mensch zu Mensch. Die Einheimischen besitzen gegen die Seuche einen hohen Grad von Immunität.

In den Übergangsgebieten der Länder der ariden Klimazonen und in den Oasen der Wüste lebt Ornithodorus menschenfern in den Bauen von Nagern, Füchsen und Ratten und infiziert diese. Infolgedessen müssen diese Gebiete als *Dauerherdgebiete* für diese Spirochaetose angesehen werden, die daher nicht ausrottbar zu sein scheint. Die Menschen werden beim Schlafen in der Nähe von Nagetierbauen oder auf einem von Zekken verseuchten Zeltplatz, einer Höhle oder nahe einem Brunnen, infiziert. Die Nomaden bringen Zecken wieder zu Verwandten und Bekannten oder verschleppen sie mit Kamellasten in Ballen, wie es 1942—1944 (s. Karte 14) geschehen war, wo die Seuche wahrscheinlich über Murzuk-Bergin mit den damals verkehrenden Karawanen bis nach Tunis, Algerien und weiter gelangte. Nomaden verschleppten auch im Jahre 1933 die Seuche von der Cyrenaica in die Syrte. In Benghasi entstand damals eine Stadtseuche. In den Jahren 1911/12 wurde Tripolis von einer Stadtepidemie heimgesucht.

Schließlich sei hier noch als Wanderseuche die *Pest* angeführt, die eigentlich als Nistseuche anzusehen ist. Die Pest wurde im Laufe der Jahrhunderte immer wieder nach Libyen auf dem Landwege oder von Übersee eingeschleppt. Die Epidemien in den Städten (Tripolis und Benghasi) sind im allgemeinen auf pestkranke Ratten zurückzuführen, welche, von den Häfen ausgehend, durch ihre Flöhe die Ratten der Städte und damit den Menschen infizierten. Die urbane Form der Seuche griff von hier aus, auch durch Einheimische (Halbnomaden) verschleppt, auf die Nagerfauna der Steppen- und Halbwüsten über und führte damit zu großräumig verseuchten Gebieten, in denen kleine Epidemien (= rurale Form) in Eingeborenen-Siedlungen auftraten. Nager waren es wohl auch, welche die Seuche von dem großen ägyptischen Herde bis in die Cyrenaica verbreiteten. Es soll angeblich die urbane Epidemie 1917/22 auf dem Karawanenwege von Ägypten bis nach Benghasi eingeschleppt worden sein, wobei eine Übertragung von Mensch zu Mensch über den Menschenfloh und von diesem wieder auf Haustiere stattfand. Es ist hier aber zu beachten, daß rurale Epidemien (1915/16) ganz in der Nähe der Städte in Tolmeta und Barce, wohin dauernd Verkehr stattfand, auftraten, von hier aus also eine Verseuchung der Stadt Benghasi ohne Schwierigkeit stattfinden konnte. Das Ende der Seuche in der Cyrenaica war im Jahre 1922, wenn sich auch noch kleinere endemische Herde bei den Nomaden und Halbnomaden für einige Jahre hielten.

Ähnlich lagen die Verhältnisse in Tripolitanien, nur mit dem Unterschied, daß hier die Pest in der Stadt im Jahre 1921 erlosch und in der Umgebung auf dem Lande noch kleinere rurale Herde bis 1940 aufflackerten. Eine Verbindung über Land scheint zwischen den tripolitanischen und cyrenaischen Seuchenherden nicht bestanden zu haben. Flöhe sowohl wie ihre Larven sind gegen zu große Trokkenheit sehr empfindlich, sie brauchen eine gewisse Feuchtigkeit. Je weiter sie gegen die Wüste geraten, um so empfindlicher trifft sie die Trockenheit und um so schneller steigt ihre Sterblichkeit (BUXTON, MARTINI). Das Syrtengebiet scheint für sie ein Grenzgebiet abzugeben, das ebenso wie die Vollwüste das Vordringen des Flohes nach Süden und damit die Seuche nach dem Fezzan verhinderte. Mit der Vermehrung der Autos ist diese Wüstengrenze jetzt leichter zu überspringen, so daß der Floh in dem feuchteren Oasenklima sich auch auf den Nagern der Oasen ausbreiten könnte, wenn wieder einmal die Pest als Wanderseuche eindringen sollte.

Die Nomaden, die bei der Verbreitung von Fleckfieber und Rückfallfieber eine Rolle spielen, sind indirekt auch die Weiterverbreiter der *Zoonosen.* Ihre Schaf- und Ziegenherden waren durch die Einfuhr von Vieh aus Malta, Sizilien oder Ägypten verseucht worden. Die Brucellosen wurden durch Ausscheidungsprodukte erkrankter Tiere auf den Weiden weiterverbreitet, der Mensch durch Milchprodukte infiziert. Dasselbe ist der Fall beim Q-Fieber, das durch Zecken von Tier zu Tier übertragen wird. Die Nomaden selbst haben gegen diese Erkrankungen eine gewisse Immunität erworben.

Landschafts- und kulturbedingt sind auch Staub- und Schmutzkrankheiten, die durch Kontakt von Mensch zu Mensch, bzw. auch durch Fliegen, übertragen werden. Als Beispiel seien die *bakteriellen Augenkrankheiten* und das *Trachom* genannt. Die ersteren sind besonders in den Oasen der Wüste weit verbreitet, wenn die Temperaturen im Sommer heiß und Fliegen in großer Menge vorhanden sind. Besonders gefährlich ist deshalb die Herbstkonjunktivitis zur Zeit der Dattelreife und die Keratokonjunktivitis in Verbindung mit Nährschäden besonders mit Vitamin-A-Mangel und sozialem Elend, die wieder die Verbreitung des chronisch verlaufenden Trachoms begünstigen.

Verschmutzung und Verseuchung des Bodens durch mangelhafte Abwasserverhältnisse beschleunigen infolge hoher Temperaturen die Entwicklung von *Wurmeiern.* Das ist besonders der Fall in den Bewässerungsoasen, in denen entweder Fäkalien zu Düngezwecken dem Wasser beigemengt werden oder Jauche aus der Umgebung zufließt. Damit werden Boden und Wasser auch leicht durch *Amöbencysten* verseucht, die dann durch Trinkwasser und Nahrungsmittel in den Menschen gelangen. Die gleichen Ursachen führen zur weiteren Verbreitung von *Ruhrbakterien* und *Typhusbakterien* in den Bewässerungsoasen, wenn diese Keime dorthin eingeschleppt sind oder Dauerausscheider unter der Bevölkerung vorhanden sind.

Diese wenigen Beispiele infektiöser Krankheiten zeigen, daß bei ihrer Bekämpfung vom Gesundheitsdienst nicht nur die Lebensbedingungen der Erreger, sondern auch die jeweiligen Gegebenheiten der Landschaft, in der ihre Überträger leben und von der diese abhängen, berücksichtigt werden müssen, wenn Erfolge bei ihrer Eindämmung und der Verbesserung des Gesundheitszustandes der Bevölkerung erreicht werden sollen.

Die vorliegende Betrachtung eines durch seine Landschaftsgestaltung noch weitgehend ursprünglichen Raumes nach geomedizinischen Gesichtspunkten dürfte als ein Beispiel für die Notwendigkeit der Beachtung des Zusammenwirkens der verschiedenen Faktoren der Landschaft gelten, wenn die epidemiologischen Bedingungen der Krankheitsverbreitung in einem Lande aufgeklärt werden sollen.

Die Fortschritte auf dem Gebiet der Verbesserung der Lebensverhältnisse einer Bevölkerung werden sich um so schneller einstellen, je stärker die geoökologischen Zusammenhänge aufgeklärt, beachtet und nach den durch sie vorgezeichneten Notwendigkeiten gehandelt wird.

Libya — Al-Mamlaka al-Libiyya al-Muttahida

A. The Area of Libya: Physical Geography

Introduction

Geographical Outline

Geographical co-ordination and position

Western border: 1100 km between 33° 50′ N. 11° 52′ E. and 23° 40′ N. 10° 56′ 40″ E.

Eastern border: 1400 km between 31° 40′ N. 25° 10′ E. and 19° 40′ N. 24° E.

Southern border: 1700 km.

In certain parts the frontiers have been arbitrarily drawn as straight lines. The northern border is formed by the coast of the Mediterranean; it is 1900 km in length.

The Kingdom of Libya is contiguous to the following states:
The Republics of Tunisia and Algeria in the west,
the Republics of Egypt and Sudan in the east,
the Republics of Niger and Chad in the south (Map 17).

Area of the country: 1,759,540 square km.

Population: 1,559,399 inhabitants (1964).

Even great efforts could probably only bring 1% or 17,600 square km. of the area of the country into agricultural use, 0.4% or 7040 square km. of which are under the plough (equal to 2²/₃ times Luxembourg's 2568 square km.). Grazing land totals c. 14 million hectares (140,000 square km. or 7—8%).

The three countries (1964):
[since 1964 newly divided into 10 provinces (vide population movements) by royal decree April, 27, 1963].

Tripolitania

263,960 square km. with 1,029,216 inhabitants (3.90 per square km.), 376,177 of whom live in and around the city of Tripoli (212,577 in the city proper), 370,366 in the Jefara and Jebel, 282,673 in Homs and Misurata District (Roman Daphnia) — in all 63.4% of the population. 400,000 hectares are continuously cultivated and in addition 100,000 hectares are irrigated (80,000 of which are in the so-called Tripoli Square, 16,000 being irrigated); grazing land (and land under rain cultivation) totals 8 million hectares (Map 1).

Cyrenaica

855,370 square km. with 451,469 inhabitants (0.52 per square km.), of whom 136,641 are in the city of Benghazi, 143,024 in Benghazi District, 87,162 in Muqataa Jebel Akhdar and 45,197 in the Derna District = 275,383 inhabitants, 80% of whom inhabit 8000 square km. Tobruk District has 38,804 inhabitants, Ajedabya District 44,684, Kufra District 7,482, a total of 90,970 inhabitants. Cultivated land extends to 200,000 hectares, 2,000 of which are irrigated (Benghazi, Barka, Cyrene) and there are c. 4 million hectares of grazing (Map 2).

Fezzan

640,170 square km. with 78,714 inhabitants (0.12 per square km.).

Cultivated land (gardens) totals 2,700 hectares, tree cultivation (date palms) 1,200 hectares, in all about 4,000 hectares of food-producing land together with some 2 million hectares of grazing land.

Libya extends far into the Sahara. Only 9% of the country can expect sufficient precipitation to permit plant growth and it is best described as a desert state.

In the north Libya is contiguous to the Mediterranean. Its coast, aligned on an east-west course, is broken by the broad Gulf of Sirte which projects far into the land, flanked by the Mountains of Jebel Akhdar (875 m.), which protrude from east to north, and by the Tripolitan Jebel (960 m.).

Both mountain ranges are divided up by a line of fractures and slope towards the north. A plain, rising from the sea and widening to 100 km., extends before the Tripolitan Jebel whereas the Jebel Akhdar has but a narrow, intermittently broken coastal strip stretched before it and widening only in the west of the hill country. Owing to their height and extension northward both receive higher rainfall than the surrounding area, with the effect that the otherwise narrow strip of salt-steppe of 30 to 50 km., which follows the coast from Egypt, is broadened. In parts there are still islands of bush-steppe in the hill country, remnants of former stands of trees which were largely destroyed during the last war.

Towards the south the Tripolitanian Jebel grades down to extensive plateaux with stone deserts (Hamada). They persist at heights of about 500 m., the same heights as are gained further to the east by shallow gradations of the Sirte hinterland. Here the low table-shaped elevations surround the gravel areas (serir), sizeable in places, and in parts covered by extensive basalt slabs towards the south, the volcanoes of which rise to heights of 800 m. in the Jebel Sauda and up to 1,200 m. in the Haruj es Sauda.

With these low plateaux and hill ranges, table mountains and volcanic prominences, the total desert has, after a transitional strip with declining vegetation, been reached. The hill ranges and wide, stony, gravel flats are almost without vegetation; the plants, growing poorer, retreat to the wadis. Towards the south wide basins follow which, divided by hill ranges, rise more than 200 to 300 m. in height. Within these extensive stretches of dunes have developed, the so-called Edeyin, accompanied along their margins by rows of oases or monotonous, slightly undulating serir plains delimited towards the southern Libyan border by higher swells like the Mangeni Plateau (1000 m.) or high mountains like the Tibesti (3400 m.).

In Cyrenaica behind the Jebel Akhdar the heights remain lower and are generally below 200 m. Here the extensive gravelly areas of the Serir Kalansho and the sands of the Libyan Desert advance to within almost 300 km. of the coast. Only on arrival in the vicinity of Kufra do isolated, low hill ranges arise; these reach heights of 700 m. in some cases and even 1,000 m. in the Gilf Kebir on the other side of the border with Egypt. Three small inselberg ranges rise in the south east above the vast plateau (500 m.) near the southern border, the highest of which, the Jebel Uweinat attains 1,934 m. The highest summit in the country is to be found further towards the west on the northern arm of the Tibesti, the Dohone; this is the Pik Bette at 2,200 m.

These extensive areas of gravel and sand, tablelands and hill ranges in the south of the province of Cyrenaica are practically waterless save for a few relatively deep wells, the small oasis districts around Kufra and the wadis in the northern Tibesti and the inselberg ranges. For hundreds of kilometres not a plant can be found and rainfall is seldom experienced and scanty. From the direction of Egypt a wedge of extreme desert extends westward deep into Libyan territory.

At the outset only those areas which could be put to use for cattle herding and the cultivation of useful plants were of interest to man. These were primarily the areas of the two jebels near the coast which together with their immediate environs can be used for the cultivation of grain and arboriculture with the partial assistance of irrigation. The zones of bush and dwarf-bush steppe were left to nomadic cattle breeding which, provided that rainfalls were adequate, could be extended across the northern edge of the full desert towards the south. In such a case a limited amount of rain cultivation is also possible here. In the desert itself, as also in the belt of salt steppe and especially along the coast, oases (i.e. belts of oases) developed in shallow basins and in wadis where groundwater comes near to or actually reaches the surface. Today the most important tree there is the date palm. Beneath it garden cultivation with irrigation takes place. In the desert oases and wells are often far apart from each other. Frequently a whole day's journey was necessary in order to travel from one waterhole to the next.

1. The Regions and Landscapes of Libya

Every country and every continent can be divided into regions which distinguish themselves from their neighbouring regions by the differing characteristics of their scenery. These latter may be due to the geological structure, to the climate, the hydrology or the soil types, or to the flora and fauna. Thus their influence extends to the manner of settlement as well as to the way of life of man. Nevertheless such regions may show similarities and analogies. Regions can be subdivided into component landscapes, i.e. smaller complete units, which in turn are made up of regional components which themselves consist of sub-components of the 1st, 2nd order etc. If a lake were taken as a landscape component for example, it could comprise water areas with and without aquatic plants, small islands with or without tree growth, sand banks, reeds, marshland, alder bog or barren sand beach, the whole constituting a mosaic.

Thus Libya can be divided into steppe regions, desert regions and regions of a transitional character which in turn present sub-groups and sub-components. Since the main intention is to review those regions which are of importance to man, the desert regions are but briefly treated. Likewise of the regional components (the smallest elements) only the most important will be mentioned without special reference in Map No 3.

a) Tripolitania

1. The Jefara Coastal Plain Steppe

In front of the fault scarp of the Tripolitanian Jebel in north west Libya stretches the Jefara coastal plain which is up to 100 km. wide and declines from the edge of the Jebel at a height of 200 to 300 m. towards the sea. Of all the Libyan regions this is the richest in water and fertility and thus also the most densely populated. Marine transgressions in the Quaternary led to the covering of the older sediments of calcareous sandstones and sandstones by recent detritus and course yellow sands which alternate with pebbles from the mountains and loess-like, fine reddish sands blown in from the south. Apart from this there has been a development, chiefly in the west, of crustaceous limestone lying on the surface.

The *Coastal Strip of Oases* (1 a), an average of 10 km. wide, is important because of the development of the country's capital here as well as the most important port on the site of the ancient Oea. The *Tripoli Urban Region* (1 a_1) did not only confine itself to the coastal strip but extended beyond this to the adjoining dune and shrub steppe in the south. The oldest and congested native town of Arabs and Jews with two and three-storeyed houses, is still in parts surrounded by a wall. Its north western part is situated above a cliff some ten metres high (calcareous sandstone overlain by firm loess). Another line of cliffs in front of it is connected by piers and today forms the great port basin. At this point the fort built by Charles V can still be seen forming the eastern pillar of the old town (Fig. 1). The new European town began to grow from here after 1890 and extended to the south and east. It is still of a markedly Italian character; high building is beginning to provide it with appearance of a major city. The cathedral and the governor's palace once served as the town centre but nowadays it is more and more being penetrated by Arabs. New mosques have been built and the governor's palace has become the royal residence. In the south the town is surrounded by a ring of slums near the Megenin Wadi which provide an initial haven for those persons arriving from the hinterland who find no employment. This area is to be cleared and the natives are to be rehoused in proper homes. This town has already expanded along the coast as far as the wadi, has pushed through the belt of the Giorgimpopuli garden city and has even displaced the former Italian farm settlements. The big agricultural experimental station, Sidi Mesri, is, however, still here and the highest annual precipitation totals in Tripolitania (382 mm.) are recorded in the place. The oasis which adjoins the town in the east is also being gradually redeveloped. A network of made-up roads covers the oasis gardens with their palm trees as far as the Mellaha salt pan where salt is worked as well as extending to the airport with the Wheelusfield township. Individual villas and larger estates of the townspeople lead to the original oasis near Suk el Juma.

The *Coastal Strip of Oases* adjoining the town *in the West* (1 a_2) crosses the Tunisian border in the west. The coastline is generally formed by a low cliff of red clayey sand (loess) which is superimposed on a hard calcareous sandstone. In front of the main cliff there are isolated short lines of cliffs and in the west there is here and there even a low (up to 0.5 m. high), narrow surface of marine abrasion indicative of small tides in the Gulf of the Little Sirte. Here also a sandbar extends westward above a line of reefs and separates the shallow Machbez Lagoon; apart from that there are only isolated low capes (8—10 m.) with limestone cliffs which already harboured port settlements in ancient times (Sabratha, later Zuara et al.) and still continue to offer shelter for fishing vessels today.

Above the cliff a strip of white, yellow — and, towards the interior, brown — dunes extends; it is of varying width and is now largely consolidated by salt plants and in places by a scrub growth of sand pine, cypresses, tamarisks, acacias, robinias and eucalyptus. Behind these and in fact between the dunes begin the sebka. These are seasonally dry salt clay areas or salt swamps if the groundwater table is sufficiently high or a connection with the sea remains. West of Zuara this narrow, frequently interrupted strip of sebka widens to about 50 km. Here the sebka are substantially larger and consist in fact of extensive lakes with surrounding belts of salt beaches. The dune terrain rising to the south initially contains a few, small in-filled sebka with isolated shrubs and palm trees and then gradually changes to dwarfshrub steppe. Towards the east the first palm trees stand between and beside the sebkh and only on their southern side do they coalesce in small (Regdalin et al.) and then extensive palm groves. Villages and small settlements are situated on their fringes, the larger of which continue to resemble small Italian country towns (Agelat, Sorman, es Zavia, Zanzur, 5—10 m.) in their present central areas. In the oases stand the white box-shaped houses of the Arabs and here the *dalus* of the wells, the sources of irrigation for the small fields beneath the palms and the oil and fig tree plantations.

The *Eastern Coastal Strip of Oases* (1 a_3) is one of the most densely settled rural areas of Libya in its section east of Tripoli to a point beyond Tajura. Above the cliff the palm trees soon appear, extending for about 8 km. to the edge of the inland dunes which are planted with bushes and trees. Apart from the large places Suk el Juma and Tajura with a mosque decorated with pillars, there are numerous smaller settlements with fields and wells in the oasis. The water from these latter is mainly raised by motor pumps with a consequent high wastage. The old wells, activated by man or beast — the "dalu" in which water was raised in a goatskin bag on a hoist — were more economic. Vegetables, barley, oats, lupins and fruit trees (date palms, agrumes, fig trees, olives, apricots and almonds) are cultivated. Low loam walls safeguard fruit and gardens against the sand.

The coastal cliff adjoining in the east rises to a height of over 30 m. in places and is broken by steep gorges. Wadis coming from the interior in well-marked valleys here and there dissect the coastal land which, covered by white and reddish-brown dunes, rises gently towards the south. Bush and woodland islands of eucalyptus and thorn bushes protect the top soil from denudation. Only at some distance from the sea near Garabulli do the extensive olive plantations with fields between the trees commence. They can be irrigated by spray nozzles attached to moveable piping fed from high cisterns. The hilly mountain foreland of the Tripolitanian Jebel gradually pushes further and further towards the sea, thus narrowing the sandy coastal strip of bush. Only the wadi valleys contain small cultivated areas at their point of exit from the foothills.

Behind the strip of oases a *Sandy Bush and Dwarf-shrub Steppe* with limestone crusts gradually rises *in the west* (1 b_1). This dune terrain carries a sparse vegetation of low bushes, herbs and grasses and is to all intents unsettled. One encounters no more than a few rude huts.

Entire lines of dunes, however, are barren and shift across those dunes which are fixed by vegetation, and across the shallow depressions; frequently a hard, brown sub-stratum is unearthed. The steppe rises in long shallow waves towards the south. Where somewhat higher ridges occur, dividing extensive flat plains, limestone (limestone crust) covered by coarse stones comes to the surface. Blown-sand overlies the limestone and shifting dunes migrate across the ridges. Even between the coarse sand areas of the plains on which dwarf shrubs, thorn thickets and esparto grass grow, barren limestone expanses occur again and again as well as remnants of the hard, brown clay soil the surface of which is furrowed by sand abrasion. Scattered over the plains are found isolated cement wells and cisterns containing brackish water which is, however, sufficient to supply herds of sheep and goats — at times several hundred in number — which are guarded by strong, white watch-dogs. Very occasionally one may even see a single camel grazing on the poor dwarf-bush steppe. In the neighbourhood of some important Uotia wells the Italians had erected small forts, the remnants of which are still used by nomads who generally live in temporary settlements of straw and branch huts or sometimes in tents.

Towards the south the *Western Gravel Foreland of the Tripolitanian Jebel*, which is situated in front of the escarpment, continues as far as the *Menshar Hills* (1 d_1) in the east. The gravel foreland attaining a breadth of up to 25 km. falls away towards the dwarf-shrub steppe (in the north) by way of a low scarp which in places merges with it. In parts it is more deeply dissected by the valleys of wadis which descend from the *Jebel Escarpment* (2 a_1). The slopes of the dry beds show that the almost wholly sterile gravels are superficially adhering to limestone crusts (1—1½ m.). Their soils, covered by sand and brown loess, carry a vegetation of bush and grass; at times nomads have cultivated fields (rain agriculture). After a short course the wadis lose their way in the dwarf-shrub steppe.

At particular points of the gravel margin the underground water-table (spring-line) is tapped. The sweet water, which surfaces here, at times leads to the formation of quite extensive spring-line swamps with rushes, reeds and tamarisks and has led to the establishment of oases. The water was brought through ditches to the gardens, fields and tree plantations. At times of high water levels and after ample rainfall, further swamps formed and acted as breeding places for malaria. The lining of springs, the collection of water in cisterns and the clearance of channels improved the sanitation of these areas as well as those of the villages situated on the gravel slope above the oasis (Tigi (Tishe), Dshonosh,

Shekshuk et. al.) and the sweet water wells in the swamps (e.g. the one below Nalut).

The Menshar Hills consist of Mesozoic (Triassic, Jurassic) sandstones, clays and gypsum. They start at the Jebel Scarp, protrude far to the north and terminate the western gravel fields in the Jefren Heights. They are much dissected and split up into bad-land hills. Where gypsum occurs they are bereft of vegetation and in other places they carry a very sparse dwarf bush vegetation.

Just as in the west there is a gently rolling area of brownish-yellow, loess-like soil in the south of the city and oasis of Tripoli which is overlain by dunes; in places these are at present fixed by low bushes and grasses. This is the most important *Settlement Area South of Tripoli* (1 c) and extends to Suani ben Adem and the airport (Idris) and from there grew beyond Azizia and further west to Bianchi (Azzahra, south east of Zavia). The dunes reached approximately as far as Ben Gashir where they give way to a gently undulating area occupied by low dwarf-shrub clumps, easily to be levelled out. Larger farming enterprises have been opened up along the road; wind motors (motor pumps today) raised groundwater chiefly from the secondary horizon; cisterns which are located above serve to irrigate the tree plantations which are generally laid out in widely-spaced rows interspersed with fields. Eucalyptus trees grow in rows along the roads and fields which are protected from the strongest winds, i. e. the N.E. and S. winds, by hedges composed of bushes, acacia, tamarisks and at times even opuntias. From the 48 metre-high Azizia inselberg (158 m.) an extensive view may be had across this settlement district; towards the north and west it gives an impression of a wide strip of cultivation in the steppe. Although the winter rains at Azizia are on average small, relatively thick morning mists can be relied upon here in the transitional seasons (Fig. 2).

Only towards the west does the countryside, which is studded with tree plantations (olive trees, figs, almonds, castor oil trees etc.), become broken; towards the east dispersed bush may be recognized on the dunes. South of Azizia the steppe is still worked with a shallow plough and prepared for rain cultivation. The hummocks of fine brown sand up to a meter high once scattered around and clothed with wide branching, thorny Ziziphus bushes, have largely disappeared. The intention was to extend the settlement area towards the west and particularly between Bianchi and Suani ben Adem (the Bir el Ghnem project); two smaller areas with farmsteads have already been opened up. Water for irrigation was to brought along from the Bir el Ghnem at the foot of the Menshar Hills. Unfortunately it was discovered that excessive removal of the water would constitute a danger to the supplies for Tripoli and the project was postponed. A second settlement project is that of the Meginin Wadi in the south east of Azizia. The wadi which often carries ample water, is tapped several times in the west, the water then dammed, divided off and led across the settlement area. At the same time it is hoped to achieve a rise in the groundwater through this damming and diverting.

Further down, between the Idris airport and Tripoli, the wadi Megenin is now canalised and led on between steep banks of 5 to 10 metres as a result of high water levels having made extensive areas — particularly around Ain Zara — swampy. This area has now been reclaimed by drainage and the threat of malaria averted. However, an over-sharp bend towards the west south of the Castel Verde suburb has caused floodwaters to break through at that point and to threaten the suburb as well as the slums mentioned above.

In the *Eastern, Sandy Steppe* (1 b_2) beginning south of the belt of oases, the dunes are mostly fixed by indigenous bushes, shrubs and grasses, even if great quantities of sand are transported by the winds. Towards the south the dunes decline and east of the Megenin they change into dwarf-shrub steppes which serve the nomads of Tarhuna as summer grazing. As the Jebel fringe usually receives more plentiful rains in winter and spring, the wadis in the foreland can still fill relatively numerous cisterns which last through the summer. As the Jebel swings towards the north east the dwarf-shrub steppe, which merges into gravel fields towards the south as it did in the west, narrows gradually and together with them changes to foot hills.

The *Eastern Gravel Foreland of the Jebel* (1 d_2) is generally narrower than the one in the west but broadens, however, in front of the deep clefts of the mountain edge and between the inselberge which lie in front of the Tarhuna Jebel and as far as the Azizia inselberg (Triassic, Jurassic). The Batus reach a height of 326 m. The hills are barren for the main part; in rock niches and crevasses a few thorny dwarf shrubs and cushion plants grow on loess-like soil. Only at their foot is there the commencement of some cultivation with water from the Megenin wadi (see above). Towards the north west the narrow gravel fields merge with the dwarf-shrub steppes and the hilly foreland of the Msellata. The wadis are in parts deeply incised and dissect the hills into long interfluves. In the valleys having bush slopes some dry farming is practiced in isolated places and here and there are a few indigenous trees as well as palms to be found. Herds of small stock, the tents of nomads and cisterns can be seen more often.

2. *The Tripolitanian Jebel*

The western Tripolitanian Jebel (Jebel Nefusa) runs fairly straight from the Tunisian borders in the west for about 180 km. to the east to the Menshar Hills which jut northward and are limited by the Kikla Trough on their eastern side. Here the Jebel gradually swings towards the north east and is then traversed by a number of faults along a north west/south east trend which experienced volcanic eruptions from the post-Eocene to the Quaternary and the extrusion of phonolites and basalts. The Jebel terminates 150 km. west at Homs on the sea.

The *Hilly High Plains-Steppe* (2 a), reaching a height of 600 m. near the watershed *in the west* and 800 m. in the east, average 20—25 km. in width and towards Jefara fall down steep escarpments which have a relative height of about 400 m. in the west and of about 500 m. in the east.

The *Northern Escarpment* (2 a_1) made up of limestones, dolomites, marls and clays of Cretaceous and Jurassic age, is dissected by short dry valleys some of which terminate in circular niches and some of which recede in steeply incised canyons which rise stair-like until they end in broad basins or depressions on the plateau. The steep slopes of the wadis as well as the spurs protruding into the plain are even more split up by the alternation of harder and softer rocks. Often three or even four steps can be identified, partly covered by broad flows of detritus marked by rills and ravines. The valley floors are filled by detritus and brown loess-like soil which alternate with one another, and the periodically flowing wadis have cut steep courses into them. Only here and there can a few bushes be noticed in the stone desert. In these spots, however, where loess soil has been deposited at the talus foot of the slopes, the inhabitants have laid out terraced fields which mount the hill like steps and gradually decrease in size between ravines and small detritus ridges. Towards the plain the wadi valleys broaden out and merge with the gravel foreland of the Jefara.

Above the steep slope the *High Plains-Steppe with low bush and dwarf-shrub vegetation* commences (2 a_2) and rises further towards the watershed in a series of cuestas. The hill country with its depressions and basins is overlain by loess-like, reddish brown soil between which light-coloured limestone (upper Cretaceous), strewn with stones, is prominent, particularly so on shallow slopes. Dwarf shrubs and grasses extend as far as the heights of the watershed, from whence the land slopes gradually down towards the south. In the springtime the rain and mist cause a prolific herbage to spring up for the herds of sheep and goats. The fertile soil of the but little incised wadis of the shallow depressions benefits particularly. These wadis are spanned by low dams which collect the water for the few olive and fig trees. At the same time a few fields have been laid out here. Tree growth becomes lusher with even isolated palm trees, towards the edge of the plateau — as far as for instance the Rumia Gorge above Jefren (715 m.) where some water seeps into swamps and pools from which artificial terrace fields on the slopes are also irrigated. At different points of the steppe afforestation experiments have been carried out with Mediterranean bush and plantations of olives. The villages of the plateau prefer sheltered positions and particularly those on protruding spurs (Jefren, Jado, Nalut) although they have, however, been abandoned because of their inconvenience and the deterioration of the houses. Close by new and more open settlement is growing up where — as in the case of Jefren — government, business people, the military as well as a hospital, have established themselves. At Zintan and Nalut the cave dwellings of the Berbers may be seen (see below and Fig. 3).

Beyond the watershed the *Dwarf-shrub Steppe of the Southern High Plains* (2 b) becomes poorer. The great steppe wadis like the Wadi Soffedshin with its tributaries extend far back. They have created long, broad interfluves with hardly any vegetation save spiked cushion growth on their barren stony heights. The low bush vegetation withdraws entirely to the valleys and forms low, slightly sinuating strips of bush on the flat, stony valley bottoms. Isolated wells serve the nomads as watering points for their animals, although many contain only brackish water. This is especially in the 500—600 m. high foreland (Cretaceous) into which the interfluves drop in shallow steps. On the stony and sandy areas between them, dune fields drift towards the slopes of the hamada in the south west.

The *High Plain of the Eastern Jebel* (2 c) commence at the Kikla Trough. They swing towards the north east. This 20 km. long and 5 km. wide trench was formed by faults; the *Jebel Escarpments* (2 c_1) rise steeply along them. Their foot is covered by steep gravel slopes, which are in turn overlain by loess layers washed or blown there, leading through to the flat bottom of the trench. The watercourses which periodically pour down from the slopes above have worn steep gullies and gorges into them; they coalesce in the Wadi Ghan which has itself cut down to the gravel sub-surface. The trough rises in several scarps towards the plateau. At about half the height of the valleys which come down from above there are isolated small oases which are associated with springs.

Below Garian only short valleys cut back into the slope, some of them having small irrigated terraces in their upper courses. Parts of the valley of Bu Gheilan have been successfully afforested. The wadis soon lose themselves in the gravel fields of the Jefara and only the Wadi Hira can be traced beyond Azizia. East of the inselberge (see above) the Wadi Megenin follows and this, together with its tributaries, extends far into the high plain. The slopes then become lower and less steep. Wadi valleys which even extend as far as the sea in the north east, have dissected the outer high plain into a knolly hill country which takes the place of the escarpments towards the end of the Jebel.

Above the steep slopes there are larger oases at the edge of the rising *Bush and Dwarf-shrub Steppe High Plains* (2 c_2), an example being the Garian Oasis which is surrounded by a circle of smaller villages. The bedrock limestone is buried beneath several metres of fertile, loess-like soil into which chiefly along shallow slopes near villages the natives have dug their cave dwellings. A winding passage leads to a deeply situated courtyard, some 4 to 5 metres down, from which the living quarters have been dug into the harder limestone-loess or even gypsum-marl. Above these a limestone crust is frequently found, followed by a firm, reddish-brown loess (2—3 m.). Old olive and fig trees as well as acacias often stand between the cave shafts and around the villages. On the fields, especially those of the former Italian settlement of Tegrinna, great quantities of tobacco are grown as well as olives, legumes and barley. Large communal and smaller privately-owned cisterns collect the rain and provide water for the population and their cattle.

A new element in the landscape is manifested by the volcanic rocks along the faults near the eastern edge of the Kikla Trough. North of Garian rises the barren grey tuff crater of the Tekut volcano (phonolite, 724 m.) and west of it intrusions occur which stand out darkly against the surrounding limestone. South of Garian an extensive *Basalt Area* (2 e) — of about 3,000 square km. — is reached, and this rises gradually to a height of 968 m., sending out long lava streams, especially towards the south, the longest of which can be followed to a point beyond Beni Ulid. In the vicinity of the large lava area are further smaller volcanoes (like the Tuil Said in the west) as well as intrusions as far afield as the surroundings of Misda (Phonolites and porphyries).

The Megenin Wadi with its large catchment area deeply penetrates the basalt area. Its western part is being afforested (the Wadi Huelfa Forest), the Wadi Jamal will become a forest reserve and the southern part of the catchment area, which contains numerous wells, is left to the nomads.

In the smaller, ramifying valleys of the *high plain* (2 c_2) as well, the stony slopes of which support only poor, dwarf-shrub steppe, isolated areas are being surrounded by stone walls and undergoing afforestation. Denser bush growth stands out against the grey steppe with the occasional nomad's hut. Owing to the dissection of the high plain from both sides, a sort of hilly high-valley has been created between higher peaks from Tarhuna to beyond Cussabat, in which the watershed shifts to and fro. The limestone hills are partially barren and mantled by detritus and partly overgrown by dwarf and bush steppe; the loess-shrouded and often deeply furrowed valley floors in particular support olive tree plantations and fields. The very many small farmers take their olives to mills where the oil is mechanically processed. Plantations can be traced back to ancient times as far as beyond Cussabat, when this area was already rich in oil. West of Homs begins the hilly slope to the narrow edge of the beach which is covered by Mediterranean shrubs and small forests of pine trees.

The *Low Bush and Dwarf-shrub Steppe of the Southern High Plains* (2 d) is dissected by long wadi valleys which turn first from the northern and then also from the south western and western direction towards the Wadi Soffedshin and the Sebka of Tauorga. In the northern parts close to the sea the wadis bend from their westerly direction towards the coast in the north.

Already less than 20 km. south of Garian the catchment area of the Wadi Tfelgu is reached. Extensive and densely overgrown basins into which lengthy lava streams have been discharged by volcanoes, draw together the dry valleys and then as a narrower valley breaks through the steep scarp of a limestone table already much dissected by side valleys. The dwarf-shrub vegetation which often consists of nothing but camel thorn on the low hummocks, retreats entirely from the valley slopes to the wadis; every now and then, however, there are small groves of old, gnarled olive trees on the extensions. On the dissected, desert-like tableland and interfluve country of the Dahar which falls away in shallow scarps towards the south and south east the above mentioned wadi, as well as the succeeding wadis as far as the Mimun Wadi, which are effected by lava streams and themselves rich in wells and cisterns, pursue their courses to the Wadi Soffedshin. Worthy of notice is the Beni Ulid wadi whose slopes fall steeply to a canyon-like valley which contains a fertile oasis, concerned predominantly with olive cultivation, some 20 km. in length. After the stronger rains of winter a long lake often forms in the oasis and this may persist for several months. The villages of white limestone are situated at the valley edge, or, as in the case of Beni Ulid, on the basalt of a lava stream above the valley, with the effect that the bright green oasis in the desolate, greyish-white and stony limestones can be seen from far off. Here too the interfluves decline in shallow steps to the east and terminate in the outliers in the bush and dwarf-shrub flats on the Wadi Soffedshin.

Starting in the north eastern part of the plateau known as the Msellata, the Lebda, Tareglat-Caam and Mager wadis pursue their courses across the sloping steppe hill country towards the sea. The Tareglat-Caam wadi contains a number of springs, the water of which has been dammed for irrigation purposes. On several occasions high water has broken through these dams. This wadi is the only perennial one in Tripolitania for even in summer there is a thin line of water flowing in it.

These wadis also traverse the 15 km. wide *Coastal Oases strip between Homs and Misurata* (2 f). On both sides of Homs stretch date palm groves, gardens, fields and fruit tree plantations; together with the plantations of Cussabat and Sugh el Chmis they form a large area of cultivation. The little town of Homs is situated on a protruding hill which falls gradually towards the sea. Homs is the successor to Leptis Magna which lies 5 km. further east and its relatively well maintained site of ruins from Roman times gives a good insight into the culture of that time. The old site was buried by sediments of the Lebda wadi as well as dunes with the result that much of it was preserved. It received its water supplies by way of an aqueduct from the 25 km.-distant Caam-Tareglat wadi. Remnants of the old Roman dam and aqueduct are still preserved. At the present time dune terrain above a cliff separates the oases mentioned above from the Zlitin Oases with their 200,000 palms. Overtopping the low houses of the settlement is a sanctuary, the mosque of Sidi Abdassalam. Palm trees and plantations extend close to the cliff. The oasis itself contains only wells with brackish water; east of it there follows a gently undulating terrain, consisting in part of shallow sands, interrupted by acacias and thorn bushes, and in part of high sterile dunes. The grass and dwarf-shrub areas appear again and frequently extend towards the barren limestone hills in the south, some of which are crowned by a marabut. A few kilometres before one reaches Misurata there are large olive plantations which continue as far as the great palm oasis. Apart from the little market town of Misurata there are a number of villages scattered throughout the oasis as far as the Marina in the east where the branches of the great Tauorga Sebka come to an end. In the north the oasis is bounded by dunes which commence above the cliff (Cape Misurata); in the south it merges with the settlement area of the Tamina Oasis.

3. *The Hamada el Hamra*

The Paleocene limestone table of the Hamada lies everywhere on Cretaceous limestones towards which it falls in sometimes higher and sometimes lower steep scarps. The forelands which consist of chalk are lower and largely dissected into a hilly country.

From the north an 80 to 100 metre high scarp with broad bays and narrow notches leads up to the wide *Limestone Plateau of the Hamada el Hamra with its Spring Pastures* (3 a). In the wadis there is at times sweet water which comes from the blue-grey marl strata lying above red clay. A few bushes grow in the sandy wadis. Thick banks of limestone and dolomite, in which have been found caves with rock drawing and Koranic verses, form the bedrock of the plateau and blocks of limestone and coarse detritus the slopes.

The limestone plateaus themselves are slightly undulating. The eye wanders across unending, stony, almost barren plains. The surface of the limestones is coated by a reddish-brown to black crust; fine reddish soil has been blown against them; gusts of wind blow the brown soil into eddies.

Thus totally sterile areas alternate with these and support small plants, 2 to 3 cm. high hidden among stones and with yet another type which support scattered dwarf bushes. Narrow sandy wadis shallowly etched into the surface, descend from low swellings in the soil. Some parts of the Hamada give a rather flecked impression since rain pans of small diameter (up to ca. 50 m.) are impressed on it; they support a poor vegetation on their enriched soil. Here birds, hares, gerbils, ants and even occasional snakes may be encountered. Thus the Hamada in general presents a drab aspect although after the spring rains it is transformed into a green, flower-strewn carpet. At this time the herds of the nomads also appear since, apart from the lusher vegetation there are also wells and tmeds as far as the southern edge in some of the larger, closed, steeply-walled basins or in blind wadis. The basins presumably formed as collapsed dolines, particularly as there are very many marl and gypsum lenses distributed in the limestone. Wadis in like manner end up in the basin, having deposited brown soils which crack into polygons during dry periods and carry a cover of salt after rains. At the edge of the terminal pans the soil is often strewn with gypsum crystals. In addition some higher 50—80 m. scarps are orientated east to west cross the Hamada and these correspond to the older obliterated strata.

The escarpment of the Hamada (150 m.) which apparently follows a tectonic line (north west — south east) is breached from the east by the larger tributary wadis of the Soffedshin and Zemzem, by these themselves and by the Bei el Kebir wadi. They embay the escarpment with broad valleys of which the northern ones in particular still boast plentiful dwarf-shrub vegetation. The valleys on the plateau begin as lines of rain pans, at first small and then larger with diameters of 200 to 300 m. and up to 30 cm. deep in water after rains. Between the larger of these there are at times connections and the joining of several pans leads to the formation of a watercourse which descends by way of a circular scarp into a valley which soon widens and deepens. The catchment area of the Wadi Zemzem is the area richest in water and vegetation; it contains several small oases which belong to nomadic tribes who also cultivate fields in the wadis. Gheriat el Garbia is the largest oasis and its palm groves and gardens are situated in the valley below the settlement (Fig. 54). Numerous remains of ancient buildings (Fig. 55) indicate that already in Roman times it was fortified and of a certain importance. The other oases are smaller and the more southerly situated of the border wadis lack them altogether.

At the southern edge which is dissected by short wadis, Jurassic and Palaeozoic strata outcrop below the Paleocene and Cretaceous chalks which are found in the Gargaf Jebel and far into the Edeyin. The western edge falls in two divergent and embayed scarps towards the Gadames foreland. In the south of this foreland the Hamada el Hamra gradually merges into the similar *Hamada Tinghert* (3 b), the limestones, dolomites, marls and gypsums of which derive from the Senon (Cretaceous). The broad wadi valleys passing back from the north to the Hamadet, carry prolific dwarf-shrub vegetation in their winding beds and these form nomads' country.

Most of the wadi valleys lose themselves in the terminal pans at the fringe of the sand desert east of the Erg or form grey gypsum pans like the great Mzezzem Pan or that of Gadames. Apart from that the *Western Foreland of the Hamada* (3 c) is a total desert with a few oases near the steep rim. The interfluves which flatten out at their ends between the wadis, are in certain parts covered with coarse limestones; others are serir plains which fan out broadly and are covered by shifting dunes. The Gadames Oasis enjoys an artesian spring in its Ain el Fras (Spring of the Mare), the waters of which have served to irrigate the gardens since ancient times. A few more have been bored recently and the irrigated area of the oasis has thus been increased. Taken together, the narrow lanes between the garden walls, the water ditches, the old slave market and the three-storeyed houses partly built over the lanes combine to give a good picture of the old prosperous oasis (Fig. 21).

Dersh and a few smaller oases are situated near the great Tenarut wadi. Then, after monotonous dunes, sand and grey-stone areas succeed the little oasis of Sinauen in the north; there is an old fort on a precipice of the Hamada in the neighbourhood.

The *Eastern Foreland of the Hamada* (3 d) stretches essentially from Gheriat es Schergia and the escarpment of the Hamada there to the trough of Hon and the Jebel Sauda in the south. Several large wadis — the Bei el Kabir wadi, the Rawawus wadi and the Ghirza wadi with its tributary wadis — have dissected the limestones and dolomites into a 250—350 m. high stony hill and table country, the barren scree slopes of which are traversed by steep ravines. Numerous wells and springs as well as dwarf-shrub and herb vegetation in the wadis and basins make it valuable for nomads. A great number of dry beds turns towards the north east in the Hon Trough which is reached by way of a terraced escarpment of between 50 and 100 m.

4. The Western Sirteland as far as el Agheila

The western Sirteland stretches from the Hamada el Hamra and its foreland approximately to the border of Cyrenaica at Agheila on the southern bay of the Great Sirte. Its rocks which are largely of the Tertiary (Palaeocene to Miocene) are traversed and broken by faults running from north west to south east, thus causing the formation of several troughs and in particular than of Hon. The land falls north eastward from a general height of 400 m. (Jebel Waddan, 650 m.) to sea level.

A *Limestone Tableland* (4 a) also consisting of Createceous limestones and *traversed by Faults*, protrudes like a bay from the east towards the Hamada el Hamra (see above, 3 a). The table is crossed by two larger wadi valleys, the Soffedshin and Zemzem, both of which meander in great sinuations towards the Tauorga Sebka. They contain numerous and mainly smaller tributary valleys which have helped to dissect the country into larger and smaller tables. The Soffedshin wadi comes from the southern Nefusa Jebel, runs past the little oasis of Misda and winds itself across a stony and sterile valley bottom across which dune fields migrate, in a broad bed. These even frequently cover the bed of the wadi which is overgrown by bushes and shrubs and supports the occasional acacia or other groups of trees. Here fields (barley and millet) have been laid out by the nomads whose tents and herds may be encountered at times. Remains of derelict Roman or even Byzantine buildings, villages and single farmsteads may be frequently seen. Just like derelict monasteries and other church buildings, they generally stood in a sheltered position on the fringe of the rock-strewn table areas. In the valleys old cisterns and wells occur frequently. The former are mostly so well kept that they are still in use at the present time. Only surplus water running through was used for irrigation. The ancient Roman settlement of Ghirza with buildings adorned with columns, was, like the Misda Oasis, an important strongpoint in the former settlement area which becomes increasingly low and open towards the east with the effect that the broad wadi beds are scarcely to be discerned. The Bu el Gheddahia Fort on one of the last low hills above the Zemzem Wadi with a view across the wide low bush and shrub steppes, has always been an important strongpoint (Fig. 5).

South of Misurata stretches the *Tauorga Sebka* (4 b_1) with a length of 110 km. and a median width of 30 km. A dune sand bar, interrupted at a few narrow points, separates it from the sea. Apart from the Soffedshin and Zemzem wadis, a few smaller wadis discharge into it. They originate on the eastern slopes of the Tarhuna Jebel; water has been drilled in their lower courses. Subsurface water from both the large wadis comes to light in giant springs in the sebka and forms small lakes which discharge sweet water which runs river-like across the salt-swamp areas, with their salt bushes and saline efflorescence, towards the sea. Between the salt swamps there are higher sand islands, some of which carry palm trees and other salt plants. On the islands stand small villages and the ponds of the Negro population settled years ago in these parts; they also form the majority of the inhabitants of the Tauorga Oasis on the edge of the sebka. Its position is not unhealthy, but a great part of the population leaves the sebka for work, returning only for the date harvest (Fig. 4).

A *Flat Plain with low Bush-steppe* (4 b_2), its brown soil densely overgrown by shrub, extends between the sebka and the hill country which peters out to the westward (see above, 2 d) and broadens out towards the south. As a continuation from Misurata, the Italians cleared and settled the land and the steppe was covered by fields and tree plantations which are irrigated from cemented ditches. The water comes from surface wells and a few artesian wells which are probably supplied from the mountains. The Tamina (formerly Crispi) and Kararim (Gioda) oases are now worked by Arab and Italian farmers. The steppe which adjoins in the south is also to be cultivated; it is to receive its water from the giant springs of the sebkh and from the mountain wadis.

Adjoining the eastern foreland of the Hamada (see above, 3 c) follows the *Tertiary Fault Areas of Trough and Hill Country* (4 c). The *Hon Trough* (4 c_1) (Jofra Trough) runs north west to south east, is 210 km. long and 25 km. wide and subsided in the limestones and chalky marls of the Lower Eocene. Its soil contains Tertiary terrestrial sediments and even marine limestones and gypsum in extensive deposits. In the trough a few large tabular horsts (20—50 m.) have been left standing; dune fields flank them after shifting across the tables and troughs. Wadis end in small basins in salt pans which contain water for a short while after rains. The eastern fringe is accompanied by some longer wadis with broader strips of bush and occasional acacia. There are three smaller oases in the south towards the edge of the Jebel Sauda: Waddan with a big fort, the oasis of which was crossed by dunes in 1962, then Hon and finally the ancient walled-in town of Socna. Large gypsum pans extend north of the oasis line. Brackish artesian water served the population as drinking water and for irrigation purposes. In 1964 a sweet water spring was drilled south of Socna, the output of which suffices to supply all three of the oases.

In the northern part low hill country obscures the line of the trough. Possibly it continues in faults further to the north. The limestone table and hill country is traversed by the broad Wadi Bei el Kebir. At its northern end there is the small Bu Ngem oasis with an ancient Roman fortification on its eastern edge. Numerous nomads pitch their tents in the environs of the settlement.

The 650 m. high *Jebel Waddan* (4 c_2) (lower Eocene) breaks down in several scarps to the southern east margin of the trough (Waddan 250 m.). Only in its wadis does the barren mountain range carry any vegetation; it falls sharply to the north so that the rim of the trough becomes indistinct in places and loses height (about 50 to 80 m. near Bu Ngem). The eastern slope of the range has broader, shallower steps although it still shows a distinct scarp towards the foreland (middle Eocene). Towards the east its wadis become longer, broader and richer in vegetation.

Eocene and Oligocene limestones and the Miocene limestones, calcareous limestones and sandstones adjoining the former towards the north east, form the *Western Limestone Sirte Plateau* (4 d) as far as the Tripolitanian border of Cyrenaica and towards the south as far as the Haruj es Sauda. It is broken up by numerous faults so that trough-like depressions have been formed in parts. In height the barren tables and hills fluctuate between 200 and 300 m. and decline towards the coast to form a hill country which disintegrates between the broad wadi furrows. Furrows, troughs and basins contain extensive bush and shrub pastures and even sebkh with halophile plants; in the lower parts of these the wadis terminate. There are sufficient wells and water holes. The largest oasis of that Zella region is situated in the far south in a shallow basin near the Haruj edge, the old village on a hill crowned by a fort. It is surrounded by a wide circle of palm groves and irrigated gardens. A great number of semi-nomadic inhabitants as well as their herds, remain in the northern wadis in order to till their fields there after the first rains in autumn. North of Zella rich oilfields have been opened up (Mabruk, Dahra and Hofra) over recent years.

In front of the limestone hill country there is the *Western Sirte Quarternary Coastal Strip of Steppe Country* (4 e) of a variable width which extends from the small Buerat settlement to the sebkh of Agheila in the east and is overtopped by isolated limestone hills. Bush and dwarf-shrub cover the land behind the line of dunes which protects the small coastal sebkh from the sea. Wadis from the interior, often recognizeable only by their lusher strips of bush vegetation, terminate here in these sebkh. The often sandy Bei el Kebir, with an extensive sebka along the coast east of Buerat, is the largest wadi. Particularly in spring but in summer as well, the coastal plains offer sufficient pasture for the herds of the nomads. The wells have water throughout the year.

The largest oasis at the coast is the small market town of Sirte built on a small eminence above the cliff. The palm grove lies in the valley of a small wadi, the mouth of which has been developed as a harbour for coastal vessels. Apart from that there are only small settlements along the coast road, each numbering but a few houses with shops, cafés and stores for the nomads; there may even be a school or sick bay.

Both the oil ports of Es Sider and Ras Lanuf gained in importance as pipelines lead from them to the oilfields in the interior. Here oil tanks and refineries have been constructed next to a town built for the employees and Arab personnel. Not far from Lanuf stands the "Marble Arch", now marking the ancient border between Tripolitania and Cyrenaica. Below this runs the asphalt coast road, the link between Tunis and Alexandria.

b) Fezzan

5. The Basalt Extrusion Area of the Jebel Sauda

South of the Hon Trough and the hilly foreland of the Hamada on a base of limestone, marl and clay slate (upper Cretaceous) there is the area of the Basalt outflow of the Jebel Sauda. The highest summit is the Gleb Wergan (803 m.), from which basaltic lava streams emanate and flow in all directions, joining with stream from adjacent volcanoes; then there is a change to vast areas (400—500 m.) covered with rough basalt blocks, again by volcanoes with associated lava flows in their neighbourhood. Wadi valleys originate in the central basalt area and the individual mountains; their slopes are strewn with coarse blocks, but their sandy valley soils support vegetation. In their upper courses plants grow particularly thickly in spring where the heights have been covered for days at a stretch by snow during the winter and the rains have been more generous. Tracks indicate that the area is then visited by numerous nomads. Towards the west the area breaks down into individual plateau, pushed to the fore. Towards the north it falls more steeply together with the basement where large "grarets" have sunk in near the slope: — i. e. depressions with vegetation which often simultaneously mark the wadi terminations. Towards the south isolated limestone tables free of basalt extend further and fall by way of steep scarps, as for instance at the Gaf el Garbi; towards the east there are, however, large basalt flows with larger wadis, gathered into the broad Wadi Agheib which is covered with some shrub and bush vegetation as well as isolated acacias, running between them.

6. The Paleocene Sandstone Hill Country of the Gargaf

South of the Hamada el Hamra and the Jebel es Sauda the most ancient rocks (Cambro-Ordovician) outcrop to form *Sandstone Plateau* (6 a) with table mountains above them. In the east the *Mountain Country of the Jebel Fezzan* (6 b) rises to a row of higher peaks (Nab el Geru), in the core of which pre-Cambrian rocks (gneiss and crystalline slates) can be found. These are said to reach heights of 1,500 m. These highest areas of the Gargaf fall away eastward to a mountain and hill country with depressions and single hills which is overlain by low limestone plateau towards the south east. Towards the west the plateau decline to isolated, low, parallel hill ranges (Ordovician). Towards the south a steep scarp (ca. 50 m.) leads down to a broader area of denudation terraces (Devonian) which slope towards the Wadi es Shati (Carboniferous). On these denudation terraces there is a *String of Oases* (6 c) with ample water and wells situated in the small wadis which descend from the plateau. Around Brak where the steps are wider and the Zigza and Hamuda wadis descend from the higher mountain country, the oases are more numerous. Here there is a number of aquifers and artesian wells, from which water is led for irrigation purposes to the oases. During the occupation period the French opened up further artesian wells with the effect that with too much water which grew stagnant and caused some of the oases to become boggy and saline. The closing of all but a few wells normalized the run-off and the consumption of water once more. Often semi-nomads occupy the small surrounding oases and these people who own the palm trees often, amongst other things, breed beautiful camels (e. g. Gira). As they boast a prolific growth of acacia and dwarf bushes, the wadis which descend from the more humid mountain country are sought out every year by the nomads. Thus enclosures for sheep and goats as well as stone walls are often encountered in sheltered places, the walls being used for the support of tent covers.

7. The Edeyin Ubari Dune Desert Depression

The Edeyin Ubari depression stretches from the steep scarp of the Hamada el Hamra and the southern edge of the Gargaf to the steep slope of the Hamadet Murzuk—Serir Um Alla (middle Nubian sandstone) in the south. It reaches a maximum extension in the west where it is about 200 km. across. Its western part is split and constricted by *the Hamada Limestone Plateau* (7 c) which protrudes roughly in its middle from the Algerian border towards the east. On a line linking Edri with Larocu the depression is narrowed down to about 100 km. by the projecting heights of Gargaf. From here it runs out towards the Wadi Kneir. The largest part of the depression is occupied by *the Ubari Sand Desert* (7 a). Its high dune ridges generally maintain a N.E. to S.W. direction and surge against the northern edge of the Zegher limestone table. Towards the S.W. the dunes grow lower and run out at the Irauen Wadi against the Tassili heights. Along the northern edge of the depression there are small isolated hatiets (depressions with bushes and grass) together with wells as well as some vegetation and Tmed (blocked water-holding indentations) in some of the oval-shaped basins between the dunes. Near one of these, the Hasi Atschan, on the northern edge of the Zegher limestone table, oil has been found (an outlier of the Algerian Etsheleh field).

In the *Eastern Part of the Edeyin, the Ramlet Zellaf* (7 b) the dunes follow an approximately east to west direction; between the long ranges of dunes there are basins, divided off by low transverse dunes. The northern edge of the sand desert is accompanied by the es Shati and Zellaf wadis which both approach from the east. Both are cut into Carboniferous limestone which between the wadis are overlain solely by a thin cover of stone and sand and a few low dunes. The Zellaf wadi roughly follows the deepest sections of the Ramlet (450 m.). Some 100,000 palm trees, irregularly distributed over its course, grow in it and generally belong to nomads. With the Wadi es Shati it comes to an end in an elongated sebka west of the small village of Edri established on a well-watered palm grove. The surface of the sebka is broken into erect salt blocks, displaced against one another and difficult to traverse. South of the Zellaf Wadi remnants of wadis, infilled by dunes, are frequently to be found. Thus small groundwater lakes like those of Mandara, Trona and others have developed at some points along the southern fringe, their beaches at times covered by palm trees. They are followed by irrigated gardens and shrub thicket and bushes; the "Seribs" of the inhabitants (Dauada) are situated on the neighbouring dune slopes. Towards the east the dunes frequently form shorter but not easily traversed ranges which migrate over rough hard sands in shallow ripples. Towards the es Shati wadi with its sporadic palm groves, shifting dunes in the Wadi Kneir have formed higher and complete dunes here in recent years with the effect that the crossing of the Ramlet becomes more and more difficult.

On the southern edge of the sandy desert between the latter and the steep, ragged limestone slopes of the Hamadet Murzuk (150—200 m.) and the Serir Um Alla (60—100 m.) there is the *Wadi Adshal* (7 d_1), 5—6 km. broad, with rows of oases from Ubari to el Abiad (150 km.). Palm groves and gardens surround smaller elongated sebkh and are connected by hatiets so that an almost uninterrupted green belt is created which terminates only in a longish, light acacia grove west of Ubari in the Irauen wadi. The entire wadi is rich in water and still shows traces of ancient settlement. Numerous grave-fields are located on the scree foot below the steep, southern slopes where derelict foggaras, former aqueducts, running parallel to the short wadis descending from the table lands and so on to the oases, cross them as well. The most important oasis was Jerma, the chief place of the Garamantes and later a stronghold of the Romans. This role has been assumed by Ubari, 30 km. distant.

Separated by a 35 km. wide area of dunes there is a second string of 7 oases, rich in water, in the east: *the Buanis* (7 d_2) from Sebha to Um el Abid. In the east it is limited by the partially destroyed slope of the Serir el Gattusa. Today Sebha has replaced Murzuk as capital of the Fezzan. Amongst three older settlements, a modern administrative centre with a large mosque, a royal villa and its own power station has sprung up; it can be reached either by a 950 km.-long asphalt road which was completed in 1962, or by air from Tripolis.

8. *The Sandstone Plateau of the Serir el Gattusa — Um Alla*

Between the Ramlet and the western slope of the Haruj basement (Dor el Gani and Dor el Msid) stretches the *Serir el Gattusa* (Nubian sandstone) (8 a). The sandstones decline in a shallow, dissected scarp (30—50 m.) southward to the Hofra; towards the west and north the edge is more ragged and only in places does it rise above the Serir as a low, black hill country. The Serir area (500 m.) is slightly undulating, yellow to yellowish brown, becoming darker where the sandstone bedrock comes closer to the surface and lighter in the north and on the eastern margin where limestone occurs. The *Serir Um Allah Plateau* (8 b) which slopes more strongly towards the south, is more intensely dissected by broad wadi valleys, the margins of which frequently show strips of dust soil. It terminates at the Bab el Maknusa, a gap in the limestone table. The broad Neshaua wadi contains the small oasis of Goddua. At the Kneier wadi the Serir el Gattusa ends. North of the broad wadi valley limestone strata dip steeply, the flat serir tables of which have been blown over by long dunes which migrate into the Kneir wadi itself and up to the Ramlet Zellaf. The *Sandy Serir Limestones Plateaus* (8 c) (upper Cretaceous) extend up to the Jebel Sauda and at the eastern foot of the Gargaf they are overlain by larger dune fields (Ramla el Kebira).

9. *The Hilly Sandstone Country around Ghat*

The four oases of Ghat which are well endowed with water, lie in a *Low Sandstone Hill Country* (9 a) of Cambro-Ordovician age (700 m.), superimposed on crystalline slates and gneisses (pre-Cambrian) of the western Tassili. These latter rise to a higher mountainous country with long, undulating mountain ranges (1,200 m.). The black hill country (the rocks are covered with crusts) is traversed by broad wadis with vegetation and tmeds, parts of which are taken over by the Tanezzuft wadi which comes to an end in the Edeyin in the north; another disappears in the Erg Titagsin, i. e. the northern hill country. The wadis are the pastures of the Tuareg of Ghat.

Beyond the Tanezzuft wadi the steep slope of *the Akakus and the Tadrart Plateau* (9 b) rises in the east from steep detritus fans. The Akakus sandstone rises almost vertically through 100—120 m. to those pyramids, dome shaped knolls and towers which form the summits (around 900 m.) between which small hanging valleys open out. Towards the south the slope becomes more integrated and higher with the Tadrart sandstones of the lower-Devonian superimposed on it. Standing in front is the inselberg of the Idinen, the haunted castle of the Tuareg (Fig. 9), attaining a height of 1,280 m. and sloping steeply down on all sides. The highest points of the Tadrart (1,428 m.) lie above the small Elbarcat oasis (830 m. above sea level). The gentle eastern slope of the dark, stony plateau is dissected by short wadis ending on the edge of the Taita dune desert (Carboniferous). In the north the sand desert extends as far as the area of the small Serdeles oasis. In the east it changes (700 m.) into the detritus foot of the *Mesak Mellet Plateau's* (9 c_1) steep scarp (1,100 m.) which falls towards the Edeyin Depression of Murzuk. Steep block-filled valleys lead to the stony plateau (Nubian sandstone). In the almost equally high Amsach Settafed the plateau bends round to the east. It is traversed by wadis which begin to dissect only a few hundred metres before the serrated northern escarpment. As *Hamadet Murzuk* (9 c_2) (Escarpment: Ubari 425 m., plateau edge ca. 720 m.) the plateau changes over to the Serir Um Alla at the Bab el Maknusa Gap. It ends with a shallow scarp above the Wadi Berjush in the south which receives its dry valleys where dwarf shrubs and acacias grow and rock drawing can be found.

10. *The Depression of the Edeyin of Murzuk Dune Deserts*

From all sides the strata of the surrounding rim dip towards the Murzuk Depression which is for the greater part filled by a dune desert. The sands rise from the edge in the shape of a watch glass. In the entire northern area between the Hamadet Murzuk and the Edeyin there is a low strip (400 m.) which is followed by the *Wadi Berjush* (10 a_1), a place frequently visited by the Tuareg nomads because of its hatiets and wells. It finishes with the Endjarren wadi (from the north west) and the Neshaua wadi (from the east) at the *Etba Flats* (10 a_1). There are extensive salt clay areas in its deepest parts. These are surrounded by soft grey sand areas piled up with low dunes and hummocks in parts with here and there shrubs and acacias. There are some smaller oases with prolific sweet-water wells in their vicinity, the largest of these being Tesaua. Towards the east the depression continues in the *Hofra el Garbia* (10 a_2) and then the *Hofra es Shargia* (10 a_3). The oases, periodically sizeable and well endowed with water, are divided from one another by extensive sebkh with salt clay clods as well as young limestones with marl and sand areas on which are found tamarisk hummocks. Murzuk is the main place in Hofra and until a short time ago of the whole Fezzan. Traghen, Um el Araneb and Zuila are also worth mentioning, their antiquity being supported by remnants from Roman times.

The last oasis in the east is Tmessa, the hatiets of its area being prolific in vegetation (Fig. 10).

South of Tesaua a sandy, slowly rising foreland, with low, long curved ranges of dunes which frequently cross each other, leads on *the Edeyin of Murzuk* (10 b_1). The dunes then grow higher, adopting a north east to south west direction and soon reach a height of 100—150 m. Between the broad, substantial dune ranges which have presumably formed round a hard core of sandstone, there are broad depressions (Gassi) which in turn are divided into basins by lower transverse dunes. Thus a grand grid-pattern desert has been created in the northern and central part of the Edeyin. Frequently a sparse strip of scrub may be found growing along the foot of the higher dunes and it may even be possible to dig for water since the Tuareg speak of going into the Edeyin with their herds and remaining there for long periods. Only in the southern parts of the desert are the dunes supposed to lose height and to be orientated in an east-west direction. The bigger wadi el Kebir el Garegh extends from the southern border into the sandy sea (Fig. 11).

Towards the north east the desert sends out another tongue, the *Ramla Murzuquia* (10 b_2), its base consisting of coarse, stable sandy areas overlain by long, south west-orientated dunes of fine sand. They also confine the northern rim with the result that any crossing poses not a few difficulties. East of Tmessa the sands give way to coarse *Sandstone Serir* (10 c), often with blown sand, following the foot of the sandstone plateau of Madjedaul and the Jebel Ben Ghnema towards the south. Along the northern foot of the plateau it contains the *Madjedaul String of Oases* (10 d), snuggled into the broad outlets of the small wadis and having only small gardens and palm groves together with sebkh with larger hatiet in the vicinity. Along the western edge of the serir which is followed by the Hekma wadi there is the *Gatrun Row of Oases* (10 e) which starts in the north with the lumpy Bir Um el Adam and changing by way of several hatiets to the palm groves of the Gatrun oasis. The village is but small and there are already numerous seriben of the Tibbu. Those oases further to the south are separated from one another by sebka and sand strips with high tamarisk hummocks and wild palm thickets. Strips of scrub and isolated palm trees indicate the course of the wadi from the Tegerhi, the southernmost oasis, which is surrounded by extensive hatiets.

In the south the Edeyin are delimited by the rolling *Nubian Sandstone Plateau of the Mangeni* (10 f). Some black sandstone peaks and low mountain ranges stand above the plateau in the south west as in the case of the Jebel Ati (Carboniferous) and the Tummo mountains which contain sweet water in some grottoes at the foot of the steep wall of the Jebel War.

11. Jebel Ben Ghnema — Jebel Gussa

In the *Jebel Ben Ghnema* (11 a), Nubian sandstones and quartzites dip north west towards the Edeyin Murzuk Depression. The black plateau falls very irregularly in a steep scarp towards this side and rises towards the south east. A few sandstone remnants sit on top of the plateau (700 m.) which is at times rather constricted and already dissected at its southern end. The decline towards the south east occurs in two scarps, the narrow denudation terraces of which can be traced for a long distance despite their interruption by transverse faults. Scarcely any vegetation is contained in the short wadis. In front of the lower denudation terrace a sandy serir stretches together with the Bu Heira salt pan; east of it lies the low Mehershema hill country continuing towards the north as the *Jebel Gussa* and the *Dor el Gussa* (11 b) (Devonian-Cambrian). The sedimentary rocks show slight folding and faulting in their structure. Numerous sandy wadis, at times containing single acacias and dwarf scrub, dissect the Palaeozoic hill country and end on the edge of the Serir Tibesti or in the actual hill country in larger depressions (grarets) with rich vegetation.

12. The Extrusive Basalt Area of the Haruj es Sauda

The basalts of the extensive *Extrusive Area of the Haruj es Sauda* (12 a) lie over a base of Eocene and Miocene limestone and marls and cover an area of 40,000 square km. The highest parts are to be found in the Haleigh, the hilly plateau of which (800 m.) consists of numerous lava streams which have flowed over one another above which a number of volcanoes (Garet es Sebaa) attaining heights of 1,200 m., stand. The volcanoes appear to be arranged in rows with a north west to south east direction. Amongst them there are some giant craters with diameters of 3—4 km., shield volcanoes (Fig. 12), scoriaceous and tuff volcanoes, volcanic stumps and shallow explosion craters now filled with weathering material. Lava streams run in all directions. One of the youngest of these is probably the black, glossy Msheggheg stream which flows towards el Fogha. Between them lie smaller and larger sandy basins, the yellow alluvial deposits contrasting sharply with the black and grey basalts. Frequently light acacia groves exist in the larger basins and, following the rains, grass and bushes may also shoot up. The basins are frequently connected with one another with the effect that radiating from the Haleigh quite a number of larger and smaller wadis developed. These sometimes flow until they gain the foreland or come to a halt between the lava streams. In the main the western edge of the Haruj breaks off sharply towards the surrounding limestone serir. From the eastern edge flow a number of lava streams, enclosing bays of sandstone and serir areas, which in turn shroud the lava streams with sand and dust. In the Angud el Jaserat (southern part) two rows of volcanoes extend towards the south east foreland and each contains some twenty volcanoes (Fig. 13). In their prolongation there are still a few more single volcanoes which are again flanked by larger basalt areas from the Haruj. Shorter rows of volcanoes are situated in southern direction to the Haruj. Its southern-eastern corner pillar is formed by the great caldera of the Wau en Namus (diameter 4.5 km.) with a central crater and three lakes. Date palms, acacias, tamarisks and reeds grow in this lovely "black oasis", in the wider vicinity of which not a single living plant can be found.

Semi-nomads who like to visit the western Haruj after the rains with their herds are sure of finding adequate pasture there. The animals come from Zella, Fugha, the eastern oases of the Fezzan and the Wau el Kebir (Tibbu). Those basins which are closer to the oases are also used for rain-agriculture.

The *Limestone Serir of the Western Basement* (12 b), the Dor el Gani and the Dor el Msid, descends in steep scarps to the Serir el Gattusa. There are some hatiets and wells in shallow marginal depressions between the Haruj and the Serir. Only a few wadis pass westward; they cut deeply into the limestone. In the Serir area as well some basins have been incised and are in parts twisted (dolines) and in the northernmost corner of which lies the small oasis of Fogha. There is a sebka with some vegetation at its centre, the village, palm trees, gardens and wells being situated on the eastern edge. In the northern part of the Serir basement the broad valley of the Agheib Wadi attracts all those wadis which descend from the Haruj and the Jebel Sauda; its southern part is markedly constricted by the Dor el Gussa.

The north eastern and *Eastern Basement* (12 c) is dissected by a number of wadis with some vegetation which generally terminate in grarets. In the basement *south of the Dor Abregh* (12 d) gypsum and marl strata with fine sandstones have been deposited; isolated basalt caps persist while between them the softer rock has been worn away to become extensive gypsum and marl dusts areas together with gypsum pans. Low rows of volcanoes and basalt caps march in isolation from the north west to the south east across the southern basement in front of the Haruj. Small limestone plateaus and sand areas lead on to the Rebiana Sand Sea and the Serir Tibesti.

13. The Serir Tibesti

The Serir Tibesti with its wide, yellowish-white coloured, slightly *Undulating Serir Plain* (13 a) extends over Eocene limestone to the starting point of the coarser scree foot of the Tibesti Mountains and ends in the east at the basalt tables which have flowed from the Palaeozoic Dohone Foreland (crystallines, slate, gneiss) as far as the Eocene measures deposited in front. Roughly in the middle of the Serir the Hedshar Jebel limestone plateaus, some 40 m. high, stick out surrounded by gypsum crusts and a belt of marl dust.

The *Western Edge of the Serir* (13 b) also contains some lower limestone plateaus and isolated mountains, the southern part of which is, however, of slates and intrusives which form low hill ranges. In the north-western corner the Wau el Kebir is entrenched. This is a broad basin with steep rims, the village being situated on its northern side. Dunes fill the centre of the depression which is surrounded by small palm groves, plants and grasses. The Tibbu graze their herds in the wider environs, in the Jebel Gussa and as far afield as the Haruj es Sauda.

c) Cyrenaica

14. The Eastern Sirteland

A short way beyond the Tripolitanian border at the first large coastal sebka near Agheila the eastern Sirteland begins. The rocks of the middle Miocene, particularly limestone and marl, continue towards the east but are no longer broken up by faults as has been noted further to the west. The transition from desert to steppe commences soon after the 30—40 km. wide coastal strip inland from the sea.

The first large sebka in the *Oases-Coastland with Sebkh, Dunes and Low Bushes* (14 a) is the Mugtaa el Chebrit which flows into the Wadi el Faregh from the east. Towards the coast it is partly divided off by fine-grained brown and white limestone sand-dunes. Its sterile sand clay areas are surrounded by salt plants and sand strips. The small township of Agheila is situated about 10 m. above the sand beach on a hardened, cemented dune range providing a view south over bush flats which rise gradually in the south before falling away a few metres at the Maaten Joafer well towards a broad sebka which is a part of the lower course of the Wadi Faregh. Between coast and wadi behind the dunes there are further extensive sebkh with lagoons and salt plants. Small palm groves grow on the somewhat higher dune strips and often a little white house can be seen adjacent to them. In front of a hardened strip of coastal dunes the Esso oil-port of el Brega is situated with its refineries, township and a little harbour protected by a pier. The oil is conveyed to the ships in the roadsteads. The large Sebka el Mrer is the last one towards the east. Beginning there is a broad dune strip with thinly scattered Mediterranean bush, salt plant depressions and only isolated small sebkh continuing beyond Zuetina where, near a palm grove, some wine is even produced.

The *Desert Limestone Plateau of the Sirte with Sebkh* (14 b_1) which follows towards the south east, is limited by a shallow swell in the east. The shallow sebka just in front of it is an extensive, light-coloured, shallow limestone plateau, strewn with stones with single low limestone and gypsum tables, often much dissolved, sitting upon it. Towards the northern edge it is embayed at times by depressions. In these bays large sebkh with salt plants and dunes are situated, examples being the Gheizel sebka or that of el Gheneien (512 square km.); the latter receives the Hamia wadi which, coming from the east, is covered with a good dwarf-scrub vegetation. The sebka itself is covered by wide stretches of sand; only here and there salt clay soil comes to the surface; salt plants grow on the margins. Many rows of small and mostly sterile sebkh lie in depressions scattered over the limestone plateau.

To the north the limestone plateau changes to a somewhat lower hill country — the Barga el Beda — covered by bushes, shrubs and herbs which gradually become more sparse towards the south. After rains in spring the country brings forth a short-lived pasture of spring flowers. The southern Barga is traversed by the broad valley of the Faregh wadi which begins on the eastern rise. Its middle course is about 300 m. wide and increases to about 5 km. in its lower reaches. At the centre of the Barga and thus of the nomads' area is the small town of Ajedabya. It is surrounded by eucalyptus plantations which are intended to stablize the dunes, and by the nomads' fields in shallow small valleys and troughs of the low bush-steppe.

In the south the limestone plateau ends at the *Marada Depression* (14 b_2), falling down to it through about 80 m. in a steep scarp which first increases to 140 m. in places and then decreases and can be followed almost as far Jalo. It may have originated in tectonic fault lines which can be traced as far as Jahgbub. They may have formed a shallow trough initially which was subsequently widened and deepened as water and salts acted as solvents on the limestones, marl and gypsum. The largest basin is the Marada (about 10 : 40 km.). On its northern rim there are extensive sebkh; their floors consist chiefly of broken salt clay clods forced against each other. The most important salts which occur consist of carnallites. In the south swarms of remnant mountains indicate the rim of the basin where oil was found. Here the salt clays are covered by hummocks and bushes. The houses of the Marada settlement (10 m.) are situated at the foot of a low hill not far from the oasis with small palm groves and gardens. Also the eastern valley-like continuation still contains individual sebkh and a twisted dwarf-bush strip ending in the long sebka of Meheiriga.

A shallow plain in the surrounding coarse serir leads on to the *Oases Depressions of Jalo* (14 b_3). The three oases of Aujila, Jalo (el Ergh) and Jikerra lie in flat basins with gentle slopes which are sunk into the serir. They are filled with sand and followed by low dune ranges. Jalo (el Ergh) is the main settlement. In sparsely distributed palm groves the inhabitants have established gardens which are irrigated by brackish well water. Goats and sheep find food in hatiets (sparsely vegetated strips, chiefly in depressions) in the vicinity which are also to be found in the remote north eastern area together with some wells. The most southerly of the wells — the Bettafel Well — located in a bush depression in the south east which is to date the last before one reaches the Kufra Oases, provides good drinkable water with only 0.5 g·Cl/l in contrast to the rather brackish water of the oases (1.5—3.5 g·Cl/l and over).

Between the southern slopes of the Jebel Akhdar and the Erg Jarabub in the south extends the slightly vaulted *Limestone Desert Sirte Swell* (14 c_1). A number of wadis begin their courses upon it and run off to the west and east. The largest of these are the Faregh wadi (see above) and the El Mra wadi which follows a course south eastward. In the north the swell commences south of the Balte zone (vide 15 c) and here in depressions and the remnants of wadis are to be found small pastures of dwarf shrub and even cisterns for the animals. The eastern edge of the swell is marked by a slightly ragged scarp. In general this desert swell is little known: in the south dune fields migrate across the stony limestone surface and it terminates at the extension of the *Marada-Jalo-Jaghbub Depressions* (14 c_2) across which the caravan route runs. It is marked by some hatiets in shallow basins. South of the depression the dunes of the Jarabub Sand Desert begin.

The Barga el Beda (see above) directs another branch of the Sirte Tableland towards the north: this is the *Barga el Hamra* (14 d_{1-3}) consisting of Miocene limestones. It narrows gradually between the coast and the Jebel Akhdar.

The Coastal Oasis Strip of the Barga el Hamra (14 d_1) remains initially like that near Zuetina with sand dunes dominating; then palm groves and small sebkh occur between the dunes, the latter being linked with the sea at Benghazi. Salt is won from them. Between the northern and nowadays mostly dry and southern permanently water-bearing Selmani sebka, situated on a hill lay Euhesperide — later Berenice — the oldest Greek settlement. Following the destruction of the Greek town the ancient Arab *town of Benghazi* (14 d_2) was set up on a low hill with a cliff between the sebka and the sea. The lagoon which was connected with the sea by way of the sebka di Punta, was used as a port. Finally the bay between the Gesiret Geliana and a smaller northern precipice was safeguarded by strong piers linking the offshore reefs. In addition to this dock a second deeper one was recently completed in the north. A European town was attached to the Arab one, developing between the port and lagoon towards the south. At the present time it extends over the former el Berka village towards the south and east. North of the town and on the coast begins the oasis in a sand and dune terrain; vegetables are cultivated in gardens there and small slum settlements built from corrugated iron, boxes and torn tents have sprung up. They are to be removed and fifteen hundred dwellings are being constructed along the Benina Road which leads to the large airport handling traffic to the east.

Towards the north further sebkh are found behind the dunes; an example is the Ain Zeiana which is connected with the sea and there are also small palm groves such as that at the Coefia settlement and the small village of Tocra itself an ancient settlement (Teuchira) with a fortification and remains of its walls.

In the south the rolling *Limestone Plateau* with a width of about 50 km. and *Covered by Dwarf Scrub* (14 d_3) commences; this is at first more a sparse low bush and herb steppe between bare limestone areas and the hard brown soils of shallow depressions but gradually the carpet of bush and dwarf scrub becomes denser and the number of fields increases. Between Ghemines and Soluk the fields themselves also grow larger and are supplemented by small plantations of trees and eucalyptus groves particularly in the Benghazi Heights. Towards Tokra and the mountains bare limestone crusts again frequently form the surface and only short wadi remnants and dolines are better cultivated. There are numerous subsided dolines in the vicinity of Benghazi, the larger of which are often filled with water and fringed with reeds and rush thickets and the dry ones planted with gardens and trees; figs, citrus fruits, almonds and some palms are grown just as in the case of the blind "Lete" wadi which terminates in a cave with a dark lake. They are said to be the former gardens of the Hesperides. Apparently dolines, wadi remnants and subterranean karst water-courses are connected just as in the case of the frequently interrupted Gattara wadi which ends south of Benghazi in numerous small sebkh.

15. The Mediterranean Scrub Hills of the Jebel Akhdar

The elliptical Jebel Akhdar, the Green Mountains, were apparently slightly upwarped before the Eocene. Their axis runs east-north-east and with it long faults which are intermittently transversely fractured. The seaward-sloping side falls away more steeply and mainly presents fractures and flexures. The rise from the sea occurs in two main steps, the lower of which reaches up to 300 m., the upper to 500—600 m. The latter passes into the plateau which culminates in a crowning hill country attaining a height of 882 m. The anticlines are overlain by shallow deposits of the Oligocene and Miocene consisting chiefly of limestones, calcareous sandstones and marl. Where the Eocene outrops it lies discordantly on the upper Cretaceous. Both are exposed in certain breaks of the strata in shallow anticlines.

The Northern Scarp Slope (15 a) carries a thick-leaved low bush cover, often sparsely grown and remnants of scrub forest on the denudation terraces. The scrub consists of pine, cypress, holm oak, acacia, carobs and juniper bushes; it is interrupted by cultivated stretches. The slope is dissected by wadi valleys which originate partly in the scarp and partly from the plateau. The first scarp slope runs out in a talus foot in front of which lies a predominantly *Hilly Coastal Strip* (15 a_1) with scattered bay-like sand and gravel beaches which forms an extension of the Barga coastal strip. On the gently hilly territory there still exist from Greek times calcareous limestone quarries as well as grave towers and individual graves. The present village huddles against a low hill which fall steeply down to the sea and offshore cliffs, forming a small bay with them. On the sparsely vegetated hill country behind stretch the ruins of Ptolemais with the lower scarp slope rising steeply above them. Towards the east the scarp slope with its talus slope advances hard to the seashore until near the little port of Apollonia (Marsa Susa) the coastal strip broadens into low hill country, the limestones of which, covered by red soil, support dry fields and scrub which continue across the less steep slopes up to the first scarp. At the Heights of Ras Hilal the slightly broadening hill country breaks off with a shallow scarp eastward towards the sea. Thus from this point onwards the detritus of the first steep scarp forms a low-cliff coast (5—6 m.) dissected by short wadis. At the exit of some longer wadi valleys there are a few smaller settlements (Latrun, Kersa and others) on the thickly overgrown scarp slope but these apart, only sparse scrub grows on the talus and macquis with beach pines in the wadi gorges.

Before the Derna wadi leaves its deep canyon-like valley there is the little oasis and coastal town of Derna set in the hilly country and surrounded by gardens and plantations of palm trees, oil trees, figs and bananas. The scarps and plateaus which support scrub in places, fall away from here eastward towards the Gulf of Bomba.

The *Scarp Slopes and Plateau* (15 a_2) of the Jebel Akhdar already start in the west over the Barga el Hamra. The first scarp slope at Sheleidima (east of Soluk) is 80—100 m. high. The first terrace is of hill country covered by scrub which rises towards El Abiar in the north and turns towards the east at Barce. It is characterized by advanced processes which are creating a karst topography. Wadis alternate with flat basins, troughs and dolines infilled with red soil and cultivated and divided by limestone ridges which present karst features and hill ranges covered by sparse scrub. The wadis come from the second scarp slope and they are here deeply entrenched whereas on the first scarp they often end up in blind valleys. Somewhat to the north near Fasura (Baracca) was situated an Italian settlement area which, like all the others in Cyrenaica, has been taken over by the Arabs. The semi-nomads who had been settled there neglected fields and houses at first, the latter being used as cattle pens with their black tents pitched next to them. Only gradually did they begin to plough a few of the fields which had become scrub covered in the interim period.

The troughs probably owe their origin to karst erosion. The largest of them is the Barce polje (el Merj). The village is situated on the northern edge and is surrounded by tree plantations. In 1963 it was largely destroyed by an earthquake. During winter a lake forms in the polje; it can so grow in size that the houses around it stand in water, whereas in summer grain is cultivated in the floor of the lake. The reddish-brown soil which is about 10 m. deep retains its humidity for a long time. Thanks to the fertility of the polje an agricultural research station has been located there. Smaller settlement areas extend from here eastward by way of Maddalena as far as Oberdan. With the aid of artificial water supplies from the east the entire district is scheduled to be transformed into an irrigation area.

Apart from the smaller cultivated parts the main scarp, which narrows slightly towards the east, is covered by dense Mediterranean scrub or scrub forest. It consists in the main of evergreens: citruses, pistazias, carobs, junipers, pines, acacias, holm oak and others. The scarp is dissected by some larger wadis which descend from the plateau which, as in the case of the canyon of the water-bearing el Caf wadi particularly, still contain some poor remnants of former pine and cypress woods which climb up to the plateau as individual trees. Only below Cyrene are there more extensive fields again and these are themselves soon ousted once more by scrub which also covers the slopes of the deeply-etched wadis. As in the cases of the Latrun and Derna some wadis contain flowing well water. At its mouth small lagoons have formed behind gravel banks which contain the larvae of mosquitoes (anopheles). East of the road to Tobruk the first main scarp slopes down towards the sea.

The second main scarp, over 500 m. high, widens to the *Plateau of the Jebel* (15 a_3); a low karst hill country (Slonta) rises in the south. In the western part around Gerdes el Abid numerous short wadis dissect the scarp (see above); sparse, evergreen scrub covers the land and nomads erect their tents there. In some places larger, enclosed areas have been afforested and form a dense scrub forest. Dwarf shrub steppes with isolated bushes extend towards the heights. There are numerous cisterns, both for people and stock, a great number of which date back to ancient times. They are situated mainly in the more densely settled area of the plateau, where Beida is now raised to an administrative center. Westward of this the viticulture area of Messa extends.

Wells are sparsely distributed. In shallow basins, dolines, and dry beds the nomads cultivate fields and on occasion even kraal-like fences for the herds may be seen. Towards the east the country gradually falls away. Broad wadis, or more correctly karst basins aligned side by side, run northwards and then bend in that direction. At times as in the cases of occurrences near Gubba, Mara and in the upper course of the Derna wadi, they contain springs, the water from which is soon taken up for irrigation purposes. There are nomad settlements with fields in some of the wadis like the Um er Rezzem which flow eastwards to the sea. Individual giant springs in the wadi valleys — like the Debussia Spring and the Ain el Bilad — provide water by way of pipelines for the plateau areas and places as far afield as Barce and Tobruk.

Not far south from the watershed which follows approximately the highest parts of the mountain range begins the *Southern Slope of Low-bush Steppe* (15 b). Shallow indentations and small basins in the karst lead on to valleys which cut down rapidly. During the winter months they receive still ample rain. The valleys are separated by elongated interfluves, the vegetation of which soon changes from higher scrub to poorer and poorer dwarf-shrub steppe. The more prolific vegetation first recedes to the valley slopes and then entirely to the valley bottoms. These widen towards the gently undulating hill country which replaces the scarped landscape of the interfluve slopes. Some isolated and small nomad settlements are located here, as for example Ezzelet, Mechili etc., with cattle pens at the wells, a few enclosed fields and some trees (figs, acacia).

The wadis terminate at the edge of the low, flat, stony and sparsely bush-covered knolls and form brown alluvial plains with salt efflorescence and salicornias in places. In winter the areas are often flooded. They are *the so-called "Baltes"* (15 c) which occur in a belt which marches with the southern edge of the Jebel. It would appear that they cannot be considered in connection with tectonic movements or karst phenomena. In this belt the barren stone desert with sand dunes and naked clay areas asserts itself increasingly.

16. The Dwarf-shrub Desert of the Marmarica

South of Tmimi on the Gulf of Bomba at a height of about 150 m. the Marmarica Plateau begins at the Jebel Akhdar. It falls in three steps towards the coast, the lowest of which meets the sea as a cliff east of Tobruk. The plateau is made up of limestones, calcareous sandstones and marls. It finishes in the south above the Jarabub Basin. The last of the outliers of the hill country approach to within 8 km. of the coast at Tmini. Several small wadis arriving here from the hills have deposited the *Low-scrub Coastland* (16 a_1) which widens once more to 15 km. further east until a pipe-like inlet extends as far as Ain Gazzala and thus almost as far as the lowest scarp of Marmarica. Several sweet water wells make this area attractive to the nomads. The coastal road which is followed by the silver ribbon of the water conduit from the Derna wadi to Tobruk winds its way across a protruding, low range of hills which follows the coastline to Tobruk. The town is situated on the projecting peninsula formed by the last offshoots of the hill range. The peninsula embraces Libya's best port with the Marmarica scarp but unfortunately there is no hinterland to it. Recent plans provide for the expansion of the town, since a pipeline is being built from the rich C-68 oilfield of the British Petroleum Company, 150 km. south east of Jado to el Hariga 4 km. east of Tobruk. The lowest Marmarica step on which the German cenotaph of the second world war is located, merges at times with the second one in the east. Both the steep faces thus form the cliffs of the abrupt coast which turns south before Bardia. Short fjords penetrate the scarp here. The small settlement is situated between two fjords about 60 m. above the sea, the protected harbour being in the southern fjord. Receding to the south the cliff coast ends at Sollum.

On the lowest hilly denudation terrace (60 m.) there are still some settlements with few houses and fields dependent on cisterns; the second scarp slope leads up to an area (140 m.) south of Tobruk which was chosen by the English for the construction of the el Adem airport with a large barrack; the third slope only a few kilometres further behind, leads up to the *Dwarf-shrub Tableland* (16 a_2) itself. The scarp slopes of white limestone are strewn with stones eroded by stream wash and a few wadis and show only a sparse vegetation. On the tableland which lowers itself gradually towards the south and south west, the steppe is interrupted by extensive, barren limestone areas. Numerous cisterns and isolated wells which still show the remnants of fortifications from the last war, serve the nomads and their herds. Towards the south the limestone table is traversed by a few broad wadis with occasional dwarf bushes, widening during their course to larger depressions in which the mud of the last flood cracks up into polygons. In most cases they terminate in barren brown pans or lose their way in stony hamada areas.

Thereupon the *Desert Table* (16 b_1) has been reached (100 km. north of Jaghbub). A ragged scarp which can be traced for about 10 km. to the east, limits the broad valley of the el Mra wadi, which is apparently approaching the Jaghbub Depression, in the north. South of it individual broad table areas rise out of the hamada to be followed soon by the falling away of the table towards the Jaghbub Depression. Today a tarred road runs from Tobruk to Jaghbub, following the broad wartime barbed-wire fence, which in turn follows the eastern border from Musaid (Capuzzo) on the coast, over its last stretch.

The width of the *Jaghbub Basin* (16 b_2) attains 20 km., its length 50 km. The abrupt scarp (120 m.), limiting it to the north, displays irregular incisions and indentations and rises through several steps towards the Marmarica Table whereas the southern slope only attains heights of up to 72 m. In places the bottom of the basin sinks below sea level (down to —29 m.); at the palm grove below Jaghbub which is situated on a low gara (hill), it sinks to —17 m. The place is over-topped by the gleamingly white Gubba, beneath which is located the sarcophagus of the founder of the Senussi Order. The lowest parts of the basin are filled with extensive sebkh, covered with brown dust and sand, some of which have broken up into blocks. In some of them are situated salt swamps and wells (Melfa, Gsebaia). Small islands of scrub, at times with palm trees, grow on the edge of the sebkh. Towards the east depressions with sebkh lead on to the Siwa Depression and towards the west to the Hattia of Hifan and the Bu Salama well. Extending further westward there are still more hatiets which serve as camel pastures for caravans.

17. The Dune Desert of the Jaghbub Erg

On a flat limestone table south of the Jaghbub-Jalo Depression the *Erg Jaghbub Dunes* (17 a) begin; at first they criss-cross one another in the north like a latticework dune desert and then they swing on to the south westerly direction. In the south the dunes surge against the Kufra hill country (19) in front of which there are some outliers (at Bir Dacar) and the small hattie of el Mehemesa. From it the *Jaghbub Serir* (17 b) protrudes towards the north like a finger, partly decked in sand and containing low dunes. Isolated low limestone hills thrust from it. The serir divides the erg from the *Great Libyan Sand Sea* in the east (17 c).

18. The Calansho Serir

The Calansho Serir is a vast, almost flat plain with a north-south extent of about 400 km. and an east-west length of about 500 km. From the south it falls through about 250 m. to a height of 80—100 m. on its northern edge at Jalo. Only along the margins at particular places does the bedrock emerge as a calcareous sandstone (Oligocene and Miocene). In the north east gravels and a gravelly boulder pavement cover the slightly *undulating serir surface* (18 a_1) which is dissected by the long, extended, sandy depressions of the *Faregh wadi south of Jalo* (18 a_2). Water has recently been drilled for in this part. *South of the wadi the serir* becomes more sandy; larger dune fields migrate towards the south west (18 b); the extensive Tazerbo group of oases and the uninhabited Zighen group — which afford not only salt water but also sweet — lie on the southern margin. West of the centre the 100 km. wide *Calansho Erg* (18 c) runs across the serir. The Calansho Erg consists of long, south westoriented ranges of dunes about 50 to 80 m. high; dune fields which break off from it in the south even cover the edge of the Haruj el Aswad. In the north dunefields surround the 140 km. long *Zelten Table Mountain* (Oligocene and Miocene (18 d) with a relative height of about 300 m. The plateau area which is covered with coarser stones, slopes gently towards the north east. Buttes rise from its steep flanks, especially in the north and north east. Oil deposits have been located in its vicinity and are being exploited. Towards the *west* the *sandy serir* (18 e) grows whiteish in front of the Haruj basement. It also shrouds the shallow Maabus el Gerad hillrange. Several wadis originating in the Haruj terminate in shallow pans in the serir in front of the erg.

19. The Kufra Hill Country

The Kufra hill country consists in the main of an extensive *Sandstone Plateau* (19 a) which is undergoing the process of destruction and exposes black quartzite capping, 1 to 2 m. thick, on its surface (Palaeozoic and Nubian sandstones). Mountain-building movements caused the sandstones to be arranged in shallow undulations and frequently broke up the quartzite into blocks. Rough and coarse quartzite blocks rolled over the slopes which have been formed into terraces by thinner quartzite strata between the sandstones. Once the quartzite layer has been destroyed the degrading of the plateaus and mountains proceeds swiftly. In the east the plateaux have already been reduced to short parallel ranges and isolated mountains with gravel-filled troughs between them. Their last spurs approach the sandstone plateau of the Gilf Kebir. The hill country is quite without vegetation.

At the foot of the southern plateaus the extensive palm groves of the *Kufra Oasis* (Kebabo) (19 b) extend in a shallow trough. The principal oasis of el Jauf contains two small saltwater lakes in its twisted riverlike sebkh. The wells provide good water from a sandstone sub-stratum (6—7 m. deep). In the vicinity of el Jauf there are further small oases and hatiets with low bushes. Thirty metres above the main settlement, et Tag with its Sauia — a sanctuary of the Senussi — is situated on a sandstone plateau. In the east and west the depression with its oases is delimited by low remnant hills and in the south by table mountains of the Sarra Plateau.

20. The Rebiana Erg

The Rebiana Erg extends south of the Calansho Serir. Its dunes, the highest of which lie south west of Tazerbo, wander towards the south-west and have penetrated the Tibesti Serir like a long tongue. They advance towards the sandstone plateau of Egei and have covered several low table mountains, especially towards the Sarra Plateau, with sand areas and long ranges of dunes. Single mountains and the higher parts of the sandstone plateaus rise over the sand sea. From the north the dunes and sand from the Serir, from the Calansho Erg and the Jaghbub Erg penetrate the Rebiana Erg. On the eastern edge of the Erg the Rebiana Oasis lies at the foot of short sandstone table mountains and north of it the small Bzema Oasis with a palm grove on the shore of a small salt lake is found.

21. The Jebel Egei

The Jebel Egei is a *sandstone plateau of the Nubian Serie* (21 a), rising to about 1,000 m. above sea level and breaking off in steep slopes on all sides. The plateau, which tilts towards the north, is surmounted by some higher mountains, apparently volcanoes, with lava streams poured out through the valleys towards the southern foreland. West of the Egei Wadi a somewhat lower and extensive *Basalt Extrusion Area* (21 b) stretches as far as the gap which allows the piste from the Wau el Kebir to the east to run through. It lies on Palaeozoic rock. South east of the plateau a low spur branches off, falling sharply to the south east, ending in the Jebel Clinge and continuing in the plateau remnants of the Tneneca. Low tabular blocks, tilted towards the south east, lie in the *eastern foreland* (21 c). Some wadis are reported as carrying vegetation, albeit only after rains then they are visited by Tibbu nomads.

22. The Dohone

The western part of the Dohone (Dohozano) (22 a) consisted of sand-filled, rocky hill groups of Precambrian age and low granite ranges across which larger basalt tables, particularly in the north, have flowed. These lead streams to fan out as far as the Tibesti Serir (Eocene) and the low hill country is also over flowed. A number of deeply fretted wadis stem from the Cambrian scarp in the east; some of these end up in the 100 km. long Tussidi salt pan, others lose themselves in the Tibesti Serir (q.v.). Here and there tamarisks and acacias grow in the wadis and low bushes and herbs become green only after rains. Villages are in consequence mostly deserted, particularly as even the few wells and galtets (open waterholes) dry up easily.

The Cambrian-Ordovician scarp rises about 150 m. to an extensive *Sandstone Plateau* (22 b) about 900 m. high which falls to about 600 m. in the east. Superimposed sandstones (Ordovician and Gotlandian) on its eastern slope are frequently dissected in such a way as to form steep domes and tables. In the south the Kemet (Gubo Massif; c. 1,800 m.) together with the Pic Bette (2,286 m.) surmount the sandstone plateau which forms the link with the Tibesti Massif rising to over 3,000 m. by way of Uri in the south west. Towards the north the plateau falls to 1,200 m. and then to about 700—750 m., finally changing to the Jebel Egei Foreland (see above). The highland which is also overtopped by a few volcanoes (Grei Mado, 1,100 m. and others) is cut up by deeply rent and partly narrow valleys. Apart from tamarisks and acacias the wadis contain scrub vegetation in their lower courses. They disappear in a shallow furrow towards the scarp of the Sarra Plateau in the east. In 1958 the few periodic settlements were deserted since it had not rained for five years and the waterholes were empty. Only two or three families remained behind in Tuzugu village; there were a few more in the Taskemamal Wadi, in the upper course of which one well was still running.

23. The Sarra Plateau

The Sarra Plateau of Nubian sandstones, quartzites and conglomerates (lower Cretaceous?) is a large serir tableland with scattered extensive mesas above it. Migrating dune fields, in parts elongated, move across the serir towards the south west. The highest parts of the serir are in the west, the Logei Tomo (almost 1,000 m.) marking the point where the plateau approaches Tibesti. On the southern edge which fall in scarps to the foreland, the heights attain about 600 m.; on the northern edge they reach about 500 m. and south of Kufra about 400 m. above sea level. The Assenu Wells on the edge of the Rebiana Erg on the Tibesti-Kufra piste (35 m. deep) as wells as Sarra (68 m.) and Bishara (25 m.) on the Kufra-Tekro caravan route running across the serir are worth noting. The serir lacks vegetation and is uninhabited. Pre-Cambrian crystalline slates and gneisses together with intrusive rocks interrupt the Nubian sandstones at the Jebel Auenat on the east of the plateau which reach the Gilf Kebir in the north, in the south the Sudan.

24. The Jebel Auenat-Arkenu

The crystalline slates and gneisses begin about 70 km. west of Arkenu, extend between 21° and 23° N. and are still found east of the southern tip of the Gilf Kebir sandstone plateau. The junction between Nubian sandstones and crystallines is very distinct in places. The sandstones begin above a low scarp, but are still over-topped by small crystalline mountain ranges (Fig. 14) in the surroundings just as is the uneven crystalline area itself (between 600 and 700 m.). Several inselberge have been created by the intrusion of granites and diorites and of these the Jebel Uweinat at 1,892 m. is the highest of them. Rocks of the granite series, gneisses and crystalline slates alternate irregularly and are at times superimposed by Cambrian (?) sandstones which form the summits of Uweinat and Arkenu (1,360 m.) as well. Both inselberge are traversed by broad and stony valleys which, apart from acacias, carry little vegetation. There are wells and waterholes which enable wild sheep (waddans) and the few inhabitants (Tibbu) to exist. The Italians channelled the water of the Ein Zueia through a short pipeline to a cistern on the edge of the mountain. Herds of camels, goats, sheep and donkeys (and, in 1958, one cattle) come here to drink. In 1958 the Jebel Arkenu was completely deserted. Tracks indicated that at times it had been inhabited. About once every seven years rains fall in association with heavy thunderstorms which cause the wider surroundings to be inundated. This is particularly the case with a depression 30 km. west of Uweinat which provides sufficient pasture even in dry years. After the rains herds from Kufra and Erdi arrive at the pasture in order to graze for about two years.

The surroundings of the inselberge, including the Jebel Kissu (1,712 m.) some 30 km. away in the south, are of a hilly, sandy nature. Long rows of dunes, several kilometres wide, stretch between the mountains; sand, gravel serir and areas of coarse rocks surround the feet of high and low mountain ranges alike as, for example, the Jebel Babein in the north east, from which bands of intrusions often fan out and can be traced far beyond into the plains. Some mountains are of younger volcanic origin. Some crater-like depressions, said to have been formed by meteorite impacts, have been discovered in the crystalline mountain ranges.

2. Geological Survey

The broad outline of Libya's geological structure has become well known, particularly through the efforts of Italian research and the drilling programmes carried out by the oil companies. Only a general survey will be attempted here and this can be followed up on the sketch-map (Map 4).

The oldest rocks, gneisses, crystalline slates and the series of granite intrusions, outcrop in the south of the country in the Jebel Arkenu-Auenat, in the Tibesti Mountains and in the Fezzan. Two stages, namely the Archaean and the Algonkian (Pre-Cambrian), may be distinguished, the latter showing Pre-Cambrian folding which would accord with Huronian orogenesis.

These are followed by a longer continental period between the Pre-Cambrian and the oldest Palaeozoic rocks, as must be deduced from the large break in the strata here. Then came the first period of uplift a effecting the mountains at the time of the Caledonian movements towards the close of the Silurian; the strata were included in the folding. The ensuing series of Devonian-Carboniferous strata, and particularly those in the western Fezzan, are of partly marine and partly terrestrial sediments, subjected to movements at the close of the Carboniferous (Varistian folding). The anticlinal axes of the Jebel Gargaf and the Dor el Gussa were upwarped; simultaneously intrusions of granitic rocks occurred as well as uplift of the Palaeozoic and the lower Nubian continental sandstones (Devonian-Carboniferous-Permian); these are indicated on the map as NP (Nubian sandstones of the Palaeozoic) in northern Tibesti, Auenat and the Kufra mountain country. The upper Nubian series (Permian, Triassic, Jurassic and lower Cretaceous) consist in the main of continental sediments (NM = Nubian sandstones of the Mesozoic). As in the case of the lower series, they were deposited in the wide basins between the upwarpings mentioned above.

During the Jurassic and Cretaceous sedimentation in N.W. Libya was influenced by slight fluctuations of the sea. In the Senon (upper Cretaceous) the sea once more gained a maximum extension to the south, but as western Libya was uplifted it became mainland with the exception of the northern coast. Development in eastern Libya took a different course. It was once more inundated by the sea with a large but shallow Gulf of Sirte extending to the fringe of the Tibesti; towards the end of the Eocene it passed the Tibesti in the west and was thus able to connect up with the seas in the south. Then it finally withdrew to the north.

During the early Tertiary the Tripolitanian Jebel as a fading ripple from the Tunisian Mountains and the Jebel Akhdar in Cyrenaica probably as branches of the so-called Syrian Bow, were uplifted as offshoots of the Alpine folding. The upwarping of the former occurred during the Eocene and the Oligocene, earlier than the Jebel Akhdar, Miocene strata of which are included in the folding. The northern flank of both mountains declines more steeply than the southern flank; both show fractures, flexures and faults running in a north-south and east-west direction. The Jebel Akhdar rises partly from its sea-covered coastal step through two further main steps at 300 and 600 m., finally gaining a maximum height of 880 m. The Tripolitanian Jebel starts at the wide coastal plain of Jefara which rises slightly towards the south to about 300 m., reaches a height of 600 m. in one steep scarp and then rises further to 960 m. before it finally sinks towards the south. The scarp forms a shallow curve along which older rocks (Triassic and Jurassic) come to the surface.

During the Miocene yet another slight subsidence occurred in eastern Libya, thus pushing the coastline forward to 29° N. Then the sea continuously withdrew. But until the most recent Quaternary slight movements brought their influence to bear upon the extensive lines of fractures and fissures which cross one another as they follow a N.W. to N. and N.E. direction. Tectonic troughs, like the Hon Trough between Zella — Hon and Bu Ngem, follow these lines wherever magma rose until the Quaternary to form series of volcanoes and basalt outflows (Haruj, Jebel es Sauda and others). Occasional earth movements may still be observed at our present time. Tertiary movements probably also still effected the southern mountains and intrusions may have caused localized uplifts.

Apart from the old, metamorphosed rocks (crystalline slates, gneisses and others together with intrusives such as granites, diorites etc.) in the southern mountains of the country, the structuring sedimentary rocks in the south are predominantly represented by Palaeozoic and Nubian sandstones and marls and more recent eruptive rocks.

The alternation of dry and humid climatic periods since the Miocene and the formative forces released by them created the long, broad wadis in presently arid zones, deposited the wide plains of the serirs (Serir Tibesti, Calansho) and the dune areas (Ergs, Edeyin) or wore them down and impressed upon the region the character it presents today.

Thanks to the work of oil geologists, three large Palaeozoic-Mesozoic basins have been found in Libya; a fourth one is the Upper-Cretaceous — Late Tertiary Sirte basin. The basins are divided from one another by swells. The Homra Basin is situated in the north west and is delimited by the Nefusa swell in the north and by the Gargaf swell in the south. Numerous drillings into the sandstone horizons from the Ordovician to Triassic proved the existence of oil. South of the Gargaf swell the Murzuq-(Jado) Basin begins between the Tassili-Hoggar in the west and the Tibesti-Haruj swell in the east. Presumably the Palaeozoic to Nubian series (NM) is strongly developed here. East of it the Kufra Basin is situated and extends as far as the borders of Egypt, the Sudan and Chad and embraces large parts of southern Cyrenaica. Probably the Nubian series from the Permian (NM) onwards is strongly developed here. The Sirte Basin is a continuation of the Gulf of Sirte towards the south. Its tectonic development coincides with transgressions from the time of the upper Cretaceous to the Miocene (regressions). It is divided into a series of swells and troughs with a marked tendency to follow a north westerly—south easterly direction (Hun Trough). In parts sedimentaries of the upper Cretaceous, the Paleocene and Eocene contain considerable deposits of oil, a number of which are already being exploited (vide HECHT, FÜRST, KLITZSCH).

3. Water Conditions

Libya is poor in water. As is evident from the meteorological observations, it only periodically receives rain in winter which itself falls largely in coastal areas and only irregularly reaches the interior, which consequently suffers again and again from dry periods when scarcely any rain falls.

a) Dry Beds

Nevertheless, the country is traversed by countless valleys and river beds, proving that in one or more pluvial periods the surface run-off must have been considerable. Terraces on slopes also show that the erosive force of the water has often been strong, although weaker at other times. Nowadays nearly all the river beds are dry; so-called wadis, dry beds, take their course through them, at best carrying water after strong rains have fallen within a limited area and which soon seeps in once more. Often wadi beds can only by recognized by their narrower or wider channels crossing the valley bottom and filled with boulders or sand. The beds are mostly accompanied by a strip of sparse vegetation.

Only a few of the dry beds reach the sea. The majority of them end up in interior basins with interior drainage as in the case of the Fezzan or the wide serir plains; between dunes they peter out in smaller, shallow "grarets" rich in vegetation, or seep in over flat alluvial fans. That part of the periodically-flowing water which does not evaporate here penetrates the porous soil and reaches the groundwater. Only one river in Tripolitania is perennial: this is the Tareglat-Caam wadi east of Homs, which in a length of 90 km. contains a few springs in its upper course enabling a thin thread of water to reach the sea in summer.

Temporary spring or autumn floods fill the wadi to a breadth of 20 m. and others like the Lebda wadi nearby, to a lesser extent. The Megenin wadi which runs into the sea at Tripoli, plunges swiftly through its bed for days as a 30—40 m. wide torrential river but after a few hours the flood has generally slackened off again (Fig. 15).

In Cyrenaica only a few torrents — like the spring-fed Derna wadi, the el Caf wadi, the Latrun and others — exist as perennial streams to bring some water to the sea where it has not been expended in the irrigation of gardens. For such reasons, the waters arriving precipitately, are not only known from the last war. Although it is rare, such short floods occur in the interior as well. A case occurs near Gat in the Izeien or Taneszuft wadis which may swell to 40 m. across without any rainfall occuring in the Gat itself. (BARTH: beginning of September, 1850 and then in May, 1934). This sudden flow off the wadis can and has caused accidents. Even in extremely dry areas the phenomenon can be observed, as for example the Jebel Auenat which can receive so much rain in certain years — supposedly every 7 to 10 — that the entire surroundings are covered by rainwater ponds for days with the result that grass grows all around and bushes become green for one to two years and temporary pastures are created. Groundwater streams follow the larger wadis, as for example the Soffedjin, Zemzem and Bey el Kebir, and come to the surface as large springs in sebkh (e.g. Tauorga) or even in the sea itself.

b) Permanent Lakes of Saline Water

The only *permanent water accumulations of the desert are small lakes of saline water.* They lie sunk into shallow depressions, reaching below their respective water-tables. Due to the supply of groundwater they are able to maintain their level permanently in spite of considerable evaporation. Their size, however, fluctuates somewhat, according to the level of their water-table and if they depend on the rains in their closer vicinity, they are influenced by them. Their depth is generally shallow.

The number of Libya's permanent lakes is small, amounting to some twenty in all. The largest of these lie to the east of Jaghbub in the Melfa Basin in parts which fall below the sea level (up to —29 m.). The Arreskia Lake comprises about 9.4 square km., Lake Fassa

3.3 square km. and the third, Lake Hasi ed Duni, consists of a series of smaller lakes which link up at times.

Better known are the ten lakes (together with some ponds) of the Edeyin Ubari, which, surrounded by bushes and palm trees, lie in the sand desert between sand dunes. At three of them — Mandara Lake (1,000 square m.), the largest (Fig. 16), the Bahar et Truna which contains among other things sodium carbonate and Bahar ed Dud, the "worm lake" — Dauada settlements have been built and there is even a little mosque made of salt clay at Mandara. In spite of the relatively high salt content (MgCl, NaCl, K^-, Ca^-, S^- et al.), some crustaceans, mosquito larvae, algae and the famous daúd = worms (Artemia sal.) live in the lakes. One kind of reed grows on the lake shores and rushes are found in the sebkh and swamps which extend the free water areas. Sweet groundwater may be found by digging in the vicinity of the lakes.

Over the past years Dr. N. Richter has investigated the three large lakes (as well as two small ponds) in the caldera of the Wau en Namus volcano (Diameter = 4.5 km.). Soundings were taken, the water temperature measured and the salt content and evaporation determined. The lakes lie at a height of 430 m. above sea level and 100 m. below their surroundings. Their combined size then amounted to a total of 320,000 square metres. Apart from the very saline lake in the south they were ringed about by a dense, c. 4 m. high fringe of reeds which was inhabited by mosquito larvae and coots. On the shores of the very saline lake there was a sparse strip of tamarisks and low reeds only in isolated places. It is lacking in animal life. The analysis of its water showed the following: NaCl 97,720 mg/l; Cl^- 59,210 mg/l; SO_4^{--} 31,451 mg/l (Richter). The salt content of the middle lake only amounted to one eighth of this amount, while the lake in the north is green with algae and was proved to occupy a median position between both of them. Between both the latter lakes sweet drinking water could be obtained at a depth of about one metre. At the southern lake, half a metre away from the edge, a fennek, a small fox-like animal, had dug itself small surface holes which contained drinkable water. A few small palm groves grow at some distance from the lakes on the crater soil (temperatures — see Richter, 1960).

The greatest depth of the lakes was found to be 15 to 16 m. and the annual fluctuations of the water-level more than one metre. Measurements of evaporation on the water showed an annual minimum quantity of 5,000 mm., i.e. the total surface of the lakes releases 1.6 million cubic cm. to the atmosphere, hardly any part of which is substituted for by rain. The general watertable to which the Wau en Namus belongs, appears to have so considerable a reserve at its disposal that this annual loss is of no significance.

In the shallow depression of Kufra (el Jauf) there are two small lakes; the Hafun lake lies in the west in a bowl which is sunk about 9 m. deep into the plain. Its shores are steep and sandy and in size it amounts to about 325 square metres; its water-level lies 383 m. above sea level, fluctuating with the groundwater and it is about 3.8 m. deep. The water is clear and has so high a salt content that one may float above the surface without swimming. East of the oasis there is Lake Buema which has similar dimensions. Reeds advance from the more shallow southern shore towards the lake and mosquito larvae, small crustaceans and algae animate the salty water. Close to the north east corner of the lake there is a well with drinkable water which is only slightly brackish (Fig. 17).

A 3.5 km.-long lake of brackish water, surrounded by palm trees, lies at the foot of the small Jebel Bzema.

The remaining Libyan lakes are only small and only a few square metres in extent. There are still two saline pools at the south western corner of the town-wall of Murzuq which facilitate the dispersal of malaria-carrying mosquitoes (Fig. 18). Others have been drained and are now mostly without water. They act as a transition to the sebkh, salt swamps and pans. The oasis of Elbarcat near Ghat and several others (6) near Traghen and Tmessa in Fezzan contain further lakes and pools with sweet water. At both places there were warnings not to swim since it was known that the lakes harbour Bulinus contortus snails which act as hosts to bilharzia. The lakes formed by artesian springs, such as those at Brak, Gira, Agar, and Gadames as well as the small lake of the Rumia Gorge (Jefren) and the one at Farga near Jado, ought also to be mentioned.

In the south west of Ghat in the Tassili and on the way to Janet, small sweet water wells have been observed in rock basins having neither intake nor outlet and fed by rain or, as the case may be, by temporary springs in the vicinity. They lead to the "Galtet" — protected water holes full for the main part of rainwater, which tend to dry out easily when supplies are inadequate.

Such temporary rain-water pools are also often found in places where water cascades over steep walls into a wadi and excavates a pothole in narrow gorges protected from the sun. They are also to be found in the Haruj for instance in natural depressions in the rough basalt terrain where rain often accumulates to a depth of 50 cm. following rainfall. In 1963 large basins in the west of the basalt mountains were even filled to a depth of 2 m. by rainfall. As it dries out the soil cracks into polygons but scarcely ever becomes covered by salt crystals. Following rains shallow and in parts extensive rain water pans may be seen for a short time in the Hamada el Hamra (Fig. 19).

c) Sebkh and Salt Swamps

Much more widely spread than lakes are *sebkh* and *salt swamps*. In their deepest parts saltwater can often be found, increasing the size of the lakes during the rainy season and especially so near the coast — i. e. still within the area of salt steppe. As it dries up a white salt crust crystallises out on the clayey, muddy soil and the dry loam surface cracks up into large polygons. Sebkh of this sort can be observed on the north-west border of Libya, west of Zuara. From the coast they extend at times as deep as 50 km. into the interior. Surrounded by low bush vegetation, they form extensive, slightly saline lakes in winter and grey, muddy salt-swamps during the transitional period. Even the groundwater of small wadis, which, coming down from the 80-km.-distant Tripolitanian Jebel, seep away on the flat detritus fans in the foreland, come to the surface once more in them.

These sebkh signify the transitional form to the winter lagoons, following the coast in those places where it is formed by a belt of dunes. They are narrow and tend to assume an oblong shape, their salt-clay soils often carrying a sparse dwarf-bush vegetation. Towards the interior they widen out considerably in places as in the Mugtaa

Sebkh in the mouth of the Farigh wadi (Cyrenaica) or as in the largest of them — the Tauorga sebkha (2,500 square km.). In the Tauorga sebkha the groundwater streams of the large Soffedjin and Zemzem wadis end in large, strong springs as do those of the wadis coming from the Jebel Tarhuna.

A number of smaller and larger sebkh lies in the transition zone to the desert, mostly in shallow depressions (grarets) in which the outflowing waters of wadis or groundwater streams come to an end. Thus static surface water in small pools can only rarely be seen here. Flat or hard, grey clay fragmented into clods covers the soil, which looks like a ploughed field. Below the salt-clay the soil is damp. Larger grarets like that of the Geizel (Cyrenaica) are traversed by small wadi beds frequently cut into the salt-clay. Lines of dunes shift across them while small islands stand out from them or at times, as in the case of the Geneien sebkha (512 square km.), large parts are completely covered by sand with the result that the character of the sebkha can scarcely be recognised. Immediately adjacent to the sebkha sweet water is often found at a shallow depth — e. g. below the ruined fort of Sahabi der Bir Ressen.

Greater numbers of sebkh are strung together in the long valley-furrows of the Fezzan, e. g. the Adjal wadi, the es Shati wadi and other valleys (Hofra, Hecma). For instance, the green strip of vegetation, which follows the Adjal wadi between Ubari and El Abiad, is 150 km. long; sebkh alternate with palm-tree oases or strips of bush, and sweet-water wells provide the opportunity to establish gardens and villages. Apart from the salt pans there are also gypsum secretions ($CaSO_4$) in gypsum pans as for example near Socna, Hon, Jofra, and other places.

Concentrations of salt in the sebkh are caused by the continuous supply of vadous water and a strong, continuous evaporation. Analyses have shown that NaCl and MgCl are generally predominant but salts of K^- and Ca^- are also present.

d) Groundwater and Sources

Apart from the water resources mentioned so far, *groundwater* is also accessible by *springs* and *wells*. Isolated areas of Libya, even in the desert, are rich in springs; in the north there is, for instance, the spring-line at the foot of the Tripolitanian Jebel from Tishi (Tiji) to Bu Gheilan and also the Tauorga sebkha. In the Fezzan there is the area around Brak which deserves especial mention [Wadi es Shati between Maharuga and Gira with 227 springs (Italian register)] or the coastal area of the Jebel Ahkdar where a number of giant springs is to be found. The springs of the desert are mostly contact springs, quartz sands being the aquifers, clayey-marl rocks the impermeable retainers. Often the water appears alongside a spring-line, runs a short distance and evaporates or seeps into a vegetated spring-swamp. The Libyans dam the water with a low wall almost immediately after its exit (Fig. 21) and lead it through a channel for purposes of irrigation; they often excavate the spring so that the water emerges at the bottom of a small crater (Fig. 20). In the Fezzan, and particularly in the Adjal wadi, water flows off the Nubian strata of the Mesak Settafed of the Serir Murzuq and Um Alla (588 wells). Even the Garamantes had dug long tunnels, the so-called foggaras, through the detritus fans of the wadis towards the scarp slope and collected the water by captation underground and ducted it towards the oases in order to irrigate their gardens. At the present time all the foggaras appear to have collapsed here and there is, moreover, nobody left who might know how to clean and repair them. Only a few oases like Zella or Zuila still keep some in operation.

On the plateau of the Jebel Akhdar the relatively flatly deposited upper strata of the Tertiary limestones allow the water to percolate fast. In this area which receives ample rain (500—600 mm. annually) karst rivers have developed deep down chiefly on clayey and marley series which, cut through in various places by erosion, come to light as giant springs. Best known of these is the Ain Schahat, the ancient spring of Apollo which continues to the present day to supply the Cyrene settlement with water. The Ain Mara, the spring-line of which (6 well chambers) is tapped at a height of 350 m. above sea level, the springs of which supply a flow of 70 hl./sec., is to be used to irrigate the eastern district with its water.

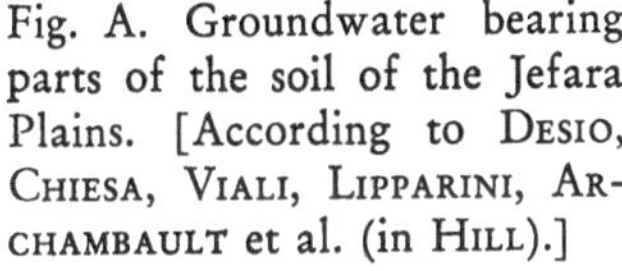

Fig. A. Groundwater bearing parts of the soil of the Jefara Plains. [According to Desio, Chiesa, Viali, Lipparini, Archambault et al. (in Hill).]

Types of wells: wells with water
- A from upper quarternary
- B from continuous quarternary
- C from deeper quarternary
- D from artesian ground-water

(A–C: Ground-water level)

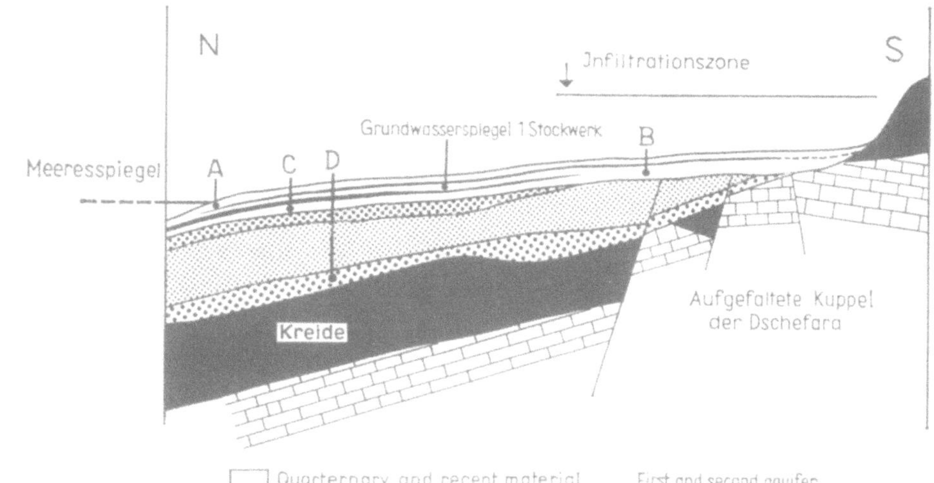

The Ain Mansur of the Derna wadi supplies the town of the same name; the water of the el Bilad spring from the same wadi has been ducted as far as Tobruk. The largest karst spring is the Ain Debussia south of Latrun; its water is to supply Beda, Messa, Barce and their environs (Fig. 22).

The ancient settlers have left behind a great number of cisterns on the plateau which continue to collect rain water even at the present day. The large town cistern of Tolmeta (Ptolemais) with a capacity of 6,500 cubic metres has become very well known; it receives its water from a perennial spring of a 1 litre/sec. flow. In the 6th Century it was renovated once more by Justinian and was used for more than 1,000 years and is now in the process of being cleaned out again (1965). Apart from these there are still other smaller springs in the Jebel Akhdar.

North of Benghazi a giant spring, the Ain Zeiana, comes out at the edge of the lagoon which carries the same name. Not far from there water fills a row of subsidence dolines in the coastal plain; e. g. the el Mgarin lake, the "Rommel" lake. Underground streams which come from the Jebel can be seen in the Lete doline and feed the wells of el Guarsha and el Coefia or get blocked up in sebkh near the sea (e. g. at Gariunes). From the vicinity of Benina karst water is taken to Benghazi nowadays. East of er Regima as well, prolific water has been found recently.

Wells have been dug in all areas in which the uppermost water-table reaches to just below the surface (Fig. 23), firstly for the supply of the population and secondly for the irrigation of the oases (Fig. 25—27). As mentioned above, adjacent to sebkh and salt lakes the water is often sweet or at least scarcely brackish and may be drunk. Irrigation agriculture requires a continuous flow of water, even if by means of underground pipelines so that the soil does not become over-saline. It may be necessary to remove the upper salt-crust (Fig. 24) in order to use the soil once again (Fezzan).

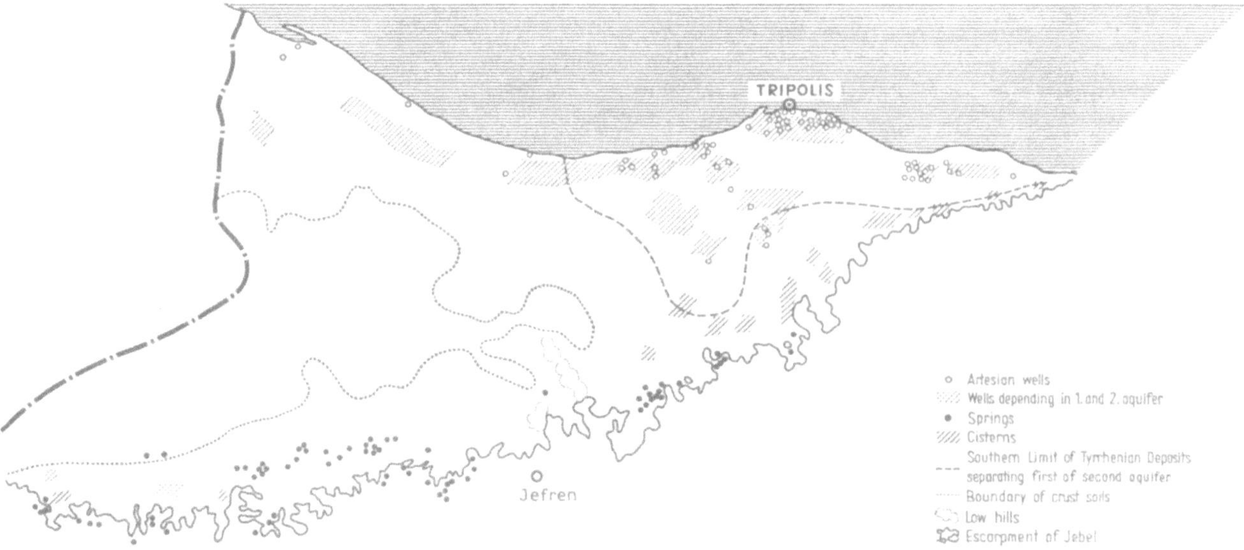

Fig. B. Water deposits on the Jefara Plains (according to Willimott and Clarke in Hill).

In the Jefara where the natives near Tripoli lifted the water in the oases from a depth of about 4—6 m. with dalu (scaffolding over wells, manual operation and donkeys) the upper Quaternary water-table in the southern area was opened up by about 8,500 wells as a result of the Italian settlement (Fig. A and B). Now wind motors and electric pumps are also being used (only 17% are worked by dalu). The farmers were generally satisfied with 3—8 cubic metres/h. water for one hectare. A second Quaternary water-table of equally good quality was opened up for the water supplies of the town and the larger Italian settlement schemes as the mechanical pumps soon made too much use of the upper water-table. The quality of the second one is only impaired where overpumping takes place near the coast when sea-water is drawn in instead. It is divided from the upper one by Tyrrhenian clayey sediments. The deeper artesian groundwater (3rd horizon) from Miocene strata is, however, of such inferior quality that it is useful for cattle and irrigation purposes only with the admixture of good water. These artesian wells can be found frequently in the eastern Jefara, especially around Tripoli. As soon as demands on the first and second water-tables are causing strain through the use of oil pumps the problem arises of how to replenish them. In any case a general fall of 4—8 m. in the water-table over large areas has been observed in isolated places, e. g. near Ben Gashir by 14—16 m. (since 1930). According to observations the Quaternary as well as the Miocene artesian water-tables are supplied by rain water which fell in the Jebel and its foreland. The damming, diversion and splitting up of the Megenin wadi floods after it leaves the mountains are hoped to not only allow the irrigation of the soil for agriculture to take place but also to supplement the groundwater. In the western Jefara where less groundwater exists and the Quaternary water-table lies deeper down, cisterns had to be built to collect rainwater running off on the surface.

Even in those areas of the Fezzan which are not rich in springs (see above) additional water supplies have been opened up by the French; amongst other such supplies, artesian water from deeper Nubian strata. Thus it appears that in the first place the groundwater network is rather excessively exploited; secondly, there is too much water there which, due to the small differences in soil, does not run-off sufficiently when irrigated so that near Brak, for example, over-salting of newly laid-out rice fields due to evaporation and the rising of water in house walls in the village are unpleasantly noticeable. The closing down of most of the new wells is said to have redressed the balance. On the whole an increase in the depth of groundwater from east to west is observed in the es Shati wadi and the Adjal wadi and amounting to between 1 and 20 m. in the former so that a groundwater stream is supposed to run from east to west, thus effecting an increase in salts as well. NaCl, MgCl, Ca^- and rather less S^- as well as oxides and hydroxides of iron (es Shati wadi and near Serdeles) occur in varying concentrations throughout the Fezzan. The highest salt content (Cl 7.1) is said to be found in the well at Brak fort. On average the water of wells near Ghat contains fewer Cl compounds than further to the east (Fig. 7).

There are still large gaps in the detailed knowledge of the groundwater situation in the interior of Libya. It is likely that in the Fezzan as well, there is no continuous water-level. Some wells, for instance, dry up during great droughts while others persist. Deep drillings have often established varying clay layers above which water was found at depth, the existence of which is ascribed to infiltration. In spite of poor rainfall local pockets of water form in the dunes by slow replenishment. Wells of variable efficiency are often found on their margins.

The Hofra (southern Fezzan) receives its water from the Serir el Gattusa and the Jebel Ben Gnema; the latter also supplies the Hecma wadi.

The Kufra Basin is supposed to get its groundwater in part from Tibesti. In any case it has fair water at its disposal throughout. The salt content of the wells at El Gof for instance is low. Analyses at 4 m. depth in wells showed a Cl^- content of only some 0.3 g./l. from sandstones, whereas nearer the sebkha and at a depth of 1—2 m. the Cl^- content amounted to 0.8 g./l. The quality of water beyond the et Taj oasis is still better: the chlorine content from wells 13—16 m. deep reached a level of only 0.05 to 0.1 g./l. The remaining oases of the Kufra region too have good water on the whole, even if, as in the case of the Tazerbo one with an 0.7 to 2.1 g./l. Cl^- content, some wells are somewhat more markedly saline.

The Jalo oases are comparatively worse off. At el Ergh the salt content of the wells fluctuates between 1.95 g./l. to 3.5 g./l. Cl^-; in certain wells in Jekerra which are 7 to 12 m. deep, it even rises to about 8.85 g./l. together with additional calcium, magnesium and sulphates. Near Bettafal, the content at a depth of one m. has a level of only 0.56 Cl^-.

Wherever the water-table remains well below the surface the number of wells is small. But even in such areas they seldom reach down more than 30 m. (Sarra well — 68 m.).

Tmeds are found at times in wadis; these are small, sub-surface accumulations of water located in cavities in the rocks which have been infilled with sand or detritus which prevent the evaporation of the water.

Such water may often remain in the depressions for years.

The maps 5 and 6 which have been included, are of the United States Agency for International Development and show the approximate depth of the groundwater level below the surface of the land as well as the chemical quality of the same.

Water situated relatively close to the surface is found in the geological basin of Sirte, in the Kufra basin, in the Fezzan basin and in areas near the coast. The water lies deepest in the Miocene limestone areas of the Jebel Akhdar — except where it forms karst water reaching the surface as springs in deep wadi valleys — as well as in the rear of the Tripolitanian Jebel, in the Hamada el Hamra (Paleocene limestones) and the western edge of the Sirte Basin (Miocene limestones).

In these areas the most over-saline water is also found. The deeper the strata from which it comes, the more saline it is. Surface waters of relative sweetness are generally provided by ridges in the vicinity such as the water of Brak by the Jebel Fezzan and the Gargaf (W. es Shati), and the water of the Adjal wadi by the steep scarp of the Mesak and the Murzuq serir. The groundwater of the Tripolitanian Jefara stems from the Jebel Nefusa, the groundwater of the north-westerly coastal plains of Cyrenaica (Barga el Hamra) and the adjoining north-easterly coastal strip, from the Jebel Akhdar.

4. The Climate

The Libyan climate is determined by the contrast between the Mediterranean and the Sahara. Between the sea and the desert, a coastal belt follows the coast and this receives more considerable rainfall. A 3—5 km.-wide section of this belt immediately bordering the coast is more intensely affected by humidity and winds from N. W. to N. E. with their influence on temperature and precipitation; i. e. it is more intensely affected by the Libyan-Mediterranean coastal climate. This section is succeeded by still relatively humid strip of coastal-steppe climate in the plains and low hill country in Tripolitania and Cyrenaica but which is lacking in the Sirte and which passes into a continental steppe climate towards the interior. In the Sirte it nearly reaches the sea. It is distinguished from the former by increasing temperatures and decreasing precipitation. It is from this zone that the plateau of the Tripolitanian Jebel and Jebel Akhdar rise; both are over 800 m. high. There is a cooler and more humid altitudinal climate which resembles that of the Mediterranean especially in the more humid upland of Cyrenaica. Towards the south it is followed by a transitional strip to the desert, the predesert climate causes the continental steppe (salt-plant steppe) to grow poorer with decreasing humidity, i. e. increasing aridity and temperatures rising further, and pass over to desert flora. A few higher mountain ranges rise from the desert fringe (Jebel Waddan, 650 m.), showing slight deviations in the increase of rain and temperature and thus converging on the steppe climate. On the whole the 50 mm. isohyet can be regarded as the borderline of total desert. Even then some higher mountains in it like the Haruj (1,200 m.), Jebel Fezzan — Nab el Geru (1,500 m.) and Jebel es Sauda (800 m.) receive somewhat more rain. High-mountain steppe only developes outside Libya in the Tibesti at heights to 1,800 to 2,000 m. Coming from Egypt, a wedge of extreme desert advances towards the west to the Jebel Ben Gnema and distinguishes itself by diminishing rainfall and very high rates of evaporation with practically no vegetation. As far as the climatic process is concerned the areas near the coast are better known than the desert-like interior which has but few observation stations (Maps 7—11).

a) Steppe Climate

The greatest contrasts are marked by the winter and summer of the steppe climate, the winters being mild and richer in rainfall, the summers being hot and deficient in rain. The transitional periods between these seasons are but short. At the *start of winter* the belts of the horse latitudes with their high pressure gradually move south and, originating from the Azores south of the Atlas Mountains and on the plateau of Shotts, they form a zone of high pressure with a smaller area of high pressure over the Ahaggar extending before it. The pressure gradient reaches from them both to the tropical belt, i. e. the N. E.-Passat which blows from the Mediterranean into the country during summer is being moved further south into the Sahara. It is now replaced by winterly depressions which advance from the north west to the North African coast moving along the polar front to the east and bringing humid Atlantic air towards the east. The beginning of October tends to still be warm and fine with cooler sea breezes reducing the heat. Soon, however, dark clouds mass together over the sea and sheet lightening is to be seen from afar until after a few days the clouds draw near to the coast to give the first thunder burst accompanied by heavy rain. A hot, close wind from the south (Gibli) usually blows on the preceding day. With this autumn has commenced. Thunderstorms with rainfall occur repeatedly, possibly together with varying southerly and north-west to north-east winds for several days then often to be followed by weeks of fine, pleasant weather with morning fogs forming at the coast until the rains return for another period of several days. Thus the weather continues to alternate until the beginning of the rainless summer. In Cyrenaica rainfall usually starts somewhat later in the coastal plain. Clouds begin to form over the Jebel Akhdar even earlier but at last the north-westerly storms bring the first rains which are important for the start of the sowing season in agriculture.

The amount of rain is not very high. Only Tripoli (since 1879) and Benghazi (since 1881) possess longer series of observations and only a few of the remaining places go back further than 1914. With 54 rain days the mean annual precipitation of Tripoli amounts to 370 mm. (Sidi Mesri 382 mm.). Fluctuations from one year to another are, however, considerable: there has been over 750 mm. and under 160 mm. per annum. The amount falling in 24 hours can easily attain 100 mm., i. e. one quarter of the total to be expected falls on one single day. On such occasions the lower parts of roads in the vicinity of the town are under water for days.

Tripoli is situated on the coast. The rains decrease towards the interior and Azizia (coastal-steppe climate) receives a mean annual rainfall of only 214 mm. Towards the Jebel foreland in the south as well as towards the Tunisian border the amount of rain decreases even further (Tigi, 140.4 mm.); only the Jebel increases it once more to a mean of up to 322 mm. in Garian (fluctuations between 510 and 63.5 mm. have been recorded), to 138 mm. in Nalut in the west and 321 mm. in Cussabat in the east. The southern plateaus show a decrease in rainfall. The mean annual rainfall of Misda is only 62 mm., Beni Ulid 58 mm. The highest annual total recorded here has not been over 200 mm., the lowest 22 mm. and 9.2 mm. respectively, indicative of the location near the desert fringe. Notwithstanding this the dark clouds from the north-west are most impatiently anticipated here as well, bringing as they do the autumnal rains which, however, sparse they may be, still permit the nomads to till their poor fields in the wadis.

The temperatures in Tripoli show in *winter* a mean of 12.3° C., the January mean being 9.3° C. This in turn shows fluctuations between 3.1° C. and 23.5° C. — in other words the winter days are quite tolerable. The mean temperatures in the hinterland are somewhat lower, amounting to 10—12° C.; the daily fluctuations, however, are somewhat greater. In the highland with its mean January temperature of 8° C. the thermometer may occasionally fall below freezing point; in the early hours of the morning temperatures down to $-15°$ C. have been recorded in Garian. At times even in winter a Gibli (southerly wind) may rise up and can push the thermometer to above 35° C. for a short time.

In *the Sirte region* towards the east the amount of rain decreases (Sirte: yearly average 177 mm.; Agheila 97.8 mm.; Ajedabya 130 mm.) but it increases one more in the plain west of the Jebel Akhdar in Cyrenaica. Ghemines has still 191.2 mm., Benghazi already some 258.8 mm. Here, too, the fluctuations from one year to another are considerable, the highest total being 489.2 mm., the lowest 118 mm.

Towards the *mountains* a quick rise in the values can be observed. Barce (el Merj 282 m.) receives 484.7 mm. as a mean annual total, subject to annual fluctuations from 773.3 mm. to 208.3 mm.; Messa which is already on the edge of the plateau, receives 649.9 mm. and Cyrene (621 m.) 595.5 mm. in 59 rain days with a fluctuation between 1,348.8 mm. and 278.4 mm. Towards the east the amounts of rainfall decrease equally fast. In Derna on the coast the mean annual rainfall total 285.2 mm., in Tmimi which is situated in the rain shadow of the Jebel Akhdar, it is only 74.6 mm. and in Mechili on the southern slope of the mountain a mere 56.4 mm. In the Marmarica the decrease in rain continues towards the east: Tobruk's annual mean amounts to 145.7 mm. and Amseat in the steppe near the Egyptian border has only 60.4 mm.

With 11—12° C. the mean temperatures for January are somewhat higher at the coast in Benghazi than in the west, but on the plateau they reach about 8° C. (Cyrene 9.2° C.). Here as well as in the Tripolitanian Jebel, occasional snowfalls may occur.

The last of the winter rains fall in March or even April. They are generally cold and dreary but saturate the soil with moisture once again. Now the steppe, where it has received rain, begins to blossom but for the ripening of crops and their yield it is of no value. The belt of high pressure from the horse latitudes gradually shifts to the north and a Saharan depression forms south of the tropic and the north east passat succeeds, bringing with it the fine summer days. But soon the hot, southerly wind, the Gibli, starts here and there to blow from the desert to the steppe, initially for only short periods but soon for several days at a time to interrupt the calm days of the trade winds. Only rarely do the winds meet to set off short, localized thunderstorm rain which often fails even to reach the ground. For months *summer* can continue without any rain whatsoever. If the spring rains fail or are only poor the cereal crops are badly damaged. In the coastal regions at least the formation of morning fog or dew as a result of considerable radiation-cooling by night may provide some relief from drought. The average relative humidity at Tripoli amounts to about 65 per cent., in the coastal plain to 60 to 40 per cent. With the Gibli it may quickly fall to 20 per cent. and below.

As an example of occasional droughts the years 1927 and 1928 will be considered. In Tripoli the annual rain total was 196.7 mm. in 1927, the period from November to May including 187 days without any rain. The 220 dry days in the period continuing from the start of April, 1928, until November, 1928, was only broken by a few isolated days of rainfall. The total amount of rain in the year 1928 reached 341.5 mm. The following years as well were struck by periods with over one hundred days without rain and annual totals below the average. Similar arid periods are also to be observed in the Jebel and in Cyrenaica.

In Tripoli the mean temperatures in July are about 26.7° C. In the early morning hours the thermometer stands at 18° C., climbing to 32—33° C. in the course of the day. The north-east wind prevents the temperatures from becoming unpleasant. Only when the north-east wind drops the skies cover over with stratus cloud and a slight southerly air streams gets up, life becomes unpleasant and hot. Soon the Gibli increases and fine dust obstructs visibility. The temperature, accompanied by enervating sultriness, gradually rises to 40° C. and even to 45° C. After one to three, sometimes up to 7 days the storm usually dies down and the wind backs to the north-east, the atmosphere is speedily cleansed and once again the skies radiate a bright blue. Plantations suffer greatly from a prolonged subjection to the southerly wind because of the greatly reduced relative humidity. Leaves wither and crops are destroyed.

In the coastal plain temperatures behave in a similar way and even in comparison with the Jebel the differences are not remarkable. The Cyrenaica highland has somewhat lower temperatures on average (Cyrene: mean July temperature 23.7° C.) rarely rising above 25° C. and 26° C. during the day. This somewhat cooler highland climate is well liked as a recreation area by the European families from Benghazi.

Average Temperatures:

Tripolitania		
Tripoli	Jan. 12.0° C.	July 26.3° C.
Homs	Jan. 13.2° C.	July 26.2° C.
Azizia	Jan. 11.3° C.	July 28.7° C.
Garian	Jan. 8.3° C.	July 26.5° C.
Nalut	Jan. 7.8° C.	July 27.9° C.
Cyrenaica		
Benghazi	Jan. 13.5° C.	Aug. 26.3° C.
Derna	Jan. 13.3° C.	July 24.7° C.
Cyrene	Jan. 8.5° C.	July 23.7° C.

b) Desert Climate

In the desert too, there is winter and summer with short transitional periods in March and October. *The winters* are characterized by warm to cool temperatures which can fall below freezing point on certain days in the mornings, and irregular, mostly short, malignant rainfalls which rarely last as long as a few days and decrease towards the south-east and east. The hot summers are almost rainless. Evaporation is particularly high in summer. While relative humidity still amounts to 50 to 40 per cent. in winter, it falls to an average of 30 to 20 per cent. and below in summer. At times it may sink below 5 per cent. for a few hours.

Offshoots from wandering depressions move from the north-west as far as the desert. Until the clouds break up they still bring rain to the Fezzan and even to points as far south as the tropic. If northerly and southerly airstreams converge they readily give rise to thunderstorms which may break with heavy rainfall on the Hamada plateaus so that extensive rain lakes form (October, 1937). Mountain islands and prominences trigger off thunderstorms as well and bring rainfall on their western and northern sides.

In November, 1958, there were thunderstorms with strong rains over the Jebel es Sauda and the Haruj, and in the same night strong downpours fell along the scarps of the Mesach Settafed and ran into the Wadi Adjal, destroying the village of Gagra. In the southern Hamada el Hamra rain fell in January, 1962, which could be traced in parts as sleet as far as Edri in the Shati wadi. At the same time snow had fallen in the Jebel es Sauda. In November, 1937, a heavy thunderstorm raged during the night in the area from Edri to Brak and including the southern sand desert (Edeyin Ubari). Houses collapsed in Maharuga and Agar. North-west winds extend as far as Ghat where the rains fell over Tassili, the Akakus and Tadrart and made the wadis swell there (January, 1933). In 1841 VOGEL experienced seven days of rain near Murzuq, in the vicinity of which the flooded wadis caused considerable damage; Dr. RICHTER experienced a 24 hour-long rainfall at the western end of the Haruj and I myself several thunderstorms on this plateau in November, 1937. Such storms are of great value for cattle raising and rain agriculture amongst the population of the vicinity.

In the autumn months of the year 1963, such strong rains fell in the western Haruj that large basins were filled to about 2 metres depth and wadis carried water for up to four months. In the same year floods, which came down from the Jebel Waddan, destroyed the newly asphalted road between Bu Ngem and Sebha in thirteen places.

Amounts of rainfall measured at stations closest to the area (according to MAGAZZINI):

	October 1963	January 1964	February 1964
Sirte	69 mm. 12 days	86.8 mm. 12 days	63.7 mm. 3 days
Hon	26.9 mm. 5 days	0.2 mm.	0.6 mm.
Sebha	37.2 mm. 5 days	0.0 mm.	0.0 mm.

In February, 1958, there were rather violent thunderstorms in northern Tibesti. Such storms are probably caused by the formation of shifting minima in the border zone between harmattan and monsoon, which cross the Sahara on the way back and make contact with the central mountains.

In the south-west of the Libyan desert not every year but at least on frequent occasions, extensive and also localized rains occur; these are mostly noticed by travellers rather than by one of the few observation stations in the oases. The quantity of rain falling in the open desert can scarcely be determined. It can, however, be said that precipitation decreases further towards the east of the country. In December, 1957, for example, there were light falls of rain north of Jalo. Hassanein Bei reports that a few drops of rain fell in the Calansho Serir on two occasions in March, 1926. A few drops fell on Rebiana in January, 1958. Clouds drifting to the north were seen shedding rain without its ever reaching the ground. On the other hand, heavy rain is known to have fallen in the southern parts of the Auenat mountains in 1927 and this flooded the lower parts of the country by draining off the wadis within a radius of 25 km. From Erdi to Kufra cattle were brought here to graze. In 1928 summer rains fell once more but in 1931 the region had to be deserted because of the lack of water. Only in 1934, 1937 and 1954 considerable precipitation occurred once again. Surprisingly high, however, was the amount of dew falling in the most extreme deserts west of Kufra between December, 1957, and February, 1958, which could be observed every second or third day and at times on several successive days. Dew fell in the Kufra oasis itself. In March it diminished fast. In winter the skies are rarely absolutely clear but are often covered by high stratus clouds or by cirrus together with small cumulus clouds (passat clouds) which drift with the wind towards the south-west. The wind shifts from north-west to north-east or east and even southerly winds blow for shorter periods. During the day the wind blows continuously in the desert, growing less towards the evening before picking up once more until the morning when another break occurs. Should the breaks not occur or too strong a wind come, the conditions gradually get on the nerves of those central Europeans who travel without a motor-car or tent.

Apart from the days of the Gibli, winter temperatures are rather pleasant in the desert. During the daytime they remain between 5° and 8° C. and 18° and 22° C., possibly climbing to 25° C. on warm days and only being pushed into the thirties by the Gibli. In the morning hours of fine passat days the temperatures fall below freezing point at times (east of Gadames to minus 6° C. in January, 1962). But the warm sunshine soon makes the thermometer rise again. In any case the daily fluctuations do not exceed 35 degrees.

In *summer* the north-east trade blows across the Libyan desert area with alternative easterly winds at times, particularly in the south-eastern parts. Their influence maintains the fine weather with predominantly cloudless skies and temperatures between 18° and 20° and 35° and 40° C. The cool of the evening to 25° to 28° C. is pleasant and promises a good night's sleep. Only when temperatures fail to drop below 30° C. at night does life become trying. In such cases the Gibli soon gets up as well and brings vehement hot gusts of wind, depressing sultriness and the darkening of the skies by dust. Temperatures rise to 45° C. and even to 50° C. and are said to have reached 55° C. at times. Great relief greets the fresh winds from the north-east after the lapse of a few days and the calm, if hot, summer weather which makes dust cones travel across the wide plains at midday when the air shimmers and creates a fata morgana.

Although the warm thunderstorms with their short rainfalls are rare in the north traces of them were observed by me in the south in July in 1942. At the foot of the northern scarp of the Amsach Mellet to the west of Ubari, depressions in the beds of torrents were freshly filled and near Serdeles a strong, localized thunderstorm with heavy rain which lasted for ten minutes, took us by surprise. The rains probably owe their existence to the influence of the monsoon which periodically asserts itself even north of the central mountains. The summer rains around Auenat in 1928 appear to have been caused by it.

As a result of strong winds, so-called "dry fogs" were observed at some distance from them, moving only very slowly and covered the area — in 1937 near Waddan and in July, 1942, in the Tanezzuft wadi — in dust for a while.

In addition there is still a series of observations made at the official stations situated in the oases and widely separated from one another. They demonstrate that even in the desert the amount of rain fluctuates considerably.

In the Fezzan some years and many summers are without rain although there are some years when the entire annual precipitation falls in summer.

Rainfall totals in the Fezzan

	Yearly average	Fluctuation
Ghat	13.1 mm.	37.5 and 0.1 mm.
Ubari	11.9 mm.	39.3 and 0.5 mm.
Brak	10.4 mm.	19.0 and 0.0 mm.
Sebha	8.3 mm.	30.3 and 0.0 mm.
Murzuq	8.4 mm.	30.9 and 0.0 mm.
Gatrun	5.0 mm.	
Kufra	0.7 mm	2.5 and 0.0 mm.

Towards the east a continuous decrease in the rainfall total can be observed.

The following table shows *temperature performance:*

Rainfall totals in the northern desert

	Yearly average	Maximum	Minimum	Rainless *)
Gadames (western Hamada)	29 mm	145.6 mm.	6.0 mm.	6 months
es Shueref (eastern Hamada)	45 mm.	145.6 mm.	12.5 mm.	6 months
Geria es Shergia (Hamada)	34.9 mm.	73.5 mm.	6.7 mm.	8 months
Aujila (eastern Sirte)	11.7 mm.	42.0 mm.	0.2 mm.	11 months

*) successive months in the year

			Mean	Minimum	Mean	Maximum
Gadames	January mean 10.7° C.	Ubari	January	2.4° C.	July	41.9° C.
	July mean 34.2° C.	Brak	January	1.3° C.	July	41.9° C.
Jaghbub	January mean 19.1° C.	Sebha	January	5.3° C.	July	39.6° C.
	July mean 39.2° C.	Murzuq	January	3.9° C.	July	42.4° C.
		Gatrun	January	2.7° C.	July	43.6° C.
		Kufra	January	4.0° C.	July	45.5° C.
		Kufra	absolute minimum	−2.0° C.	absolute maximum	52.0° C.

5. Vegetation

a) Mediterranean Steppe

The Libyan coast is accompanied by a 100 to 30 km.-wide belt of Mediterranean steppe which, towards the south, is gradually infiltrated by African elements which herald the transition to the desert. Apart from soils and the distribution of temperatures, the steppe depends for its development on the amount of precipitation available. In formation and distribution it generally adapts to the climatic zones.

The appearance of the steppe changes with the seasons. During the summer months it gives a grey and dissicated impression; the wide-spreading and thorny bushes stand far apart from each other, for the most part on low, sandy hummocks, and on stony terrain there are only isolated, dissicated dwarf shrubs. Where they exist at all trees grow only in shallow depressions in which the reddish-brown, loess-like soil lies nearer to the groundwater. There are acacias, and here or there a palm tree or pistacia which add a dark, dusty green to the scene. Only after the autumnal and winter rains from about January to April does the steppe become lusher; herbs and grasses shoot up and, unless the spring rains fail, a lush carpet of plants with white and yellow flowers with some red and blue splashes of colour between, soon covers the ground. Even the thorn bushes produce hard, dark-green little leaves and are decorated with small multi-coloured blossoms. As the sun rises and temperatures increase the splendour of the spring flowers is soon over. For a short time dried-up grasses and herbs can still be seen and the steppe puts on her grey summer dress.

Camel thorn shrubs (Zyziphus lotus), the Calycotoma thornbush, mugwort plants (Artemisia), tamarisks, acacias and gorse-like plants like Retama Raetem and Ginestra tripolitana, joined by bulb plants like Asphodelus, the sea onion (Chenopodiacae) and other herbs and grasses in the spring, form the steppe of, for instance, the Jefara near the sea; in parts on loess-like, water-retaining soil it is denser, in other parts where limestone crusts are already near the surface or dunes shift across the plain, it is sparser. The dunes are fixed by man; a loosely-grown bush of eucalyptus, Australian acacias, pines and tamarisks have been planted here. Eucalyptus lines the roads in settled areas too and together with tamarisks as hedges they become a shelter for the plantations and fields (wheat, barley, lupines).

Towards the Tripolitanian Jebel the steppe becomes poorer, the soils worse and partly decked with detritus and naked limestone crusts come to the surface. The steppe is sparsely strewn with hummocks, hillocks of up to one metre in height, on which camel thorn grows, wide stretches allowing only a sparse growth of dwarf shrubs and extensive areas being covered by halfa grass (Stipa tenacissima) and esparto grass (Lygeum sparticum).

In the coastal strip which is strongly influenced by the sea and situated behind a low cliff or dunes there, is a row of salt-water lagoons and salt swamps with extensive oases stretching between them. The salt pans are surrounded by a fringe of salt-loving plants, different salicornias, belbel which the camels like to eat (Zygophyllum album), Halocnemum and others, herbs and tough grasses, some of which grow as far as the dunes. Here also the red-flowering Cynomorium coccineum grows, a powder from which is used for spice and medicine. Low bush, tamarisks, and acacias advance to the palm oases where, apart from palm trees, figs, apricots, almonds, bananas and citrus fruits are cultivated. Garden fruit, grain and lupins ripen in the irrigated fields.

Similarly with but small changes, the coastal strip continues towards the east. In the Sirte area the coastal belt narrows to about 30 km. Shortly behind the strip of sebkh and dunes the sparse bush changes to dwarf-shrub steppe, interrupted here and there by smaller and larger salt pans with salt-plant steppe. Only rarely can a small oasis be seen in the coastal strip, the palms and gardens of which — as near Sirte — follow the dry bed of a wadi.

Only on gaining Cyrenaica does the steppe belt widen once more and become more humid. Bushes with small spines (Poterium spinosum) lead into it. Extensive areas towards the lower scarp of the Jebel Akhdar are covered by esparto grass while fields of wild artichokes extend near Abiar, Barka and Derna. Apart from poor fields, the stony limestone slabs of Benghazi are thinly covered by red karst soils supporting low scrub as far as the start of the coastal dunes. Only in dolines, where terra rossa has been deposited, do date palms as well as figs, olives and almond trees grow. Likewise the oases at the coast are small. To the east of Tokra the strip of coastal steppe narrows and widens again only east of Derna where, in the northern sector of the Jebel, a typical steppe flora occurs — including inter alia some Umbellifers of African character — which was lacking in parts of Tripolitania.

b) Evergreen Hard-leaved Bush

In both the Libyan mountain ranges near the sea, the Tripolitanian Jebel in the west and particularly the Jebel Akhdar in Cyrenaica, evergreen hard-leaved bush has been preserved as a remnant of former forest stands. In Tripolitania it is found over reddish-brown, damper soils which are largely occupied by plantations of trees. Nevertheless, the wild olive tree, the carobs, figs, junipers, the mastix shrub (Pistacia lentiscus), myrtel and pines are retained in loose, island-like stands. Attempts are being made to afforest larger stands by planting

Quercus ilex, acacias and eucalyptus. Apart from some oases with cultivation, the western Jebel away from the sea supports steppe which becomes sparser towards the south and finally changes to dwarf-shrub steppe. The vegetation of scarcely one foot-high thorn bushes, shrub thickets and cushion plants continues to thin out progressively. Finally the stone desert dominates; bushes and isolated trees like acacias and tamarisks, withdraw entirely to the wadis where they form a strip of thick vegetation.

On the Jebel Akhdar the heights to a distance of up to 50 to 60 km. from the coast are still covered by dense, evergreen maquis in parts. Already on the first scarp between 100 and 250 m. above sea-level, the bush begins between Tokra and Bomba but is frequently interrupted by extensive fields. On the second scarp (400—500 m.) it becomes denser, forming proper bush forests with straight trees about 10 to 12 m. high and consisting in the main of junipers (Juniperus phoeniceus) but additionally of Lentiscus (Pistacia lent. = Batum) which reaches heights of 6 to 8 m. They are joined by Quercus ilex, myrtel strawberry trees (Arbutus unedo), tree heather (Erica arborea), Ricinus communis and others. The wild olive is very widely spread and is thought to be a descendant of the olive plantations of ancient times and numbers two million between Barce and Derna Cypresses (Cupressus sempervirens), once widely spread and already mentioned in ancient times, have unfortunately been extinguished during the last war save for a few specimens in the el Caf wadi. Those which were 20 to 30 m. high seem to have all been destroyed. Only sixty years ago they are said to have formed forests. Towards the south the islands of bush forest become more frequently interrupted by steppe consisting of thyme, rosemary, gorse and cistrosea which changes to sparser thorn-bush steppe consisting of Zyziphus, Rhus oxyacantha, tamarisks and cushion plants as well as various herbs towards the pre-desert area. Here grew silphion, (Drias, Thapsia garganica?) the ancient medicinal plant which is said now to be extinct.

c) Desert Vegetation

Towards the desert the flora gradually becomes poorer. Species and individual plants themselves decrease as a result of regression and irregular distribution of rains, increasing temperatures and higher evaporation. The north African flora becomes predominant. These plants are able to survive thanks to their longer roots, reduced leaves and encased seeds. Already by the northern part of the desert the vegetation has entirely withdrawn towards and into the sandy and stony beds of the wadis which are picked out by isolated acacias, Retama thickets, Rhus oxyacantha, Zilla spinosa, coloquints (Citrulla colocynthis) and grasses, amongst them Had (Cornacula monocantha) which is well-liked by camels. When the soil contains more salt, few Salsolacaea and composites are found. Outside the wadi floors isolated acacia bushes, Retama and Atriplex shrubs stand on the lower parts of the gravel-strewn slopes. The stony areas and gravel plains between the wadis are practically without vegetation, but here too as on the Hamada el Hamra, a short-lived herb flora sprouts after rains on the reddish mantle rock between the rock and shallow rain pans. In the low hill lands the vegetation moves upwards in the wadi beds and plant growth, which often becomes somewhat lusher in small basins, can be traced up to the heights which are thus worth visiting as far as the nomads are concerned.

In Fezzan, apart from the almost barren serirs (gravel deserts), stone and sand deserts occur on elongated, valley-like flats like the Wadi es Shati, Adjal and others, in which groundwater comes close to the surface, creating swamps and sebkh and providing the conditions for better, more lush vegetation. Here man has created extensive date palm oases which continue across some 100 km., interrupted only by strips of wild-growing palms and bush vegetation. In the oases there grow some acacias, tamarisks and Calotropis procera which migrated from the south; on their fringes there are shrubs of Traganum, Zygophyllum as well as "Agul" (Alhagi maurorum), Graminaea and woody Chenopodiacaea. A sparse wood of acacia and tamarisks extends west of Ubari in the Irauen wadi; the distance between the trees of these groupings amounts to 10 to 20 m. and that between the groups to some 100 m. Swampy places in the valley-like depressions are surrounded by Juncus arabicus; on semi-swampy land Euphorbia granulata grows and in places, where the water forms small lakes on the surface near Traghen, apart from Juncus arabicus the water is surrounded by Imperata cylindrica, Scirpus litoralis and others. Phragmites comm. grows beside as well as in these waters, in which algae can be found. In the Berdjudj wadi there are rich pastures with tamarisks, zilla and had, or with Zygophyllum album and Alhagi maurorum in the Hofra. Even the sand and dune areas of the ergs are not entirely without vegetation. From the hatiets which surround the oases, extensive tongues of vegetation make their way into the Ramla. They consist predominantly of tassel grass of Aristida pungens with their over 20 m.-long roots, of woody Salsolacaea such as Antiplex Halimus and Traganum nudatum which line the foot of the dunes.

Outside the few oases vegetation continues to grow poorer towards the *extreme deserts* in the east; vast plains appear completely without vegetation. Only the wadis in the northern spur of the Tibesti support some grass, shrub and tree flora which increases progressively southward and permits steppe-like strips of bush with trees to grow in the wadis which terminate towards the plains. The Arkenu-Auenat inselberge near the eastern border of Libya present only insignificant vegetation in their wadis; only after rare rains are they surrounded by a lush growth of herbs and grass for a short period. Thus even the most desolate deserts are not quite devoid of all plant life. They simply grow extremely rarely and sporadically. Their sprouting after rains shows that there are spores nearly everywhere in the dusty soils and that they can survive through lengthy dry periods.

6. The Animals

As far as zoogeography is concerned, the animal kingdom of north Africa — and thus also of Libya — is readily placed in the Mediterranean sub-region within the palaeoarctic region, which latter presents a kind of transitional zone to the African animal kingdom and thus to the Ethiopian region. In Africa it includes the entire area north of the Sahara. Among the *mammals* there are, of course, African forms represented like civet cats, Hyracidae and various small mammals (as for example Soricidae) besides palaeoarctic elements. Lion, elephant and ostrich, whose eggshells can be found practically everywhere in Libya, are extinct at the present time. Due to its separation for a time, Cyrenaica is populated by some animals which do not occur in Tripolitania. On the whole in both parts of the country as far as the desert the fauna is neither rich in the numbers of species nor in individual animals.

a) Wild Animals

In the steppe and desert gazelles are to be seen and far to the south there are still possibly Addax and Oryx antelopes where they have not been made extinct in recent years. Finally there are the Waddan (maned sheep) which occur outside settled areas as far as Tibesti. In the wider vicinity of the oases and also in the bush-steppes of Cyrenaica, laughing hyenas can be heard at night and jackels and fennek (desert fox) prowl around the camp site; a black and white marten-like skunk (Zorilla), dogs which have gone wild, foxes and wild cats (Cyrenaica and Tibesti) rove around. Porcupines and hedgehogs live on the plateaus of the Jebel Akhdar and the Tripolitanian Jebel together with a great number of various kinds of mice, amongst which jumping rats attract most attention. It is seldom that one of the bigger mammals is to be seen and only at night do they leave their hiding places. One wonders, however, how the innumerable smaller mammals, especially the mice and gerbils, can possibly scrape an existence in the open desert. Once one of their kind turns up and finds food there will be ten and twenty there soon after. Although they are fond of green or dried-up bushes in their immediate surroundings, they can also be encountered in the areas of fine, silvery Aristida grasses and even in areas without vegetation. Roots, pollen and blown seeds appear to remain in the ground for long periods as is indicated by the presence of numerous cockroaches and mantides which in turn provide prey for the mice.

Much more noticeable in the steppe and desert are the *birds* which increase their numbers in the north of Libya during the winter and in the desert during the period of migration of birds of passage. Amongst the stationary birds, sky larks, sparrows, partridges and other flying fowls as well as pigeons, owls and vultures, are predominant; the former chiefly brood amidst stones and bushes in the northern highland. They are joined by masses of birds of passage; swarms of quail and turtle doves and many other Eurasian breeding birds. Every evening during the winter months swarms of starlings descend upon the trees of the streets and squares of Benghazi; grallatores, blue breasts, bee-eaters, thrushes, blackbirds, finches and tits are distributed over steppe and oases besides hoopoes, yellow thrushes and various kinds of swallows. From here they move to uninhabited, waterless wadis and even outside the time of their migration they can be met miles inside the boundaries of the lifeless desert. During the migration time the desert appears to be populated by birds. Particularly when they are impeded by a keen north-easterly wind do they shelter behind stones, rising only to make way for man although they do fly in small groups against the wind too. The Lanner falcon, their enemy, who broods amidst the rocks, lurks in the desert and catches prolific prey before it returns to the north. Water-birds populate the few water-bearing wadis in the north and isolated lakes in the desert. There are ducks, geese, waterfowls (Wau en Namus); herons and storks seem generally to fly quickly across the desert. Larger numbers of flamingoes were not encountered except in the shallow lagoons near Benghazi.

Apart from the steppe, *reptiles* are chiefly found on the fringes of oases and wadis where numerous large and small species of lizards, agamids, warans and tortoises can be observed. The chameleon lives particularly in the north (Tripoli — Azizia) and in the Fezzan on trees and bushes; geckos which inhabit houses, are valued as insect eaters. Most of the snakes which occur are vipers: the horned viper, Cerastes cerastes, Bitis lachesis (puff adder), the Naja haie, the Egyptian cobra which hunts mice both in the steppe and on the desert fringe of the wadis (Fezzan). The adder (Psammophis biseratis) occurs near Ghat, but my Arab companion killed one specimen $1^1/_2$ m. long at the Tmed Aleua (north of the Wau en Namus) and Jany mentions it from the area around Kufra.

In the steppe and desert alike the numbers of *insects* and other arthropods are extraordinarily high. Above all ground and sand beetles, carrion beetles, dung beetles and scarabees are noticeable here. Ants, termites, wild bees and wasps, mosquitoes (among them Anopheles), flies, horseflies, crickets and locusts which often cause a lot of damage in the steppe by virtue of their mere numbers, even some poisonous kinds of millepedes, spiders, cockroaches, and woodlice can be traced far into the oases of the south. Bedbugs live in houses and huts and great numbers of ticks under palm bushes and thickets. Different species of scorpions, which occur everywhere, often build up to such a degree that homes in the oases are abandoned by their inhabitants because these creatures actually fall from the palm frond-covered roofs. Neuroptera and dragonflies live in the vicinity of wells and springs. Butterflies are rare but moths are more numerous. Great numbers of them collide with lamps and woodfires. The indigenes harbour true lice: head lice, cloth lice and felt lice. Their numbers have been greatly reduced since they have been combatted by insecticides. There are few human fleas in the Sahara.

As mentioned, there are only a few places in Libya with stagnant water. At such places and still more frequently, however, in the periodically-standing water of the gueltas as well as in swamps and wells, there are toad-like amphibiae and particularly the Bufo viridis which is met in almost every oasis from Tripoli to Gat.

Apart from the larvae of mosquitoes, the water is populated by water fleas and water ticks. In various salt-lakes in the Fezzan the Artemia salina occurs as well as ringworm and cercaries of annelides, leeches and snails (Limnaea). In the Fezzan molluscs flourish in wells, in swamps and under rocks — Bulinus contortus the most important temporary host of Schistosoma haematobium, Melania tuberculata and Limnaea ovata.

Although there is water on only a few days during the year in the wadis between Ghat and Gadames (western Tarat, western Iseien), small fish can be observed there, surviving the dry periods in the mud (Clarias Lacera Siluridae), Barbus deserti and Hemichromis bimaculatus and they are also to be found in Tibesti. They also occur in some wells of the Ghat oases. The Gambusia Holbrooki was introduced to the lakes at Murzuq and Traghen to exterminate the mosquito larvae.

b) Domestic Animals

Of all the domestic animals kept by the Libyan natives, the dromedary (single-humped camel) occupies the first place. Together with the palm tree it is the first thing to strike the visitor as being unusual. Two types are distinguished: the heavy, coarse-boned, load-carrying dromedary which is now bred increasingly for slaughter purposes as well and the slim, long-legged riding animal, called the Mehari, which is bred for its speed in steppe and desert. Besides the transport-camel used to transport goods over longer distances, donkeys of smaller or larger growth are employed for shorter stretches. The donkey is extremely modest in its appetite and, if kept well, is a fine animal with a smooth skin and dark stripe across its back. There are two races of horses in Libya: the heavy ram's head Berber horse (belonging to the Iberian horse forms) which, as evidenced by rock painting, was already in existence in Libya in early times. The oriental type of horse only arrived in the country about 1,500 years ago.

Cattle are also typically Libyan. They are small, black-brown to fallow, short-horned animals. Since they give little milk, cross-breeding with European cattle has been attempted but the latter are more prone to diseases. Occasionally European cattle are kept as dairy cattle in stalls in the towns. Small cattle, i.e. sheep and goats, are the most important animals of the nomads and semi-nomads: larger herds of them can be seen grazing in the steppe and far into the wadis of the desert. Here too, the fat-tailed sheep, the male of which is decorated with its well-known elongated spiral horns. The colour of their wool ranges from black to white. In the Fezzan and Kufra further to the south, long-legged sheep, a typical steppe breed, are kept in addition to the fat-tailed sort; these have thick, straight hair instead of wool and the ram carries a mane. The horns grow as spirals standing well out from the head. At times both these breeds are joined by maned-sheep of small stature which are thought to have come here with the Hamites together with the long-legged sheep. The goats are fine animals with long, lustrous hair of a black or white colour or a mixture of them. The large horns of the rams are twisted in spirals, those of the nannies are slightly crescent-shaped. They represent an old and typically African form. Because of their higher milk production, Maltese goats have been imported in certain areas, as for instance Tripolitania.

Dogs show a multitude of cross breedings. Three races can be distinguished: a small, black and white or brown-speckled African dog with stiff ears which occupies itself as a rubbish-clearer in the settlements; then the large, fine, chiefly white, Berber dog — a good guardian for tents and herds; finally the Slughi, a highly-bred hunting greyhound which is carefully looked after while the others are treated with kicks and the throwing of stones. Cats occur in a variety of mixtures as well: in the Jebel a tawny cat with a light tawny fur and a pink nose is found. Chickens and pigeons live near the houses of settlements, the pigeons in cracks and gaps in the walls or in simple wooden boxes hung up for them.

The census of domestic animals in Libya (1960) showed the following:

Sheep	860,000	Cattle	80,000
Goats	950,000	Donkeys	92,000
Camels	153,000	Chickens	782,000

B. Man and His Ways of Life

1. Historical Review

a) The Prehistoric Time

Research carried out into the recent geological past of Libya has shown that already prior to the Quaternary, longer *dry periods alternated with rainy periods* and that in diluvial times both of them changed in a particular rhythm according to the advance or retreat of the ice in Europe. Under warm conditions, as was the case for example during the last interglacial period, no migrating depression zones reached the North African coast as they now do during the months of winter; the north-east winds which blew in summer were also weakened so that the monsoon which brought humidity from the equatorial zone blew far beyond the central mountains of the Sahara towards the north. There was considerably more rain in the Sahara then than now with desert conditions appearing only towards the northern fringe.

Then came the last *Ice Age* (Würm glaciation), during which it became cool in North Africa. Wandering depressions, shedding rain, penetrated deep into North Africa. The desert retreated to the south as far as the Sahel and was probably much reduced in width. During the post-glacial period warmer temperatures gradually restored the monsoon as well, thus bringing about greater humidity in the southern Sahara and gradual increase in aridity in the north where the dry trade wind (north-easterly) advances far into the country during the summer months whereas wandering depressions generally only reach the northern fringe. Since then it seems that small climatic fluctuations over the course of centuries must be taken into account, similar to the European situation. At the time of the Romans and again in the 15th and 16th centuries, the Sahara was somewhat more humid so that herds of cattle were able to advance towards the north.

Archeological discoveries confirm the climatic changes cited above. Primitive cultures of the lower Palaeolithic (Old Stone Age) can already be established as dating from the last inter-glacial period. North Africa appears to have been inhabited by light-skinned, fair-haired peoples who are seen in connection with the Cro Magnon race. They were joined by dark-haired, short-heads related to the pre-Aryan southern Europeans whose original hearths are to be sought in Europe or Asia and in any case near the Mediterranean. Both of them are not, in the strict sense, African races.

In the post-glacial period increasing humidity in the southern Sahara allowed dark-skinned agricultural peoples from the south to advance while light-skinned Libyans (Gatulians) populated the Sahara as cattle-herders. This was the time of the Neolithic, the New Stone Age (about 3,500 to 1,500 B.C.) from which numerous rock-drawings and cave-paintings have been preserved. Not only do they depict cattle, often with long-curved horns, but also hunting scenes together with animals such as elephant, rhinoceros, giraffe, crocodile, ostrich and others, which are now extinct in the Sahara. At the time of the Romans there were still elephants which populated the forests at the southern foot of the Atlas; lions (black-haired Berber lions were still near Bone in 1892) were made extinct here only about a hundred years ago. Only a few decades back herds of giraffe enjoyed themselves in the Sahel and in some of the Ennedi lakes of the central Sahara stunted crocodiles have been found. The last of the ostriches seem to have disappeared at the beginning of this century. Whole nests of ostrich eggshells can be found in the wadis west of the Haruj for instance and shell remnants in the serirs. The father of my guide Belgassem kept a tame ostrich in Tobga after 1900. In addition to the impoverishment of the fauna in Libyan North Africa, a decrease and impoverishment of the flora as well as a gradual drying-up of the groundwater is to be observed at the present time.

b) The Early Historic Time, the Garamantes Period

Thus during the *Neolithic* the Sahara could still be crossed fairly easily. A mixing of the light-skinned people in the north and the reddish-brown cattle nomads occurred and produced the present Libyans. They had close connections with the Egyptians whom they did not paint red as the Egyptians themselves used to but light with fair and brown hair. Herodotus (5th century B.C.) still described the Libyans as light-skinned, slim and strongly built. There were contrasts between the nomads and agriculturalists but they did not seem to play too big a role in Libya.

In the following period two animals became important for the Saharan peoples: the horse and the camel. In the course of the Semitic migrations, Semitic peoples under Sesostris (12th Dynasty, about 1,890 B.C.) advanced towards Egypt. They are supposed to have already been in possession of camels for Abraham, who probably visited Egypt at about the time of the Hyksos (1650—1550 B.C., 15th Dynasty), brought camels with him (Genesis 12, 16) while the Hyksos advanced from Asia with horses and carts. In those times trade using camel caravans was brisk in the Near East and towards the Nile Valley (Genesis 32, 8 & 16; Ismaelite caravans: Genesis 37, 25). A pestilence among the cattle is mentioned in the book of Exodus 9, 3.

The Egyptians and later the so-called maritime peoples apparently introduced the horse and cart to the Libyans. At that time (about 1200 B.C.), Achaeans, Sardinians, Sikulians, Thyrrenians and Philistines started out together with the Libyans towards the western delta of the Nile. They were beaten by Ramses III (20th Dynasty, 1171—1085 B.C.) and some of them settled in the delta. Libyans appear to have pushed on in the following period because Sheshonk I (22nd Dynasty) (the Shishak of the Bible, 1 Kings 14, 25; about 950 B.C.) was a Libyan.

Already by about the middle of the second millenium a desert empire developed in the Sahara, the centre of which with it capital Garama, was in the present Fezzan. Here the Garamantes who, according to Italian excavations (Pace, Caputo) were of a type very similar to the present Tuareg. They are more closely affiliated to the Indo-Germanic peoples than to the Semitic ones. A feeling of propinquity linked them with other Libyan tribes around.

The Garamantes had already adopted horses and carts either from Egypt or from the Phoenician Punici in the north. Equipped with their light battle-wagons with two pairs of horses (Herodotus IV), they threw back the Ethiopians in the south and also advanced northward across the Hamada. Rock paintings of the latter half of the second millenium show helmeted warriors, armed with javelins and four-wheeled battle-wagons and also with carts drawn by oxen. Their culture received strong influences from the coast as well as from southern Morocco from whence they got the Tifinag, the Libyan letters of Phoenician origin.

Between Egypt, the maritime peoples in the west (Senegal, Morocco), the Mediterranean coast and the Sudan, transport roads had developed on the basis of trade relations. The route to the west connected Thebes with Siwa (where a Libyan dialect is still spoken today) and Augila in the country of the Nasamones, from whence Garama could be reached in ten days. Beyond the Ahaggar the Niger was reached in the south and the salt mines of the Taudeni in the west. From the coast of the Sirte a route led over Cidamus (Gadames), the Tassili to the Ahaggar and further to the Niger, another more westerly one from Numidia across the Gatuli area (west of the great ergs) and Pharusii to the upper Senegal.

West of the Nasamones (Augila) in the Sirte region, the Makens and Gindams — further Libyan herding peoples — moving nomadically with their flocks of sheep. These are the tribes called Tehenu by the Egyptians in Cyrenaica.

c) The Settlement of Foreign People on the Libyan Coast

Towards the end of the second millenium (about 1200 B. C.) the *Phoenicians* began to intrude into the western Mediterranean, probably in the course of the migrations of the maritime peoples. At first they settled on the coast in trading factories, probably in places of Libyan settlement which had already established connections with the hinterland. Only later did fortification of the settlements take place. Thus from the wealthy city of Tyros, which was suffering from constant pressure by the Assyrians, Carthage was established in 814. The settlements along the Tripolitanian coast had been established some time previously, particularly Sabratha at the end of the route to the Niger where, in the 5th century, the Carthaginians had walled-in their factories. The second town to be established was Leptis (at the close of the 5th century) situated at the mouth of the Lebda wadi; at first it was only a modest outpost of the Carthaginians and only acted as the starting-point for the route to the Fezzan. Little is known about the foundation of Oea. As at Carthage there would have been increased settlement of Libyan farmers in the vicinity of towns with cultivation of date-palms, some grain, olives and wine — the latter items having been introduced by the Phoenicians. Stock breeding by nomads provided both cattle and horses as well as the wool and hair of sheep and goats.

With the start of the 5th century B. C. the great Sahara expeditions of the *Punici* also began and were aimed at eliminating the intermediary trade of the Garamantes. They employed oxen, horses and carts and as pack animals probably donkeys. Since the Punici, who originated in Asia, appreciated the endurance of the camel they are likely to have introduced it in greater numbers after their first crossings of the Sahara. Camels from the western part of North Africa are, however, mentioned for the first time in the 1st century B. C. Caesar gained 22 camels as booty from King Juba after the Battle of Thapsus in April, 46 (Mommsen, Röm. Geschichte vol. V).

The Carthaginians received gold, ivory, ostrich feathers, skins, emeralds and chalcedony from the Sudan. At the beginning of the second century the customs' revenue of Leptis alone added up to one talent daily for the Punic treasury (according to Livy, XXXIV, 62/3). The date-palm was probably spread by the Punici from the coast as far as the country of the Garamantes.

After the destruction of Carthage in 146 B. C., the inhabitants of Tripoli took up the old connections with the south once more. The Romans left them the Numidian Empire of King Massinissa at first but the cities voluntarily attached themselves to the trade politics of Rome. Thus after the war against Jugurtha (106 B. C.) they joined the Roman province of Africa without suffering any losses.

In Cyrenaica settlement and cultural development took a different course from that of Tripolitania. In the year 640 B. C., Greeks from Thera, followed by Spartans and Cretans, went ashore on the island of Platea in the Gulf of Bomba. Under the leadership of a Spartan, Battos, the town of Cyrene was founded from here in 630 B. C. on the strength of the Delphic oracle and was soon populated by Greeks from the Peloponnese and the islands. This occupation led to a struggle with the Libyans and in 544 the Greeks suffered a heavy defeat. Consequently the royal power of Battos' successors was limited by a democracy but was able to hold out until 450 B. C. Prior to this the founding of further towns had begun from Kyrene: Barka (Barce) in 567 B. C., Euhesperides (Berenice, Benghazi) in 515 B. C., then Teucheira (Tokra) and Apollonia (Marsa Susa), the port of Kyrene (= Pentapolis). Cyrenaica became extraordinarily important for Greece as a supplier of grain; moreover, it exported sylphion (Thapsia Garganica var. Sylphium = the drias of the Arabs) a medicament for use against heart diseases, as well as ceramics, vases and the sweet-scented resin of a kind of cistus. The nomads supplied the products of sheep and horse breeding. Even with Carthage the Pentapolis took up trade relations. After a short struggle for the limits of the spheres of influence, an agreement was reached soon after 450. Charax become the entrepôt for goods; it is not far from the modern oil-port el Sider. The five cities of the Pentapolis grew, luxury spread, arts and science flourished and in Kyrene a school of philosophy was established.

Cyrenaica surrendered to Alexander the Great (332 B. C.) without any bloodshed and after heavy fighting a few years later it had to recognize the sovereignty of the Ptolemy Ptolemeus Soter I. Ptolemais (Tolmeta) was founded as the port of Barka. The importance of the towns decreased under Egyptian rule; increasing intermarriage with foreign national elements occured; Hellenism receded. Apart from Libyans and Egyptians many Jews settled in the towns and at times amounted to one quarter of the urban population.

d) Libya as a Roman Colony

In the year 95 B. C. hereditary succession caused the country to pass to the *Romans*. As riots broke out in the tributary country, Pompey subjugated it in 67 B. C. and together with Crete, combined it into a single province. Only at the time of Trajan did it come back into the news when in 116 A. D. an uprising of the Jews occurred in the course of which 200,000 Greeks and Romans were annihilated. It was bloodily repressed. The Romans attempted to lift up the depopulated country again by founding the colony of Adrianopolis, but nomads had already taken possession of large tracts of fertile land which could not be regained from them. So the country, rooted in misery, became a province of Byzantium and suffered under the occupation by the Sasanian Persians (Chosrav II at the time of the Emperor Herakleios 610 to 641) until the final invasion of Arabs in 642 A. D. finally extinguished everything that was Greek.

After its addition to the province of Africa, Tripolitania was at first spared war-like experiences. The civil wars in Italy being ended, the settlement of veteran legionaries and Libyan farmers gradually pushed the limit of cultivated land further to the south with the result that riots among the nomads broke out as they saw themselves displaced from the best agricultural lands. They in turn were supported by the Garamantes and so Cornelius Balbus made an attack on the Fezzan between 20 and 19 B. C. Cydamus (Gadames) was occupied and from here across the southern Hamada Garama was taken. The Legio III took over the frontier guard. The Garamantes advanced twice more to the north: once to Numidia in order to support the liberation war of Tacfarina (17 to 24 A. D.) and a second time, when summoned by the town of Oea, which could not compete with its rival Leptis any longer.

The Pro-Consul Valerius Festus repelled the Garamantes, pursuing them as far as the Fezzan. Later the Garamantes joined forces with the Romans at the time of both their attacks on the country of the Ethiopians as far as Agysimba (probably in the Sudan between the Niger and Chad) at the close of the first century under Septimus Flaccus and Julius Maternus.

As for Tripolitania a long period of peace lay ahead. The southern border towards the nomads was protected by a series of forts. To the fortification of Cydamus those of Gheriat el Garbia and Gheriat es Shergia were added. Between Misda and this advance position about every 30-km. from one another remnants of fortified towers with walled-in courts, probably intended for the protection of caravans at night, can be seen on the "intra montes" road beyond Brak and Garama. Probably es Shueref as the last well before the narrow pass through the western branches of the Black Mountains (Jebel es Sauda), has been fortified. Bu Ngem was a strongpoint for about a cohort on the "extra montes" caravan route from Leptis via Socna to the Fezzan. The forts were connected with one another by a kind of "Rennweg".

Possibly Garama in the foreland was still fortified, as the tomb of Caecilia Plautilla, a portal and mosaics are here in the ruins of the location. Larocu at the passage across the Bab el Macnusa on the road via Janet to the Niger was probably fortified, as well as Zuila (Cillaba), which covered the caravan route to Bornu in the eastern Hofra.

Behind the military border towards the nomads, settlement of Libyan and Roman farmers and colons adjoining the coastal strip occurred, where, founded on the cultivation of olives and wine, large estates developed in some places — for instance around Zliten (mosaics), Misurata and in the catchment area of the Caam wadi (Kinyps) and Lebda. Also densely settled were the Jebel and the large wadis: Soffedjin, Zemzem and Bei el Kebir, where remnants of village lay-outs — especially on low inselberge — and isolated farms in sheltered positions are to be found. Everywhere in the wadis numerous but largely derelict cisterns are encountered as well as dams for the regulation of water in the wadis, remains of irrigation and terrace construction, oil mills, derelict fortified towers, milestones on the roads and isolated mausoleums.

The three coastal towns flourished thanks to the carrying-trade across the Sahara — i. e. the import of Sudanese products (see above) and the export of wine, textiles and glass-ware thence. Textile workers were occupied in the textile industry, potters produced crockery, black smiths and goldsmiths were at work. At first the oil produced in the country was of poor quality and was used in Rome for the manufacture of soap and for illumination purposes. Thus the town dwellers soon came to own latifundia, houses and hundreds of slaves. Some hundred families were counted as millionaires.

Leptis Magna developed gradually as a deep-sea port and with the aid of the Emperor Septimus Severus who decorated his birthplace with buildings (triumphal arch: 203) and sponsored it in every way, it became the second largest town of the province inhabitated by 80—100,000 people. Sabratha as a transfer point for the trade with Sudan, numbered 15—20,000 inhabitants and had a great number of multi-storey houses as were usually only seen in coastal towns. Oea, although smaller, contained the four-span Triumphal Arch (163 A. D.) of Marcus Aureleus (161—180) and his adopted brother L. Verus within its walls.

In spite of the contact with the cultures of Egypt and Greece, the Roman one was actively promoted. Romanisation extended far into the Sahara. In Tripolitania a form of lingua franca was spoken: Numidian strongly mixed with Libyan and Punic elements as well as Latin technical terms. Language and script, the Tifinag, spread in the Sahara. Christianity arrived in Africa from Rome (in about 180 A. D.) and was soon preached everywhere.

In the southern hinterland of the towns there were soon 500,000 people living, a number the country could scarcely support. The excess of births tended to be in the towns which grew excessively through the property-less proletariat. Taxes rose and general wealth decreased. In the year 251 an epidemic, possibly the plague, broke out and for a second time soon after in Italy and Africa in 260 where it raged especially strongly. This was under the reign of the Emperor Valerianus (253—260) who conducted unsuccessful wars against the Germanics and Persians. When he was captured by the Persians and died the entire empire fell into a state of turmoil; Africa, however, remained comparatively unaffected. Diocletian (284—305) succeeded once again in delaying the dissolution of the empire and carrying out the reorganisation of the administration. In the border districts of Tripolitania (now the province of Numidia tripolitania) conflicts with advancing nomads began to occur in various places soon afterwards.

For a final time Theodosius united the collapsing empire (394). Riots and struggles, partly of religious, partly of social character, broke out everywhere in Africa as well. When Alarich took Rome in 410, export from the towns stopped, unemployment and cuts in salaries followed and agricultural workers in particular, together with the slaves, incited uprisings. The Empire fought for its existence; above all it had to keep the advancing people from the north away from the ports of the Mediterranean. Thus a law passed in 419 provided for the death penalty for those who taught foreign people navigation and ship-building.

Nevertheless, the Vandal fleet was built with the friendly co-operation of Iberian mariners on the coast of northern Spain from which they crossed over to Afrika in 429. Apart from Carthage, Numidia and the province of Africa were in the hands of Geiserichs in 431. Only eight years later the city was taken by surprise. The small number of 80,000 *Vandals* and Alans did not permit the occupation of the Tripolitanian towns; diseases (malaria and others) decimated the troops and the people. They were only able to destroy the fortifications of the towns. Well known is the conquest of Sicily, Sardinia and Rome (455) with the aid of the Libyans and Punici, but the fights with the nomads who were advancing gradually from the south, were not successful. Geiserich had, until his death, managed to keep luxury and moral corruption away from his people. When, at the age of 80, the King of the Vandals and Alans, died in 477, the influence of the Alans too disappeared at the court of Constantinople; they had prevented any action against Geiserich up to that time but then Belisar, the East Roman general, landed in Africa and defeated Gelimer, the great-grandson of Geiserich, on several occasions (533). The remainder of the Vandals were destroyed in fruitless uprisings. Africa, Tripolitania, and Cyrenaica were amalgamated into a single province, the limes were restored.

The entire country was in a sad state when Berber camel-riding nomads devastated it. Some coastal towns were fortified once again but the power to drive back the Libyans was lacking. The Cyrenaica suffered from ten years of Persian occupation. During this time of general decline Oea took the place of Leptis as the naval base and was renamed Tripoli.

e) The Conquest of Libya by the Arabs

In the year 642 the *Arabs*, advancing from Egypt, conquered Cyrenaica and, a year later, due to the weak resistance of the Byzantines, Tripolitania and Tunis as well. Tripoli was stormed, Sabrata and Leptis plundered. Only the Libyan Berber tribes displayed determined resistance here as well as in Cyrenaica where the Byzantines were also trying to reassert themselves. The Arabs, who under the Aglabites had created a centre in Kairouan (about 800), had to retreat to Cyrenaica. Only another attack under the Fatemides united the parts with the west once more. Peace reigned for a while under the viceroys of the Fatimides; then fights with the native Berbers began everywhere, even in Tripolitania, until, after the conquest of Egypt (968), the Fatimides installed the Beni Hillal and Beni Suleiman (Sliman) against the rebellious Maghreb in 1050 who released a wild religious war. The Beni Hillal immediately pushed through to the west, whereas the Beni Suleiman stayed at first for some time in Cyrenaica and then moved slowly on to the Fezzan (12th century) and finally to the Sudan; only parts of both tribes remained in the Sirte and Tripolitania. Barka, surrounded by walls and ditches, an important place thanks to its connection with the coast at Tolmeta and with the interior, remained in Egyptian hands.

The last remnants of Christianity and Roman culture were broken, the plantations destroyed, agriculture abandoned, the towns annihilated or at least depopulated. Only the port of Tripoli retained a certain value. In the year 1183 an earthquake destroyed the town; 20,000 people are said to have died. Tripolitania was put under the government in Kairouan. Islamization and the fusion between Arabs and Berbers proceeded fast since both peoples harmonized in many aspects of their cultures and customs. The Arabs were fond of marrying the beautiful daughters of the Berbers. The arabization effected an ethnic change; today the Arabo-Berbers are the strongest element of the Libyan population.

This did not, however, restore peace to the country. Adventurers and princes sought to establish a reign. It appears that during this time of the Crusades, leprosy was brought back to North Africa. The Normans chased the Arabs away from Sicily, occupied the island of Jerba and conquered Tripoli from there for a period of 15 years (mid-12th century). The Hafisides established themselves in Kairouan, united Tunis with Tripolitania into Ifrikija and, in 1318, transferred their residence to Tripoli. Shortly after they lost the town and its environs to the Beni Thabit and in the year 1355, temporarily to Filippo Doria. At this time (1348), the lung and bubonic plague, the "Black Death", was introduced by way of Italy. In the second half of the 15th century, Tripoli under the rule of the upper class was proclaimed a free-town and like other states it began to accumulate wealth from piracy on the high seas and from the black and white slave trade. In order to suppress such a situation, the Emperor Charles V of Spain occupied the towns of North African coast from Spain. Tripoli as well as Malta he entrusted to the Order of the Knights of St. John, fortified it and built the fortress until 1551 when Chaireddin Barbarossa conquered the city and placed it under the sovereignty of the *Turks* who had already taken over Cyrenaica in 1517.

f) Libya as a Turkish Tributary State

At first the Turkish tributary state was governed by pashas appointed by the Sultan's Palace; most of them were not particularly vigorous. They were scarcely able to assert themselves against the Janitjaren who continued to rebel since the government in Constantinople usually acquiesced when they themselves installed their Deys. Sea robberies resulted in conflicts with European states with the result that Tripoli was frequently bombarded by them from 1654 onwards. Uprisings fomented in the interior. Nevertheless, Tripoli was still able to make the Fezzan subject in 1576—77; the Fezzan had fallen with the display of little resistance into the hands of the Arabs, who had destroyed Garama, in 662. From 900 until 1100, Cillaba-Zuila had been the capital. This was conquered by Sudanese from Kanem; Traghen became the capital until, in 1300, a Moroccan tribe overran the country, founded Murzuq (1310) and made it the capital. It remained a sultanate for a period of five centuries.

During the years 1683/93, Tripoli was fired on by the French on several occasions. The government had to yield to the pressure until Ahmed Karamanli, an energetic and able Turkish cavalry officer, deposed the Dey and Pasha and took over the government himself. Ahmed III, the Turkish Sultan, finally recognized his hereditary dynasty. Once again he annexed the lost Fezzan, sent his son as governor to Cyrenaica and attempted to put political and economic relations in order. As retaliation against piracy Tripoli was once again bombarded by the French in 1728.

During the ensuing years weak rulers alternated with vigorous ones. Rebellions and civil war occurred in the hinterland and in addition to these, the year of 1785/86 brought a severe famine accompanied by the plague. More than a quarter of the 14,000 inhabitants of Tripoli perished. Just as the former pashas had been, so the Karamanlis were dependent on payments made by European states to safeguard their trade and sea-going subjects. The Americans refused to pay tribute. When some of their ships were captured they fired on the town and carried out an expedition against Derna, which was temporarily occupied in 1805. In 1816 the plague broke out and only 500 persons of the 7,000 survived.

Constant agitation by the Berber states was also a subject of discussion at the Congress of Vienna. On several occasions the French and English had sent fleets to the coasts and smaller states had also sought to rid themselves of the tributes. Continuous skirmishes, revolts in the Fezzan and Cyrenaica, the lack of finance and the dissatisfaction of the Janitjaren led finally to the overthrow of the Karamanli (1835) and the Turkish Sultan decided to re-occupy Tripolitania himself in order to prevent it falling into the hands of the European powers. Till 1842, the Turks ruled once more in the country save for the Tripolitanian Jebel which persisted in revolt until 1858. Cyrenaica had effectively come under the rule of the Senoussi. This order which had been founded in 1835, started its missionary activities from Sauia el Beida on the Jebel Akhdar with the aim of reforming Islam. It covered the country with a network of bases. Its influence grew particularly strongly as an outcome of the transfer of its headquarters to Jaghbub in 1856, a place outside the Turkish sphere of power. The order appeared hostile to foreigners, stopping Europeans from travelling and involving itself in conflicts with the French in the south of the country. In 1895 the headquarters were transferred to Et Tag in the Kufra oasis.

g) Libya as an Italian Colony

At the time of the Franco-German conflict over Morocco the *Italians*, in the hope of securing the help of the population and the Senoussi, occupied Tripolitania in the year 1911. However, an Islamic combat group was formed to combat the Christian enemy, and after the outbreak of war in 1914, took away nearly all that the Italians had achieved, receiving in the process heavy losses. Only after the war the country was to be regained by protracted struggles. Some of the Arab tribes as well as the Senoussi and their leaders left the country.

The Italians had intended to create a grand settlement area for their people in the steppe in the north of the country. Land was bought from the natives or confiscated from the rebels. From 1928 colonization went ahead particularly fast in Tripolitania. In 1938 about 9000 persons had settled. Another 15,000 settlers were added in the same year and 35,000 more were scheduled to arrive in 1940 for the settling of Cyrenaica in particular. Settlement occured in large-scale enterprises and through state agencies of settlement companies. Libya was to flourish more than at the time of the Romans. In 1944, these far-flung plans collapsed with defeat in war.

h) The Kingdom of Libya

In the course of World War II Libya was occupied by the English and the French (Fezzan) who also took over the administration until 1951. After long negotiations at the United Nations, a national constituent assembly was installed which offered the crown to the grandson of the founder of the Senoussi, the Emir of Cyrenaica, Sayed Mohammed Idris el Mahdi es Senoussi as King Idris I. On December 24th, 1951, the foundation of the *United Kingdom of Libya* as a free and sovereign state was proclaimed. At first it consisted of three independent countries: Tripolitania, Cyrenaica and the Fezzan. In 1963 a stream-lining of the administration was carried out and a royal order dated April 27th, 1963, with effect from 1965, divided the countries into ten provinces (Muqataa, Muhafza), each of which was sub-divided into Mutessa-fariah (districts) and Mudiriah (sub-districts).

2. The Peoples and their Social Structure

Already early in historical times *Berber peoples* lived in Libya; they called themselves Mazigh, after their own language. They belonged largely to the Mediterranean race which was mixed with a brown-skinned Hamitic type. Further miscegenations were few: in the coastal areas they occurred with Punici and Romans and in the south with Negroes (Map 12).

a) The Berbers

Amongst the Berbers the *Tuareg* have retained the greatest purity. The Romans had probably pushed them away from their former pastures in Algeria/Tunisia to the Sahara. Of these only a part of the northern group of Azger lives in Libya; they are the clans (Tribus) of the Imanghasseten and Oraghen. The Tuareg subjected the original population of the Sahara even including, it would appear, the Garamantes, adopting some of their culture.

Structure of the body: Thus a *social division* into three groups was established. First, those of superior rank (Imajeghan) who form only small tribus but hold the politico-administrative power in their hands. They are the Berber proper, belonging to the white African race. They are tall and slim but strongly built, have a long skull with a fine oblong face, strong chin and straight nose, dark wavy hair and reddish-yellowish skin.

Social division: Second in rank to the noble tribus are the servants or serfs (Imgad) who are grouped into their own tribus with their own chiefs. They are dependent in their entirity on the noble tribus; they have to carry out some tasks, pay limited tribute and assist in the event of war. They are free to acquire land and cattle and often enjoy greater wealth than their overlords.

The lowest class is made up of slaves (Ichelan), descendants of Negroes who were captured during raids. Nowadays they are free but continue in most cases, however, to live with the family of the former patron where they are employed as herders and the women as domestic helps.

A clan comprises the descendants of one common ancestor. Each clan is headed by a sheikh. Within each clan there are different, smaller families which are connected through the male parent. In the clan matrilineal descent is operative, in the small family patrilineal. Noble status, office, title deeds and titles are passed matrilineally whereas relationships between parents and children are ordered along patrilineal lines. Private property and gains remain with the small family while everything gained through collective effort or stemming from the heritage of the clan belongs to the clan and is subject to the law of matrilineal descent (Mordini). At the present day matriarchy is gradually being replaced by the Koranic law of succession.

Women enjoy great freedom. They are in the main the least educated members of family but they own property and have a voice in the council; they devote themselves to the education of the children and occupy themselves with the sewing of cloth or work with skins. Almost everywhere monogamy is now the rule. Vigorous old women frequently head the family.

Manual work is not highly esteemed by the upperclass. They enjoy breeding camels whereas the sheep and goats are left to the care of the Imgad.

The relations of the Tuareg to Islam are very lax. Although some "saints" live among them, they are inclined to beliefs in the pre-islamic remnants of animism. Genii with supernatural powers, good as well as evil, play a great role. Against the latter powers witch-doctors are employed and are often highly respected and consulted on all problems of life.

b) The Arab-Berbers and Arabs

Compared with the Tuareg the *eastern Berbers* are much more strongly *mixed with Arabs*. The first raids in the 7th and 8th centuries, although carried out by small groups, were important for the gradual penetration by Islam. The Arabs considered themselves a superior race and a racial subjugation and penetration took place only in the 11th century when the Beni Hillal and Beni Suleiman invaded the country. The Berbers conducted long and hard conflicts against the Arabs. But since the invading Orientals were of related, white stock, intermarriage was inevitable. From the 13th century marriages between both groups resulted in the creation of the *Arab-Berber*, especially in the nomadic tribes. Despite their greater numbers, the Berbers lost their autonomy as well as their language in some part. The Arabic language and script asserted themselves and national customs were supplanted by the practices of the Koran. Only in a few parts, especially in the Tripolitanian Jebel, in Zuara and its environs, in Gadames, in Augila, Siwa and other places, is a Berber dialect still spoken today and Berber customs observed. These agriculturalists did not accept the Islam which stubbornly stick to the letter, but adhered to more liberal forms mingled with remnants of their ancient beliefs; as a result they were referred to as Ibaditic heretics (ibad — slave) by the Arabs.

Structure of the body: Physically the Berbers are more robust, being about 1.6 to 1.8 m. high; they have a strongly developed skull, an oval-shaped face and a high, broad forehead contrasting sharply with the narrow nose. The colour of their skin is whiteish-brown to medium dark-brown, their eyes are brown and their hair black. Fair hair and blue eyes as is reported at times, may only be seen in isolated instances during early childhood. More frequent, however, are negro half-castes (Fig. 29).

The Arabs are of more graceful growth, slimmer and more sinewy; they have an oval face, high forehead, black hair and black eyes and only those of pure Arab stock display the hooked Semitic nose. Their skin varies in colour from white to light-brown (Fig. 28).

As has been already noted, both the races have become largely integrated at the present day; relations between them are good. It is widely accepted that the Berbers had been sedentary whereas the Arabs were only herders and nomads. This does not seem to be correct since the Berber nomads had advanced towards the Jebel and the coast before the Arabs' invasion. Pliny too, talks of them changing their pastures and taking their tents with them. Many Arabs settled in towns as well; they apparently were not only nomads. Contrasts between Berber and Arab are small in this respect.

Social division: The sheikh as hereditary head of certain families leads the *tribus.* In some cases one of the most able family heads is elected. In the towns the sheiks preside over the quarters and the Mehallas.

Particular tribes and nomad tribus, Berber and Arab ones alike, have joined in alliances in the course of time, each alliance having adopted a special name, as for instance in the case of the Zentan who formed one of the large warrior tribus of Tripolitania. Their corporate spirit which disdains human relationship, remains a persistent threat to the peace among the tribes at the present time. They are chiefly located in Zentan-Taghermine in the Tripolitanian Jebel. They move across the Hamada el Hamra to the south as far as Edri in the Fezzan, taking their herds with them. The Megarha too, who migrate between es Shati in the Fezzan and the Gulf of Sirte, are an alliance of seven tribus of differing origins. Today they are one of the strongest tribus in the Fezzan; they used to provide the guards for the Pasha in Tripoli. In mixed alliances, Arabs and Berbers each supply one leader.

As for the Arab tribes, the so-called *Sherif Tribus* deserve mention, stemming as they do from the family of the Prophet (e. g. tribus in Zawia and Zuara in Tripolitania or in Zuila in the Fezzan), together with the *Marabut tribes* which derive their descent from saints who were generally buried in their territory and are held in high esteem. The Marabut tribes are of differing origins: Arabs or Arab-Berber. In Tripolitania such tribes are known as those of Zliten, Misurata, Waddan (Jofra) and others; in Cyrenaica there are quite a number of strong independent tribus (see map 12). They generally enjoy great respect and esteem as well as certain privileges.

The invading Arabs subjugated some tribes which they drew into dependence on them as *Marabtin* (tied ones). They have now been absorbed in the tribes or have become independent through their nomadism.

c) The Tibbu

Of the people of the *Tibbu* only a few hundred persons live in Libya in the south of the country in the Hecma wadi between Gatrun and Tedjeri, in the Wau el Kebir, in the northern Tibesti Dohone in some valleys having wells and here and there in Kufra, Rebiana, Bzema and Tazerbo. Six families live in the Auenat-Arkenu. As their bases are barren and poor in water, they are forced to move to and fro as nomads.

The present ethnic picture of Tibesti began to form only after the 17th century. Clans, especially from the southern environs as well as from Fezzan and Kufra, moved into Tibesti. Slave-hunts and trade resulted in negrofication (Kronenberg).

Structure of the body: The Tibbu are of medium to tall height, thin but agile in running and jumping. Their features are regular, at times refined, their hair black, short and somewhat curly at times, the beard being ragged. The nose is straight, often somewhat broad; their skin-colour is dark-brown to brownish-red (Fig. 30, 31). Women are tall and sinewy too, often somewhat masculine, their hair long but little waved (Fig. 32).

Their character is described as being not particularly pleasant but rather distrustful and false, lacking in a feeling for honour and hospitality.

Social division: The Tibbu are divided into nobility and commoners. Some *clans* are more distinguished than others. These have the prerogative to provide the chiefs. In the Tibesti the Dardai stands at the head; he is elected and is the chairman of the council of the nobility. His authority is limited and confined to the office of arbitrator. The Mudir of Gatrun is the head for the Libyan area. Besides the clan, the extended family, there is the patriarchially-governed small-family.

Just as with the Tuareg, single and married women enjoy great freedom. The Tibbus generally practice monogamy, but polygamy is permitted and is practiced when the husband is frequently absent and has property in several places. During his absence his wife attends to the herds and goods.

The Tibbu were only converted to Islam by the Senoussi in the first half of the last century, the Senoussi having destroyed the Tibbu Sultanate in Tazerbo-Kufra with the aid of the Arabs and forced the Tibbu to shift. The Tibbu scarcely practice Islam although they are said to be fanatics; animism and belief in demons, are, however, still commonplace.

At present the Tibbu seem to be advancing from Gatrun. They have once again occupied the el Kebir oasis which had served the Italians as a place of exile and had been vacated by free, independent inhabitants. From here they move to the Graret Waddan on the south-western edge of the Haruj (east of Tmessa).

d) The Fezzans

The *Fezzans* (Fazazna) living as a sedentary people in the Fezzan together with the Arab-Berbers, are a people of strong racial mixture. Again the basic element is provided by the Berbers, in this case the Garamantes who appear to have absorbed some Romano-Punic blood in ancient times already but mixing much more strongly, however, with Negroes who arrived as conquerors and later even as slaves from Bornu, Wadai, Ennedi and the Sudan from ancient times. Arab tribus (Suleim and others) settled in the Fezzan and were later joined by the Turks.

Structure of the body: The intense mixing with Negroes influenced the *physical appearance* of the Fezzans considerably. The average Fezzan male is robust, of medium stature, about 1.67 m. tall, has a broad face, a short nose, large lips and black curly to woolly hair. The colour of his skin varies from reddish-brown to black-brown (Fig. 33, 34). Women show an even more noticeable Negro influence (Fig. 35, 36). On the whole they are smaller, being not more than 1.55 m. tall; they have woolly hair, thick lips, broad noses and, as a consequence of their heavy work, frequently a concave back. They go unveiled and enjoy great freedom. Marriage is considered as a working partnership for the breeding and rearing of children. Divorce is therefore frequent.

Social division: In the Fezzan there is a distinction between freeholders (ahrar) and juajena, the children of Negroes born in the Fezzan or descendants of former slaves who have been freed nowadays. The freed slaves have generally remained with their former masters and continue in the same working conditions. They belong to the family, receive wages and as before, carry out tasks in the house, as herders and as land-workers — a job which includes the heavy duty of watering.

The nobles are, however, separated from the darker Fezzans in many respects. There are for instance two locations in el Gedid (Sebha), an aristocratic and a plebian one (en Zela) inhabited by the descendants of former slaves. Marriage between both group is tabooed by mutual agreement. He who disregards this is boycotted, no longer respected and excluded from public office; a woman of aristocratic birth for example will sink to the position of a Negro servant.

In places where customs are not so severe as at el Gedid, a black servant may be kept as a subordinate wife. This concubinage is widely practiced. Mulatto children enjoy the same respect and the same rights as legitimate ones; it is not seldom that mulattos exercise the authority of the family head.

e) Splinter Groups

This is not only so in the Fezzan but also at the Tripolitanian coast where some thousands of *Negroes* live. Nevertheless, here too marriage between Negroes and whites is not looked upon very favourably. On the other hand there are entire Negro settlements here with their own chief who is subordinate to the local authorities. There are about 5,000 Negroes living in the Tauorga oasis, four fifths of whom are Juajena whose forebears had been settled here in order to breed slaves.

Another group of half-castes among the Fezzans are the *Dauada,* who number about 200 and who live on the shores of three lakes in the Edeyin Ubari. Their ancestors appears to have come from the Adjal wadi in the north. Since then they have been joined by scarely any others and they marry only amongst themselves and live under their own chief (Fig. 37).

Another splinter group in the coastal areas is that of the *Kologli,* the descendants of Janitjaren and Turkish civil servants from different parts of the Ottoman Empire who took Arab or Berber wives or Christian slaves. Although small in numbers — there are some 30,000 of them — they provided the civil servants under Turkish rule as well as providing them today. They generally continue to marry whites even now and they live in the oasis around Tripoli with smaller groups in Benghazi and Derna.

The *Israelis* always comprised but a small part of the population. They had come to the west with the Arabs; some Berber families accepted the Jewish faith at that time. Their numbers increased after 1491 following the expulsion of Moslems and Jews from Spain. In general they avoided mixing with other races. Larger communities were to be found in Benghazi and Derna. After 1945 they all emigrated apart from a residue in Tripoli.

Apart from a group of *Cretans,* who, due to the occupation of Crete, escaped to Cyrenaica across Greece, *Italians* arrived in the country in 1911. The large settlement scheme of the Italians had to be abandoned in 1942/43 because of the last war and the loss of the colony. Thousands of Italians had already returned home and in particular was their exodus marked in the Cyrenaica; there were only about 30,000 Italians in the country, most of them civil servants, businessmen and technicians in the towns. Only a few thousand are still active as agricultural settlers, partly around Tripoli and partly in the colonies south of Misurata. A significant amount of mixing with Arab-Berbers has not occurred.

3. The Nomads, Semi-Nomads, and their Way of Life

There are only a few pure nomads left. They are the Tuareg and Tibbu in Libya, together with a few smaller ones among the remaining tribus, impoverished people who tend the herds of other tribus and move around with them. The larger tribes and even the Tuareg, show a tendency to become sedentary. After sufficiently heavy rains they sow grain (rain agriculture) and out of their income from cattle breeding they purchase palm-trees and olives which require attention and must be harvested; this means that they are occupied with agriculture and cultivation for several months throughout the year and only attend to cattle breeding for part of the year, although it does for the time being remain the most important source of income. Some of the families are forced to remain in one place for some time and thus to be sedentary, developing a form of economy which has been described as half- or semi-nomadism. For Libya this may prove to be the coming form of economy, the one best adapted to its possibilities once the right type of cattle has been bred, the dry fodder (lucerne) necessary for the dry season is provided and agricultural colleges have taught the nomads a rational kind of agriculture in the right manner. In 1954, 18 per cent. of the population, i.e. 196,110 people, were counted as semi-nomads and 8 per cent., i.e. 87,290 people, as nomads proper. Up to the present time the percentage of nomads has moved to their disadvantage. Most of them appear to have become semi-nomads and a distinction between both groups often proves difficult to make.

Even among the nomads, let alone the semi-nomads, semi-sedentary people having no fixed villages, can be encountered. Purely sedentary are the Fezzans, and of course the farmers and settlers in the north too; lastly there are the town-dwellers who have largely lost all connections with nomadism and agriculture although possibly maintaining family links with their tribus and returning there but rarely.

a) The Tuareg

Until recently the largest branch of pure nomads in Libya was the Tuareg who shift around without fixed abode. However, they have places everywhere where they stay for relatively long periods and build huts beside their tents which remain there for an extended period. These temporary homes are sometimes only a few miles apart from one another and in any case, never near a permanently inhabited place, although always near water and pastures. From 1930 onwards, the Italian Government tried to settle them in one of the places where they remained for a longer period anyhow.

The leather tent, which is typical of the Tuareg, is not to be seen as frequently as in former times. It consists of long strips of skin from sheep or goats which have been dyed red and then sewn together; it is kept erect by a few poles and divided into two compartments, the left-hand one for men, the right-hand one for women. On the ground there is just the sand, frequently covered by skins. People sleep on a mat or rug on the sand with a garment rolled-together as a pillow. Only a few privileged people possess wooden beds. Along the walls of the tent lie the saddles and stand the wooden containers for liquids, large leather vessels for semi-liquid butter; a girba, a sheep or goat-skin with water also hangs there.

The *huts* are of cylindrical shape; they are built by women without aid from their menfolk. The framework consists of branches, the walls of tightly plaited grasses of Dis or Sbat, forming a well-joined building capable of withstanding even the fiercest winds. The huts are covered with a hemispheric dome, occasionally with a pointed roof. Roof or dome also consist of Dis (Imperata cylindrica), which is tied with finer strands of the same material. The huts are about two metres high and about 20 square metres in area; their narrow entrances are closed by a mat.

There is no division in the interior of the hut; it serves the family head, his wife and children as a place to stay, to sleep and to keep their possessions. Straw mats and goatskins frequently cover the ground. In the eastern end of the hut there is a fenced-in yard, the southern part of which is generally covered with a roof. The fence, too, consists of tightly-plaited grasses and the entrance between two overhanging fences can be closed by a straw mat. Under the open roof, supported by tamarisk poles, live the servants and garden products are also stored there. The open part of the courtyard is always kept spotlessly clean, even though sheep and goats are often taken into it to shelter from the strong winds, great heat or cold. During hot nights it is also used for sleeping.

A few yards away from the hut, outside the fence, there is a sheltered room, surrounded in the same way as the yard, which serves as a kitchen. Fire is preserved under the ashes. If the family shifts to another place the hut is dismantled and branches taken with them (Fig. 38).

There are generally three or four huts together, the groups being more than 100 m. apart from one another. Thus a village, numbering 20—50 huts, extends a long way. One part of the family together with others leaves to take the camels, donkeys, goats and sheep to the pastures in the vicinity. They then sleep behind a rock or a tree. If there is adequate pasture and high-standing groundwater permits it, gardens are laid out by men only — not, however, noblemen — and barley, maize, millet, tomatoes, onions and paprika are sown. Although garden cultivation is increasing in importance, cattle breeding still remains the most select occupation.

Milk products of the camel, sheep and goat in the form of milk, butter and cheese are the main *foodstuffs* of the nomads. The boiled meat of the same animals is also eaten and is at times supplemented by hunting with guns or traps. Apart from fish and two large kinds of lizards (warans), the Tuareg eat practically all sorts of animals. They consider themselves related to the latter and they are therefore taboo. Barley and the seeds of wild-growing gramineae alike are ground between two stones and cooked as a gruel. As for drink, they prefer sour milk and also the slightly sour, well-tasting palm wine as well as — like all Libyans — strong boiled, black or green tea, mixed at times and often flavoured with mint and groundnuts.

Dress: In former times the Tuareg dressed themselves in red and blue leather; today they prefer woollen cloth from the Sudan or Europe. They themselves do not weave. They wear white trousers with red or indigo stripes and three long tunics: a white or indigo-coloured one next to the skin and one of the remaining ones often being lavishly embroidered. The indigo colour tends to penetrate the skin so that at times it appears to be slightly tinted. Typical, too, is the veil, which is worn from the 13th year. It is black or indigo; only servants wear white. They have large sheep-leather sandals on their feet and these are also imported from the Sudan. Small leather bags, amulets in small leather pouches, even arms, a sword hanging from a leather bandalier, dagger and lance as well as a barrakan (burnous) complete the outfit which is less complicated in the case of servants. Noble women wear a woollen barrakan around their stomach and hips, with two tunics and a red barrakan or woollen cloth on top of it. The shoes are the same as those of the men. Pendants, silver coins and ingenious amulets decorate face and breast. Great care is applied to the dressing of the hair. Again, servants are attired more simply.

Men and women alike believe that they will become sick by touching water. They therefore claim to never wash. For the cleaning of clothes they use a white clay or the crushed stems of a salsolacaea which foams when brought into contact with water.

Magic: As mentioned above, the Tuareg believe in good and bad demons. Against the latter they can be supported by a magician (Imechelleauen — schamanen) who knows the secrets of the other world and to whom a mighty spirit has given a guardian spirit which obeys him and which can be called upon at any time. Already at birth the presence of a magician is required because it can happen that the newly-born does not look like his father, which means that a demon has exchanged the child inside its mother's womb. The magician sends his guardian spirit into the land of demons, makes it take back the true son and arranges another exchange by handing the newly-born child back to the demon. In the case of an abortion as well the magician is needed. The Tuareg believe that an abortion is not caused by an irregular interference but by demons who strangle the child inside the womb. The magician seeks to bring about a normal birth through the application of amulets to the woman and to the tent.

In the hour of death the magician is also necessary. He makes the final attempts to keep the dying person alive, he watches over the dead and supplies him with the necessary instructions for his way so that the comforted dead one really does leave the earth; if he does not do so he would mean great danger for the survivors. The sleeping of women on the grave for sooth-saying purposes also appears to be the remnant of an ancient African death cult.

Magicians also exercise black magic either by evoking their guardian spirit at the time of the waning moon to bring death or disease to him, or by making statuettes from clay or cloth which they then identify with the person concerned and brake or destroy them as they recite magic incantations. The victim being informed of this will definitely be struck by disease or death. (Sedentary Tuareg [Gat and vicinity] see oasis inhabitants.)

b) The Tibbu

Small groups of Tibbu living in Libya are also always nomads even if they do have some fixed homes (see above) where part of the family stays behind (Gatrun, Wau el Kebir). The essential point is that larger parts of the population together with their herds are continuously on the move. This is not so noticeable in the Hecma wadi as they live interspersed with Fezzans there but is more so in smaller oases, as for instance in the Wau el Kebir where scarcely one third of the population could be met on a visit to the oasis.

The Tibbu live in *tent-huts* which can easily be dismantled. These consists of a framework of branches or acacia arabica, which are tied so as to form an elliptical shape. Mats are fixed across the branches. There is an entrance at one end which is curtained-off by a mat. According to the length of the intended stay the huts are two to three metres long and only about 1.2 metre high or ten to twelve metres long and up to 1.8 metres high and four to five metres wide if intended as permanent dwellings. The former are scarcely furnished at all as they are intended only for sleeping on the sandy floor, whereas the latter are divided into several rooms by strong cross frameworks about three metres apart from one another. On this framework the branches for the external walls are fixed and they are all tightly connected with each other by thin ropes; even thinner strings are used to fix the outside mats on the frame from the inside. Stooping down, the inside is reached through the entrance of matting. The entrance "hall" is not large, only some two metres wide and used apparently only for storage. Past the mat-covered dividing wall the common-room is reached. There are some mats and rugs on the floor, cushions as arm-rests lie along the walls. In the centre is some space left free to put down the coal fire while drinking tea or to place the large bowl during meals. The third room is used for sleeping.

Rolled-up mats and rugs, a chest too, stand at the wall. Pieces of cloth are hung over the framework of the dividing wall and separate it from the central room. These large huts are frequently placed inside a large yard which is surrounded by a fence of palm leaves. Here the kitchen is placed; a frame with a roof of palm leaves and one or two sides also protected by palm leaves. The fire burns in a hole in the sandy ground. Another hut of firm palm leaves is usually erected near the kitchen as a larder. Outside and in front of the entrance to the yard, another small, round forecourt is divided off by a circle of stones. This, the yard, kitchen and larder hut, are kept spotlessly clean.

There are all sorts of variations among the tent huts described; longer-established ones lack the yard, the kitchen stands detached. If the inhabitants return to certain places during their migrations, they often leave the supporting framework behind in position (Fig. 39).

Instead of matting huts the Tibbu frequently erect *seribs*. These are relatively light but well-built huts of palm leaves with a flat roof, about two metres high and often — depending on the number of inhabitants — only a few square metres in size. Three to four horizontal cross-bars of plaited palm ribs keep the walls together and they are also covered with clay against the wind. The seribs are often surrounded by a courtyard fence which also includes a protective roof for kitchen and stores or at least a fireplace (Fig. 40, 41).

As migration often involves a move of a few kilometres and the same pasture areas are visited annually, the Tibbu have erected round, stone walls in certain places which need only a cover of mats to be converted into a tent hut. In this way they save themselves the unnecessary carrying around of tent material. The walls of these round structures are built as dry constructions, about 1.5 to 2 m. high, with a diameter of 2—3 m. and they give adequate protection from the wind. At times they are made completely windproof by smearing them with loam as is mostly the case with the huts in the High Tibesti.

The *clothes* of the male Tibbu are similar to those of the Tuareg (Fig. 30): two to three tunics without sleeves, a white one next to the skin and an indigo or blue one on top, often richly embroidered ones from the Sudan, a pair of trousers and sandals of Sudanese type. To this is added a white or red cap in which the wrapping begins with the veil. They are less careful about it than the Tuareg and even allow strangers to see their faces. As for arms they carry a lance (2—3 m.) with a metal tip, a dagger attached to the arm and rarely a throwing knife and sword. On the whole the clothes of the poor Tibbu of Libya are much inferior to those described (Fig. 43).

Women wear a petticoat, a white woollen shirt, then a sleeveless shirt dyed black, indigo or a reddish hue, and a small barrakan. The ornaments consist of silver-coins, glass beads, coloured stones (amazonite) and corals. On the right-hand side the nose is pierced and a small silver ring introduced. The lips are tatooed with the aid of a thorn and a mixture of antimony, gall and coal is rubbed into them until their colour becomes dark blue. They do not wear their plaits on the head but often allow them to fall down to the back. Their hair styles change according as they are engaged or married (Fig. 32, 44). The women plait mats, weave and sometimes also do some pottery. Their leather-work is poor.

The Tibbu breed fine *animals* and in particular first-class camels of high endurance, donkeys with glossy skins, strong goats and sheep are to be seen with them. When travelling to Kufra for their sale they generally cover the 400 km. with no losses. The animals regularly come of their own accord to drink at the Ein Zueia in the Jebel Auenat, the camels every three days, the small animals every second day. In 1958 one head of cattle made its appearance here as well, being of a small brown breed and sticking to the donkeys — a proof that in spite of a scanty water supply it is possible to breed cattle here just as in Kufra where two cattle were counted.

The *food* of the Tibbu consists in the main of milk products. To these some barley flour or flour ground from wild grasses is added. Coloquints are gathered and their poisonous seeds boiled, peeled and dried. They are then good for food and even tasty. A kind of vegetarian butter is also produced from the seeds and from this combined with dates they know how to make a type of bread that does not deteriorate fast, keeps well and is extraordinarily nourishing. Only seldom is the flesh of camels and sheep eaten. In the northern part of Tibesti (Dohone) date-palms do not grow on Libyan soil. Besides tea, palm wine is a highly prized drink. There is little gardening.

Magic: Belief in demons and animism reigns among the Tibbu as it does among the Tuareg. Offerings are made to ask for rain and there are sacrifices to the dead and atonements as well. Amulets are worn against the evil eye. The Marabut (Shamans) is questioned just as the Tuareg do; if he attends to magic he is forced to emigrate. Of interest is the sand oracle which is interrogated on every possible occasion. The liver has a certain importance in the oath-taking and also as a clan taboo.

Should somebody fall ill the aching spot is cut to make the blood flow or is burnt with glowing iron. Often scars of this sort are seen on body and head. I treated a girl with a fractured elbow joint. She had been terribly burnt at least four or five times below the joint. The joint had stiffened and hardly anything could be done. Her only function would be in childbearing. Sick people are also given butter and sodium to drink. The person is laid down, the head facing to the south, the feet to the north, two people being with him at all times. If the sick one dies the women set up a loud cry; he is washed, clothed and soon buried. The grave is covered by a heap of stones.

c) The Arab-Berbers-Semi-Nomads

The Arab-Berber tribes living between the Fezzan and the dwarf-bush steppe in the Gibla as well as in the Sirte country and northern Cyrenaica, distinguish themselves significantly in their way of life as compared with the pure nomads so that in spite of transitions they must be described as *semi-nomads*. A number of these tribus of natives are united in alliances, the most important of which in the Gibla are the Zentan and the Megarha. The former are closely connected with the Tripolitanian Jebel, the latter with the es Shati wadi in the Fezzan (A. Cauneille).

Until the Italian occupation in 1911, pure nomadism prevailed here as well, with continuous quarrels amongst the tribus over the grazing lands. Then came the confusion of the war years with flight and consequent separation from property, the drought of the year 1917/1918 with the dying of cattle, with typhoid fever and other infections among the population, followed by further war years with renewed abandoning of the hereditary land and at times even flight across the border. Only after 1930 did a certain stabilization came about and this was little interrupted by the second world war. Aided by the support of the Italians, a gradual development in the direction of semi-nomadism and thereby towards a sedentary existence began at this time. The present government supports this trend as well and attempts to create relations as balanced as possible among the returning nomads, the semi-nomads and the practically sedentary ones.

Apart from impoverished nomadic herdsmen, only three tribus of the Megarha can be described as *pure nomads*. With their black tents they migrate from Es Shueref in the middle Bey el Kebir wadi to the good pastures in the Sirte area. Their summer pastures are in the Bey el Kebir and Rawawus wadis, and here some barley and millet is cultivated by rain agriculture. They live in a state of persistent conflict and emnity with their surroundings and they are not very well liked by the people (Fig. 45).

The *near-nomads* are the first ones to depend somewhat more on rain agriculture in the wadis mentioned above and they erect their tented villages here for a longer period between autumn and spring. During summer they are dispersed from es Shueref to the es Shati wadi with their herds, where even in bad times cattle can find some food in the dunes around the Zellaf wadi. These near-nomads live in constant danger of losing their wealth and their cattle and of becoming poor. Droughts as in the years of 1917 and 1936 can occur again at any time. During the period mentioned they lost a third of their camels and half of their sheep and goats. If there is no rain in the time before harvest, they must starve. Then the nomads, easily uprooted, withdraw to established villages and try to find employment as herdsmen or labourers with the semi-nomads, or to borrow cattle (Fig. 46).

Even for the pure semi-nomads, *cattle breeding* remains important. During spring and summer they are on the move as nomadizing herdsmen but come back, however, from August till November in order to supervise their palm-trees in the Fezzan and then return to the Bei el Kebir — Zemzem wadi (Megarha) in time for sowing. The semi-nomad has got to be a first-class cattle breeder if he hopes to be successful in short-range cattle breeding, agriculture and arboriculture at the same time. He therefore sends herdsmen with cattle as far afield as the Sirte, lends them to poor people or farms them out to neighbours if he himself remains in the Fezzan (Wadi es Shati) most of the time. From the income he then attempts to buy further palm-trees or olives and figs like the Zentan. The olive-grove of the latter near their village Zentan in the Jebel is famous. They own date-palm groves in the region of Geriat and in es Shati. The Zentan are also good at building wells and cisterns; in this capacity they often travel far to the south or the north. Badly maintained cisterns easily become breeding places of malaria mosquitoes (e.g. with the Siaan in the Jefara).

The purchase of trees almost indiscernibly makes the *semi-nomad* into a *semi-sedentary man* to whom arboriculture becomes more important. Thus he himself abandons his mobility and lives mostly in one of the villages of the Shati around Brak which have high percentages of former nomads. Nevertheless, here in their former base of the Ghira oasis or even in Berghin good camel breeding still takes place (Fig. 47). Here the wealthy cattle breeders have their houses. The herd, providing easy but uncertain wealth, is passed into the care of herdsmen. Much more secure incomes are afforded by the palm-trees in the Zellaf wadi.

Parts of the *Hotman* tribe live in Bergin, shifting, at least until 1939, as traders between Tunis or Gabes and Murzuq. They travelled with caravans of 50 to 100 camels and carried tea, sugar and other products into the Fezzan, a journey which took them one to two months to complete. One camel carries up to 150 kg.; there were about 30 caravans a year. Their gardens were cared for by tenants. After the war French lorries ran until 1951. In any case semi-sedentary people with their two types of husbandry, live more comfortably and are generally better off than the fully sedentary ones. To gain this state is in any case the ideal of all semi-nomads. The donkey then becomes his most important working animal.

Even the wealthy, fully *sedentary man* without cattle but plenty of date-palms seeks to approach this semi-sedentary stage by buying sheep. Some employees look after his animals and others after his tree plantations. As mentioned, the semi-nomads who have lost their stock become sedentary. They take up employment with the Fezzans or rich Megarha or wander about aimlessly, uprooted until entering the police service, the lower ranks of the civil service etc. in villages or towns.

In the *area round Tarhuna nomadism,* which was dominant there until the Italian occupation, developed in a special way. During the winter months the herds were on the plateaux of the Dahar and returned to the Jebel for their summer pastures — that is, to the areas of those villages with the main wells. Early in May, when harvesting begins, they transfer to the fields in the Jefara and the Jebel. In the Dahar (southern plateaux) cultivation occurs in only a few wadis. Since the area is relatively well rained-over and olive plantations already existed in ancient times, the Italians had reserved about 40,000 hectares for Italian settlement with tree plantations. Thus a number of nomads was forced to emigrate, chiefly to Tripoli (Brehony).

After the war the Msellam and other tribus regained their lands; the numbers of stock increased once again. Part of the country passed into the hands of wealthy nomad families by purchase, with the result that they now devote themselves not only to stock breeding and agriculture, but also to arboriculture. So the challenge to become semi-nomadic and to settle is given to other families, too, some of which already prefer arboriculture and agriculture to stockbreeding. Limestone houses are built for the winter. The government supports this trend by selling land and tree plantations and cutting down on nomadism.

In Cyrenaica parts of the *Beni Suleiman* are settled: nine tribes of *Saadin* in fact, named after their forebear Saada. These tribes (tribus) of the Jiberna (4) and Harabi (5) occupied the country as semi-nomads in a slow drift to the east about 1800. Through related tribes they have connections with Egypt; they sell many cattle there, trekking them there by way of the good pastures; as Arabs they in any case foster their liking for the Bedouin in the east who live according to the same customs, laws and attitudes as themselves.

Besides the nine tribus there are the *Marabtin tribes* already mentioned, who came from the Magreb (west) and were more or less vassals of the Saadin. During Turkish times they were still vassals who lived on the land of the Saadin. Thanks to the efforts of the Senoussi in moderating the differences in the status of the free and vassal tribes, they are now mostly independent and now no longer pay taxes for the land on which they live. The Marabtin have been partially absorbed into the free tribes and partly they live among the Saadin, enjoying equal rights, especially so the holy Marabtin tribes (precentor tribes) who originated in Morocco. Others without holy connections sometimes continue to pay taxes to a free tribe for the right to use water and soil. Most of the pure nomad groups in Cyrenaica are vassal tribus, who consider themselves to be independent, however. Some of them move between Fezzan, the Nile and the Sudan and wander wherever they please where there is grass and water.

The home of the largest part of the tribes is situated in the Jebel Akhdar, where they also cultivate land. Here the land ownership is tied to strict laws. Only a few kilometres south of the watershed of the Jebel Akhdar (of the Tariq Aziza) land ownership ceases. Only the well remain established property. After the first rain they move to the pastures in the south and return with their herds in the dry season in order to be able to let them drink. These more nomadic parts of the tribus with their sheep and camel herds are usually wealthier than the more sedentary ones with cattle and goats who shift but little and send camels and possibly even sheep away with the former. In November, the month of the sprouting grass, the ewes lamb; in December, after the ploughing and sowing of barley, the move to the south, which is warmer for the lambs, begins. Until the middle of April animals, even horses, need no drink. The harvesting starts in the Barce plains and at the coast and goes on from May until late August in the highlands. The barley and wheat crop is usually good so that it is possible to endure even some lean years. The grain is stored in holes in the ground and in old tombs (Evans-Pritchard).

Until about 1930 the land was in the hands of the Saadin tribes. Then the Italians began with expropriations in order to settle their own people. This was not possible without expelling and exterminating some of the semi-nomadic tribes who rebelled against them. After the war the semi-nomads returned to their accustomed way of life. The present government has also tried to make at least some of the semi-nomads adopt a sedentary life. Although at first seen living in their black tents next to the empty houses of colonists, which they use as cattle stalls, for instance in the former Italian settlements at Fasura (Baracca) and at Barce, it was not noticeable in more recent times that some houses were at least temporarily inhabitated and the gardens cultivated. Parts of the bush in the Jebel Akhdar had been fenced so that they could develop into proper forest, a development prevented so far by goats and nomads in search of wood. Only on the southern slope and outside the Jebel larger herds, kraals, summer houses and tents can still be seen in addition to permanent settlements with small olive groves here and there. So it is that sedentary semi-nomadism progresses here as well.

The *Arab tent* is the usual home of the semi-nomadic and nomadic Arab-Berber. In many cases it is scarcely moved from its position, although it is generally practical to alternate the winter and summer type of tent. In summer a tent made only of white strips of wool material is used and this does not absorb the sun's rays whereas the heavier and warmer winter tent is made of black camel and goat hair. Some tents of poor nomads consist of nothing but rags patched together and stretched over a wooden frame. It is, however, windproof and warm inside. In most cases several tents lie next to one another (Fig. 45, 46).

In summer the semi-nomads move from the Gibla to the Shati wadi and take their tents with them. Those who do not own permanent houses there have erected walls of mud and gravel about one metre height and the size of an Arab tent, across which the tent, if possible the oldest sections, is secured with the aid of poles and ropes. In front of the tent, which is often protected against the wind by a low wall, an open, walled-in space remains for the kitchen. The interior of the tent is divided by tent-sections, the better part serving the men as sleeping quarters and storage room for valuable objects.

Tent-houses are always situated outside the oases away from the stone houses. They form groups of some ten tent-houses, each about ten metres away from the next at intervals of about 1,000 m. between individual groups, mostly located in wadis and depressions, sheltered from wind and rain.

In winter some semi-nomads live in permanent homes together with sedentary people. The houses are simple box-shaped structures of loam and gravel, mostly white-washed (gira) or two-storeyed as in Berghin (vide oasis inhabitants). These houses too, form groups, always remaining, however, at some distance from one another. The villages are small and irregularly built. Some houses can boast a vaulted roof (for instance at Misda and its environs). At Tobga and other places there are cave dwellings driven into the mountains. In some nomad's villages schools have been recently established (Fig. 48).

Their *dress* is less colourful than that of the Tuareg. They wear long, white linen trousers and a white, long-sleeved shirt, reaching down to the knees. A white or coloured woollen cloth across the midriff keeps it together. A colourful pullover is worn above the shirt with woollen barrakan as an alternative. Sandals or a type of shoe, often cut from the rubber of discarded car tires, are on their feet; a white cap or red fez covers the head.

Women wear dark barrakans, which serve as veils at the same time. Beneath there is a long shirt. The nomads dislike seeing strangers in the vicinity of their tents as their womenfolk often work there without a veil. They weave tent strips from wool as well as bags for journeys and sheepswool barrakans. The Arab-Berbers tend to buy the wives for their sons. Although Mohammedans are permitted to have four wives besides their subordinate wives, high costs have more or less effected monogamy. Divorces are easily obtained but are not frequent because since the Italian occupation the husband has been legally obliged to look after his divorced wife — a custom that was retained. Men rule over women; the course of their lives is exclusively determined by the father and later by the husband. The girl remains with her mother during childhood; she is taught all domestic duties and assists in the upbringing of younger brothers and sisters by watching over them and carrying them around. On the commencement of puberty she starts to wear the veil. At about the age of six boys join their father, by whom they are introduced to the men's work. By the time a boy reaches the age of 13 or 14 he must be circumcised. Circumcision is celebrated by a family feast.

Food: The foodstuffs of the semi-nomads are more varied, if only because of their close proximity to sedentary people. They harvest dates and olives, apparently also figs and pomegranates or are in any case able to obtain them on an exchange basis; likewise with melons, onions, paprika and other items. Wheat for their own consumption, barley and maize, they mostly grow themselves. Apart from these they have milk and dairy products as well as meat from their stock.

Magic: Doctors (Tabib) move from tribe to tribe of the Arab nomads; although ignorant of clinical diagnosis and confining themselves to branding, they do at least have some surgical skills, especially where repositioning and healing of fractures are concerned. Otherwise amulets and incantations are employed to cure as it is believed that spirits cause disease and death apart from making all sorts of mischief such as disturbing people's sleep, causing nightmares, deflowering girls etc. Most feared are female evil spirits which may adopt the form of an animal, a snake for instance, or may, as a night bird, announce the death of a child by their screeching. Should someone become active as an aggressive exorciser, he will be chased away.

4. The Sedentary People, their Settlements, and their Way of Life

a) The Oasis Inhabitants of the Fezzan

In the desert oases south of the Libyan steppe there are more sedentary people than there are nomads and semi-nomads. The most extensive oasis areas are in the Fezzan between Ghat in the west and Tmessa in the east, el Fogha in the north and Tegerhi in the south. Far to the east and outside the Fezzan, there is the small group of the Kufra oases. All oases lie between 24° and 28° N. In spite of their high fertility the oases of the Fezzan are only thinly populated. The majority of the inhabitants are dark Juaschena, often the descendants of former slaves; there is only a small number of Arab-Berbers and sedentary Tuareg in the west.

Between the Fezzan and steppe areas there are a few oases dotted about between Ghadames and Jaghbub in the east. They lie between 29° and 30° N. Like the adjoining pre-desert areas they are predominantly populated by Arab-Berbers or Berbers who have been sedentary for a long time, or by semi-nomads turned sedentary.

During the war of the years 1914—1922 the sedentary people and especially those in the Fezzan, suffered greatly. Under the leadership of the Senoussi, the Italians were beaten back to the coast and then, as had happened so many times before, nomads penetrated the Fezzan from all sides, plundered the date reserves and the grain, robbed the inhabitants even of their clothes and their few ornaments and burned houses and huts. Some villages were completely destroyed and deserted by all their inhabitants; in every village there were houses destroyed. The traces of these events could still be seen in most recent times. The Fezzans hid in the date-palm thickets or fled, some as far as Tunis. On top of this came the hunger years, particularly 1917, when flour was made from the trunks of date-palms and green grain and shoots from the plam trees — thus killing off the trees — were eaten. Mortality was high, especially among children.

Kufra was only conquered by the Italians in 1931. Many people died in flight; el Jouf, the headquarters of the Senoussi, was partly destroyed at that time and totally so during World War II. Its reconstruction only started in 1958, the father of the King together with other members of the family being buried in the mosque there.

The inhabitants of the oases are mostly agriculturalists. Their garden are situated on the fringe or in the palm groves and must be irrigate. Palms grow where the groundwater stands high and are surrounded by hatiets, poor pastures consisting of sparse bush, palm thickets and few grasses. Gardens change in size from about 30 : 200 m. and are divided up into many small squares, across which the water is distributed. The soil is worked by the hoe. The gardens are distinguished according to the type of irrigation, whether by spring (uta) — occuring almost entirely in the Wadi es Shati —, by wells with the aid of a balance pole which is weighed down by a stone (kettara), or with the aid of a goat or sheep-skin bag which is emptied by stretching the U-shaped bag over two pulleys across a firmly built-in framework (dalu) into the channels (sekia). The ropes of this construction are pulled by a man and donkeys walking down a gradient. The bag holds 15—25 litres of water. In the hot season the pulleys of the dalu may be heard creaking half the night until the morning hours. A leather basket hangs down from the balancing beam of the kettara, which is pulled up by a man standing across the well and emptied into a trough made from half a dug-out tree trunk. Palm-leaf fences or walls protect the wells and gardens (suani) on those sides most affected by the wind (Fig. 26, 27).

In winter mainly wheat is cultivated (second half of October to March/May) on lighter soils and, where less water is available, barley and as vegetables, peas, beans, carrots, turnips, onions, some garlic and mint as well as turnips for sheep and donkeys. In May, when the winter crop is harvested, millet and more rarely maize, is sown in the same field. Due to high evaporation and often a lack of water, the harvest is not too plentiful. Likewise tomatoes, red peppers, melons, cucumbers, coloquints and aubergines are planted then, frequently supplemented by some tobacco and a little cotton — plants which were introduced by the Turks. Lucerne survives for several years if well fertilized. The young January and February shoots are eaten; from March till November there are several more cuttings to provide fodder for goats, sheep, donkeys and cattle. Plantations with lavish irrigation wash the soil out to such a degree that it has to rest for one to two years. Only one third to a quarter of the garden is cultivated then.

The most important fruit tree is *the date-palm.* Irrigated trees and especially so in the Wadi es Shati, bear relatively ample fruit, 15 to 35 kg. on average. Most trees are artificially fertilized by the natives since there are relatively few male trees. The man who carries out the fertilizing receives one eighth of the crop in return. He pollinates about 25—30 trees a day. Without this treatment the trees only bear up to 5 kg., reaching double that if the roots touch the groundwater. There are about 850,000 palm-trees in the Fezzan; their production fluctuates between 1,000—2,500 tons a year. Only the best varieties from Shati and Buanis are suitable for export. When incised at the top the tree discharges palm-sap which makes a refreshing drink (lagni). This practice, however, easily leads to killing off the tree. Apart from timber for building purposes, fibres for ropes, baskets and camel saddles are all gained from the tree.

All other fruit trees need more frequent irrigation. There are figs, almonds and pomegranates in the gardens and at times agrumes and olives as well. Because of its oleonaceous fruit the castor-oil shrub has recently been introduced.

The sedentary people keep but few *stock;* one family generally one to three sheep or goats, preferring the former because of their wool and milk. There are next to no cattle as the hatiet in the vicinity of the oases provide too meagre a grazing ground. The working animal is the donkey which is used for the purposes of irrigation as well as for load-carrying. Camels belong in the main to former nomads now partly making their living from trade. There are still about 500 horses in the Fezzan, owned by wealthy Arabs.

Arab-Berbers are the greatest land-owners, the largest part belonging to them with the majority of Fezzans as tenants and labourers. Smallholders work their own gardens and possess a few date-palm trees and animals, but on the whole they do not enjoy a much higher living standard than the tenants. Irrigation of the gardens, which is the hardest work, demands about 10—12 hours daily. At most 40—50 "are" are irrigated with the aid of two donkeys and such an area yields a maximum of 350 to 450 kg. of grain in winter, three quarters of which go to the owner and a quarter to the tenant. Provided further yielding wells are at hand, the employment of wind and oil motors allows larger areas to be irrigated. But in this event sufficient numbers of mechanics must be available for necessary repairs. By using artesian wells, with a quantity of 70 cubicmetres/h., over-irrigation of the soil may easily lead to leaching out or even salinization.

Thus for the Fezzan *returns for its labour* are small. Grain is supplemented by gathering wild graminaceous seeds which are ground in hand-mills between two stones and worked into a gruel which is eaten together with relish. Truffles, too, are gathered and seem to be very popular. There is little meat; boiled mutton and chicken are added to the kuskus of coarse grain or millet. A sort of bread is made from unleavened barley dough. Chickens provide eggs. In an attempt to supplement meat supplies, gazelles, waddans, hares, mice and some large lizards are trapped. Locusts, boiled, crushed and mixed with date flour are also popular. Fat, oil, butter and some dried-meat is bought from nomads. Besides sour milk and palm wine the most popular beverage is green or black tea, chiefly of Japanese origin, which has been imported from Asia, or even a mixture of both kinds of tea with groundnuts or a few leaves of mint added. Together with sugar and other products it is imported by traders from Tunisia.

The wives of the Dauada fish small crustaceans (Artemia salina) and algae from the Bahar ed Dud and Bahar et Trona with small linen bags; both are then mixed in certain proportions with one another, dried and pressed into a sort of cake (duda) which is eaten in that form or used as a relish by the Fezzans. Other cakes are made from algae alone or from the larvae of ephydes living in large numbers on the lake shores.

In spite of hard work, the Fezzans do not succeed in making more than a meagre living. So many move away to the coast in any attempt to improve their lot, however, and this in turn means a loss of manpower for the oases, for their wells and their gardens. The government has therefore endeavoured to keep them bound to the soil by giving land to tenants and labourers and making them small landowners as well as easing the strain of irrigation work by supplying them with small mechanical pumps.

The *dress* of the poor Fezzan scarcely differs from that of the semi-nomad. A short linen shirt is kept in place by a belt and falls over a pair of wide pleated trousers. Sometimes a barrakan of wool or linen is worn. Broad sandals with double leather soles are secured by a thong which runs between the first and second toe. The poorer people even use rubber from car tires or palm leaves for their sandals. On the head a little woollen cap is worn or a turban made up from a towel and in turn covered by a barrakan. The hair is shaved but a tuft is usually retained.

Women wear a long tunic of blue wool — often over a shirt —, a belt which serves to gather the gown and a broad, dark, square headscarf covering face and body. Their sandals are like those of the men but are on occasion embroidered. As for ornaments, large silver earrings are worn, often held by a strip of leather passing over the head; necklaces of beads with silver pendants, silver or leather bracelets embroidered with colourful glass beads as made in the Sudan are also to be seen. Some women wear a small silver ring in the pierced right side of their nose.

The hair of women and girls is usually arranged in numerous plaits which hang down over the ears. Hair styles vary somewhat; they are intended to indicate the married or unmarried status of the female concerned. The entire body from the 10th or 11th year of age is divested of hair by depilation (Fig. 49, 50, 51).

The women of the Fezzan assist in agriculture by tilling the soil; on the handicraft side they spin wool which is bought from nomads and weave it into blankets and children's barrakans. Mats and baskets are plaited from palm-leaves; pots and other vessels are made from clay by the coiling method, first being dried in the sun and then burnt. When they are still very young they are made to do domestic work such as fetching water, gathering firewood, washing the laundry and supervising and carrying about their younger brothers and sisters.

The wealthy Arab-Berbers wear more distinguished clothes: colourful, embroidered waistcoats and a white, woollen barrakan. Their goatskin shoes too, are frequently embroidered in many colours. Women cover their face with one corner of their barrakan so that only one eye can be seen (Fig. 28).

The *villages* of the Fezzan are generally situated near the cultivated lands, in or on the edges of the oases where water occurs. They are mostly small, the *houses* with walled courtyards irregularly adjoining one another. Unhewn stones, small blocks of salt-clay and sun-baked bricks joined with simple clay mortar serve as building materials.

Narrow lanes wind their way in circles through the buildings without any connections to the outside. The outer walls of the houses which are on the periphery of the settlement, tend to form the external walls of the village at the same time. Only rarely does a house rise above the rest with an additional second floor. Some villages are built round an old fort, the remnants of which, now being used as a police station, lie in the centre together with the market as in Zuila. Zuila even boasted an outside wall with protruding towers and battlements similar to those at Murzuq and built from large square blocks. It surrounded the town as a square, remnants of which can still be inspected. On entering a village, one finds oneself between grey walls which are interrupted by closed wooden doors every now and then. At times the lane is spanned by small arches of the upper floor of one of the houses. Then again there is a half-collapsed wall, a gap in the ruins and one finds oneself in front of a small mosque with an inclined minaret. Only rarely is a wall or house centre-piece whitewashed, grey being the predominant colour. The village gives a derelict impression. Here a woman slips across the lane, there a few shy children scamper away. At times old men sit together on a bench in some shady corner (Fig. 52, 53, 59).

Poor seribs, huts made of cane or palm leaves, stand scattered in front of some villages. There are also larger houses, well-built as permanent dwellings, which are combined into villages in some parts as for instance in the Hofra. In the vicinity of Ghat, for example, the descendants of slaves inhabit them. Quite different from everything traditional is Dar el Bey, the new town of Sebha built for civil servants after the war in the sandy, barren country between el Gedid, el Gorda and Hadjara. With its government buildings, the royal villa, the large hospital and the modern, whitewashed flat-roofed houses with their gardens, it gives the impression of a colonial town of European style, especially at night when it glows lonesomely in its electric light. A tarred road, 950 km. long, connects it with the coast.

The simple seribs which are built in the same manner as the temporary homes of the nomads, have already been cited. Those intended as permanent homes are more solidly and more carefully constructed; often several courtyards are made to join up with one another (Fig. 40, 41, 42) and at least one room, intended as a common room during winter, is plastered with loam or built in brick (Fig. C). Family life takes place in a court roofed over with palm leaves. From here, further rooms and the kitchen are reached. Visitors are received in the entrance court.

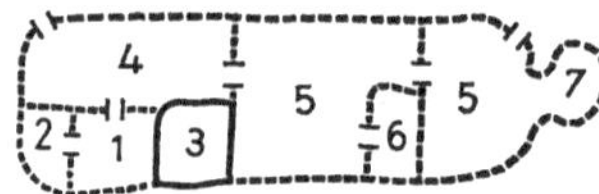

Fig. C. Seriba, Wadi Etba in the Hofra and near Gatrun (according to Despois): 1 covered courtyard, 2 room, 3 winter-room, 4 entrance-courtyard, 5 inner courtyard, 6 kitchen, 7 fence for animals.

The little dwellings of the less well-off people in the villages are often much poorer. A narrow yard, surrounded by a 2—3 m. high wall, is entered through a door made of palm boards. A low wall or fence in front of the entrance prevents a glimpse of the interior. In one corner of the yard there is a stone-built, roofed room where family life takes place; a somewhat elevated (about half a metre) part serves as a place for sleeping on mats or possibly blankets. To this solidly-built section the kitchen is added. It is divided off by palm-leaves or branches and followed by yet another palm-leaf covered room which is used for storage of goods and provisions and in summer probably also for sleeping. The soil is everywhere covered by sand. At the end of the court there is another fenced-in section (closet) for chickens and animals which are occasionally taken out with them.

Apart from these primitive homes, larger ground level dwellings, too, may be found in the villages (Fig. D).

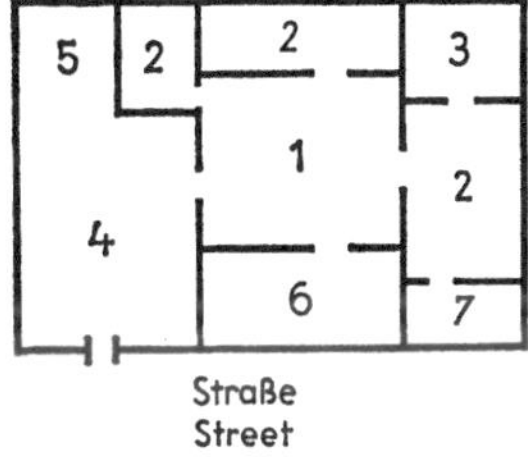

Fig. D. House in Bendbeiya, Wadi Adjal (according to Despois): 1 covered courtyard, living-room of the family, 2 room, 3 kitchen, 4 entrance-courtyard, 5 stables, 6 shed, 7 lavatory.

From the entrance court the roofed living-court is reached, surrounded by several rooms, as well as the kitchen, and from here or one of the short winding passages which prevent visitors from catching sight of family life, also the closet is reached. A hole or a slot in the ground secured by palm logs leads to the pit which in most cases is accessible only from the outside. The ceiling of the rooms lies over halved palm-beams and consists of tightly-packed palm-leaves or straw which at times may be plastered with loam. Pest such as scorpions, like to make their homes in the palm-leaves. The floor of the roofed court and the rooms consists of tamped loam or simply of loose sand. Frequently it is covered by plaited straw mats which are used for sitting down or sleeping. Carpets are more rarely found. Since the houses are only built of sun-baked bricks, heavy downpours are likely to make parts collapse when the bricks disintegrate. Then new building additions are carried out and at times even derelict or deserted building in the vicinity are included.

Two-storeyed houses are more solidly built. The round-cornered Berber houses of Bergin in the Fezzan have already been mentioned; some of them have a room with adjoining roof-terrace added, intended for the exclusive use of the women. The terrace is reached from the courtyard by way of a staircase. Houses in places like Ghat for example, are similar although at times somewhat larger.

The houses of the wealthy Arabs in el Gedid for instance, are much better finished (Fig. E); in one of the courts on the groundfloor they have their own well together with a bathroom, closet, rooms for the storage of foodstuffs and possessions, a stable and, adjoining the entrance court, a large room for the reception of guests. Its ceiling is supported by beams and joists, carpets and mats cover the floor, and at times even the walls are decorated with pictures. The upper floor with several rooms, kitchen and large terraces is kept spotlessly clean. Here the family life takes place. Above all it is intended for the women of the house who retire, however, whenever a stranger comes to visit these quarters. Quite unlike the dark wives of the Fezzans, the white women of the Arab-Berbers are never seen by strangers.

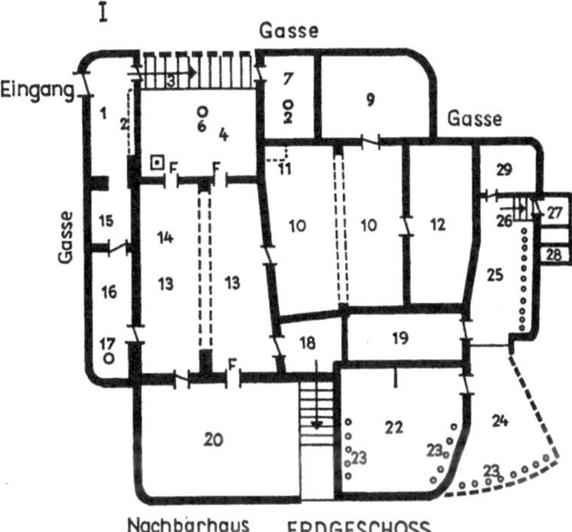

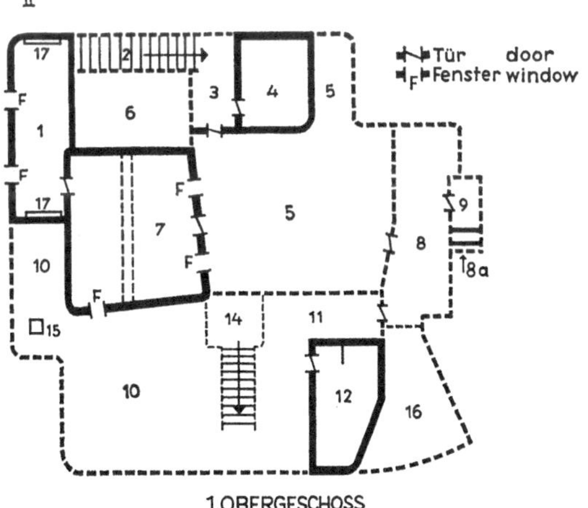

Fig. E. Big House from El Dschedid (Gedid) (according to E. Scarin): Street, Entrance, Adjoining house. *Groundfloor:* 1 entrance-hall, 2 stone bench in the entrance hall, 3 stairs leading to first floor, 4 open courtyard, 5 well, 6 pit serving as drain for rain and well-water, 7 bathroom, 8 small water-basin, 8 a seat with small aperture over 28, 9 storage-place, 10 large covered room, 11 small partition-wall for dates and similar stocks, 12 storage-place, 13 large room of the groundfloor, 14 thin partition-wall, 15 small corridor, 16 corridor leading to the large room, 17 light-well (in the ceiling), 18 part of the covered corridor 19, 20 storage-place, 21 second staircase leading to first floor, 22 covered stables, 23 cribs, 24 open stables, 25 shed for other animals, 26 small staircase leading to lavatory, 27 lavatory, 28 well leading from the first floor to the cesspool, 29 shed for other animals than horses. *First Floor:* 1 reception-room, 2 staricase leading to the first floor (= No. 3 on the ground-floor), 3 open entrance to first floor, 4 small sleeping-room, 5 open central terrace (courtyard), 6 small courtyard of the ground-floor (= No. 4), 7 large living-room, 8 second small terrace, 9 lavatory, 10 terrace for the drying of the crops, 11 terrace corridor, 12 kitchen, 13 staircase leading to the first floor (= No. 21), 14 open part of the corridor on the ground-floor (= No. 18), 15 light-well (skylight) (= No. 17), 16 open stables of the ground-floor (= No. 24), 17 book-shelves.
Scale: 1 : 300.

b) The Oasis Inhabitants of the Northern Desert and the Tripolitanian Jebel

On the whole the oasis villages of the northern desert make an impression similar to the Fezzan. They are still demolished in parts. New buildings are often whitewashed or of an earthy colour in spite of the walls being smoothened over with clay. And yet every settlement has its own individuality. Jaghbub for instance is noted for its new Koran School and even more for its large white dome over the Gubba, the mosque containing the tomb of the founder of the Senoussi Order. In the group of oases of Jalo the Jikerra village consists entirely of seribs; even the mosque with its minaret is built from palm-leaves. In the other oases the houses and their gardens are threatened by advancing sand, against which palm-leaf fences have been put up for protection. Marada has been partly re-constructed at the foot of the old fortified Gara; it consists in the main of widely-spaced homes which are protected by walls.

In Socna which had been almost completely demolished inside its old wall, new and mainly whitewashed houses are grouped around the old Berber castle and its market place. In the Tripolitanian Jebel, the old ruined Berber strongholds together with their surrounding villages were situated on the precipices of the escarpment. In some places like Garian or Tarhuna, the strong Italian influence is now beginning to make its impact. Except for the minarets, a large part of Garian village in particular has a southern Italian character. In the vicinity only the houses of former Italian settlers appear to be somewhat adapted to the Arab style of building thanks to their heightened roof-corners. But from Garian to beyond Nalut the ancient Berber cave dwellings can be found and they are still made at the present time. Most impressive of all is Ghadames with its large palm-grove, its walled gardens well irrigated by springs, its narrow lanes bridged in places by buildings and its multi-storeyed houses (Fig. 54, 55).

The inhabitants of *Ghadames* are Berber, still speaking a Berber dialect today and maintaining, as wealthy businessmen, connections with Tripoli, Tunis and the southern oases. Even outside the oasis there are single-storeyed, partly grey and partly whitewashed houses in the south-east. There are shops along the access road and the school and hospital are on a low hill; a graveyard extends along the slopes and around the white memorial to a marabut. The older walled settlement extends to the oasis and here, between gardens and palm-trees the old, some ten metre high Berber houses stand close to each other. Their foundations are made of stones and above the groundfloor they carry two more storeys of grey unplastered bricks. Only the highest parts of the walls with their heightened corners, which are supposed to give protection from evil spirits, are whitewashed. On the wall of the terrace lies a potsherd which is to keep away the night bird which causes the death of children. The first storey frequently juts out over the groundfloor, thus forming an overhang above the lane below or even built across its entire width (Fig. 21).

The groundfloor is entered through a door (Fig. F), which is protected from the evil eye of others by gazelle or muflon horns. Apart from passages, a staircase leading to the first floor and a pit opening to the outside, it contains a large storeroom for goods, wood and foodstuffs, but being the coolest room it also is used for sleeping during the hot season. The most important room of the house is the Temenaht, the reception wall, which extends through both the upper storeys and receives light through an opening in the roof-terrace. The rooms of the first floor are reached through the hall and those of the second floor and the terrace by a staircase. The closet, a simple hole in the floor, is located in a narrow room on the first floor above the pit.

At its door the Temenaht is richly decorated with gypsum ornaments, the doors painted with stylised plants and floors. Together with pans and medallions, copper vessels, the wealth of the house, hang in rows close to one another along the walls. Copper vases, brass plates, samovars and clocks stand on wall shelving and there are pictures here and there showing oriental landscapes. Plaited mats and precious carpets from Kairouan, Arabia and Persia decorate the floor and cushions lie along the walls. The roof terrace is the preserve of the women and no stranger is allowed to enter it. Here is the kitchen with stoves as well as iron and leathern pots and the terrace room where the parents sleep in summer, separated from their children. There are con-

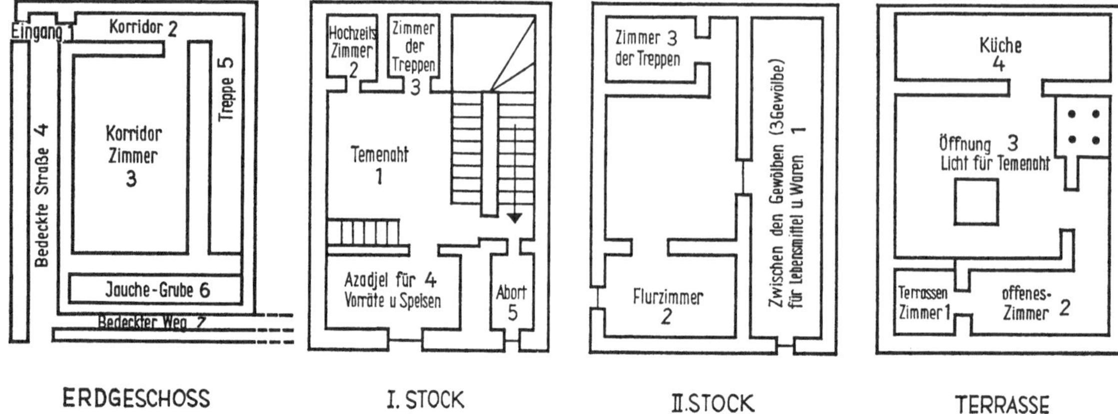

Fig. F. House of Berber in Gadames (according to Cpt. Aymo). *Ground-floor:* 1 entrance, 2 corridor, 3 hall-room, 4 covered street, 5 staircase, 6 cesspool, 7 covered way. *First Floor:* 1 temenath, 2 marriage-room, 3 staircase-room, 4 azadjel for stocks and food, 5 lavatory. *Second Floor:* 1 room between the (three) vaults used for storing of victuals and other goods, 2 hall-room, 3 staircase-room. *Terrace:* 1 terrace-room, 2 open room, 3 opening, light for temenath, 4 kitchen.

nections from house to house so that women can visit one another without entering the lane.

Another characteristic form of Berber housing is the *cave dwelling* of the Jebel already mentioned (Fig. 56). This is a square shaft of up to eight metres width and vertically six to eight metres deep, driven into the loess-like soil. A reddish-yellow loess, 4—6 m. thick, lies on top of lighter coloured material filled with limestone concretions and also firm, greenish, marly sediments with gypsum crystals which are separated from the loess by a limestone crust. It is in this firmer, lower stratum that entrances to individual rooms have been dug from the bottom of the shaft. The only light these rooms receive comes through the door. Some of them serve as living and sleeping rooms, one as a kitchen, one as a stall particularly for the chickens, and one as a closet. The storerooms for goods and foodstuffs are mostly situated above the living quarters and can be reached by ladders. The bottom of the shaft lies so high that it remains dry even at the highest groundwater-level and stands at times above the base rock of limestone and sandstone which is impermeable to water. In a hole at the centre of the shaft bottom, which serves as a rubbish dump, rainwater sometimes accumulates. The top of the shaft is entered through a door that opens to a winding passage with several steps leading down to the courtyard (Fig. 57).

The cave dwellings in Zintan often vary slightly. A short and open access leads to the courtyard, from which rooms, worked into the hill, are reached. In Tobga the rooms are reached directly from the surface of the slope way of a short, closed horizontal passage (Fig. 48).

The cave dwellings are mostly poorly furnished as are all the homes of the poorer sections of the population. In Gharian I visited the cave dwelling of a wealthy man which was located near his surface home and could be reached from there. Next to the lower entrance to the courtyard there was a stall for goats and chickens on the left hand and the kitchen on the right; the latter contained a small stove for baking bread, next to the open fire. Water was kept in large earthen vessels. The vaulted visitor's room was whitewashed, numerous colourful plates and vessels were lined up on the shelves, pictures hung down on cords. The ground was covered with mats, and mats also hung in front of the entrance to the room behind, in which a curtained bed stood. Everything was very clean. Further rooms were locked with doors. One served as a retreat for the newly-wedded bridal pair where the young wife must spend her first fortnight. People retire to the cave dwellings in summer because the effect of the dark radiation of warmth already ceases a few metres below the surface, these dwellings are warm in winter.

In Misda I visited a courtyard surrounded by buildings with roundish roofs. It was reached by way of a narrow passage in one of the houses. Some of the houses were single-storeyed and others had a second added. The upper rooms (lofts) could be entered by using a ladder or narrow, unprotected and projecting steps on the outside wall. Living rooms, kitchen and stalls were beneath. The arrangement gave the impression of a surface cave dwelling (Fig. 58). Three solid conical towers made of stone, located in the upper part of Misda village remind the visitor of the former struggles between both tribus of the Berber Gontrar who make up the population of Misda. The highest tower which has embrasures, rises to five storeys (Fig. 59).

In most of the larger oasis villages there is, if not a hospital with one or more semi-scientifically trained doctors as in Sebha, Murzuq, Kufra and others, at least an *ambulatorium* with a trained medical orderly. The doctor attends on a rota basis or on demand. Gradually the population gains confidence in the doctors and comes for treatment. The simple Mohammedans think of diseases as sent by Allah as retribution for their sins. If he has decided on recovery, he allows the doctor to heal the sick one. Diseases are caused by Allah who uses constellations like the Plejads which produce diseases, or the phases of the moon, or humans bringing misfortune by their evil eye or by evoking and using the aid of evil spirits and genii for their wicked deeds. The universe is full of these male and female genii who appear to have been the first inhabitants of the world and to whose occult influence humans are subject. They are therefore both feared and revered by sincere Mohammedans (Denti di Pirajno).

c) The Inhabitants of the Towns and Settlements Near the Coast

In their design and manner of building the *towns and settlements on the coast* and near it have been most influenced by Europe, especially by Italy. New town centres and business streets have a southern Italian atmosphere about them. This form has also been adopted by certain of the indigenous people. Their houses have an entrance door opening directly onto the street and they frequently even have windows. Only on the side adjoining the coast are there rooms without windows, accessible by one door from the outside and serving the family life. There is a large walled courtyard, often divided into two because of the harem, sometimes containing a few trees and with a closet at the rear. Modern times have made many courtyards accessible from the street as well so that cars could enter and be parked and unloaded and goods stored there. Nearly all settlements have, however, preserved the old Arab style of building in some parts of the town (Fig. 60).

Italian settlers' houses taken over by native settlers in the vicinity, have two to four rooms with windows which are frequently covered by blinds on the roadward side because the small backyard with sheds and outhouses is hardly suitable for Arab family life. So at first the semi-nomads of Cyrenaica preferred life in a tent next to the settler's house, the roof of which had indeed often been damaged. As far as agriculture is concerned, the nation has adopted cultivating methods in gardening, arboriculture and grain production with irrigation or rain agriculture which the Italians had introduced.

Generally the towns still have an Arab quarter. In *Tripoli* this white, old town is still situated within the partly preserved town wall which adjoined the fort (Fig. 62). The lanes are narrow, the houses single-storeyed and in parts with roof terraces. They are entered by way of the courtyard with its business and store rooms. Some one or two-storeyed houses of the wealthier people have their court situated at the centre. From there the lower, windowless rooms are reached, the upper ones from a gallery running round. Here facing to the rear as well, are the women's sections. Larger houses such as these are often rented out to several families. Each has a windowless room, opening to the courtyard or to the gallery; four to five families share a kitchen and closet (Fig. 61).

The ancient business and artisan streets where people engaged in the same jobs live together, are still preserved in parts.

One small shop adjoins the next; the lanes are permanently covered or at least screened-off by mats as protection against the heating up of the ground in summer. But quite a few houses in the old core of the town have in recent times been transformed or newly built.

In the south and east stretches the new town, already laid out by the Italians, with its broad streets, government houses, large hospital and one to two-storeyed private properties (Fig. 63). Water supplies and sewage are provided for here as in every other large town. Nowadays older building are even pulled down in order to make space for 9—10-storeyed blocks. In the south-west there is a residential quarter with villas in European-American style under construction, equipped with all conveniences at a corresponding cost (Giorgimpopuli).

Over the recent years numerous people arriving from the oases in the hope of finding easier and better-paid work in a big town, have formed a slum quarter on the southern fringe of the city. People live in poor huts which stand close to each other and are made of tins, wooden boxes and sacks and lack even the most rudimentary hygiene requirements. The government is attempting to call a halt to this misery and to prevent the formation of further slums by a building programme for simple houses and by repatriating the emigrants to their home areas.

Conditions in *Benghazi* are similar to those in Tripoli. Some parts of the city had suffered severely by the war. Here, too, an Italian-style part of the town borders directly on the old Arab part. A new Arab quarter is under construction in el Berka. There are only a few slums and the huts of corrugated-iron sheets are better built. To some extent it owes its continued existence to the fact that no rates are levied here. There were difficulties over water supplies which, it is hoped, will be overcome with the construction of a water supply-line from karst springs. On the Jebel Akhdar, *El Beida,* a new town, has sprung up with government buildings and residential premises of most advanced design (Fig. 64). It was intended as a new capital for Libya but has now become a modern university town. The house of parliament is to be the state library. Not far from the earliest Zauia of the Senoussi, about three kilometres west of the town, not only a royal palace but also an Islamic university have been erected, the latter to enjoy the same status as the El Azhar University in Cairo.

It is in the towns where the small class of educated Arabs, civil servants and business people with European attitudes, clothes and modus vivendi can be met. Here too, live those few people who work in factories and other establishments, and here are the schools for children and places of further education for adults.

Schoolchildren seem to be already fully or at least partly dressed in a European fashion; they wear clean school uniforms and receive a meal at school. Attendance is compulsory for boys but voluntary for girls. Although there are a few female students at Benghazi University, they still veil their faces save for one eye, when they enter the street — just like the majority of girls and women do.

"Even the pupils (13—18 years old) of the teacher training college in Benghazi we saw entering the college building with veiled faces. During lessons they took off their veils. They appeared to be pretty, young girls with modern coiffures and European dresses but did not permit photographs except from behind. When they leave the school they veil their faces once more with a black veil or the traditional barrakan" (L. Richter).

So there is already a fair number of girls attending schools in the towns and training after that as teachers or nurses. On completion of their education, often already at the age of 14, many of them marry. This means that the decision on whether they are permitted to take up employment rests with their husband.

In the towns there are also evening schools for the adults who can be seen eagerly learning the art of reading and writing. Thus a gradual loosening of ties to the rigid way of life in the villages comes about. Knowledge is spreading and the primitive conditions of life among the poorer classes and the immigrants is starting to improve.

For the time being this gradual change can only be noticed in the towns. Immediately outside the town the power of tradition through family, village community and religious elements governs the life of the rural population, make more difficult and slow down all progress. Only in those places where larger numbers of elementary schools were established in recent years, the beginning of some relaxation may be felt.

C. Health Services and Environmental Sanitation

I. Medical Facilities

1. Tripolitania

Prior to the occupation of Libya by the Italians, rudimentary measures of hygiene were few and confined to the city of Tripoli with 30,000 inhabitants (1910) and some larger places which had Turkish garrisons. In Tripoli the lanes of the old, narrow part of the town were unpaved, scarcely any provisions for gullies had been made and surface water accumulated in swamps together with the liquid manure flowing out of the houses. Wells were situated in the courtyards of these houses. As the population density rose, the water did not suffice and covered cisterns were built in various places, collecting the water from roofs and streets. Cisterns and wells, and thus also of the groundwater-table which reaches a depth of 5—10 m. below the surface and is salty in places, were unprotected from sewage seeping into them. Every year a number of mosquitoes, flies and disease germs developed in the swamps and cisterns.

Consequently cholera broke out almost every year, sometimes also plague. Malaria and typhus were frequent endemic diseases in the city. Since 1670, the Franciscans had made arrangements for the treatment of sick people in their monastery. In the event of epidemics they put up other infirmaries in the monastery and in the cholera epidemic in 1910 even a ward for Europeans. Only in the final years of their rule did the Turks begin to install sanitary devices. The Italians did not, therefore, find many on their arrival in 1911. At the port there was the Ufficio di Sanità Marittima (Control of ships and Mecca pilgrims) with a laboratory for food tests; in the town there was the Ospedale Civile Municipale with divisions for surgery, internal diseases and eye diseases, without, however, latrines or any other sanitary installations. Finally, there was the adequate military hospital under the direction of a Turkish military doctor. Here bacteriological examinations and vaccinations were also carried out. In 1910 a cholera hospital consisting of five timber barracks was established near the Bab el Gedid. People with infectious diseases were not as a rule kept in isolation but treated at home which often consisted of a single room accommodating the entire family. There were six pharmacies in the city, the most important of which was the city pharmacy at the fort, only demolished after the last war.

Having achieved the occupation of Libya, the Italians were faced with the fight against infectious diseases, the sanitation of towns and larger localities as well as the erection of modern hospitals for the population as their most urgent tasks. Civil and military organisations worked together over these matters. Traffic from the interior to Tripoli was controlled, medical centres established at Suk el Giuma and at Gargaresh and about 7,000 people were examined, about 50 per cent. of whom showed symptoms of disease, especially of trachoma, grind (Tinea favosa), syphilis and other infectious diseases. Already from the autumn of 1912 onward no more serious epidemic outbreaks occurred. The sanitary conditions of the city were thoroughly improved, a daily road-cleaning service introduced, gullies constructed and pits which overflowed were cleaned out.

a) Hospitals

Only after the war, in 1922, the systematic construction of the new city of Tripoli commenced and with it that of a public health service; later on it was taken over and extended by the Libyan state. In the course of this programme, the first one to be built was the Ospedale Coloniale, the present government hospital, on the southern fringe of the city. It is designed as several pavilions. There are several wards, divided according to the sexes, operating theatres, a bacteriological laboratory, a ward for children and an isolation ward with 100 beds for contagious tuberculosis. In Hammanyi near Wadi Megenin and the sea, a hospital with seven pavilions for infectious diseases was built as well as a mental hospital with a psychiatric ward in Feshlun, a T. B. sanitorium in Busetta and a home for lepers. There are besides, a few private hospitals and the British military hospital which was handed over to the Libyan Social Insurance (I. N. A. S.) early in 1966.

In the province of Tripolitania (1.03 million inhabitants 1964) too, the Italians established hospitals. The first ones were set up in small administrative centres. Today the province, together with the city of Tripoli (6) has 16 hospitals with more than 2,500 beds at its disposal (see table). Each hospital usually owns several ambulance cars which often have to cover long distances so that still more are needed.

b) Out-Patient Clinics and Dispensaries

Dispensaries which are looked after by doctors, were also set up for the population. Today (1964) the municipality of Tripoli runs 18 out-patient clinics and dispensaries, 8 of which are manned by full-time doctors, the remaining ones by auxiliary medical staff. They are, however, visited by a doctor everyday. In addition there are specialist dispensaries: one for eye diseases, one for venereal diseases, one run by Franciscan nuns and one mother and child health centre. These dispensaries are well equipped, amply supplied with medicaments and generally have a few beds.

The number of dispensaries in the province has increased to 129 (Tripoli 18), some of which are mother and child health centres (4 in Tripoli). Here too, only a few are manned by doctors. A doctor visits the dispensaries only on certain days. Should urgent cases arrive, he or the hospital to which it is attached, is informed. In 1964 a mobile clinic under the direction of the German physician Dr. Meinck travelled across the country, looking after settlements rarely visited by doctors and carrying out vaccinations.

c) Doctors

There are certain difficulties in filling vacancies for doctors in hospitals. In 1964 there were 275 doctors working in Tripolitania, 88 in Cyrenaica and 23 in the Fezzan. Together with the doctors employed in the ministries there was a total of 386 doctors in the country which has a population of 1,559,300; only 20 of them were Libyans. However, the number of local doctors increases every year. A fair number (more than 50) is training in Europe, the U.S.A. and at the American University in Beirut. The majority of the foreign doctors comes from Italy (125), joined by large numbers from Jugoslavia and Spain in recent times as well as some Greeks, English, French and Chinese. The number of German doctors is regrettably low (4), but those in the field have contributed greatly to the respect their country enjoys. In 1965 a further 300 Spanish, Jugoslav and nationalist-Chinese doctors have taken up posts in Libya.

d) Nursing Staff

There are still very few male and female nurses available; training schools have now been set up in Tripolitania for nurses and other female staff only, in Benghazi for male hospital orderlies where very recently the training of medical-technical assistants too, has been started (Health Training Institute). In 1964, there were 174 nurses in Tripolitania, 80 in Cyrenaica, 4 in the Fezzan. Their numbers are gradually increasing although there is the risk that female nurses get married and are then no longer permitted to work as this would damage the reputation of the family. There are 196 non-Libyan nurses and orderlies.

e) Midwives

In order to get a permanent staff of midwives for the population, the German gynaecologist Professor Föllmer started a midwifery training centre with a branch

Table I. *Medical Facilities in Tripolitania*

a) Hospitals:

		Beds
Tripoli: (6)	Government hospital (with all wards)	1,460
	Hospital for Infectious Diseases	
	Hospital and Home for Lepers	50 + 20
	Busetta T.B. Sanitorium	150
	Feshlun Mental Hospital with psychiatric ward	
	Government Accident Hospital	100
	Government Hospital for cases of contagious T.B.	100
	Libyan Military Hospital	
	British Military Hospital (handed over to the I.N.A.S. — National Social Insurance, in 1966)	
	Several private hospitals (among which there is one maternity hospital of the I.N.A.S.)	
	Another big hospital under construction (1966)	
Tripolitania: (10)	Zawia	140
	Zuara	80
	Garian	60
	Jefren	110 (140)
	Nalut	?
	Ghadames	20
	Beni Ulid	40
	Misurata	410
	Gargaresh (new clinic for nervous diseases)	510
	Zliten	?
	Homs — under construction	
	Sirte — under construction	
	Jado — clinic in Fayasla prospected	

2. Dispensaries (numbers):

Municipality of Tripoli 18+4 (3 of which are dispensaries for T.B.)

Mudiriah: (= administrative district)		
	Suk el Giuma	4
	Tadjura	6
	Ben Gashir	6
	Azizia	3
	Zawia	6 (1× T.B.)
	Zanzur	6
	Bianchi	4
	Sorman	2
	Sabrata	5
	Zuara	6 (1× T.B.)
	Nalut	10
	Ghadames	4
	Garian	9 (1× T.B.)
	Jefren	8 (1× T.B.)
	Jado	9
	Misda	5
	Beni Ulid	1
	Tarhuna	6 (1× T.B.)
	Cussabat	3
	Homs	7 (1× T.B.)
	Misurata	9 (1× T.B.)
	Zliten	6
	Sirte	4

Further Centres of Public Health have been projected for the Jado area in Slamat and Sheqshuq, and near Gadames in Derj.

Note: The table gives the figures for 1964.

in Benghazi which was intended to gradually take over from the "wise women" so far exclusively working in this field. An attempt is being made to teach these latter at very least the most elementary rules of hygiene during a two-month course. Town and country taken together, there are 43 fully-trained midwives registered, 5 in Cyrenaica, and 5 in the Fezzan (1964). A midwifery training centre with an attached clinic is being built in Tripoli (1966).

f) Pharmacies

Each hospital has a pharmacy. Most private pharmacies do not employ trained pharmacists. A centre for pharmaceutical items with a store is to be set up in Tripoli.

2. Cyrenaica

In Cyrenaica (451,469 inhabitants) conditions were similar to those in Tripolitania. Larger towns in particular suffered from the wars, especially the last one, in the course of which Cyrenaica changed hands on several occasions. Above all, Benghazi had been demolished by air-raids. Even today these scars are still to be seen on houses and empty spaces have been left where the debris has been removed. The water-main and sewers, put down during the Italian period had, of course, suffered.

a) Hospitals

Just as in Tripoli, the large hospital of the town of Benghazi laid out in pavilion style (500 beds) in the north of the town and founded as the Ospidale Coloniale, contains all its wards plus an out-patients' dispensary, organized under the main disease categories. In 1964, 22 nuns were working there as theatre nurses and as the operators of complicated apparatus (X-rays, physiotherapy, laboratories); they supervised kitchen and laundry and looked after the wards as nurses. They support the 40 doctors there. One hundred beds are available for people suffering from tuberculosis. In addition to this large hospital there is a much smaller town hospital. Here, too, a dispensary is run by hospital doctors (8) and nuns (10). There is then a small missionary hospital of the Adventists with 30 beds, run by two doctors and a staff from Palestina (Israel). In addition to these, Sharia Bagdad, es Sabri and Berka each have a dispensary with a full-time general practioner and there is a T. B.-Policlinic with three doctors, established by W. H. O.

The suburb of Berka in the south-east of the town is expanding rapidly. New blocks of houses are being built and as a high rate of population increase is anticipated, appropriate arrangements are being made now. A big new government hospital is under construction (500 beds), a gynaecological and paediatric hospital of the I. N. A. S. (National Social Insurance) is almost complete and a new T. B. hospital (140 beds) is being built in Guarsha (15 km. away from Berka). The Adventists are also busy building a new hospital (100 beds) on the road to Soluk, while the Libyan as well as the British Army possess their own hospitals in Berka.

In the province, Derna is now (1960) the only place so far with a large government hospital with ten doctors (since the middle of 1965, Chinese ones), under the direction of a German physician (Dr. Klug) and 420 beds, 140 of which are reserved for people suffering from T. B. As for specialist branches, eye diseases, children's diseases, midwifery, surgery and internal diseases are represented. There are dispensaries in the town, one staffed by a doctor and another, completed in January, 1965, but still lacking a doctor. The new hospital in Beida has not commenced operation yet, the hospital in Barce (el Merj) which formerly had 100 beds, was partly destroyed by the earthquake in 1963. At present (1964) there is only a barrack with one doctor available to patients, together with a small ward run by three nuns. America presented Libya with a new hospital built in Tobruk; there are three doctors, on a Palestinian and two Egyptians. A hospital for T. B. patients with a pulmonary surgery section was built by the B. D. S. A. (British Development Service Association) in Cyrene. Four doctors and nurses from Jugoslavia are employed here. Otherwise there are only small hospitals in Messa and Ajedabya, a surgical specialist working in the latter. Kufra has a large dispensary with 10—20 beds and a doctor; a similar one is under construction at Aujila and there are plans for the erection of a dispensary at Jalo. M'said (Capuzzo) has been equipped with an isolation ward as it is a border town.

b) Dispensaries

Thanks particularly to British initiative, dispensaries were set up in almost every village of Cyrenaica and staffed by a medical orderly. In the Derna District for example, they are visited by doctors of the government hospital once a week on request. Ambulance cars are available to hospitals and even to the more remote oases. Long distances lead to a lot of wear and tear on cars so that their usefulness soon lessens. Helicopters are available in serious cases.

c) Doctors

There are 47 doctors in the city of Benghazi, 22 in the surrounding region, 19 in the two other provinces.

Government and privately employed dentists number 4 or 5 in Benghazi; Beida, Derna and Tobruk have one each.

Table II. *Medical Facilities in Cyrenaica*

a) Hospitals:

		Beds	Doctors	
1. Benghazi Province:				
City and Region:	Government Hospital	400 + 100 T.B.	40	
	Municipal Hospital	40	8	
	Adventist Mission Hospital	30	2	
	British Military Hospital	60	3—4	
Berka:	New government hospital, Berka	c. 500		under construction
	Womens' and Childrens Hospital (I.N.A.S.) Berka			under construction
	New Adventist Mission Hospital in Berka	c. 100		under construction
	Libyan Army Hospital, Berka	?	?	
	Guarsha T.B. hospital (15 km. from Berka)	140	1	
Benghazi:	Ajedabya hospital	c. 100	1	
	1 larger dispensary at el Abiar	20		
	1 larger dispensary at Augila	10	1	
	larger dispensary at Jalo planned			planned
	larger dispensary at Kufra (el Jauf)	10—20	1	
2. Jebel Akhdar Province:				
Barce:	(el Merj) destroyed by earthquake	100	1 barrack 1 doctor Dispensary and 3 nuns	(now 1964)
	former small sanatorium for pulmonary diseases	100		
	Cyrene, (Shahat) T.B. hospital with pulmonary survery unit	150	4	
	Beida, new hospital not yet opened in 1965	?		
	Messa	90	2	
3. Derna Province:				
Derna Town:	Government Hospital	280 + 140 T.B.		
	Hospital prospected			
	M'said (Capuzzo) larger dispensary	—		isolation ward under construction (border post)
Tobruk:	new hospital erected by Americans	120	3	
	hospital in old garrison buildings	150		
	new hospital prospected	122		
Dispensaries:				
Benghazi:	4 staffed by doctors; almost every village has a dispensary; T.B. treatment in Ajedabya, Barce, Beida, Derna, Tobruk		Note: Number of doctors in 1964 incomplete.	

d) Midwives

See above. In Derna district there are 3 in Derna, and 2 in Gubba. Having undergone a two-month course at the midwives' training centre in Benghazi they are allowed to continue in their jobs for the time being. Nursing sisters train about 20 of them every year.

e) Pharmacies

A pharmacy is attached to each hospital. There are 14 private pharmacies in Benghazi, four of which are run by trained pharmacists. There are two in Derna without pharmacists and one each in Tobruk, Beida and Ajedabya.

3. Fezzan

The Fezzan (78,714 inhabitants) was the last one to be opened up in the sanitary sense. Although there were already small ambulatories (out-patient departments) in places with garrisons even in the Italian period where the civilian population could be treated as well by the military doctors, the first hospital was only established at the time of the French occupation. It is situated in Dar el Bei, the new capital and administrative town of the Fezzan, between the three Sebha oases. The large modern hospital is under the care of six French doctors; it contains 100 beds and various special wards, particularly for T. B. patients (30 beds), as well as an operating theatre, laboratory and pharmacy. A small T. B. sanatorium was added at a later stage (30 beds).

Smaller hospitals, which developed from Italian military out-patient departments with only a few beds (2—4), are situated nowadays at Hun, Brak and Ghat. A new, well-equipped hospital with 20 beds was built by the Americans in Murzuq and completed in 1962. Until now a doctor (specialist for eye diseases) has worked in a former sick-quarter (6 beds). As a specialist he operated particularly on trachoma cases. The patients lay on their beds and their wives, if they accompanied them, on the floor in front of the beds. On completion of the new hospital a second doctor was expected. The new building will contain an operating-theatre, a small delivery room, x-ray and medico-physical facilities, laboratory and pharmacy as well as the necessary spaciously designed auxiliary rooms (kitchen, laundry, stores) in a separate building where patients could also be accomodated should the need arise. Wards for men and women are separated by rooms for medical treatment. Opposite the hospital there are the new private quarters for doctors, probably by now accommodating two of them.

Hospitals tend to supervise a number of dispensaries, which are generally run by trained nurses. In 1962, 10 dispensaries were attached to Murzuq hospital (to give an example), which were visited by a doctor on request. Thus the district he was in charge of extended as far as the Tesaua in the west, Tmessa in the east and Tegerhi in the south. There are about 30 dispensaries in the whole of the Fezzan (1964).

Table III. *Medical Facilities in Fezzan*

Hospitals (1964):

	Beds	Doctors	
Sebha	108	6	(T.B. ward with 30 beds)
Brak	20	—	
Murzuq	20 *)	2	*) maternity and surgery
	plus 20		*) infectious diseases
Ghat	20	—	
Hon	20		

Total of doctors (1964):	23
Trained nursing staff (1960):	15
Untrained nursing staff (1960):	59
Trained midwives (1964):	4
Trained pharmacists (1962):	1

4. Plans for Further Development of Public Health Services and Health Education

The Libyan Ministry of Health together with the W.H.O. prepared a 5-year plan for public health which aims at the further development of the present foundations of the public health services. This 5-year plan started with the financial year 1963/64.

Occupying the first place is the new construction of hospitals and the enlargement and improvement of older ones by the establishment of new specialist wards to be equipped with modern apparatus and instruments. The number of existing beds (3,657) is to be increased to 5,800, so that about 3.5 beds will be available for every 1,000 inhabitants.

As a separate service besides the hospitals, the anti-tuberculosis service in Tripoli and the tuberculosis centre in Benghazi deserve mention; the personnel necessary to carry out anti-tuberculosis campaigns are trained there and from them mobile teams are sent out to identify, treat and control the disease. A number of dispensaries is available to this service. Mobile units, too, carry out the fight against malaria and bilharziasis. The control of trachoma, directed by the Epidemiology Centre for Trachoma provides for the safeguarding of health and the treatment by mobile tented groups (medical camps) which attend to the nomads. Teachers are trained to such a degree that they are able to supervise pupils and to demonstrate the usefulness of hygiene as well as the dangers of eye diseases.

In order to attend to health in schools, Tripoli and Benghazi are each to have a health centre established. School visitations will pay attention to cleanliness inside and outside the schools, to the provision of healthy rooms for classes and will support teachers so that infectious diseases can be treated as soon as the first symptoms are discernible. Mobile dental clinics will make regular rounds to schools in the countryside. School-meals consisting of milk, bread, dates and other foodstuffs, are to be extended.

One of the most important schemes is the establishment of health centres according to the density of the population. So far 61 of these are planned. They are intended primarily for treatment of ambulatory cases; they contain at least 13 rooms, one of which is set aside for the two doctors and a midwife. In other words, they are ordinary poli-clinics with ample equipment and their own means of transport. Three dispensaries are attached to and medically attended by each health centre (thus linking a total of 183 dispensaries with a medical centre). These dispensaries ought also to be established in their own buildings with at least three rooms for medical attention. "Clinomobiles" are to reach the non-sedentary population.

Much stress is laid on the development of a maternal and child health service. Centres for training and instruction are located in Suk el Juma near Tripoli and in Benghazi (maternal and child health schools and demonstration centres). Pupils are trained as nurses; midwives are also trained here. At a later stage they will take over the service in the main maternal and child health centres. These in turn are attached to the health centres. The main maternal and child health centres have branches, the smaller sub-centres (Table XI). Wherever possible these centres are to be staffed by female nurses and doctors only.

As experience at the first maternal and child health centres showed, the first steps will have to be the overcoming of the women's shyness of the health service. Once convinced of the usefulness of the arrangement, ever increasing numbers of women come along. They learn how to treat their babies properly, which kind of food to give them after weaning and how to prepare this food correctly; their children are examined and treated wherever necessary. Women are convinced that vaccinations do not harm their children but rather protect them. Nurses teach them the most rudimentary hygiene requirements, interest them in cleanliness, attend to pregnant women even in their homes and make sure that they are better nourished.

Another project of the 5-year health plan is a building programme to replace the slums. About 4,000 to 5,000 homes are planned, 3,000 of which are to be in Tripolitania and 1,500 in Cyrenaica.

Quarantine wards are to be established in the ports of Tripoli and Benghazi, at Idris Airport and in Benenina as well as at the frontier near Zuara and M'said.

Control of foodstuffs [bakers, butchers (i. e. slaughterhouses) and restaurants] will be extended.

II. Drinking-water Supply

1. Tripolitania

a) City of Tripoli

At first only the upper groundwater-level (6—10 m.) of the groundwater occurrences in and around Tripoli had been used. It had been opened up by wells serving domestic needs and in the oases by dalus (goatskin bag attached to a framework over a well) for irrigation purposes. The amount of water obtained was perfectly adequate. But things changed when the Italians built a new town and some of the dalus in the vicinity were replaced by pumps. In order to obtain sufficient water to supply the city, the construction of a purification plant had already been considered, but after carrying out numerous drillings, the Italians found yielding water supplies near Bu Meliana, which were further supplemented by discoveries near Hamadi. From here a supply network to the town was built. Now some of the damaged or old pipes have already been replaced by new ones of a diameter twice that of the originals. This network supplies the whole town as far as the Porta Tajura and Mellaha and in the west far into the old part of the town where a larger storage-tank was placed above the cliff in 1962. At the Porta Ain Zara a small waterworks has been built; the one at Bu Meliana has been considerably enlarged and modernized by two pump installations in 1964/65.

Only small parts of the city are still unconnected to the general water supply, such as the newly developed area of Giorgimpopuli on the coast west of the city where water is obtained for the time being (1964) from private companies. These, it is hoped, will eventually be bought out and linked with the general supply network. A greater problem for the city administration, however, is the area south of the old part of the city, which is divided into small plots with completely unplanned building. Many of the poorer owners cannot afford the connection to the water mains and continue to obtain their water from wells (5—6 m. deep) in their courtyards. They usually lack a connection with the sewage system as well. From their own cess-pool or that of the neighbour nearby, contaminated sewage, penetrates the groundwater and thus their wells.

The great quantity of water used for irrigation in the hinterland (1960: 103 million cubic metres/year) which is extracted from the groundwater, threatens to jeopardise the city water supply. Increased consumption must be anticipated in the course of the coming years and this means that pumping will increase as well, causing in turn incursions of salt-water from the sea. In Suk el Juma the water has already become brackish.

The Americans also use wells fed by the upper groundwater-level for the supply of their Wheelus Field air base nearby. However, not more than a limited amount of water can be pumped out here as the clay stratum between both the quaternary horizons varies in thickness; it has fractured at several points and has thus allowed salt-water to penetrate. The actual hole was filled with concrete but afterwards the amount of water pumped had to be severely reduced. In addition a small plant for the desalinization of sea-water was set up by the Americans.

b) Tripolitania excluding the City

Gradually the smaller towns of Tripolitania, not yet enjoying piped water supplies, are also being supplied with a water-main. Simultaneously pipes for sewage are to be installed. For the lavatories of all houses it means a change to flush-toilets. Since seat-type closets are often badly soiled it would seem, in the author's view, that squatting-type closets with flushing devices might be preferable from the hygienic standpoint.

Water supplies in coastal towns pose some difficulties at times and single wells situated near the coast must not be over-exploited. Zawia for example, obtains good water from its immediate vicinity, but unfortunately even here a gradual lowering of the water is noticeable in the south as a result of over-demand by irrigation (see Bir Ghnem Project). Zuara, situated between sebkh and periodic salt lakes, suffers from a lack of water. The Italians had excavated galleries in the dune area in the vicinity of the settlement which collected water and led it to cisterns, which, together with the wells, provided about 100 cubic metres a day. Near Agelat at a depth beyond 500 m., strongly flowing, albeit saline, artesian water was drilled and could be used for irrigation; at present there are pipelines installed which lead to the south into the area beyond the sebkh where water of a satisfactory quality was found near Mensha, el Gamil and Regdalin.

In Homs wells provide good water from shallow depths whereas in Zliten at depths of 6—8 m. only salty water can be obtained, adequate for irrigation of the palm-trees but unsuitable for human consumption. In the vicinity of the settlement some farms have already been deserted because of the over-high salt content of the wells. Deep drilling did not result in the discovery of better quality water. Now the Wadi Caam supplies the settlement with drinking water. Zliten as well as Misurata were provided for by small plants for the purification of sea-water. These plants are not over-popular among the inhabitants because the drinking of this water is said to cause mothers to bear only girls and no sons. Apart from that, Misurata is supplied by some wadis from the hinterland which come from the south-eastern slope of the Jebel where satisfactory water was found, as in the cases of Tamina (Crispi) and Kararim (Gioda), which is in addition supplemented by artesian water which is adequate for irrigation and was drilled in some places. The incursions of salt-water into wells following the use of pumps forced the suspension of irrigation near Misurata marina. The vicinity of Sirte also provided only a little sweet water (part of which comes out of the dunes), but it is just about sufficient for men and their cattle.

The *settlements of the Tripolitanian Jebel* generally enjoy good water, which in the more humid east appears at times in the form of springs. Tarhuna, for example, has one of the older (Italian) wells in the town, which yields 150 cubic metres per hours from a depth of 42 m., and near the source of the Wadi Ramla a spring with flowing water emerges, periodically falling down a scarp as a 4 m. high waterfall only 5 km. north-north-east of Tarhuna.

The water supply of Gharian is more difficult. A few small springs, particularly the Ain Turk (100 cubic metres/day) and the Ain Tobi (15 cubic metres/day) fill reservoirs for the municipal water supply. Drillings in the vicinity did not produce a satisfactory outcome. Plenty of water was recently found in the Wadi Gan; it is planned to pump it 200 m. up to the town. Jefren is supplied by the waters of the Rumia springs south of the locality which are pumped into storage-tanks. Similarly Jado and Nalut pump their water up to the level of the settlement from the valleys which run in a northerly direction to the Jefara where the groundwater-table reaches the surface. Cisterns and wells, large at times and equipped with dirt traps, collect and store rainwater and a little water from springs, thus supplying the population and their cattle at Zintan, Cabao and Tegrinna and their environs. There is, however, not sufficient water available to permit irrigation.

2. Cyrenaica

Due to the large deposits of limestone in Cyrenaica only in some places and at greater depths where marls and clays occur do the more extensive formations of groundwater with satisfactory water occur. In the mid-Tertiary limestones and Cretaceous chalks a karst water system developed. Already in ancient times this made water supplies difficult for a sedentary population. Towns only developed where karst springs came to the surface at not too great a distance, as at Cyrene (Apollo's Spring — Ain Shahat), at Apollonia, Derna, Tolmeta-Ptolemaide (8 km. long pipeline to a large cistern with a capacity of 6,500 cubic metres) or where potable groundwater was at hand as at Berenice-Benghazi, Tocra and Barce-Merj. Thanks to favourable precipitation the rural population of the Jebel Akhdar was able to store water in cisterns, large numbers of which have been rediscovered.

Over the last few years, a systematic search for water was carried out with a great number of test drillings, as, due to the continuous increase of the population, especially in the towns and larger settlements, difficulties over water supplies occured again and again. Benghazi (136,641 inhabitants) which had become a populous town, suffered most from the lack of water. The old town had been adequately served by hand-drawn wells reaching to depth of 15—20 m. which did not supply much water and even that in the main slightly brackish water. Wells the Italians operated with power pumps soon produced water of inferior quality as salt-water infiltrated. Because of the salt content, wells and pipelines built by the Italians soon became useless. Only a few years ago, water-carts — i. e. barrels with a tap on a pair of wheels — rolled through the town selling good drinking water. Near Benghazi experimental wells down to depths of 1,000 m. yielded scarcely any water. Only in the neighbourhood of Benina (in the east) several wells, 75 m. deep, with good quality water were found and these now supply the town. At certain borings between Benina and the sea the danger of incursions of salt-water is imminent. In Guarsha in the south of the town, which used to be a good gardening area, many wells are now permanently or at least temporarily dry. Drillings only produced little water or water which was salty. Near Er Regima in the east of Benina, however, ample good water was found at depths of 300 m. Unfortunately the water of the Zeiana well, which comes to the surface on the edge of a lagoon in the north of the town, is slightly brackish and also the water of the small wells of Coefia and Tocra is of medium quality, so that it cannot be considered for the supply of the town. It is believed that a sub-surface karst river from the mountains feeds these springs and a number of small collapsed dolines. It had been considered that the water supplies of the town could be supplemented by water from the Debussia Well in the east of the Jebel, the water found near Er Regima, but the project has been postponed for the time being.

The eastern and north-eastern edge of the *Jebel Akhdar* is richer in water. Here karst wells came to the surface in some of the wadis which have been cut deeply into the first and in parts also into the second scarp. Some of those with an ample flow of water have been opened up recently. The Debussia Well in the Wadi Debussia which flows into the Wadi Latrun deserves special mention. Through the exit of the well, now lined and prepared for the drawing of water, a road 7 km. deep into the mountains leads to a small lake. At the start the water is led through surface pipelines, British-made as at el Beida. The arrangement which was to go as far as Barce, no longer complies with the demands since all the villages in the vicinity have been connected with the network subsequently and are supplied by it as well. The firm of Mannesmann was therefore given the contract to build a second pipeline via Beida and Messa to Barce. Long stretches of pipes have been laid in a ditch, which over some sections had already been dug by the Italians along the northern road to Derna. The Italians intended to lead water from the Shahat well to Barce. Since the well produces only a little water it is not suitable for a long-range conduit. The Debussia well is to provide 27 million litres (6 million gallons) of water for the west each day by pumping. Nine million litres (2 million gallons) were assigned to Beida, nine million to Barce and nine million to neighbouring villages as distant as 20 km. away from the pipeline. Madalena and Oberdan are to receive water for irrigation purposes and in Fazura (Baracca), for example, each individual farm is to be supplied. It is, however, feared that the smaller springs in the lower Wadi Latrun and the cascades (50 m.) in the Bay of Hillal will soon lose their water (Fig. 22).

So far Beida was supplied by some small wells in the vicinity. Barce, too, only received water from some wells (187 m.) and cisterns, which was just adequate for cattle and domestic use.

Since the ancient Tolmeta Spring was rediscovered, there is no longer any need to lead water there from Barce.

The water of the Ain Mara (6 springs), 15 km. east of Gubba, had been intended as the source of supply for the surrounding villages and farms, but the nomads, who own the springs, objected. Thus for the time being the water continues to be used solely for the irrigation of the valley and for the needs of domestic animals. Surplus water runs away unused. The linings of the springs, which date back to the Italian period, are still there but the large pumping plant has been destroyed. It is hoped, however, that as the springs are assuredly sufficient for both parties, negotiations with the nomadic tribes will eventually lead to a better use of the water.

The town of *Derna* is supplied by the Bu Mansur spring from the Wadi Derna (22,634 cubic metres/day). A pipeline about 12 km. long takes it into the town. The surplus, tumbling down the Derna Waterfall (20 m.) is collected in trenches and used for irrigating the gardens of the town. Although there is ample water coming to the town from the spring, supplies run short at times because the inhabitants' laziness leads them to use drinking water for irrigation purposes. Six kilometres below the Mansur Spring, lies the Ain el Bilad which is connected with Tobruk by a 178 km.-long surface pipeline (supply: 10,185 cubic metres/day).

In some wadis, as for example near Gubba, good but scarce water was found. Martuba also has a well and Tmimi receives water, which is good to slightly brackish in quality, by captation (collecting galleries) from neighbouring wadis. Test borings in the vicinity of the place have established the existence of good water. The Wadi Um er Rezzem has good water from wells near the surface. Nomads use some of it to irrigate their fields. Slonta on the southern slope has a small spring in the vicinity, Mechili some wells and cisterns. Everywhere in the Jebel attempts are being made to revive the old, infilled cisterns. For a reward of Lib. £ 2 farmers clean them out so that they can serve as additional suppliers of water.

Tobruk received its domestic water from collecting galleries in two wadis in the west and from water dealers before the water pipeline reached the town in 1962. For the British garrison water was even shipped in tankers from Bardia in Cyprus. Test drillings between Tobruk and el Adem proved the futility of further tests. Since the town is expanding and as the terminus of an oil pipeline is intended to become an oil port, a sea-water purification plant will have to be built in addition. Further to the east modest wells with satisfactory water are only found near Bardia and towards the Egyptian frontier.

South of the Jebel Akhdar water conditions generally worsen. Ajidabia, the wells of which do not provide water of particularly good quality, is supplied with water from the vicinity of Zuetina (coast) and Sidi Sultan for its network. The oil port Marsa el Brega, which is developing fast, was supplied with a sea-water purification plant. Marada has some artesian water as the scattered wells all contain salt; the Jalo oases have plenty of similar water but this can only be used for irrigation as the soil is sandy. The best water in the entire complex of oases comes from the Buttafal Well. It is obtained at a depth of one metre and taken to El Ergh (Jalo) for sale.

3. Fezzan

It can be said that apart from a few places, the whole Fezzan has sufficient satisfactory water for the supply of the population and the irrigation of their gardens. Test drillings have shown that there is still plenty of artesian water to be gained from Devonian strata.

Dar el Bei, the new town in Sebha, was the first to be supplied with a water system. El Gedid, the old part of the town, as well as Gorda, a small settlement in an oasis and Hadjara with the Elena (Leclerc) fort, airport and settlement are also connected with the network. The water lies close to the surface (down to 12 m.); north of el Gedid it comes to the surface in meanly flowing springs.

Test drillings located additional water in the Nubian sandstone. Although the water is somewhat salty at times, it is sufficient for the supply of the population and for irrigation purposes. The gardens often become salinized, however, probably as a result of the inadequate discharge. Water conditions in the entire Buanis are similar. They are sufficient for irrigation with dalus and at times continue so even if small pumps are employed.

Of all the large wadis, the 150 km.-long *Wadi Shati* appears to be the most fortunate. There are numerous artesian wells along the northern edge, all of relatively good quality water — the Italians were careful with the opening of new wells. After the French occupation, the L.A.J.S. and private people began to drill new wells especially around Brak with the result that much of the water flowed away unused, the soil became salinized and water penetrated the walls of the village houses from beneath. Some wells, which were in higher positions and had hitherto irrigated small oases, ceased flowing. It had apparently been the intention to open up large stretches of so far unused country. It was a great shock to see white salt plains and the swamped and salinized lower wadi courses in 1962. With the exception of nine wells which are to continue providing water, the government has now taken the wells under its control in the hope that desalinization, by the laying out of irrigated rice-fields by experts, might succeed. Some success is said to have been achieved already (Fig. 7).

The Wadi Adjal has sufficient water from wells; before that the oases were irrigated by the construction of foggeras. When they were carrying out test drilling down to depths of 350 m., the French broke through several aquifers. In the Hofra good water lies adequately high; at Traghen there are three small springs (small lakes) and also the Wadi Hekma (Gatrun) does not suffer from lack of water (wells).

In the *Jofra,* a faulted basin in the north of the Jebel es Sauda, the Italians drilled through to warm, mineral-bearing water, which can be used for irrigation, from depths of 446 m. near Hun. The same horizon has been discovered in Waddan where it is deeper and contains more salt. Near Ain el Hamman, north of Socna, a well with tolerably salty water was opened up (400 m. deep) and recently (1964) another one with good fresh water (200 m. deep), two kilometres south of Socna. This latter is to provide Socna township and to be led to Hun. If no good water is found near Waddan, the pipeline is to be extended to that place.

Until now the water gained from the horizon just below the surface is only poor in quantity and quality. At Bir Washka, 40 km. distant from Socna in the Jebel es Sauda, there had always been an isolated well of fresh water (1933), probably on the same fault. Now a palm-grove with gardens has been created there. Zella, further to the east, has few wells with good water and is also said to have some foggaras for irrigation purposes.

III. Sewage and Refuse Disposal

1. Tripolitania

a) City of Tripoli

Together with the consolidation and asphalting of the roads, the Italians introduced the clearance and removal of refuse. Nowadays road-sweepers with wheeled bins go through the streets twice daily, sweeping together the rubbish and taking it to collecting points. It is burned outside the town or used to raise terrain; at present (1964/65) a section of the lagoon in front of the cliff of the old part of the city is being raised behind the cliffs.

The Italians led their sewers into the new port and into the sea west of the port. Some of them are antiquated or have been damaged by bombs so that sewage could seep into the groundwater and some probably still does in places not yet located. In 1964, certain stretches of piping were shifted or replaced between the old part of the city and the port. When, after superficial clearing, the gates are opened, swarms of seagulls and fish can be observed taking over the further job of clearance. Unfortunately suspended particles floating around west of the port are carried by the current to the public baths; moreover, the water there is polluted by sewage discharged from local closets into the sea. The planned improvement of the baths will probably overcome these abuses. A plan for the sewage disposal provides for a reversal of the present network and final discharge on sewage fields near Castel Verde which are then to be used for vegetable cultivation. The sand and dune-fields in the south of the city are well suited for this. Basins for the clearance of the water and pump works are under construction. Pits possibly effecting the groundwater as well as septic tanks generally serving several houses as is the case in Giorgimpopuli and periodically needing clearance, are to disappear.

b) Tripolitania excluding the City

Sewage in villages and larger settlements until now lacking a central piped sewage system has been collected in cemented pits or in several round pits (Khazan Tahlil) placed next to one another, the sides of which are made of dry stone walling. They are constructed for individual houses or for groups of houses. The water gradually seeps into the ground, the residue either being removed from time to time and the pit cleaned, or the dry stone walls just abandoned when full and new ones built next to them. For the time being modern septic tanks are generally installed only for public buildings and the police.

Isolated farms as well as houses in oases, mostly have a latrine in a shack behind the house. The pits are open, shaped like ditches and periodically receive a cover of earth. There is a plank lying across them, on to which one can step, or just a hole in the corner of the ground. These pits, as well, stay put when filled up. After 4—6 years the hardened dung is taken out and used on the fields. On uneven terrain the liquid manure often flows out of the house across the yard to the road, finally losing its way in the soil.

Cave dwellings near Garian-Tigrinna and others have their latrines in a narrow room accessible from the courtyard only. Near Zintan it was noticed that apparently not all the houses and caves had latrines, but used deserted, collapsed cave dwellings and their trench-like entrances as well as the open countryside instead.

2. Cyrenaica

Refuse collection in the towns is similar to that in Tripoli. In Benghazi part of the refuse, together with barrels full of faeces is tipped over a ramp into the sea at a point in the north of the town. The arrangement in other locations is similar, for example in Tobruk, where refuse and waste are thrown into the sea over the 10 m. high cliffs in the north of the town. Having passed through the crude sewage pits, even in Benghazi some of the sewage waters are still led into the sea and into the port. As parts of the di Punta and Giuliana sebkh are being filled-in, waste material is also being used for this. In the city of Benghazi the entire sewage system is to be co-ordinated and to be piped to sewage fields near Guarsha. Extensive grounds are available here and are eventually to provide the town with vegetables.

In Beida septic tanks, emptied by the town authorities, still make do for groups of several houses. A piped system is planned to take away the cleared sewage waters to the el Caf wadi as a receiving water. Modern canalisation is also planned for Derna where liquid manure is at present still permitted to be pumped from pits straight into the sea. Little attention is paid to the houses and huts of the poor who live in the heights beyond the el Bilad township. Most of them are squatters living on government land without a water, electricity and sewage system. Liquid manure flows from these dwellings into the lanes, then freely downhill across the limestone slopes and into the irrigation channels and at times along the water pipes which lie close to the surface. Thus worm infestation among the population is high. Just as Derna, Tobruk is also engaged in the construction of a sewage canalisation.

In the villages almost every house has its pit in a shack, the nomads preferring the open country. In the remaining oases the sewage question has not yet been tackled. Better houses have an enclosed closet over a pit which can be emptied; next to the huts and seribs there are pits enclosed by palm-leaf fences. Infants use the sandy floors of the huts, from which the excrement is later removed. In Zella there was a row of closets standing next to the school of the new village; these were, however, freely discharging to the rear so that liquid manure and faeces fell down the adjacent slope. At least, the children were trained to use the closets. Apart from pits, derelict houses, trenches and the open country are often still used in the oases.

3. Fezzan

In the Fezzan a modern sewage system is planned only for Sebha. Pumps are to move the sewage a distance of 5 km. to a cleaning plant north of the settlement where the sewage water are to be cleared and the water to be used for irrigation purposes and the deposited sediment for manuring. So far the septic tanks are there and require regular cleaning. Some of them do not seem to fulfil their purpose adequately, as for instance at the hotel, where a swamp of liquid manure and sewage had formed in 1962. Apart from this conditions are as described above. Much use is made of the open country. Thanks to the reduced humidity content of the air and the effect of the sun, the destruction of the faeces proceeds quickly so that there can be scarcely any development of insect eggs and other germs.

D. Disease Occurrences

I. Outbreaks of Quarantinable Diseases in Libya

1. Plague

Even during the last century the coastal towns of Libya suffered from the attacks af plague. They were mostly brought in from Egypt where there was an endemic focus in the Nile valley from whence plague spread epidemically. Derna was hit worst about 150 years ago when the population in 1816 decreased from 5,000 to 500 within the town boundaries as a result of the plague. The epidemic outbreak was mainly transmitted to humans by rat fleas.

During the years 1863—1912 Libya seems to have been free from plague. Despite close links with Alexandria, no plague was brought in during this period. After their occupation of the country, the Italians observed the first cases (up to 81 of them) in Tripoli in 1913; this increased by a further 12 in 1915, and by yet another 18 cases in 1918. After a short interval the disease returned in 1917/18. In 1919, 33 cases of plague were established as such, in 1920 there were 20 and in 1921 there were 43. As a result of the campaign against rats and rodents together with the supervision of grain mills, bakeries and the port, the city has in general not been further troubled since then.

In the *Tripolitanian hinterland* sporadic cases were reported some years ago, but on the whole it was the so-called rural form of the disease without the intervention of rats but rather of steppe rodents only, the fleas of which infected people.

Numbers of people struck by plague:

1924:	in Zanzur	18	1931:	in Agelat	20
1925:	in Tripoli	1	1933:	in Zanzur	8
1930:	in Zuara	2		in Hashan	3
	in Agelat	8		in Tarhuna	2
			1934:	in Suk el Juma	2

In 1940, some people were suspected as having died from bubonic plague in El Ugila near Suani ben Adem (south of Tripoli). The Cabila was isolated. There were a further six cases and then the disease died out. It had been brought in from Algeria.

In Cyrenaica the first cases of plague of the century occurred in 1913—1922; there were several scattered foci: in Benghazi in 1913, in Derna in 1913/14 and then moving from the coast to the interior from Apollonia to Cyrene and from Tolmeta to Barce. In 1917 it reached its climax in Benghazi with 1,449 deaths, in 1918 with 446 deaths, in 1921 with 54 and in 1922 with 6 deaths (Ragazzi). Thanks to effective action by the Italians, only isolated cases occurred after that and these were mainly small rural epidemics between 1924 and 1929. Even if the plague can be considered as having ceased in Libya since 1940, this short review of the history of this epidemic outbreak demonstrates that the country must be taken as an area susceptible to plague and potentially vulnerable. The geomedically significant understanding points to the fact that the rodent population of Libya forms a reservoir which is most receptive to plague. From the east or from overseas, by sea or by land with caravans from Egypt, new imports may occur.

2. Smallpox

At first smallpox only occurred sporadically in Libya, but the improvement of traffic routes, growth of population and its concentration in larger settlements, helped to spread it with the result that small epidemics occurred. In Tripoli, for instance, there were 60 cases in 1921/2 and 77 cases in 1924/5. There was a serious outbreak in World War II which lasted from 1944 to 1948 with its peak in 1946/47, corresponding with the performance of the disease in Egypt. Systematic vaccination finally overcame the disease. Since then there have been only isolated cases, ending in death where children were concerned; these have apparently recurred annually in recent years in the Socna-Hun-Waddan area.

Between 1926—1948 the following cases occurred in Tripoli:

1926	29 cases	1932	2 cases	1946	1,450 cases
1927	8 cases	1943	6 cases	1947	2,400 cases
1928	3 cases	1944	89 cases	1948	236 cases
1931	7 cases	1945	104 cases		

During the ensuing years no further cases have been registered.

3. Typhus

Epidemic typhus, the germ of which, Rickettsia prowazeki, is transmitted by body lice (as well as by rickettsia-bearing dust), seems to scarcely occur in Libya now since the D.D.T. campaign against body lice was strongly promoted in recent years. I was myself able to see how teachers in schools in the oases dusted D.D.T. powder under the shirts of their schoolboys and I can tell from experience that in spite of close contact with natives I caught no lice on both my last journeys in Libya in 1962/63 and 1964/65, whereas I had never failed to attract them when travelling on previous occasions. *Endemic typhus*, transmitted by rodent fleas takes a much milder course with humans than the classical typhus. As the course of the sickness is similar in influenza, typhoid and paratyphoid fever and others, an exact diagnosis is often made difficult.

Before the occupation of Libya by the Italians, there were serious epidemics of typhus fever. After 1921 there were only small outbreaks which were confined to western Libya: 8 cases in the city of Tripoli, 9 in the surrounding districts and a few in Gharian (1933) and Zliten (1935). Here the disease had probably been brought in from Tunisia as the sanctuary of Sidi Abdulsalam presented a staging-point for those pilgrims who travelled to Mecca on foot (Muccio). Years free from epidemic outbreaks tend to reduce gradually the resistance of the population.

In December, 1937, a few cases again occurred in Gharian (7) (Modica) which expanded during the ensuing months so that on average there were at first no more than ten cases a month in the Zuara-Nalut-Gharian-Zliten-Misurata area, with a maximum of 18 in May and a decline in summer. In the years 1938/39 the outbreak began to assume the dimensions of an epidemic and 188 cases were recorded (Map 14).

1939/40	4 cases	1944	91 cases
1941	116 cases	1945	52 cases
1942	650 cases	1946	95 cases
1943	558 cases = 1,200 cases among about 10,000 people	1952	29 cases

Again and again instances and small foci arose sporadically, apparently among the nomadic population especially as is suggested by the data for the years 1959/1960: (21 and 11 respectively in Tripolitania; 15 and 40 respectively in Cyrenaica). Mobile bathrooms with free supplies of soap and disinfectants travelled around during the autumn months and had the effect of further lowering the number of cases and also causing a decrease of the disease in the Fezzan in 1961/63.

4. Relapsing Fever

Another old epidemic disease of significance in Libya, *relapsing fever*, continues to be significant today. There are two typical manners of transmission: first, by lice which is known as the European type and secondly, by certain kinds of ticks and known as the African type. The pathogenic agent of different species are secreted with the excrement of lice, and occur in their salivary glands as well. In the case of ticks, transmission takes place through the sting or by means of the coxal secretion. By scratching the secretion is rubbed into superficial skin injuries. The ticks which transmit relapsing fever belong to the family Argasidae, which in contrast to the other great tick family of the Ixodidae, lives like bugs — (when seen from dorsal their head is not to be seen) — and hide in cracks in wood or loam walls, only leaving their retreats in order to suck blood. They also live in the holes of mice, rats and other small mammals. The following carriers of the disease have been established:

Argas persicus in Benghazi, Kufra, Marada, Tobruk and Tokra.

Ornithodorus savignyi in Augila, Kufra, Jalo, Jahgbub and Marada.

Ornithodorus franchini (of the lahorensia group) in Bardia, Kufra, Marsa Luch, Ghadames, Tgutta, Edri and Brak.

Ornithodorus moubata in Cyrenaica and Tripolitania.

Borrelia centralafricana are transmitted by Ornithodorus savignyi and the Borrelia Spirochaeta duttoni (which is distinguished by its size) by O. moubata (O. megnini is of no importance).

In 1911/12 a small epidemic of relapsing fever was recorded in Tripoli by the Italians; in 1913 there were 25 cases of Italian soldiers succumbing to it. A few further cases occurred in Cyrenaica (Map 14).

The following number of cases occurred in the foregoing years:

1915 in Barce (Merj) and vicinity	48 cases
1925/26 in Porto Bardia and Jaghbub	84 cases
1927 in Barce	a few cases
1929 in Gerdes Gerari	22 cases

From 1923 to 1927, there were some sporadic cases at several other places.

There were generally some cases of soldiers who got infected during military exercises without contact with lice. In 1929 were 18 Eritraean troops among them. During the last war most cases among British or Australian troops occurred in Tobruk with some in Benghazi; those affected had not left the town during the incubation period of seven days or had only stayed there for a few days.

The indigenous people only experience a mild form of the disease; it remains almost unnoticed or is mistaken for another infectious disease. Relapsing fever and typhus exanthematicus (typhus) are said to occur simultaneously (mixed infection), i.e. one changes and becomes latent when the other one occurs (Medulla, 1933).

This epidemic disease recurs seasonally, chiefly during the months of May to December, with maxima in August and December. Transmission of Borrelia by body lice takes place practically all the year round; by ticks it occurs from April to December with a maximum in May and June.

On the entire plateau of Cyrenaica (Jebel Akhdar) as far as Benghazi, spreading further to the Sirte and to Jaghbub and Bardia in the east, there are foci of relapsing fever caused by ticks which suck infected blood not only from humans but also from domestic animals, rats and mice. Nomads carry the disease around and caravans transport ticks along their trade routes amongst the boxes and bales. One of the larger outbreaks of the disease in Libya occurred in the Fezzan in 1942—44.

In April, 1942, groups of Meghara nomads between the Jebel es Sauda and the Fezzan who move to pastures in the Wadi es Shati in the Fezzan in summer, fell ill. They stay overnight in the caves of the Shati where they are bitten by O. franchini which remain in them. In May, the epidemic began at Sebha and Ubari, later in Murzuq and was finally carried to Dersh-Gadames and Sinauen, where it reached its peak in August, 1943. It moved along the trade routes to Tunisia and to the coast and on again to Algeria (Tuggurt). In Gorda (an oasis near Sebha where the caravans rested) in the Fezzan, 224 people of a total of 750 inhabitants were found to be infected in the summer of 1944. In the Fezzan the death-rate was 8—10% of all cases. About half the population of the Fezzan are said to have been infected by the disease in 1942—44. Again in 1947 there were some 100 cases. In the oases of the Fezzan, numerous ticks can be noticed on the palm-bushes. At noon I often rested in the shade of the palm-trees. After a few minutes numerous ticks were already on the move towards us. In the course of my journeys I have been bitten twice or thrice at most, not much more than the indigenous guides. Ticks seem to prefer camels which were plagued by a few blood-sucking animals after every halt.

It is, however, likely that are still groups of nomads in the mountains of Cyrenaica periodically suffering from small epidemic outbreaks. In Tripoli as well, there are probably still small foci because of the immigrants from the oases of the Fezzan who stay in the shanties on the outskirts of the city. In 1954 about 15 cases were still being treated there.

5. Cholera

It is scarcely possible to establish how often and when *cholera* occurred in Libya. There are said to have been some cases in the old part of the city of Tripoli and in some tents on the outskirts in 1876, but the epidemic outbreak did not spread. Tripoli appears to have been spared the last great cholera pandemic in 1892. Only in 1910 did it occur as an epidemic in Tripoli and its vicinity and this caused 308 people to fall ill and 200 to die within three months. In 1911, 1,048 cases of cholera with 332 deaths were recorded. Since then the disease has died out in Libya, especially as hygiene conditions were fundamentally improved by the Italians. In the interior, especially in the Fezzan, the cholera vibrio encounters unfavourable conditions. It can hardly survive in these areas because of the increased aridity.

II. Endemically Occurring Infectious Diseases

a) Infectious Diseases Transmitted by Insects

1. Malaria

Malaria occurs everywhere in Libya and until the eradication programme of the W.H.O. was inaugurated in 1959, never showed too great a number of cases nor hit the native population very hard. In the 17th century it has been estimated that 9.5 per 1,000 inhabitants, i.e. about 6,000 to 6,500 people, were infected. According to the W.H.O. calculations, only 0.019% of the national area was infected in 1958 and only 2.58% of the total population was thought to be threatened by the disease. If one third of those at risk was actually infected, it would, if related to the population of the 17th century, correspond to the rate of infection of that time. Apparently no essential shift in the relation of infected to non-infected people has taken place. The description is based on the infection records from the 'twenties onwards.

Malaria plasmodia are transmitted by mosquitoes belonging to the genus Anopheles. The parasites firstly develop sexually while guests in the mosquito and secondly asexually in the blood of man following a sting by some infected mosquito. During the latter stage the gametes come into existence, the absorbing of which when stinging a sick person infect the mosquito once more. Only female mosquitoes suck blood. Three sorts of plasmodia are distinguished, which as parasites transmit malaria quartana (Plasmodium malariae), malaria tertiana (Pl. vivax) and malaria tropica (Pl. falciparum). The last of these does not occur in Libya.

Following the actions by the Italians and WHO against malaria scarcely any fresh infections of malaria occur nowadays in *Tripolitania*. Even before 1935, the situation was different (see Map 15). There were several areas with particularly favourable conditions for the development of the Anopheles, in the vicinity of which numerous people lived. Two malaria foci were known in the environs of Tripoli which were cleared up soon after the occupation by the Italians. Ain Zara in the south in front of the town was an area with swamps between the dunes which were fed by groundwater and at times of high water in autumn and winter by the Wadi Megenin as well. Here the caravan routes from the south and the Fezzan terminated and here the caravans assembled for their return journey. Here, too, the malaria-infected people could always be found. Hardly any area could have been more favourable for the spreading of a disease. Nowadays the improved area is hardly touched upon by traffic; the caravan trade has ceased. The attempt to elimate the focus near Tadjura in the east of the densely settled Tripoli oasis was equally successful. The mosquitoes were annihilated or greatly reduced by the drying-out of the swamps there and the drainage of water and the population was treated with appropriate medicaments.

West of Tripoli further small malaria foci (Ciottola) had formed in the oases along the coast. Anopheles multicolor and superpictus, too, lived in the agriculturally-used irrigation areas. In El Maia, Tuebia Zanzur, Mohammara (Hashan), Zawia, Sabrata, Agelat, and Alalga infections kept recurring, attaining some 100 cases in certain years. Conditions were similar east of the Tripoli oasis at the mouth of the Wadi Targut (A. turkhudi), in the Wadi Maid (near Gasr Garabulli), Fonduk Nagazza, Wadi Ramla, Wadi Homs and Wadi Caam. In addition to the species of mosquitoes mentioned above, the Anopheles maculipennis as well as the Anopheles algeriensis and A. constanti were recorded near Tadjura and Homs in 1943.

According to Ragazzi, in 1933, about one third of the population of Tauorga and its environs were infected. Tauorga presents a third focus of the disease thanks to its large swampy sebkha, although its climate is said not to be especially favourable to the development of the Anopheles as it is at times too cold and at times again too hot and dry. Of 500 mosquitoes examined 12 per cent. were found to be Anopheles mauritianus apart from A. maculipennis; as for plasmodia, only Pl. falciparum were found, probably imported.

For about six months of the year the oasis is inhabited only by some 1,000 people, the remaining ones staying only for the time of the date harvest. The large NaCl (3.42%) content in the soil does not permit the cultivation of any other plant but the date-palm tree. Houses are constructed of palm logs, mud, and hardly of stone. They are oblong, lacking windows, fitted with no more than one door — thus providing a good retreat for the mosquitoes. The small settlements are situated on little islands amidst the swamps; small channels have been built for the irrigation of the palm-trees, the stagnant water of which provides a fine breeding place for the mosquito larvae.

Ninety per cent. of the population of Tauorga are Negroes whereas Tripolitania has only twenty per cent. Negroes. Earlier the entire district showed a high rate of malaria infections (MODICA and others, 1960). In Tauorga 11 per cent. of the Negroes and in Tripolitania only 4.2 to 4.5 per cent. of the Negroes suffered from the disease. Here the number of malaria cases was three times that of the remainder of the country. Malaria has receded, but sickle cell anaemia has taken its place; it showed the following modifications between 1957 and 1960:

and lagoons around the city of Benghazi, too, were previously malaria foci. They were cleared by the Italians. In the Marada Oasis about 20—30 infections were reported during September—October, 1956. Apart from this the south-eastern desert area seems to be free from the disease (Map 15).

In the *Fezzan* malaria was most widely spread. A. benign malaria tertiana with Plasmodium vivax seems to be predominant. The Anopheles which transmit malaria occur very frequently in the Wadi es Shati, the Wadi Adjal, in the Hofra and in the Wadi Hekma. According to ZAVATARI the Anopheles multicolor is supposed to be the most important of the mosquitoes. It can be found in almost every oasis of the Fezzan since it is capable of developing in even very salty water. As further species of Anopheles he cites A. sergenti and A. superpictus to which VERMEIL has added A. broussesi from el Barkat (Ghat territory) and the A. hispaniola (Brighanti). It is doubtful whether these are joined by A. gambiae at Ubari and Edri (Lodato). Other species of mosquitoes are Aedes mariae, Culex pipiens and C. fatigans, all of which breed in derelict wells. Nests of culicide larvae were found by VERMEIL especially at Ghat, Gatrun and in the Hofra es Shergia.

In almost all oases LODATO (1933) noticed the small number of women affected by malaria (7—9 per cent.) in contrast to the high percentage (96 per cent.) of infants who are stark naked by day and night during

	Tripolitania 1957		*1960*		*Tauorga 1960*	
		HbS		HbS		HbS
Arabs	483 (80.5%)	0	1,232 (80%)	0	18 (7%)	0
Negroes	117 (19.5%)	5 (4.2%)	308 (20%)	14 (4.5%)	242 (93%)	27 (11.1%)
Total	600	5 (0.8%)	1,540	14 (0.9%)	260	27 (10.4%)

All carriers of sickle cell haemoglobin are Negroes. In Tauorga 11.2 per cent. of them suffer from sickle cells, whereas only 4.5 per cent. were recorded in the remainder of Tripolitania. Either a new endemic malaria focus is being formed here or a competition between two factors has sprung up, i.e. sickle cells take the place of malaria plasmodia (MODICA). Further research into the appearance of sickle cells planned in areas of racial composition similar to that of Tauorga, which used to be foci of malaria.

Away from the coast in the south of the Jefara, small malaria foci have come into existence along the spring-line which formed in part of the Tripolitanian Jebel scarp. Water emerging from the talus foot created swamps in the small oases of the wadis; the water channels became choked with weeds. Especially severely attacked were Tigi and Giosh where Anopheles multicolor and A. sergenti lived. The spring-line extends eastwards beyond Shekshuk to Bu Gheilan.

Cyrenaica is now more or less free of malaria. At the mouths of wadis, however, where water is dammed up behind a bank of sand or gravel, as for example at the mouth of the Wadi Latrun, Anopheles multicolor, A. turkhudi, and A. martari larvae were found. Thus almost every year (1964) some cases of fresh malaria from the Kersa, Latrun and Ras Hilal settlements in the area between Derna and the Ras Hilal are admitted to Derna Hospital (Klug). In 1956, 150 new cases were still being reported. The conditions around this focus does not seem to have been fully improved yet. Swamps

spring and summer, of boys (70 per cent.) wearing thin, white shirts and of adult males (40—50 per cent.), in spite of the long linen underpants, shirts almost down to the feet and often even a barrakan which is wrapped around them when they are asleep. So women are least affected although they do the hardest work and are often wearing nothing but a single, thin, blue linen shirt together with a black cloth. LODATO noticed that women use a strongly-smelling oily mixture composed of 11 different ingredients; they are completely impregnated by this up to their hair and even their ornaments as well. The characteristic aromatic smell of the Fezzan women is perceptible up to distance of five metres and more in the open air; one drop of the oil rubbed into the palm may still be felt after three days in spite of washing the spot. The mosquitoes apparently dislike the smell and prefer the skin of children and men who use a rose perfume. Infected women, mostly belonging to the poorest class, do not use this oil.

With the exception of the Hofra es Shergia (east), the southern Wadi Hekma and the Buanis (Sebha Oasis), all oases of the Fezzan were infected with malaria before the war. Murzuq, the old capital of the Fezzan, in the Hofra el Garbia suffered badly; caravans coming from the south, which supplied its market, used to rest in front of its well for several days. NACHTIGAL in his accounts of his travels, recalled that already at that time, Arabs and Berbers were on occasion not allowed into the town because of the fever. In the autumn and winter of 1869/70 he himself suffered from weekly attacks of the fever. Brackish groundwater pools at the town walls and swamps in front of the old fort in the town were breeding places for the mosquitoes. The swamps were drained by the Italians while some of the pools in front of the walls are still there (1962). Gambusia helbrocki were then successfully put out there for the purpose of exterminating larvae (ZAVATARI). Nevertheless, malaria was the main reason for the removal of the capital of the Fezzan from there to Sebha which is a much healthier place.

Not only in Murzuq but also in the remaining oases, the Italians made an attempt to control the disease. The population was treated with quinine. At Edri and at Ubari they succeeded in ridding themselves of the mosquitoes by improving the sanitary conditions. They did not achieve their aim in Brak and its vicinity (Wadi es Shati), which are rich in water. The areas mentioned above appear to have been hardly or only slightly infected. Most of the oases in the wider environs of the Fezzan were free from malaria: the remote, little-frequented Fogha, the oases of Ghat, Wau el Kebir which was used as a place of exile and Wau en Namus, the lonely mosquito oasis with its lakes and plants. The Kufra oasis, too, seems to be free from malaria. Within two years RICCI (1934) treated only 28 cases at El Jof and vicinity, all of which had picked up their infections in Egypt or in the Sudan. Although mosquitoes occur (JANY), no Anopheles were found in Tazerbo for instance, and probably there were also none in the remaining oases. With the exception of Marada the oases between the 28th and 30th parallels of latitudes are free from malaria, partly because of little and brackish water (Jalo), partly, it would appear, because of their remote position (Ghadames for example). Hun, the seat of the military command of the southern territories appears to have been free from the disease.

Soon after the occupation of the country, Italian biologists and physicians had systematically examined the occurrence of malaria and mosquitoes, especially of those species of Anopheles which transmit this epidemic disease, and had started to fight it by improving the sanitary conditions and by treating the population. This work was interrupted by the war 1939—43, and much that had been gained was undone.

After that the occupation powers, especially the Army Health Service, resumed activities in the areas infected by malaria. The first to be tackled was the Tauorga malaria focus. Between 1954—57, spraying took place in the town and its vicinity and the population was treated so that no new infections were reported to the dispensary after 1957. In the Fezzan, treatment was restricted to the taking of quinine (until 1952); then, in 1959, the eradication programme of the W.H.O. was started, taking over all further tasks after selecting the main infected areas (preparatory phase). There were two groups of oases south-west of Tripoli, the centre on the coast west of Derna and most of the oases of the Fezzan (attack phase). Larvae and mosquitoes inside and outside the homes were fought with D.D.T. and oil and by spraying the surface of waters, breeding places were cleaned and drained, people infected with malaria parasites were treated (1959—61). From 1962, remnant foci were still being rooted out, people supervised by means of blood tests and wherever necessary, a radical drug treatment was carried out (consolidation phase). Every two months the villages are visited. Malaria check-points were established at the borders of the country. The consolidation phase is to finish by the end of 1966; then the maintenance phase with supervision by the public health service will commence.

The W.H.O. programme aims at the improvement of sanitary conditions in Libya and at the complete eradication of malaria. How far it has succeeded will be shown by the statistics of disease in future years. Owing to a relatively sparse population, few larger settlements, the dot-like distribution of the population of the oases and the short flying distances of the mosquitoes averaging 1.5 to at most 5 km., the spread of infected Anopheles is small. There is, however, the possibility of spreading by car or aircraft, the possibility of infected persons moving through shanty towns on the outskirts of towns to the towns proper and the creation of new foci as people such as these as well as the mosquitoes move to the oil-port under construction and settle in agricultural areas which are being opened up.

2. Leishmaniasis

People in Libya are known to be suffering from *cutaneous leishmaniasis* (Leishmania tropica) which causes spots and pimples which become ulcers (oriental boil, Aleppo boil) and from visceral leishmaniasis (L. donovani, Kala Azar). Dogs, jackals, hyenas and rodents are supposed to act as hosts to Leishmaniasis. In the year 1925/26, the Italians examined 117 dogs in Tripolitania and found two sick ones; from 638 animals examined in the Cyrenaica, 7 from Merj were found to be sick, 76 from Tolmeta and 555 from Benghazi has one sick one each among them. The protozoa are transmitted to man by sand-flies (phlebotomes) occurring in several places in Cyrenaica and Tripolitania.

Of the phlebotomes, P. sergenti and P. papatasii are recorded in Libya for the leishmania tropica and in addition types of the P. major and P. perniciosus for the visceral form (L. donovani) (of the P. major group, P. minutus was found in the Benghazi zone and P. langeroni in Cyrenaica).

The cutaneous form appears mainly towards the end of summer during the main flying time of the phlebotomes and is predominantly a children's disease, a general disease affecting children from the first to the fifth year of life. Kala Azar generally presents itself as a splenomegaly with chronic fever. But liver, bone marrow, glands and muscles are also penetrated by the parasites. Adults are not spared by the disease but it makes itself felt in a less severe manner.

In the literature only isolated cases of leishmaniasis are mentioned. In 1910 the Turks treated a case of *Kala Azar* in Tripoli. After the Italian occupation twelve cases were reported from the area around Homs and between 1912—23 some 30 cases occurred in Tripoli (FRANCHINI). MEDULLA mentions three cases in 1929, the bacteriological laboratory in Tripoli five positive cases in the period from 1939 to 1952. At Barce in Cyrenaica a child aged four fell ill (spleen puncture positive), while two cases remained suspected; then there was a child in Tolmeta, whose parents lived in Barce, six people in the Gubba encampment and a 20-month old child together with its 40 years old father. The Table XIV for the years 1959/63 shows two cases in the Fezzan and six in Tripolitania. There are altogether only few cases mentioned. There are certainly many more, especially among the nomads whose children are in continuous contact with dogs, but they have not become known or been diagnosed as suffering from a disease of similar symptons.

3. Dengue

Dengue takes a mild course and as it is accompanied by headaches, pains in the joints and muscles and cutaneous eruption (rash), it is similar to measles, scarlet fever and urticaria. The virus is transmitted by the Aedes aegypti mosquito. Epidemics of dengue in Cyrenaica in 1859 and 1879 have already been described by the Turkish physician PASQUA (MEDULLA). In 1913/14, sporadic cases occurred in Tobruk, in 1914 at Apollonia and in 1928 there was a more severe epidemic in Benghazi and at South-Benghazino at the same time as a large epidemic swept through Greece, in the course of which 80 per cent. of the population of Athens fell sick. Since 1928, almost every year brought a number of cases in Benghazi during the months of September/October. In 1930 it developed into a small epidemic again, originating from the Mohammedan quarter of Benghazi. Since then every now and then a largish number of people become affected. The statistics for 1963, however, only show four cases in Cyrenaica and 16 in the Fezzan in 1961.

4. Pappataci Fever (Sandfly Fever)

The symptoms of the *pappataci fever* are very similar to those of dengue with the result that both diseases may easily be mistaken for one another. The virus is transmitted by a midge of the same kind (Phlebotomus papatasii), in which the exogenous development of the virus takes a course similar to that of the malaria plasmodia in Anopheles. Breeding places of the mosquitoes are in channels, pits and damp cellars. Statistics of infectious diseases do not mention pappataci fever as it seldom seems to occur as an epidemic although it is known throughout the entire Mediterranean area.

b) Infectious Diseases Transmitted by Water and Foodstuffs

1. Amoebiasis (Amoebic Dysentery)

Amoebiasis is a disease of warm climates. Entamoeba histolytica lives as a parasite in the large intestine of humans without at first causing any damage (minuta form); only when the way to the mucous membranes of the intestines is opened to it does it start to become a pathogen (tissue form). This happens chiefly through bacterial infection which causes ulcers so that bacterial dysentery and amoebiasis are often found converting into an association.

Transmission of the amoeba cysts takes place as a result of contamination of soil, living quarters and water. Flies, rats and mice are engaged in spreading it. Transmission from one human to another is also possible. During the last war up to 26 per cent. of all German soldiers in Libya were carriers of cysts. Additionally many suffered from amoebic and bacterial dysentery. After the return to Germany the amoebiasis was shaken off. In Tobruk, 30 per cent. of the population was found to have protozoan cysts in their intestines, i.e. Entamoeba histolytica and Lamblia intestinalis, a flagellate, the cysts of which occur frequently in the intestines, particularly those of children, but are pathogenic only in the case of massive infection (Giardiasis).

In 1935/36, 15 per cent. of the patients in the Tripoli hospital suffered from amoebiasis (TRIPODI) while 20—25 per cent. of the population at Tarhuna, indigenous and Europeans alike, were infected. The disease is often followed by liver abcesses and by the accumulation of amoeba in the lungs and, more rarely, in the brain.

In 1939 the bacteriological laboratory in Tripoli established 229 cases of amoebiasis (from all over Tripolitania probably), the figure decreasing to 29 cases only in 1952 and increasing again thereafter. There were isolated cases of amoebiasis at Tauorga in 1933 (RAGAZZI), one case at Zliten, three (TRIPODI) from Tripolitania in 1948. ANGRISANI found 3 per cent. of all patients in the eastern districts of Tripolitania in 1949/50 to be amoebiasis.

The disease occurred frequently but in a mild form in *Cyrenaica* over recent years (KLUG). According to publications in medical journals, isolated cases keep occurring, at times increasing in numbers and possibly leading to serious epidemics as was the case in Derna in 1912/13 (TESTI).

In the *Fezzan* (ZAVATARI), as in Kufra (RICCI), amoebiasis is said to occur only as an importation. This is, however, contradicted by the statistical figures of the years 1959/63 which suggest that there are numerous carriers of cysts. As for the whole of Libya, 20—30 per cent. of the population are supposed to be carriers of amoebae. SCADUTO puts the number in Tripolitania at 8—10 per cent. (and 3 per cent. Entamoeba coli), NASTASI at 14.85 per cent.

2. Bacterial Dysentery

Only a few positive cases of *bacterial dysentery* (especially of the Shiga-Kruse type) were established in the bacteriological laboratory (1939—52 but see also table covering the years 1959/63).

3. Typhoid Fever

Typhoid fever is a bacterial fever, located mainly in the intestines, from which a general sepsis develops. Infection occurs as a result of primitive way of life with bad sewage conditions which caused pollution of the soil, men's hands, of foodstuffs and drinking water. The germs are taken in by people. Man is the only being which harbours the bacteria of this salmonella type. Children are often only slightly affected. After the person concerned has regained his health, germs are still excreted for a time in urine and faeces (permanent carrier), but healthy people as so-called carriers can also pass on the germs. The spreading of endemic typhoid centres may occur within human settlements (village or town) especially during the warm months of summer and autumn.

Typhoid fever is endemic in Libya. There are several descriptions of cases of typhoid fever, even of typhoid in connection with paratyphoid fever C in the eastern districts of Tripolitania in the years 1949/50 ($1^1/_2$ per cent. of all cases according to ANGRISANI) and three cases from Beida in Cyrenaica. Typhoid fever is generally regarded as being rare in Libya but the bacteriological laboratory in Tripoli carried out some 1,000 tests with positive results in the period 1939—52, and statistics for the period 1959—63 also show a few hundred cases each year.

4. Paratyphoid Fever and other Salmonelloses

The agents of *paratyphoid fever C* are two kinds of the salmonella group, usually found with animals and acting as toxins on meats and foodstuffs. With humans, especially with children, they cause unspecified bacterial enteric fevers. Campolillo mentions 15 infected soldiers from Homs who suffered from enteritis together with infestation with worms (1938). In the period from January to June, 1953, Angrisani recorded 252 cases at Tadjura, 190 at Miari south of Tripoli and 64 at Beni Ulid. Few cases are reported for the years 1959—63, so that it can be assumed that in this case, too, there are only occasional epidemics.

c) Infectious Diseases Transmitted by Contact

1. Tuberculosis

Tuberculosis appears to have already existed for a long time in the coastal districts of Tripolitania particularly. In certain years, as for instance in 1887, it occurred in large numbers, wiping out the slaves especially as they were poorly accommodated and mostly frequently suffering from malnutrition. In 1912, the Italians reported the existence of 88 T. B. patients at la Hara, the old densely settled Hebrew part of the city of Tripoli, as well as some cases at Gharian and Tarhuna. After the end of the colonial wars in the 'twenties they therefore set up the first centres in Tripolitania in order to fight tuberculosis in Tripoli, Zawia, Tarhuna and Homs. Towards the interior they made do with a few extensions as the numbers of infections appeared to decrease greatly towards this part. In 1937, the Italian government sent a health commission to the Fezzan which examined 8,917 persons at 72 different places. They did not note more than two cases of open tuberculosis and a few cases with fibrotic forms. The outcome in Kufra and Tibesti in 1931 had been similar so that there were indications that tuberculosis is rare in desert areas. The inhabitants of oases live in small villages, the families apart from one another, albeit in small dwellings and huts. Moreover, the isolated family groups are in the open air a lot so that they seem to be protected against mass infections.

Due to the last war many institutions which the Italians had set up in order to fight tuberculosis were dissolved or closed down as in the case of the Sanatorium Generale Caneva (1941) which had only been founded as recently as 1938. Many natives had fled, chiefly to Tunisia, but returned after the war. Uprooted nomads and emigrants from the Fezzan moved to the coast, especially to Tripoli and a few other towns (Benghazi and others) where they were forced to live close together in shanty towns on the outskirts of the town without any sanitary installations. There was little food, deficient in vitamins and protein, and, according to FAO comprising less than 2,000—2,300 calories a day.

Table IV. *Tuberculosis in Libya*

a) *Fezzans* in the Government Clinic in Tripoli 1950—55 (Cl. Lollini)

Non-infectious	Infectious form unilateral	multilateral	Mortality	Onset of illness in: Tripoli	Fezzan
20%	20%	20%	40%	73%	27%

b) *City of Tripoli:*

Open form of tuberculosis		Positive diagnosis of tuberculosis		
1939—44	79%	1939—1946	Europeans 514=21.47%	Arabs 714=37.61%
1945—49	85%	1947—1950	Europeans 445=22%	Arabs 2,016=34.63%
1950—54	74%			

c) *City of Tripoli:*

Tuberculosis mortality per thousand inhabitants:

1916 Arabs 5.16	
1917 Arabs 9.13	
1939 Arabs 1.43	
1945 Arabs 0.39	Europeans 0.63
1950 Arabs 0.67	Europeans 0.39
1954 Arabs 0.33	Europeans 0.12

d) *Number of deaths in Tripolitania and the Fezzan*

(excluding the City of Tripoli)	Fezzan:
1940: 41	—
1945: 27	—
1950: 56	4
1954: 69	4

Thus after the war throughout Libya and especially, however, in Tripolitania, tuberculosis increased greatly. The disease spread in areas where it had been previously almost unknown. The same fact was observed in the Fezzan. Here tuberculosis quickly developed in an alarming manner. Especially easily affected were those Fezzans and even Arabs of Tripolitania who moved to Tripoli or to the coast. Their physical resistance against the disease was low as they were not immune to the same degree as the local people and members of the older civilized nations they encountered there. They developed an active form of tuberculosis, which took a rapid, severe course, soon terminating in death.

In 1953, UNICEF conducted a vaccination campaign throughout Libya. BCG was used for the vaccinations (vaccination after D. NICOLAIDES). The WHO hoped to achieve sufficient immunity of the non-infected section of the population by increasing their specific resistance. The active form of tuberculosis was then followed by the chronic one, the problem of which is beginning to be experienced by the Fezzan (CL. LOLLINI). The number of deaths decreased and that of sicknesses increased. The index of tuberculosis remained high in Tripolitania as well and even higher for men than for women. Whereas cases could previously be discharged speedily, fluctuating numbers of new patients have to be treated now and chronic cases have to be tended (tuberculosis of the lungs, abdomen, bones and glands) and supervised after recovery. Thus tuberculosis becomes more akin to that of the European type and becomes milder and chronic.

Large-scale tuberculin tests were out amongst the Arabs and particularly among infants and schoolchildren. The positive results coincided with the average density of cases in a given area. Percentages were very high among 15—18 year old schoolboys in Tripoli and its vicinity (CL. LOLLINI, 1960).

Tripoli and environs	79—81%
In the Tripolitanian Jebel	25%
In the Fezzan	19—47%

About 1,000 new cases of pulmonary tuberculosis and about 100 cases of other kinds of tuberculosis infection are said to occur each year. Attempts are being made to combat the disease by the establishment of new wards in hospitals, new out-patient wards and policlinics, by the isolation of infected persons and by vaccinations, by radioscopes and sputum tests of the population (5 per cent. were proved to be infected). As a prophylaxis persons at risk are provided with foodstuffs and additional clothing, primary schools distribute bread, soup and milk and efforts are made to teach the women hygiene. Nowadays infected Arabs live in hospitals (sanatories) for long periods and attend policlinics regularly after their discharge. Whereas in former times restoration to health was the exception rather than the rule among Arabs, there are surprising numbers of them now as a result of antibiotic and chemotherapeutic remedies. According to the national anti-tuberculosis service, about 6,000 cases are treated annually in Tripoli. In Benghazi the anti-tuberculosis service has been operating since 1963.

2. Trachoma

Trachoma is not related to the seasons; it is an endemic, infectious, follicular conjunctivitis of a chronic nature and is marked by the occurrence of numerous swollen follicles (Trachoma particles) leading to the destruction of the glandulous organs of the conjunctiva and to the formation of corneal ulcers. The combination of bacterial inflammation (irritation) (especially Gonococcae) and trachoma is most dangerous.

The *Fezzan* is the area most affected by trachoma: the morbidity is estimated to be more than 60 per cent. of all people infected by it. Negroes are less prone to infection. Between the north and the Fezzan there is, however, an area of nomadic tribes and these people are much less affected than sedentary people living under otherwise similar conditions. The more civilized coastal area used to be less affected but has shown a great increase in recent times due to migrations from the southern areas to the coast. Thus in the 'fifties, 30 per cent. of the population in the coastal areas near Zliten and only 7 per cent. on the Jebel, were said to be suffering from trachoma or its aftermath (ANGRISANI, 1952). In the shanty towns on the outskirts of Tripoli, the number of cases is said to have risen to 70 per cent. of all inhabitants. In 1931, MEDULLA reported trachoma infections between mother and child as reaching 90 per cent. Active treatment and the instruction of the inhabitants are said to have brought about a decrease to 5—10 per cent. (KLUG).

In 1937, CASETI, the ophthalmologist who examined 8,917 persons in the Fezzan, reported on the high number of infections in the southern oasis districts. Of the 8,917 persons examined, 5,161 suffered from eye disease, 4,128 of which were of a trachomatous sort. A complete list of all diseases has been compiled, the most important of which are given below:

Acute trachoma	2,091	Conjunctivitis catharalis	374
Trachoma and Conjunctivitis	1,011	Conjunctivitis angolare	62
Trachomatous scarification	1,026	Conjunctivitis gonococc.	6
		Pterygium	411
		Total blindness	58

In the *Kufra oasis* as well, eye disease was widespread.

The great incidence of trachoma cases among the population soon forced the Italians to take suitable action. BALBO, the Governor, founded the Centro di Studi di profilassi per il trachoma in connection with the Red Cross in 1938, and this is now continued as the Epidemiology Centre for Trachoma which maintains two mobile eye clinics. The population receives instruction chiefly at the mother and child health centres but also at school. Teachers supervise their pupils and treat them with aureomycin ointment and sulphonamide tablets. Schoolchildren are systematically examined. These measures have resulted in an improvement in the situation, although the disease is still widespread as is proved by the 4,126 cases recorded in Tripolitania in 1963 (see Table XIV). The flies which contribute to the spreading of the disease are being actively combated.

3. Other Eye Diseases

Eye diseases occupy the first place in Libya. As a result of protein-deficiency and vitamin-deficiency, children are particularly liable to *conjunctivitis* in association with bacterial infection, transmitted by dirt, dust and flies from mothers and elder children to the babies. Large numbers of children, who are in any case weakened, die from eye disease. In hot desert areas the bacterial eye infections are most widely spread and are subject to seasonal fluctuations there. In Libya for instance, autumn conjunctivitis occurs at the time of the date harvest (flies) and often leads to rupture of the cornea and to a prolapse of the iris within a few days (vitamin-A-deficiency).

4. Leprosy

Leprosy, endemic in the African Mediterranean area, sporadically occurs in Libya as well. This disease associated with low standard of hygiene is produced by bacteria which children are most likely to attract. It is difficult to ascertain how many sick people there are in fact in Libya as only a fraction of all people affected are registered and new cases are being added constantly. In the year 1937, the Italians ordered the isolation of infected people by law; they were gathered in the colonial hospital in Tripoli. According to NASTASI there were then 15 patients (12 men and 3 women). From 1923 to 1953, a total of 190 lepers (175 Libyans, 6 Italians, 8 Jews and 1 Erythrean) were recorded according to ZACCARIA; today there are 100 patients in the government hospital. Centres of infection are supposed to occur near Misda, in Zliten and Misurata. During recent years patients from Cyrenaica have also come to Tripoli. Here the WHO recorded 25 new cases (= 0.07 per cent. of the population) during the years 1947—49. In the dermatological ward of the government hospital in Benghazi, 0.3 per cent. of all treated patients suffered from leprosy in 1960, 0.28 per cent. in 1962 and 0.12 per cent. in 1963 (DOGLIOTTI).

5. Venereal Diseases

Gonorrhoea, which was not even frequent among British and German troops during the last war, occurs relatively seldom nowadays and mostly still as Blennorrhoea among very young children (see trachoma).

More frequent, however, is *syphilis,* especially in its secondary and tertiary form in the case of the Arabs. It is followed by venereal infections of the skin, mucosa, bones and the heart and frequently by cirrhosis of the liver and by nerve diseases (FELICE). RICCI reports some cases from Kufra where I saw one case myself; at Derna Dr. KLUG treated three or four cases. Syphilis is said to have receded considerably in Libya in the years following the war. DOGLIOTTI reported 8.8 per cent. of the patients in his ward of the Benghazi Hospital as being treated for syphilis in 1960, 7.7 per cent. in 1961, 7.0 per cent. in 1962 and only 5.8 per cent. in 1963.

6. Yaws

Framboesia tropica (yaws) — called *Pian* in Libya — occurs in isolated cases amongst Negroes (KLUG). It is contagious and produces raspberry-like papules on the skin. RAGAZZI maintains that there are some endemic centres of yaws in Tripolitania, especially as the nomad population lives in great isolation. In 1962, one case was reported in Tripolitania.

III. Other Infectious Diseases

1. Infectious Diseases of Childhood

As everywhere, young Libyans are liable to infectious childhood diseases. Diphtheria is said to be rare and to strike European immigrants chiefly; there is a marked distribution of poliomyelitis; chicken-pox, parotitis, measles and whooping cough occur frequently, both the latter often being severe in nature. They often create a disposition towards tuberculosis. All children seem to be affected by worms (especially ascarids and pinworms) at times and nearly all by Schistosoma haematobium in the Fezzan, without, however, suffering strong haemorrhage.

Every year there are isolated cases of *diphtheria.* In the period from 1945 to 1951, there were on average only four cases for every 100,000 inhabitants in Libya, rather more in Tripolitania and rather less in Cyrenaica. ANGRISANI (first half of the year 1953) mentions some cases from Tripolitania. In Sebha (Fezzan), too, diphtheria sometimes occurs as a childhood disease. Over the recent years KLUG did not remark any case in Cyrenaica, nor any of scarlet fever, which occurs only sporadically in Libya and mainly among Europeans.

Meningococcal meningitis, erysipelas (streptococcae) as well as *septicaemia* (staphylococcal sepsis) with abscesses, angina and osteomyelitis are rare among children and babies. *Diseases caused by pneumococci,* too, pneumococco-peritonitis as well putride bronchopulmonitis are found relatively rarely among small children and in fact only a single case of bronchitis with numerous spirochaetae in the sputum is mentioned from Tarhuna (MEDULLA). According to KLUG, *Angina Plaut-Vincent* does not occur in Cyrenaica and possibly not in the whole of Libya.

2. Virus Infections

Virus infections caused by transmission from one person to another, often with numerous cases are also reported from Libya (Table XIV covering the years 1959 to 1963).

Measles only occurs as epidemics proper in towns or in small outbreaks in the country, mainly in schools. From January to June, 1953, for example, ANGRISANI counted 225 cases at Jado, 188 at Nalut, 120 in Beni Ulid, 99 at Tarhuna, 64 in Tripoli and 66 at Sabratha, but less at other places in Tripolitania. Secondary diseases (encephalitis for example) are said to be relatively frequent, especially in the oases. At Jalo (Cyrenaica) about 100 people died after no measles had occurred before over a generation (KLUG).

German measles together with subsequent diseases are not over frequent, whereas *chicken pox* which mainly affects children, although of a mild sort, is highly infectious.

Whooping cough (pertussis) occurs frequently as well as with meningitis; in towns it is definitely of an endemic nature and at times very severe, as for example, in Benghazi (KLUG). BERTI reports on small epidemics from the Msellata (Tripolitania) which follow a graduated course.

Mumps (parotitis epidemica) often strikes adults who are then usually not spared the complications. For the period January-June, 1953, ANGRISANI records 271 cases from Tripoli, 127 from Zawia, 103 from Sabratha, 30 from Tadshura, 55 from Homs and 51 from Tarhuna.

As for other infections caused by viruses, *Herpes Zoster* is but rarely found, endemic *infectious hepatitis,* too, was only observed in isolated places, while *mononucleosis* chiefly affects the jugular lymphatic glands of very young children, albeit in a mild manner and relatively rarely.

Influenza followed by *polyarthritis rheumatica* is frequent in Libya. It occurs in winter and summer as a result of temperature fluctuations and relatively high humidity in the coastal zone (MEDULLA). The poor living conditions of the population, relatively thin clothes even in winter as well as sleeping on the often cold and damp ground, all help to create the conditions for rheumatic fever. From January to June, 1953, ANGRISANI counted 48 cases at Bianchi, 14 at Zanzur, 12 at Gharian, 18 at Misda, 14 at Beni Ulid, 58 at Zliten and 78 at Tarhuna.

Poliomyelitis has always been endemic and frequent in Libya. The disease predominantly affects children, among whom the death-rate is high in any case. Severe cases of poliomyelitis together with encephalitis, paralysis of arms and legs, are rare; it may be assumed that there is a hidden immunity among the population. Together with the improvement in sanitary conditions, the relationship shifts from children to the infection of adults (KLUG, Cyrenaica) and together with this, upper muscles (respiratory and facial muscles) are affected more frequently.

Every year there are fresh cases of poliomyelitis and even small epidemics in places. For the period 1948—59, MILELLA cites 260 cases in Tripoli, 18 of which were Italians, 4 Jews and one Maltese, as well as 15 cases from the oases around Tripoli. During the first half of the year 1953, there were only five cases in Tripoli, one at Gharian, four at Homs (ANGRISANI). In 1956, 20 cases occurred in the Tripoli area and there was a small epidemic outbreak in Tripoli and its environs in 1963 and numbering 160 cases; this rose to 200 new cases in 1964. It is noteworthy that this could happen even though during the course of this epidemic in 1963 about 72,000 children under 15 years of age had been vaccinated in Tripoli. In the course of the last three years, six oases from Sebha (Fezzan) were treated in the government hospital in Tripoli (GIACOMETTI). With the aid of a mobile clinic (clinomobile), Dr. med. MEINCK carried out several hundred vaccinations in the Jebel during 1964. At Derna (Cyrenaica) there were no more cases after a vaccination campaign had been carried out, whereas previously two to three cases had come up for treatment each year.

3. Diseases Caused by Anaerobic Bacilli

The *bacillus phlegmonia emphysematosae,* which causes wound infection and is reproduced by spores, occurs only rarely.

Tetanus, which is caused by the metabolic products of the tetanus bacillus, is relatively frequent in new-born babies, due to the treatment of the navel cord with fine sand, in infants when wounds become infected and, as tetanus puerperalis in women during their confinement as well (KLUG, SELBY LOWNDES) (see Table VII).

Botulism, too, is found in Libya. The germ clostridium botulinum is a former of toxin on meat and foodstuffs as well as in preserves. It is countered by strict control of foodstuffs. In the intestines of man and beast the bacillus is a harmless parasite.

4. Fungus Diseases and Scabies

Fungus diseases — for instance like trichophytiasis — occur more often in Libya. Favus and microsporidiasis, which cause a form of alopecia, are even said to be very frequent (KLUG). According to KLUG (1964) scabies is rare in Cyrenaica, while ANGRISANI (1952) puts the number of cases at six per cent. of all patients at Gharian, Jefren and Jado.

IV. Helminthiasis

1. Bilharziasis

Bilharziasis as an endemic disease in Libya is chiefly spread in the Fezzan. In this latter endemic area the disease takes a relatively mild course, but in places up to 86 per cent. of the inhabitants are infected (Wadi es Shati). Children in particular produce urine which becomes bloody at the end of the miction but without, however, suffering from fever or any pain. This appears to be a matter of immunity, for immigrants from little infected or quite uninfected areas, especially from the coast, are both struck severely, although there were and probably still are foci of infection on the Libyan coast in Tripolitania as well as in Cyrenaica.

The schistosoms which cause the disease, Schistosoma haematobium and Schistosoma mansoni (the latter is said to occur in Libya only when it is imported from Egypt), are inhabitants of human bloodvessels; S. haematobium prefers the pelvic veins, the eggs penetrate the tissues which provide for these vessels and in shifting around they bring about inflammatory growths and processes which cause scars. S. mansoni lives in the liver and mesenteric veins. The ova are passed out together with urine and faeces respectively.

Only certain fresh-water snails can act as intermediate hosts. Having left them the cercariae, the larvae of S. haematobium and S. mansoni, penetrate the skin of bathing children or people wading in water as they cultivate their fields. The occurrence of snails conditions the number of infected cases.

In Libya Bulinus contortus is the predominant intermediate host. In addition other snails were found by the Italians, but their role as intermediate hosts has not been fully proved (see Appendix Table XII).

As has been proved in North Africa, the occurrence of snails depends on the chemical composition of the water. Bulinus contortus, for instance, can only live in water containing no more than 0.3 g. Cl/litre.

Italian as well as French scientists have investigated the occurrence of bilharziasis (urine tests for schistosome ova) and of their immediate hosts on several occasions. In the year 1925, DURAND established the existence of a focus of urinary bilharziasis and the occurrence of Bulinus contortus in Janet (85 km. south-west of Ghat). As far as the natives could remember, blood had appeared in their urine. On the strength of that, VERMEIL examined the Geltas on the slopes of the Tassili on the way to Ghat and was able to collect Bulinus contortus here easily as well as in the wells of the Ghat territory. Except for Ghat itself, the Italians had reported infection of the population everywhere here, amounting, for example, to 65.62 per cent. in el Barkat to 68.75 per cent. in Feuat, but had not found Bulinus contortus acting as intermediate host. VERMEIL assumes that they were therefore at a time when these molluscs were difficult to find (ZAVATTARI in the summer of 1931, GIORDANO in March, 1937, NASTASI in July, 1937). VERMEIL frequently found Bulinus contortus in many of the wells in the Ghat territory and especially near Feuat and el Barkat as far as Auenat (Sardeles); also Melania tuberculata at el Barkat and Limnaea laurenti and Planorbis pfeifferi and ehrenbergi near Ghat. In 1943, BOSCARDI found Bulinus (Physopsis) africanus here. The ovae of Schistosoma mansoni were found in infected people.

Bulinus and Biomphalaria are said not to occur together in the same water (cf. ANDERSON in Tunis). At the Abaric well near Ghat there are two waterholes only separated by a few metres, the one contains Bulinus and the other Planorbis. Here the viability of Bulinus is limited by salts in the water. In the vicinity of Ghat the dalu (well with a goatskin sack) is drawn by cattle. It is possible that there are also Schistosoma bovis there.

VERMEIL provides a list of his findings of Bulinus in the Fezzan in the spring of 1951, and of NASTASI (in parentheses) for the summer of 1937, together with the infection of the population in percentages (see Appendix Table XIII).

When there is no Bulinus, conditions of life for the molluscs are unfavourable, and the Cl^- content is probably too high. Should there still be cases of bilharziasis in these places, they will probably have been imported. Bilharziasis intestinalis seems to be absent in the Fezzan — but there is the occurrence of Melania tuberculata near Brak and Limnaea ovata (FRANCHINI).

Near Brak the Italians began with the disinfection and were fairly successful. The wells were protected, Pumps for deeper wells were installed and precautions taken so that the drilled water which rose up did not come into contact with infected water. In spite of cementing the artesian wells of Maharuga were not rid of infection. Small Biomphalaria were still found by VERMEIL. Cemented and uncemented irrigation channels alike must be cleaned frequently as the molluscs like to accumulate under stones and plants in running water. In the gardens themselves snails are said not to prosper, but for the purpose of manuring faeces are added to the water in which the farm workers wade.

On the whole older crater and funnel shaped wells in the *Fezzan* as well as the shallow cylindrical ones are easily accessible for children as well as others. This is the reason for their being infected like the small ponds near Traghen, the shallow, funnel-shaped wells at Hammera where 25 per cent. of the molluscs have cercarrae, and the easily accessible ones at Tmessa. Crater-like wells with algae and plants covering the walls too, harbour plenty of Bulinus in the organic mud, as is the case at Jerma (Wadi Adjel), while the wide wells near Grefa, which have been excavated in clayey-limestone soil and do not have organically decomposed mud below their steep walls, are free from Bulinus as is water with over 0.3 g. Cl/litre. Thus Edri, the water of which contains 0.37 g. Cl/litre, is free from Bulinus and its inhabitants from bilharziasis, as are Wenzerik with 0.6 g. Cl/litre in its water and Bergin as well. The occurrence of the disease in this western part of the es Shati is limited. The population and in the first place the children, will therefore have to be trained not to soil the wells, to stop urinating in the vicinity of water and not to bathe there. Old wells must be filled in. The Fezzans themselves blame the hot sand for causing the disease.

In *Tripolitania* intermediate molluscs of bilharziasis were found in some places, but it remains doubtful whether any infections originated from there. ZAVATARI observed Bulinus contortus in a small watercourse near Dersh and Tgutta. The snail is also said to live in the Rumia Springs near Jefren as well as in the pool of Farga near Jado. It is, however, doubtful whether they still exist in the Ain Zara area near Tripoli as was earlier observed before the Italians drained the swamps. In the event of their still living there, a possibility of infection would exist as the caravans to and from the Fezzan used to assemble there. In the infected swampy areas of Tauorga only Biomphalaria alexandrina (Planorbis boissyi var. libyca) and Melania tuberculata but no Bulinus. Nearly all the cases treated in the hospital at Tripoli as well as those occurring among Italian troops had had a period of residence in the Fezzan, so that infection had taken place there (SCADUTO, 1937). Cases from the wider environs of Tripoli as well — for example the six cases from Zliten, amongst which there was a mild case of intestinal bilharziasis (CICCHIOTTO) in 1932/33 — must be considered as introduced. The increase over the last years must be accounted for by increased emigration from the Fezzan to the coast.

Already in 1916 some cases of bilharziasis among soldiers had been recorded in *Cyrenaica*, and they could only have been infected in the country itself. A little later haematuria without fever or significant pain, together with the ova of the Schistosoma haematobium were found in the urine of herders from the Um er Rezzem wadi (south of Derna). During the search for the intermediate hosts, some wadis were found to be infected by Bulinus contortus: the Derna wadi down from the waterfall at the Ain Mansur; the lower course of the Wadi Latrun; the vicinity of the Ain Mara and the Springs of Gubba and Psiara. It must be remembered that S. haematobium may possibly also use other molluscs (see above) as their intermediate hosts.

Schistosoma mansoni, occurring sporadically on the Mediterranean coast and centred endemically in the Nile Valley, has also been observed in Cyrenaica. There were several cases of intestinal bilharziasis. They appear, however, to have been brought in from Egypt like both the recent cases in the years 1954/55. KLUG (Derna) likewise, knows of only a few autochthonous cases of S. haematobium in the country.

There is still uncertainty in Libya whether Biomphalaria alone or possibly also Bulinus, can act as intermediate host to S. mansoni. In general the nomads of Cyrenaica appear to have somewhat larger numbers of infections, as is shown by the cases in Cyrenaica in recent years. Neither bilharziasis nor infestation with molluscs occurs in the Marada oasis, the Augila, Jalo, Jakhirra or Jahgbub oases, the lakes and wells of which are too saline as are those of the Kufra archipelago and those near Benghazi. The Jofra too, (Hun and vicinity) has too saline a water to permit the development of Bulinus.

The WHO intends to destroy molluscs in the areas infected by bilharziasis, together with the implementing of the programme to eradicate malaria. Wells and open waters are to be protected from renewed pollution by infected persons and by the flow of infected manure; pains are taken to cure those infected. As most of the places where molluscs live are known and as it is only a matter of small parts of the population being infected, this project may well be crowned by success.

2. Ankylostomiasis

Ankylostomiasis (Ankylostoma duodenale, hookworm-infestation) is one of the most widespread diseases of the world. Thanks to its high temperature and the high degree of aridity, Libya is not really well suited for the development of ancylostomes. BACCHELLI

(1937) assumes therefore that the worm was imported from Italy or Ethiopia. Lush cultivation in the oases with small rectangular fields, particularly for lucerne, conditions a milder temperature and, thanks to irrigation, also the humidity necessary for the development of ova deposited here with dung or the excretions of agricultural workers defecating outdoors. These people then wade in the infected mud with bare feet so that the larvae penetrate the skin. Certainly in the Fezzan as well, foci created by imported ova may be found. In Ben Gashir, south of Tripoli, there are cases of ankylostomiasis every year. The disease is spread to the area by ova (GIACOMETTI). Some isolated cases were confirmed by the Bacteriological Laboratory in Tripoli (1932/52 but not every year).

In Misurata isolated ancylostomes were found in children. SCADUTO reported a case brought in from Tunis, POLAZZO one from Egypt and there may also be foci in Cyrenaica, particularly in the Derna oasis where sewage from slums situated higher up-slope flows into the irrigation trenches.

3. Cestodes Infestation

Where taeniasis (Tapeworm-infestation) in Libya is concerned, the following types occur: Taenia saginata, Taenia solium and *Echinococcus* which occurs among dogs; the eggs of the latter penetrate the intestinal walls of man and beast and get carried into the liver and other organs where they form a tumour consisting of large vesicles. Sheep and cattle are especially afflicted by cysticercus. The infection is picked up on the grazing land. Some cases were confirmed almost annually by the bacteriological laboratory in Tripoli during the period 1939—1952. In Tripoli the inspection of meat is carried out strictly; it is done less strictly in the country where great numbers of cestode larvae have been diagnosed in lung and liver, even in brain and eyes, almost every month and not only with Libyans but also with Italians (GIACOMETTI). Dogs are much infected with Echinococcus. These tapeworms are found with about 60 per cent. of all herders' dogs, ten per cent. of the town dogs, the larvae of which have been found in 40 per cent. of the sheep, 70 per cent. of the cattle and 20 per cent. of the pigs (CICOGNA, 1961). In the Government Hospital in Tripoli, 57 cases with infections of tapeworm larvae were treated over the period from 1951—61. In the Government Hospital at Benghazi, DOGLIOTTI confirmed cysticerosis in 20.2 per cent. of the patients of the dermatological ward in the year 1960, in 28.2 per cent in 1961, in 26.75 per cent. in 1962 and in 22.87 per cent. of the patients there in 1963.

4. Other Helminthiases

Helminthiasis is widespread in Libya. Worms when occurring in man in high numbers, often cause anaemia and eosinophilia. Helminthiasis is reported everywhere and is found with 17—19 per cent. of the patients in Benghazi (DOGLIOTTI); at Jado, Jefren and Gharian on the Jebel, ANGRISANI found helminthiasis in 90 per cent. of all people examined (1953). In the Fezzan, Trichuris, Enterobius (pinworm) and Ascaris (giant intestinal roundworm) are widely spread. An examination in the primary and Koran schools at Misurata, Sirte, Zliten, Nofilia and Tauorga in eastern Tripolitania 70—75 per cent. were reported to be infected by ascaris alone. In 1935/36, TRIPODI proved that 50 per cent. of all patients were infected by ascaris, 15 per cent. by Trichuris trichiura, 2 per cent. by Taenia saginata and 0.5 per cent. by Hymenolepis nana. The larvae of Ascaris lumbricoides wander through the lungs and are found in large numbers with children. Trichuris causes intestinal complaints, especially in children. At times, at least in former years, the guinea worm had been said to have been imported from the Sudan (NACHTIGAL).

There are scarcely any Trichinella spiralis, because Moslems do not eat pork.

V. Anthropozoonosis and Zoonosis

1. Brucellosis

Two kinds of *brucellosis* are known in Libya: *Malta or Mediterranean fever* and the *Bang disease*, the bacteria of which, Brucella melitensis and Brucella abortus, do not require intermediate hosts but are transmitted by touching the excretions (milk and urine) of goats, sheep and cattle. In the case of cattle, the genitals, too, are infected (Bruc. abortus Bang) and miscarriages occur. As for man, the infection manifests itself by undulating fever and conditions similar to rheumatism.

Presumably the disease had already been endemic in Libya before the arrival of the Italians. VIGLIETTA refers to eight cases in the period 1920—1933, which concerned Italians only; he did not consider them to be autochthonous but to have been caused by cheese imported from Italy. But in 1936, TRIPODI mentions that melitensis fever was widespread in Tripolitania and the bacteriological laboratory also confirmed a few cases each year (1939—52) with something of an increase in 1939 especially (98) and 1946 (90).

In Cyrenaica, MEDULLA (1931) recorded melitensis fever in the city of Benghazi, in the southern part of the Benghasino and in the vicinity of Barce, while Morbus Bang did not occur among local cattle. Then, according to VIGLIETTA, there was a kind of epidemic in the eastern part of the Jebel Akhdar (Derna Province) in 1934. Nineteen per cent. of all goats and 17 per cent. of the sheep were infected by Brucella melitensis and the disease accordingly occurred among man in various places where they lived in close proximity to their livestock. VIGLIETTA attributes the spreading of Brucella melitensis to the import of infected herds from Tripoli and Sicily and herds imported from Egypt, the medical examination of which produced a negative result in August, 1934, may have contributed to the spread of the disease in earlier times and thus to a hidden immunity of the indigenous population. When sheep were imported from Malta in 1953, another epidemic broke out (GIACOMETTI). Even nowadays there are still isolated cases in Tripolitania and Cyrenaica (see Table XIV 1959—63).

2. Q-Fever

Q-fever, the germs of which (Rickettsia burneti) live in cattle, goats and sheep, is transmitted to the animals by ticks (Ixodidae). Animal products like milk and urine pass it on to man, as does the touching of the afterbirth and probably also air-borne by droplet infection and dust. Q-fever as an epidemic outbreak has only been known since World War II, and at first exclusively among the troops, reaching a morbidity of up to 53 per cent. Peaks in the outbreaks were recorded with German and Italian troops in 1941 and again in 1945 among the post-war troops of British and American formations. There are no reports of outbreaks among the Libyan populations. Considering the density of the goat and sheep population, the majority of the inhabitants may well be carriers of anti-bodies; moreover, the clinical representation shows few characteristics, so that mistakes are possible.

3. Anthrax

The anthrax bacillus (Bac. anthracis) is introduced to the pastures by the faeces and blood of infected animals. Here as well as in the blood of dead animals, spores are formed which prove extremely resistant to heat and cold, aridity and humidity. The spores are picked up by sheep, cattle and horses on the pastures and thus the bacillus is spread. Skin anthrax, ranging from small pustules to deep carbuncles, is not too rare a disease in Libya, while anthrax of the spleen hardly ever occurs (KLUG). On the Tripolitanian Jebel (Jado, Jefren) anthrax of the skin was noticed several times among skin collectors (MEINCK). Among 2,000 dead camels only one case of infection was found.

4. Rabies

Rabies is an epidemic disease affecting mammals only, and of these again only the carnivorous ones. In Libya, the jackal, hyena, fox and dog become infected. At times transmission to all mammals, even the herbivirous ones, may occur, but like man, they present the final stage and not the origin of the epidemic. In the desert areas the disease loses its importance.

Herding dogs in Libya cannot be kept in kennels; moreover, there are numerous stray dogs in the settlements. As a result there are also a few cases of rabies among man every year (1939—1952, Bacteriological Laboratory, Tripoli); see Table XIV covering the years 1939 to 1952. In a period of ten years, KLUG observed eight fatal cases in Cyrenaica. Attempts are being made to fight the disease by vaccinations of men and dogs.

5. Zoonoses of Domestic Animals

In Libya the domestic animals suffer, from a great number of infectious diseases, some of which have been introduced. As some of them are highly contagious, man, too, must take precautions. The spread of diseases and the death of livestock may cause severe economic damage. The most important diseases are to receive a short mention (PRICOLO, ALONGI, BALBONI, ZAVATARI, FRANCHINI).

Afta epizoica (thrush) has been imported. It has not been encountered among native cattle; the danger of spreading is small. There have been ten cases of *morva* but it is uncertain whether it is endemic or imported.

Pleuropulmonitis, affecting horses and cattle, is imported. A pulmonitis epizoica is said to strike goats. Against swine fever strict measures have been taken to avoid its spreading in Tripolitania. There is no *rinderpest* in Libya but there is danger of its being imported together with cattle from Italy. *Tuberculosis* is rare among natives' cattle. At the autopsies of 500 camels none was found. There are various kinds of *scabies* affecting camels, horses, goats, sheep and cattle.

The usefulness of animals and their products, especially in the case of camels and sheep, is reduced; at times there is loss of these animals. The damage incurred by the epidemic can thus be considerable.

Throughout Libya *trypanosomiasis* of the camel (Surra, debab, slael) is found, caused by Trypanosoma evansi (syn. sudanense). On the coast also that of horses, cattle and sheep. The animals grow very thin. Horseflies and ticks act as transmitters of this disease as well as of piroplasmosis, spirochaetosis and filaria larvae which live in the blood of camels. As for *parasites of the intestines*, trichuris and strongyloides are found as well as Dictyocaulus filaria and Protostrongylus rufescens with goats, while distomatosis is rare. Echinococcosis and cysticercosis are frequent with camels, goats, sheep and cattle.

Canicola *leptospirosis* together with jaundice and leptospirae in urine filtrate was recorded on five occasions in 1941, just as spirochaetosis of chickens and brucellosis. Other diseases are dourine of donkeys and a verminous pneumonia of sheep.

VI. Non-infectious Diseases

1. Diseases Connected with Pregnancy and Birth

In Islamic countries girls are married off early; they are expected to be virgo intacta when contracting the marriage. The father and later on the husband, decide on a woman's life, the former determining the date of marriage and the prospective partner. FÖLLMER was able to observe that one third of the girls in Libya were married before beginning to menstruate and that the marriage was consummated then. No physiological sterility was observed to occur during the first years after the initial menstruation and it became obvious that the Arab women by no means matures earlier than her European counterpart. Within the first year after the onset of their first menstruation the majority of women become pregnant. There were only a few cases of miscarriages among those under age; in the first two years after the commencement of menstruation, 89 per cent. of first pregnancies were carried for the full term. Women of all age groups experience premature births more frequently than do European women. Complications like toxicosis and hyperemsis gravidarum during pregnancy are rare. But there are frequent, at times serious anaemias affecting pregnant women, not only in the less developed interior of the country where malaria and bilharziasis are still endemic and intestinal parasites can frequently be found, but also in the coastal areas when these diseases occur only as imported cases. FÖLLMER suggests lack of animal protein in the diet as the cause. The opinion is confirmed by the investigations of FAO which discovered that the maximum intake of animal protein amounted to 10 g. a day and normally remained below this figure. Women and children do not take their meals together with the men but get what is left behind from their meals. Moreover, the protein metabolism of the women is burdened by continuous extraction of protein by continuous pregnancies and lactation. This results in a hypo-proteinaemia together with a lack of vitamins and calcium, which cause bodily complaints of pregnancy. Intestinal complaints during pregnancy, against which charcoal is taken, aggravate the anaemias. According to the FAO, the daily intake of calories amounts to 2,000—2,300 calories per male and less for females.

As in many Islamic countries, so too in Libya, young girls between the age of seven and ten are circumcised by removing the small labium and part of the clitoris. Scars form and narrow the introitus vaginae with the effect that pains occur in coition as well as difficulty in their first delivery. Plastic surgery is necessary during the delivery in order to repair the consequences of this (Föllmer).

In Libya, domestic midwifery still plays a dominant role in deliveries. A large proportion of the midwives are untrained women. They often enter the vagina during the process of delivery by using oil or fine sand, frequently without knowing the basic rules of asepsis or the most basic obstetric manipulations. Out of 475 deliveries, 33 were aided by trained midwives, 14 took place in hospitals (= 10 per cent. under trained supervision), 47 without help or with nothing but the help of a neighbour. At all other deliveries Arab midwives without significant training were in attendance (1960). During the process of delivery, ruptures of the uterus may occur, due especially to the narrowing of the pelvis or to a previous caesarian operation, if the women goes through her following delivery in her village. Therefore any operation is preferable to the caesarian one, even if the child is in danger. Another serious complication is the premature parting of the correctly positioned placenta. Föllmer considers hypoproteinaemia to be again the chief reason for the frequent occurrence of these complications. As pathological deliveries occurring in Libya, Föllmer lists the following ones:

Table V. *Obstetrical Operations*

pelvic presentation	0.54%	Obstetrical operations:	
transverse presentation	2.08%	pelvic presentation	0.54%
haemorrhage ante partum (only the premature parting of the correctly positioned placenta)	1.54%	forceps delivery	7.00%
		version	1.08%
		embryotomy	1.43%
		caesarian section	1.43%
placenta praevia	0.72%		
haemorrhage post partum	—		
twins	1.08%		

Even in hospitals, during obstetrics the mortality of mother and child is higher in Libya than, for instance, in Germany. According to Föllmer and Bracale it amounts to the following:

	maternal mortality:	*still births:*	*perinatal mortality:*
Libya	2.6 %	31.0%	108.3% (half of which are premature births)
Germany (1958)	1.16%	16.4%	21.1%

2. Infant- and Child-Mortality

Infant mortality is much higher among those being delivered at home and away from the towns. As mentioned above, there is still much room for improvement as far as obstetrics is concerned. Moreover, there are infections of the navel caused by unclean knives, wood or stones which are used to crush off the navel-cord. Dirty bandages or strands of the mother's hair are used for ligation; the wound is treated with sand and loam, the babies are bathed in sand. Neonatal tetanus is bound to occur (see Table VII).

Table VI. *Natality and Mortality in Tripoli town*

	1958	1959	1960
Natality per 1,000 inhabitants	18.4	23.3	23.4
over all mortality per 1,000 inhabitants	17.1	17.5	19.2
infant mortality per 1,000 life births	375.4	292.6	359.5
still births per 1,000 life births	134.3	113.9	98.5

Of 100 women between the ages of 17 and 38, who were questioned about their children (Föllmer, 1962), the following information was received:

Pregnancies carried to full term	miscarriages	children born alive	still born
475+9*	42	272=56.2%	203+9*=43.8%

Death occurring between 1—12 months of age	1—5 years of age
150=30.9%	62=12.9%

* twins, one of them died

The weight of children at birth remained below 2,500 g. in the case of premature birth, but reached 2,500—4,000 g. with normal births, the average being about 3,000 g. All prematurely born children died as a result of inadequate care. Young mothers had the largest numbers of prematurely-born children (Föllmer):

16 year olds	17 year olds	18 year olds
21%	16.7%	19.9%

These percentages have now been greatly reduced thanks to pre-natal care and the advice given at mother and child health centres.

The further growth of the child depends on its *nutrition*. At first it is given mother's milk. If there is not enough milk from the mother herself, the child is handed over to another female member of the family to be nursed. If no mother's milk is available anywhere, it is fed on cow or donkey milk, and at that point the first nutritional disorder occurs as the necessary dilution of the milk is neglected or performed incorrectly, and the child is fed too frequently (every three hours). Thus the child is as it were drowned by milk (protein-poisoning, Angrisani, 1953). If there is not sufficient mother's milk, as for example when another pregnancy has occurred, food from the adult's table is given. This may happen already at the age of two months only, although six months is the rule. These meals consist of maccaroni, cuscus with pepper, tomato-puree and vegetables, all of which these children are unable to digest (Selby-Lowndes). Diarrhoea with vomiting and dyspepsia are the result. Until the end of its second year the child is chiefly fed on carbohydrates and only insufficient amounts of animal protein which are taken in with the mother's milk. This explains the inadequate weight increase, the symptons of protein deficiency and the reduced resistance against infectious diseases (flies, dust) and also the high mortality of 50—60 per cent. of children born alive during the first five years.

It has been estimated that every year 5,000 children die from infantile gastro-enteritis, mainly in larger settlements during the months of June to September (gastroenteritis acuta, enterocolitis acuta, dystrophy). Eye infections, transmitted by dust and flies also often take a fatal course with small children.

When examined, tensions in the stomach area were frequently found, once even a distinct tumour at the pylorus, the size of a small apple. As I did not carry a large stock of medicines with me, I advised the patient to forgo the pleasure of boiled tea, at least to omit the first brew, which I could not easily take myself, and I supplied him with Pansedon to last several days. This therapy always worked. Even the tumour patient, who I saw again six weeks later, cheerfully told me that he was healthy once more. Indeed, the tumour had disappeared completely.

Table VII. *Infant Mortality*

a) Causes of death for children under 1 year of age (FÖLLMER):

death during or shortly after birth	premature birth	nutrition insufficient milk	tetanus under 1 week	tetanus older than 1 week
12 = 8%	19 = 12.2%	25 = 16.7%	37	4
			= 27.3%	

enteritis dyspepsia	infections of lung; measles	accident	unknown causes	deformities
18 = 12.0%	20 = 13.8%	3 = 2%	10 = 6.7%	2 = 1.3%

b) Causes of death for children older than 1 year of age (FÖLLMER, *1960*):

nutrition	intestinal infections (flies)	other infections	circumcision	accident	unknown causes
4 = 6.5%	23 = 37.1%	22 = 35.5%	2 = 2.3%	1 = 1.6%	10 = 16.1%

3. Non-infectious Children's Diseases

On the whole the non-infectious diseases of older children are the same as in Europe. Therefore only most important ones will be mentioned. Older children, too, are frequently still suffering from the results of malnutrition and undernutrition. Amoebiasis is frequently found; leishmaniasis with splenomegaly often occurs in children of the two to six year old age group. Tuberculosis and rickets are not rare. Differences in temperature in autumn and winter together with the increased humidity, often brings cold, coughs, angina and bronchial catarrhs. Pneumonia is said to be rare and hardly occurs at all in the dry desert (as BARTOLI reports from Kufra). Continuous colds, due to sleeping on the cold ground, are the causes of rheumatism which occurs relatively frequently, which in turn is often followed by heart diseases and arthritis as well as chronic nephrosis.

4. Non-infectious Diseases of Adults

Bites by scorpions are a danger for all young people; fatalities occur every year. *Snake bites* are rare. My guide (50 years old) had once been bitten by a horned viper when collecting wood and never quite recovered again in spite of the immediate application of homemade remedies, followed by a serum injection shortly afterwards.

Syphilis infections often play a role in the formation of *heart diseases* and *circulatory disorders*. A further result of syphilis is *cirrhosis of the liver* which is said to occur fairly frequently, just as does occlusion icterus, particularly after disorders of the stomach and intestines. As for *diabetes* patients, an antidiabetic centre with 100 beds has been set up in the Government Hospital in Tripoli in 1960. Koprostasis and haemorrhoidal complaints are often caused by the misuse of filfil (pepper), tea and coffee.

In the Kufra oases and in Tibesti the indigenes often complained about pains in the stomach region.

Except for trachoma, still frequently encountered, non-infectious *eye diseases* among adults are the same as those in Europe.

Where non-infectious *skin diseases* are concerned, the aihum are to be mentioned; atrophies, hypertrophies and degeneration of the extremities, especially when injuring the naked feet when doing garden work, occur but seldom. Three of them were witnessed by GIACOMETTI in the vicinity of Tripoli over a period of 15 years. Isolated cases are said to have occurred among Negroes in the Fezzan. Five cases have been reported from the Jebel Nefusa (ANGRISANI).

Only a relatively small percentage of eczemas like dermatitis intertriginosa, erythroderm, damp and dry varicoses and seborrhoic eczemas (BERTI) are found among the Libyan population.

5. Psychic Disturbances and Mental Diseases

In the Government Hospital in Tripoli, about 500 to 600 patients — a figure continuously fluctuating — are treated in a year (GIACOMITTI). Hysteria among indigenous and also with Italians is frequent; at times it is linked with the hot Gibli and often linked with attacks of an epileptic nature which can also be caused by annoyances. In addition the psyche is often influenced by superstition (ghosts, evil eye) and by malevolence which may lead to violent outbreaks (psychosis) under the continuous strain during long caravan journeys. Syphilis, too, often causes psychosis, tabes (lues cerebri) and paralysis. Various diseases may cause polyneuritis with peripheral paralysis.

Table XIV provides an official list of infectious diseases from 1959 to 1963. It must be noted, however, that these are diagnoses made when patients are admitted.

E. Region and Disease. Geomedical Conclusions

The Libyan area has been divided into 26 regions, differentiated according to the nature of their surface and of their climate and thus also of their hydrological conditions and their plant-cover. Except for small sections of the population, the inhabitants of the country are of one uniform culture and live in the landscape component parts most suited to their needs, some of them as farmers or townspeople in consolidated settlements, which means close to one another, others scattered over the country as semi-nomads, often linked with a permanent settlement but in the main wandering around in order to make use of the less favourable regions. Today only a small section of the population may be considered as pure nomads. A number of regions are scarcely utilizable and are therefore devoid of people, so that in comparison with the size of the country the population lives only in a few regions and again chiefly in smaller sub-regions of these.

The enormous scale of the area, the long distance between individual settlements and the still difficult communications, all play a part in determining the condition of health of the population. It is a country that does not encourage the rapid spread of epidemics. On the other hand, general conditions of health are impaired by endemic infectious diseases, above all by *"nestling epidemic diseases"* (JUSATZ) which are at home in the region independent of man and transmitted to man by insects, water and/or foodstuffs. The question which arises here is in how far a dependence of these diseases, as for example in the cases of malaria, the leishmaniases, dengue and others, can be attributed to the regions in Libya.

It is known that there is dependence of that kind in the case of *malaria* for instance, as there must be water at particular times in the spring for the breeding of those kinds of anopheles which act as carriers where the eggs are laid and larvae are able to develop. Some larvae are conditioned to fresh water while others can also prosper in brackish water. It is of importance for the individual species whether the water is stagnant or running, whether it is situated in sunlight or in shade. Anopheles maculipennis, for example, prefers stagnant sunny waters with temperatures between 22° and 29° C. In the coastal areas of Libya and in the Fezzan, too, the groundwater mostly reaches relatively high levels in the wells, rising to the surface in pools in the sebkh and in swampy flats between the dunes. As a result of irrigation, cultivation water often remains in ditches and furrows in gardens and fields for longish periods. Strong rains often leave puddles behind and at the mouth of deviated wadis ponds and lakes form behind strand banks. In the leaf axles of palm fronds water accumulates as well. Protection from too rapid an evaporation is afforded by various plants and especially so by rushes and reeds. Thus there is usually sufficient water available at the start of spring to last the four weeks the larvae take to develop. Towards the end of February the young begin to sting. If the female ones become infected when sucking blood from men who harbour sexual cells of the malaria plasmodia in their blood, it takes another three weeks for the plasmodia to mature. This happens, however, only if the temperature does not fall below 16° C. Only then is infection of man made possible. The stinging season lasts from the end of February to the end of November, autumn being the time when most fresh cases occur in Libya.

During the winter the mosquitoes withdraw to the dwellings of people and even during the warmer months they like to spend the daytime hours in dark corners there. In the absence of such they hide in cracks in walls, in palm-leaf fences and plant thickets. The mosquitoes always require a certain degree of humidity in the air — too hot, dry weather easily kills them off. For that reason swarming and stinging only occur in the evening or at night.

Those conditions favourable to the requirements of the anopheles are to be found in the coastal areas of Tripolitania, shown on map 3 (1 a_2 and $_3$, 2 c_1, 2 f, 4 b_1, b_2) and in the malaria areas entered as such. According to this, the Zuara area must be considered as not being infected, although there are extensive sebkh in the immediate vicinity which are rich in water in springtime and wintertime. It may be that the water contains too much salt hereabouts, especially as some of the sebkh are connected with the sea. The coast between Tauorga and Benghazi (4 e, 14 a and d_1) appears to be free of malaria also, although here, too, sebkh, lagoons at the wadi mouths and dwarf-shrub steppes are to be found. Thus the conditions for the development of mosquitoes are favourable and GHISLERI (1912) describes this Sirte coast as ill-famed for malaria fever. Indeed, except for some small settlements and tent-places of nomads, the entire sub-region is as good as unsettled and the chance of infection is much reduced in consequence. In recent times three oil exporting ports have been growing up on the coast, where, unless sufficient care is taken, stronger infection may be brought back to a place where it obviously existed in earlier times.

This would also endanger the low dissected plateau adjoining in the south (4 d) where, due to blocking up, the wadis flowing off to the coast form swamps at times. Malaria might be transferred and spread into this area, which is visited by numerous nomads from surrounding oases (especially Zella and its vicinity). In this instance, a geomedical prognosis can be made which demonstrates the importance of the geo-factors soil, water and climate very well indeed.

In the east the environs of Benghazi with their lagoons, collapsed, water-filled dolines, were infected until the environmental conditions were improved by the Italians, just like the coastal strip as far as Apollonia (15 a_1). In the contiguous part extending as far as Derna, malaria is probably still present at the present time (1965) as mosquitoes still live in some of the perenially flowing wadis which contain ponds, lush vegetation, lagoons and lakes at their mouths close to the small settlements. To the east, towards Tobruk, the coastal climate becomes drier, the country poorer in water and settlements with the effect that, despite the possible existence of anopheles in places, infections may hardly be expected.

From the coast to the interior the climate becomes gradually both drier and warmer, humidity and rainfall totals decreasing. Only at the foot of the Tripolitanian Jebel (2) which has somewhat higher rainfall, lies the now re-constructed spring-line previously mentioned (1 d_1). Here, just as it does from the heights of the Jebel

Akhdar, rainwater runs off rapidly or seeps in. Only in a few places have insignificant swampy areas formed in the vicinity of isolated springs.

In the full desert, the arid climate suits the mosquitoes even less and the oases have nothing but brackish water at their disposal, which salinizes the soil gradually through irrigation cultivation. Where there are natural and newly-drilled artesian fresh-water wells (Gadames), the danger of a new infection of malaria increases with the amount of water. The Jalo and Kufra oases are situated on the edge or within the total desert. As they have only saltwater lakes but relatively few wells, anopheles which transmit malaria scarcely occur.

In the Fezzan, climatic as well as hydrological conditions are better suited to the mosquitoes requirements. There are numerous fresh water wells and irrigation channels and the individual oases of the long wadis are not too far from one another, so that busy traffic is possible. In the areas free of malaria the oases are poorer in water and are further away from one another (Hofra es Shergia, southern Wadi Hecma). The Italians probably re-constituted the small spring-pools near Sebha but did not succeed in doing so in those parts of the es Shati and Adjal wadis which were well watered.

To demonstrate a further example of how the spread of diseases may be influenced by geofactors, *leishmaniasis* and *pappataci fever*, which are transmitted by phlebotomes and live in a way similar to that of the anopheles, should be mentioned. As humidity is a condition for their development, they breed at the walls of ditches and canals and also in humid, decaying organic matter or in the holes of wild rodents. About 60 kinds of phlebotomes are known, only a few kinds of which transmit skin leishmaniasis, others visceral leishmaniasis. Transmission takes place mainly from one animal to another, man appears to be nothing but a subsidiary host. In Libya leishmaniasis has been observed with dogs, cats and rodents. Phlebotomes must exist if transmission to humans is to take place.

In the arid transitional areas towards the Sahara, phlebotomes are no longer encountered. In Algeria it was found that it does not cross the 30° N. parallel towards the desert. This limit is probably valid in Libya as well, but exact data are missing.

Aedes aegypti, the mosquito which transmits *dengue*, endemic in the eastern part of the Mediterranean area, prefers hot summers but humid, mild winters for its development. In Libya, this mosquito does not live at heights exceedings 600 m. Thus the area where it occurs in Libya is confined to the narrow strip of the Mediterranean coast. Aedes is a modest domestic mosquito, perfectly adapted to man, even if sucking blood from mammals, birds or even cold-blooded animals, but without infecting them. Its breeding places may be found everywhere where stagnant water occurs — rain gutters, open wells, irrigation ditches and empty, discarded tins. Here the eggs experience their 10—14 day process of development, but are equally able to last out several months when the water dries up, in order to hatch immediately the first rains fall. At climatically favourable times, as a winter with high relative humidity of the air, there may well be a mass break-out of mosquitoes. If followed by hot summers with a great increase in the mosquito-population coupled with the existence of virus carriers among the people, dengue epidemics are likely to occur. Therefore the entire Libyan coastal strip must be considered potentially endangered.

Bilharziasis is yet another endemic disease greatly dependant on the environmental conditions. Bilharziasis can only occur in places where there are conditions favourable for the life of its intermediate hosts, molluscs of the planorbid family; that is stagnant or slowly moving shallow waters not exceeding a certain percentage of chlorine (for example, not more than 0.3 g. Cl/litre for Bulinus contortus). If no intermediate hosts are available, no fresh infections can occur, only imported ones.

The great area of endemic bilharziasis in Libya lies in the Fezzan. Here the molluscs live in open wells, geltas, irrigation trenches and artesian wells. The infected population and above all the children, keep polluting the water and thus spread the disease. The Wadi Edri and its vicinity, the Grefa Oasis (Wadi Adjal), Um el Araneb and Zuila are free from molluscs and the disease. The water has too high a salt content or there are only a few wells as drinking water is in short supply.

The oases situated north of the Fezzan are equally unsuitable for the development of the molluscs; only in Dersh and Tgutta were they found. Gadames appears to be free from it, probably owing to the fact that the Ain el Fras, the big artesian well, is walled in and kept clean. The newly drilled artesian wells might possibly present a further risk, especially if the quantities of water running off result in permanent accumulations of water.

In Tripolitania the coastal area around Tripoli has always been endangered, formerly by caravans which used to rest near the swamps — since drained — at Ain Zara, and nowadays from the Fezzan, living in shanty towns on the outskirts of town, many of which brought the schistosoma with them. Favourable conditions for infections exist along the entire coast from Zuara via Zliten, a place of pilgrimage (2 f) to Tauorga (4 b_1) and further along the Sirte coast (4 e, 14 a and d_1).

When searching for the intermediate hosts in Cyrenaica, after nomads from Um er Rezzem wadi had been found to be infected, it was confirmed that wadis with perennially flowing water (Derna wadi, Latrun), the vicinity of the Ain Mara, those of the Gubba and Psiara Springs on the plateau, harbour molluscs. A spreading of bilharziasis might occur from here through the agency of nomads who appear to be more strongly infected than had been hitherto assumed.

The oases of Marada, Jaghbub and of the Jalo and Kufra archipelagos which are situated in the south, are free from the disease, as remoteness and much brackish water probably prevents the colonization of molluscs.

Thus the infection of Libya with schistosomes is rather confined, the limits of which are drawn by increased salt content in the water resources of several oasis areas.

This example shows in a most convincing manner the importance of the geofactors water and soil for the epidemiology of a country.

We know the *shifting epidemics* (Jusatz) as opposed to nestling epidemics, which are related to the region independently of human agency. In an endemically infected area with sporadically occurring cases, isolated foci of the latter come into existence according to climate and soil, the development of the pathogenic agent and of the transmitting vector, from which the epidemic outbreak concerned may be exported and spread by man or animal. Geo-medical conditions in Libya enable shifting epidemics to cover a large area. A few examples may help to illustrate this.

Cases of *typhus caused by rickettsiae* for instance, chiefly occur during the cold season, when warmer clothes are worn and kept on the body during the night as well. This humid microclimate of the human body, averaging between 31.5 and 33° C., suits the transmitting lice remarkably well. They then deposit their eggs (nits) which remain on the body hair and clothing. Five to six days later the young lice hatch. The warm, dry season is less favourable to the lice as the humans are then wearing light clothes and the lice are exposed to high temperatures and insolation. In areas classed as grade II as far as hygiene is concerned (according to v. Bormann in the World Atlas of Epidemic Diseases III, p. 67) (insufficiently hygienic way of life), to be met among the nomads in Libya in Cyrenaica and especially in the Fezzan, there are small epidemics almost every winter with fatal results among the children particularly. Most children, however, become immunized for life. The epidemic of the period 1938—46, which appears to have originated in Gharian (map. no. 14) will be taken as an example to illustrate the participation of the nomads as transmitters of the disease.

Lice as well as certain kinds of ticks also spread borreliae which cause *relapsing fever.* Sporadically occurring cases in northern Africa leave the question open on whether the fever is to be considered as caused by lice or by ticks. Louse-borne relapsing fever is the European form and also occurs occasionally in North Africa and in tropical highlands. Ticks (Ornithodorus) as domestic pest live in clefts and cracks of houses and in sandy soil. Borrelia may remain virulent in the ticks for years and even transfer from infected ticks to the eggs, which are laid in the soil in dry places. Transfer occurs between rodents and man via the ticks and vice versa, as well as from man to man. The indigenous population acquired a high degree of immunity against the disease.

In the transitional areas of the countries of the arid climatic zones and in the oases of the desert, lives ornithodorus far from man in the holes of rodents, foxes and rats and infecting them. Consequently these areas must be regarded as *permanent foci* for this spirochaetosis which does not therefore seem to be exterminable. Men become infected when sleeping near the holes of rodents, or on a tent-place, in a cave or well infested by ticks. The nomads in turn bring the ticks to relatives and friends or they are carried off together with the camel bales as happened (see map 14) in 1942 to 1944, when the disease advanced, probably via Murzuq-Bergin, to Tunis, Algeria and even further with the caravans then operating. In 1933, too, nomads brought the disease from Cyrenaica to the Sirte. There was an epidemic in the city of Benghazi; in 1911/12, an epidemic swept through the city of Tripoli.

Finally *plague* should be mentioned as a shifting epidemic, although really it ought to be considered a nestling disease. In the course of centuries, plague was imported again and again into Libya from overseas or by land routes. Epidemics in towns can generally be traced back to infected rats, which, originating in the ports, infected the rats of the towns and thus the people, too, with their fleas. From here the urban form spread, carried by the semi-nomads, to the rodent fauna of the steppe and semi-desert, thus leading on to the infection of large areas where small epidemics (rural form) occurred in native settlements. Again, rodents are probably responsible for spreading the disease from the large Egyptian focus to Cyrenaica. The urban epidemic from 1917—22, is said to have been imported by caravans from Egypt to Benghazi, with human fleas transfering the disease from one man to another, and he in turn passing it on to domestic animals. It should, however, be noted here that rural epidemics (1915—16) occurred in the immediate vicinity of the towns of Tolmeta and Barce, while communications between the country and these towns continued, so that an infection of the city of Benghazi from here could easily take place. In Cyrenaica the epidemic came to an end in 1922, yet, smaller endemic foci continued to exist among the nomads and semi-nomads for some years after.

Conditions in Tripolitania were similar, with the sole difference that plague came to an end in the city in the year 1921, and in the surrounding country smaller rural foci kept flaring up until 1940. There does not seem to have been an overland connection between the Tripolitanian and Cyrenaican foci. Fleas as well as their larvae are very sensitive to extreme aridity; they require a certain degree of humidity. The further towards the desert they find themselves transported, the more they are affected by aridity and the more does their mortality rate increase (Bodenheimer, E. Martini). The Sirte areas seems to present a border zone for them just as the total desert prevents the fleas from advancing further to the south and thus taking the disease into the Fezzan. As motor vehicles increase in numbers, this desert boundary can be crossed more easily and fleas may well spread on the rodents of the oasis should plague enter the area once more as a shifting epidemic.

The nomads, who played a role in the spreading of typhus and relapsing fever, act indirectly also as the spreaders of *zoonoses.* Their flocks of goats and sheep have been infected by livestock imports from Malta, Sicily or Egypt. Together with the secretions of infected animals, the brucelloses are spread on the pastures; humans become infected by milk products. Exactly the same happens in the case of Q-fever, which is transmitted from one animal to another by ticks. The nomads have acquired a certain degree of immunity against these diseases.

Conditioned by regions and culture are the *diseases associated with low standard of hygiene* which are transmitted by contact from one person to another or by flies. Bacterial eye diseases and trachoma may serve as examples. The former are especially widely spread in the desert oases where temperatures rise high in summer and flies are around in great numbers. Particularly dangerous therefore is autumnal conjunctivitis at the time of the date harvest, and the kerato conjunctivitis in connection with malnutrition especially Vitamin-A-deficiency and social misery, which in turn favour the spread of chronic trachoma.

Pollution and infection of the soil by inadequate sewage conditions, together with high temperatures, speed up the development of worm eggs. This is the case especially in those irrigation oases where either faeces are added to the water for the purpose of manuring or liquid manure from the neighbourhood happens to flow in. Thus soil and water alike may easily become infected by amoeba cysts which then pass into the human by way of drinking water and foodstuffs. The same causes lead to further spreading of dysentery and typhoid bacteria in the irrigation oases, if such bacteria have previously been imported there or if there are permanent carriers among the population.

These few examples of infectious diseases show that the health service fighting them must not only consider the conditions of life of the germs concerned but also take into account the specific conditions of the region in which the vectors live and on which they depend, if the attempts to control them and to improve the health conditions of the population are to be successful.

This study of an area, which due to its regional configuration is still largely of an original character, according to a geo-medical viewpoint, is likely to be taken as an example of the necessity of considering the interaction of the different factors of a region where the epidemiological conditions of the spread of a disease in a particular country are to be brought to light.

Progress in the field of improving the conditions of life of a population will come about the sooner geo-ecological relationships are elucidated, observed and any action taken based on the necessities indicated by them.

Anhang / Annex

Tabellen zur Bevölkerungsstatistik / Tables of Demographic Statistic

Anmerkung

Die Daten über die Bevölkerungsbewegung in Libyen sind, soweit es sich um die älteren Angaben handelt, nur annähernd richtig, wenn sie zum Teil auch von feststehenden Zählungsergebnissen abgeleitet sind, die zu den endgültigen Schätzungen verwendet wurden. Reguläre Zählungen (Zensus) wurden 1931 und 1936 von den Italienern, nach dem Kriege zum ersten Male wieder 1954 mit Hilfe der Besatzungsmächte durchgeführt. Die Bearbeitung des Materials unterblieb ganz, besonders da geschultes libysches Personal noch fehlte, bzw. ließ lange auf sich warten. Die zweite offizielle Zählung erfolgte 1964 schon nach den neuen Provinzen geordnet (s. Karte 13), um eine bessere Grundlage für die Wahlen zu erhalten. Diese Ergebnisse sowie die der früheren italienischen Zählungen und Schätzungen sind zugrunde gelegt, um ein annäherndes Bild über die Entwicklung der Bevölkerung zu dem jetzigen Stand zu erhalten.

Bei den Zahlen für die Städte, besonders Tripolitaniens, ist es vielfach schwer zu entscheiden, wieweit die umgebende Oase noch dem Stadtgebiet zugeschlagen ist oder aber wieweit z. B. bei Misurata, Zawia und den Orten des Dschebels Eingemeindungen erfolgten. Klarer liegen die Verhältnisse bei den Städten der Cyrenaica.

Notes

Data on population movements in Libya are only approximately correct even if they do come from older sources, even if in parts from established census results which were employed for the final estimates. Counting proper (census) took place in 1931 and 1936 under the direction of the Italians, after the war again in 1954 with the aid of the occupation powers. The interpretation of the material collected was left undone or was at least postponed for a long period because no trained Libyan personnel were available. The second official census took place in 1964 and was conducted in terms of the newly-defined provinces (see Map 13) in order to ensure a better basis for the coming elections. These results, together with the earlier Italian counts and estimates have been used in order to obtain approximate information on the development of population up to its present state.

The state of Libya and each of the three countries will be considered separately. As for the figures for the towns and in particular those of the Tripolitanian ones, it is difficult to decide in how far the population of the surrounding oasis might be added to that of the town proper or how far the process of incorporation has proceeded in Misurata, Zawia and the settlements of the Jebel. The situation in the towns of Cyrenaica is much clearer. In order to provide a better overall picture of the pattern of population distribution, the latest figures (1964) of the provincial districts have been added, i.e. of the ten new administrative districts formed after the transformation of the united kingdom into a unitary state on April 27th, 1963.

Tabelle VIII. *Libyen* / Table VIII. *Libya*

Jahr/Year	Tripolitanien	Cyrenaica	Fezzan	Gesamt/total
1915	—	—	—	1000
1936	—	—	—	839,5
1954	738,3	291,2	59,3	1091,8
1964	1029,2	451,4	78,7	1559,3
Zunahme/	290,9	160,2	19,4	467,5
Increase	=39,4%	=55,01%	=32,7%	=42,8%

Angaben in 1000 Einwohnern
Data in Thousand Inhabitants

Tabelle IX. *Städte* / Table IX. *Towns*

Tripolitanien / Tripolitania

Tripolis-Stadt / Town

Einwohner / Inhabitants

1905:	(geschätzt)	30 000	(estimated)
1915:	(geschätzt)	50 000	(estimated)
1929:	(nach Daten)	65 688	(according to data)
1931:			
1936:			
1954:	(1. Census)	130 238	
1960:		183 473	
1964:	(2. Census)	212 577	

Wachstum / Development of population 1954/1964 um 63,52%
1964: 111 029 männliche Bewohner / male inhabitants
101 548 weibliche Bewohner / female inhabitants

Tabelle IX (Fortsetzung)/Table IX (Continued)

Städte / Towns (1964)

Zawia	28 349
Zuara	14 578
Homs	13 864
Misurata	36 850
Sirte	7 093
Jefren	20 058
Garian	10 807

Cyrenaica

Benghasi Stadt

1905:	(geschätzt)	25 000	(estimated)
1915:	(geschätzt)	30 000	(estimated)
1929:	(nach Daten)	31 248	(according to data)
1931:			
1936:			
1954:	(1. Census)	70 533	
1960:	fortgeschrieben	76 616	
1964:	(2. Census)	136 641	

Wachstum / Development of population 1954/1964 um 93,75%
1964: 38 855 männliche Bewohner / male inhabitants
31 678 weibliche Bewohner / female inhabitants

Städte / Towns (1964)

Adschedalia (Ajedabia):	15 430
Derna	21 432
Tobruk	15 867
Beida	12 799
el Merj (Barce)	3 387

Fezzan

Sebha (el Gedid)	1954:	7 193	
Sebha (el Gedid)	1964:	9 804	
Murzuk	1905:	10 000	(geschätzt)
Murzuk	1954:	2 832	
Murzuk	1964:	3 863	

Tabelle X. *Provinzen* / Table X. *Provinces*

Tripolitanien / Tripolitania

Einwohner / Inhabitants

1928:	(geschätzt nach Daten)	600 000	(estimated according to data)
1931:	(geschätzt nach Daten)	545 804	
1936:	(geschätzt nach Daten)	665 529	
1954:	(1. Census)	738 338	
1960:			
1964:	(2. Census)	1 029 216	

1964: 534 919 männliche Bewohner / male inhabitants
494 297 weibliche Bewohner / female inhabitants

Provinzen (Muquataa) / Provinces 1964

1. Tripolis Stadt und Land	376 177	Tripolis Town and Country
2. Dschebel Gharbi	181 334	
3. Zawia	189 032	
4. Homs	137 205	
5. Misurata	145 468	

Untergliederung der Provinzen 1964 / Subdivisions of the provinces in 1964

Mutessarifia = District (= Regierungsbezirk)

zu 1.	Tripolis-Stadt (19 Quarter)	212 577	Tripolis Town
	Suk el Dschuma	163 600	
zu 2.	Garian, Distrikt	61 366	
	Jefren, Distrikt	60 044	
	Misdah, Distrikt	18 177	
	Nalut, Distrikt	35 524	
	Ghadames, Distrikt	6 223	

Tabelle X (Fortsetzung)/Table X (Continued)

zu 3.	Zawia, Distrikt	110 466
	Sabratha, Distrikt	42 431
	Zuara, Distrikt	36 135
zu 4.	Homs, Distrikt	66 559
	Tarhuna, Distrikt	48 435
	Beni Ulid, Distrikt	22 211
zu 5.	Misurata, Distrikt	70 015
	Zliten, Distrikt	45 551
	Sirte, Distrikt	29 902

Cyrenaica

Einwohner / Inhabitants

1928:	(geschätzt nach Daten)	195 000	(estimated according to data)
1931:	(geschätzt nach Daten)	132 249	
1936:	(geschätzt nach Daten)	186 546	
1954:	(1. Census)	291 328	
1960:	fortgeschrieben	329 496	
1964:	(2. Census)	451 469	

1964: 235 526 männliche Bewohner / male inhabitants
215 943 weibliche Bewohner / female inhabitants

Provinzen (Muquataa) / Provinces 1964

(6) 1. Benghasi Stadt und Land	279 565
(7) 2. Dschebel Achdar	87 803
(8) 3. Derna	84 001

Untergliederung der Provinzen 1964 / Subdivisions of the provinces in 1964

Mutessarifia = District (= Regierungsbezirk)

1.	Benghasi Stadt/Town (15 Quarter)	136 641
	Benghasi District	90 860
	Adschedabia (mit City) District	44 684
	Kufra District	7 482
2.	Beida Stadt/Town	12 799
	Beida District	35 141
	Marj (Barce) District	29 222
3.	Derna Stadt/Town	21 432
	Derna District	23 765
	Tobruk (mit Stadt/incl. Town) District	38 804

Fezzan

Einwohner / Inhabitants

1928:	(geschätzt)	110 000	estimated
1931:	(nach Daten)	28 212	according to data
1936:	(nach Daten)	36 581	according to data
1954:	(1. Census)	59 315	(incl. Gadames-District: 5151)
1960:			
1964:	(2. Census)	78 714	(ohne Gadames: 6223)

1964: 39 717 männliche Bewohner / male inhabitants
38 997 weibliche Bewohner / female inhabitants

Provinzen (Muquataa) / Provinces 1964

(9) 1. Sebha	46 700
(10) 2. Ubari	32 014

Untergliederung der Provinzen 1964 / Subdivisions of the provinces in 1964

Mutessarifia = District (= Regierungsbezirk)

zu 1.	Sebha	15 953
	es Schati	18 753
	el Dschofra	11 994
zu 2.	Ubari	9 866
	Oragen	2 632
	Murzuk	15 059
	Gat	4 457

Tabellen zur Gesundheitsstatistik / Tables of Health Statistic

Tabelle XI. *Gesundheitszentren für Mutter und Kind (1966)*

Table XI. *Maternal and Child Health Service (1966)*

	Schulen und Unterrichtszentren Health Schools and Demonstration Centres	Hauptzentren Main Centres	Unterzentren Subcentres	vorgesehen bis 1971 planned up to 1971
Tripolitanien				
1. Tripolis Stadt/Town	—	4	—	HZ 3 für Stadt/Town
Suk el Dschuma	1	—	—	1 (Prov.)
Tadschura	—	1	—	
Azizia	—	—	1	
2. Zawia	—	1	—	3 (Prov.)
Zanzur	—	—	1	
Sabratha	—	—	1	
Zuara	—	1	—	
3. Homs	—	—	1	3 (Prov.)
Tarhuna	—	—	1	
4. Misurata	—	1	—	2 (Prov.)
5. Dschebel Gharbi	—	—	—	4 (Prov.)
Garian	—	—	1	
Jefren	—	1	—	
Dschado	—	—	1	
Kabao	—	—	1	
Cyrenaica				
6. Benghasi	—	—	—	5 (Distr. u. Stadt)
Stadt	1	4	—	
Sidi Khalifa	—	—	1	
Adschedabia	—	1	—	1 (Distr.)
Kufra	—	—	1	
7. Dschebel Achdar	—	—	—	
Beida	—	1	—	
Susa	—	—	1	
Schahat	—	—	1	
el Marj	—	1	—	2 (Distr.)
8. Derna	—	—	—	1 (Distr.)
Stadt	—	2	—	
El Gubba	—	—	1	
Tobruk Stadt	—	1	—	1 (Distr.)
Fezzan				
9. Sebha (el Gedid)	—	1	—	2 (Prov.)
10. Ubari	—	—	—	2 (Prov.)

1.—10. = Provinzen/Provinces
HZ = Hauptzentrum/Main center
(Prov.) = in der Provinz = (Muhafed)
in the province = (Muhafed)
(Distr.) Distrikt = (Mutessarifiah)
District = (Mutessarifiah)

Tabelle XII. *Mollusken, die von Italienern in Libyen gefunden wurden*

Table XII. *Molluscs observed by Italian authors in Libya*

	Wahrscheinlich synonym mit der von der WHO anerkannten neuen Nomenklatur: Probably synonymous with the new nomenclature recognized by the WHO:
	Bulinus truncatus truncatus
Bulinus contortus	Bulinus truncatus truncatus
Bulinus innesi	Bulinus (physopsis) africanus (in the Cyrenaica)
Physopsis africana (in der Cyrenaica)	Biomphalaria pfeifferi
Planorbis pfeifferi } Maharuga (Fezzan), Gat, Derna (Cyrenaica)	
Planorbis ehrenbergi }	Planorbarius metidjensis
Planorbis metidjensis }	Biomphalaria alexandrina alexandrina (near Tauorga)
Planorbis boissyi var. libyca (bei Tauorga) } (durch Ragazzi)	Planorbis numidius (Cyrenaica)
Planorbis numidius (Cyrenaica) }	
Melanoides tuberculata (Brak, Ubari, Gat und Umgebung)	
Limnaea laurenti (el Barkat bei Gat)	Radix ovata (Brak and in the Cyrenaica)
Limnaea ovata (Brak und in der Cyrenaica)	
nach Germain: Bulinus strigosus var., westl. Form bei Gat	Biomphalaria pfeifferi rüppellii
außerdem nach Ranson: Planorbis rüppellii	Biomphalaria pfeifferi
as well according to Ranson: Planorbis bridouxianus	bridouxiana
Planorbis gaudi	Biomphalaria pfeifferi gaudi
Planorbis dalloni	
Limnaea exserta	

Tabelle XIII *siehe Seite 154* Table XIII *see page 154*

Tabelle XIV. *Die wichtigsten gemeldeten Krankheiten in Libyen von 1959—1963*

Table XIV. *The most important diseases reported in Libya 1959—1963*

List of diseases	Internat. Code	1959				1960				1961				1962				1963				Internat. Code	Deutsche Krankheitsbezeichnung
		Trip.	Cyr.	Fez.	Total Ges.	Trip.	Cyr.	Fez.	Total Ges.	Trip.	Cyr.	Fez.	Total Ges.	Trip.	Cyr.	Fez.	Total Ges.	Trip.	Cyr.	Fez.	Total Ges.		
Tuberculosis of Respir. System	01–08	1812	591	127	2530	1905	897	135	2937	2128	1042	163	3333	1826	1056	150	3032	1728	1043	93	2864	01–08	Tuberkulose der Atmungsorgane
Tuberculosis, other forms	10–19	31	128	34	193	78	60	40	178	226	69	121	416	295	93	13	401	420	61	26	507	10–19	Tuberkulose anderer Organe
Syphilis	20–29	224	34	26	284	178	39	10	227	149	27	2	178	62	27	2	91	42	15	·	57	20–29	Syphilis
GO and other Veneral Diseases	30–39	432	78	135	645	471	48	33	552	284	49	44	377	101	16	85	202	99	8	33	140	30–39	Gonorrhoe und sonstige Geschlechtskrankh.
Typhoid and Paratyphoid Fever	40–41	247	27	9	283	341	36	5	382	107	31	46	184	199	20	103	322	193	4	133	330	40–41	Typhus und Paratyphus
Other Salmonella Infections	42	·	·	·	·	·	5	21	26	·	·	33	33	·	·	6	6	·	·	·	·	42	Sonstige Infekte der Salmonellagruppe
Brucellosis	44	83	·	7	90	16	·	·	16	·	1	·	1	·	7	·	7	2	·	·	2	44	Brucellose
Bacillary Dysentery	45	34	54	152	240	117	49	26	192	486	60	42	588	503	117	11	631	149	3	33	205	45	Übertragbare Ruhr
Amoebiasis	46	108	67	109	284	80	186	70	336	387	209	214	810	159	131	510	800	106	208	650	964	46	Amoebenruhr
Unspecified Forms of Dysentery	47–48	·	13	262	275	·	10	616	626	·	·	692	692	1	·	372	373	·	1	168	169	47–48	Andere Formen der Ruhr
Food Poisoning	49	53	·	25	78	197	9	28	234	140	·	87	227	239	·	1	240	95	·	10	105	49	Bakt. Lebensmittelvergiftung
Scarlet Fever	50	·	·	·	·	15	·	1	16	45	1	4	50	86	·	·	86	61	·	·	61	50	Scharlach
Septicaemia and Pyaemia	53	·	·	12	12	·	·	5	5	65	·	1	66	·	·	·	·	·	·	1	1	53	Sepsis und Pyämie
Diphtheria	55	34	·	2	36	22	1	·	23	25	4	2	31	15	20	6	41	5	13	2	20	55	Diphtherie
Whooping Cough	56	3190	208	·	3398	1119	273	12	1404	1916	45	41	2002	3851	192	2073	6116	1045	161	549	1755	56	Keuchhusten
Meningococcal Infections	57	4	8	5	17	9	6	3	18	15	7	3	25	15	11	·	26	15	13	1	29	57	Meningokokken-Infektionen
Leprosy	60	17	12	·	29	12	10	1	23	13	1	·	14	15	2	·	17	20	5	·	25	60	Lepra
Tetanus	61	34	21	·	55	46	23	·	79	39	16	·	55	48	23	·	71	38	24	·	62	61	Tetanus
Anthrax	62	12	17	·	29	10	218	·	228	3	144	·	147	29	20	·	49	10	13	·	23	62	Milzbrand
Gas Gangrene	63	·	·	·	·	·	·	·	·	·	·	·	·	·	·	·	·	·	4	·	4	63	Gasgangrän
Other Bact. Diseases	64	·	·	·	·	·	·	25	25	·	·	38	38	·	·	·	·	·	·	30	30	64	Sonstige bakt. Krankh.
Vincent Infection	70	·	27	21	48	·	253	8	261	·	·	104	104	·	·	6	6	·	·	·	·	70	Spirochätenkrankh.
Relapsing Fever	71	·	·	2	2	·	3	·	3	·	·	·	·	15	·	·	15	·	·	·	·	71	Rückfallfieber
Acute Poliomyelitis	80	61	17	·	78	20	26	·	46	49	28	2	79	59	1	·	60	147	17	3	167	80	Übertragbare Kinderlähmung

Tabelle XIV (Fortsetzung)/Table XIV (Continued)

List of diseases	Internat. Code	1959 Trip.	1959 Cyr.	1959 Fez.	1959 Total Ges.	1960 Trip.	1960 Cyr.	1960 Fez.	1960 Total Ges.	1961 Trip.	1961 Cyr.	1961 Fez.	1961 Total Ges.	1962 Trip.	1962 Cyr.	1962 Fez.	1962 Total Ges.	1963 Trip.	1963 Cyr.	1963 Fez.	1963 Total Ges.	Internat. Code	Deutsche Krankheitsbezeichnung
Acute Infectious Encephalitis	82	·	·	·	·	·	·	·	·	16	·	·	16	10	2	·	12	4	·	·	4	82	Akute übertragbare Gehirnentzündung
Measels	85	2764	735	18	3517	3671	537	83	4291	7457	1160	725	9342	3713	695	298	4706	1675	1831	140	3646	85	Masern
Rubella (Germ. Measles)	86	·	·	15	15	·	·	11	11	·	4	7	11	·	12	·	12	·	38	50	88	86	Röteln
Cickenpox	87	672	129	52	853	626	122	54	802	400	75	75	550	656	24	116	796	811	24	416	1251	87	Windpocken
Herpes Zoster	88	·	·	4	4	·	·	·	10	·	·	9	9	·	11	18	29	42	19	10	71	88	Herpes Zoster
Mumps	89	1984	268	62	2314	288	111	58	457	226	24	30	280	1655	19	16	1690	981	117	84	1182	89	Mumps
Dengue	90	·	·	·	·	·	·	·	·	·	·	16	16	·	·	·	·	·	4	·	4	90	Denguefieber
Infectious Hepatitis	92	·	7	45	52	·	45	63	108	·	5	68	73	·	·	76	76	·	2	73	75	92	Übertragb. Hepatitis
Infect. Mononucleosis	93	·	5	·	5	·	·	·	·	·	·	5	5	·	·	1	1	·	·	33	33	93	Pfeiffersches Drüsenfieber
Rabies	94	16	·	·	16	9	·	·	9	6	6	·	12	11	·	·	11	·	·	·	·	94	Tollwut
Trachoma	95	·	·	·	·	·	·	·	·	·	·	·	·	·	·	·	·	4126	·	·	4126	95	Trachom
Other Virus Diseases	96	·	·	·	·	·	·	2	2	·	·	·	·	·	·	·	·	·	·	18	18	96	Sonst. Viruskrankh.
Louse-borne Epidemic Typhus	100	21	15	·	36	11	40	·	51	6	1	·	7	3	·	·	3	·	2	·	2	100	Läuse-Fleckfieber
Malaria	110 ff.	1	66	149	216	·	7	16	23	·	17	15	32	1	19	12	32	·	5	12	17	110	Malaria ff.
Leishmaniasis	120	1	·	1	2	·	·	1	1	·	·	·	·	·	5	·	5	·	·	·	·	120	Leishmaniose
Other Protozoal Diseases	122	·	·	·	·	·	·	·	·	·	106	5	111	·	·	36	36	·	·	2	2	122	Sonstige Protozoenkrankheiten
Schistosomiasis	123	1	6	162	169	5	2	273	280	25	14	333	372	27	10	460	497	4	13	328	345	123	Bilharziose
Other Trematode Infestation	124	·	·	3	3	·	·	30	30	·	·	·	·	·	·	·	·	·	·	32	32	124	Sonstige Wurmkrankheiten
Ankylostomiasis	129	·	·	·	·	·	·	·	·	·	·	·	·	·	·	·	·	·	·	1	1	129	Hakenwurmkrankheit
Infestation with other Worms	130	·	7	196	203	372	·	·	372	·	·	547	547	·	·	487	487	·	·	134	134	130	Sonstige Wurmkrankheiten
Dermatophytosis	131	·	256	108	364	·	641	37	678	3	640	30	673	5813	892	218	6923	·	606	80	686	131	Dermatophytose
Actinomycosis	132	·	15	4	19	2	·	·	2	·	·	5	5	·	·	·	·	·	·	·	·	132	Aktinomycose
Other Fungus Infections	134	·	·	55	55	18	·	·	18	·	·	4	4	·	·	83	83	·	·	21	21	134	Sonst. Pilzinfektionen
Scabies	135	·	·	5	5	·	7	·	7	·	9	4	13	·	1	·	1	·	·	·	·	135	Krätze
Other Infections and Paras. Diseases	138	·	·	·	·	·	·	·	·	·	·	16	16	·	·	2	2	·	·	168	168	138	Sonstige infektiöse und parasitäre Krankh.
Influenza	180–183	·	·	·	·	·	·	·	·	1475	341	827	2643	2872	761	1290	4923	913	287	784	1984	180–183	Grippe
Enteritis	571	·	·	·	·	·	·	·	·	5206	49	1457	6712	5381	·	1144	6525	4235	130	1044	5409	571	Darmentzündung
Puerperal Fever	681	·	·	·	·	·	·	·	·	61	1	25	87	129	1	14	144	175	·	11	186	681	Kindbettfieber

Tabelle XIII. *Bilharziose im Fezzan* / Table XIII. *Bilharziasis in Fezzan*

Buanis:

	Infizierte/ Infected persons*		Bulinus	
El Gedid	41%	(71%)	+++	(+)
Gara Sebha	0	(0)	0	(0)
el Gorda	27%	(62%)	+	(0)
es Zighen	27%	(0)	+	(0)
Semnu	14%	(0)	+	(0)
Temenhint	10%	(50%)	+	(0)
Goddua	—	(99%)	—	(+++)

Hofra:

Murzuk	—	(41%)	+	
el Ain (Fongul)	37%		++	
Traghen	47%	(92%)	+++	
Hammera	90%		++	
Zuila	0	(0)	0	
Tmessa	44%		+	

Wadi es Schati:

Brak	0	(62%)	++	(+++)
Agar	12%	(8%)	0	
Maharuga	55%	(97%)	+++	(+++)
el Gorda	15%	(33%)	0	
Berguin	0	(0)	0	
Edri	0	(0)	0	

Wadi Adschal:

	Bulinus
Hatiya Disa (4 km ö Ubari)	+
Dscherma	
Brech	
Tekertiba	
Bendbeya	
Klef	
el Abid	

Wadi Hekma:

	Infizierte/ Infected persons*		Bulinus
Gatrun	0		0
el Backi	47%		++
südl. Dörfer	0	(3%)	++

Zeichenerklärung:

+ / ++ / +++ } Verschiedene Stärken des Auftretens
0 nicht nachgewiesen
— nicht untersucht
* . . . . Befall der Bevölkerung in Prozent*
% . . . . nach Vermeil, Frühjahr 1951
in Klammern nach Natasi, Sommer 1937

Legend:

+ / ++ / +++ } different intensity of incidence
0 . . . . not proved
— . . . . not examined
% . . . . in per cent. of population*
* . . . . according to Vermeil, spring 1951
in brackets according to Natasi, summer 1937

Literatur / References

Es ist nur *die wichtigste benutzte Literatur* hier angeführt. Die am häufigsten aufgeführten Zeitschriften sind folgendermaßen abgekürzt:

Ann. = Annales della societa medica coloniale della Libia
Arch. = Archivio italiano di scienze mediche coloniale; seit 1953: Archivio italiano di scienze mediche tropicali e di parassitologia
Boll. = Bolletino Sanitario della Tripolitania

Das Schrifttum ist für jeden Teil des Buches nach Verfassernamen alphabetisch angeordnet.

Here only the most important literature is given. The most mentioned periodicals are abbreviated as follows:

Ann. = Annales della societa medica coloniale della Libia
Arch. = Archivio italiano di science mediche coloniale; since 1953: Archivio italiano di scienze mediche tropicali e di parassitologia
Boll. = Bolletino Sanitario della Tripolitania

For every part of this book the names of the authors are arranged in alphabetic order.

Teil A / Part A

BELL, K. D.: Kufra, handbook on Cyrenaica IX. Benghazi.

BERTARELLI, L. v.: Possedimenti e colonie (Tripolitania e Cirenaica) Touring Club Italiano. Milano, 1929.

CAPOT/REY, R.: L-Edeyen de Mourzouk. Extrait de l' Institute des Recherches Sahariennes, IV, 1947. Alger.

CORTI, R.: La vegetatione. In Sahara Italiano, Fezzan e Oasi di Gat. R. Soc. Geograf. Italiana, 1937; S. 161.

DESIO, A.: The morphology of Marmarica and the Libian desert. Intern. Geogr. Congress. Cambridge, 1928.

— Schizzo geologico della Libia. Consiglio Nazionale delle ricerche, Firenze, 1933.

— Geologia e morfologia. In Sahara Italiano I. R. Soc. Geogr. Italiana, Roma, 1937; S. 39.

— Acque superficiali e sotteranee, Fezzan e Oasi di Gat. R. Soc. Geogr. Ital. Roma, 1937; S. 121.

— I due laghetti salati di Cufra. Boll. R. Soc. Geogr. Ital. Roma, 1939; S. 740.

— Überblick über die Geologie Libyens. Geolog. Rundschau, 1942.

— Il Tibesti nord-orientale. R. Soc. Geogr. Ital. 1942; S. 175.

— Le vie della sete. Milano, 1950.

DESPOIS, J.: La colonisation italienne en Libye. Paris, 1935.

— Le Djebel Nefousa (Tripolitaine). Paris, 1955.

FANTOLI, A.: Clima. In Sahara Ital. R. Soc. Geogr. Ital. Roma, 1937; S. 95.

— La prima traversata dell' Hamada el Hamra. Boll. R. Soc. Geogr. Ital. Roma, 1942.

— Le piogge delle Libia. Min. dell' Africa Italiana, Roma, 1952.

GARIAN, P., u. B. GARIAN: Libyen — Land der Zukunft. Wien, 1965.

GHISLERI, A.: Tripolitania e Cirenaica. Milano, 1912.

HECHT, F., M. FÜRST u. E. KLITSCH: Zur Geologie von Libyen. Geolog. Rundschau, 1964.

HILL, R. W.: Underground water resources of the Jefara plain. Field Studies in Libya, University of Durham, 1960.

JANY, E.: An Brutplätzen des Lannerfalkens in der inneren Sahara. 17. Ornitholog. Kongreß, Helsinki, 1958.

— Salma Kabir — Kufra — Jabal al Uwenat. Zeitschr. Ges. für Erdkunde, Berlin, 1963.

JUSATZ, H. J.: Die Bedeutung der landschaftsökologischen Analyse für die geographisch-medizinische Forschung. Zeitschrift „Erdkunde" 12. Band, H. 4. S. 284—289, 1958.

— Die Darstellung von Krankheiten und Seuchen im Kartenbild. Geographisches Taschenbuch 1962/63, S. 322—333 mit 5 Abb. Wiesbaden, 1962.

— Richtlinien für die Abfassung von Medizinischen Länderkunden. Arch. Hyg. 147. Band, H. 4/5, S. 279—288, 1963.

— Die Bedeutung der medizinischen Ortsbeschreibungen des 19. Jahrhunderts für die Entwicklung der Hygiene. Vervielfältigtes Vortragsmanuskript der Geomedizinischen Forschungsstelle der Heidelberger Akademie der Wissenschaften, 1963; und in: HEISCHKEL-ARTELT: Der Arzt und der Kranke im 19. Jahrhundert. Stuttgart 1967.

JUSATZ, H. J.: Die Bedeutung der Seuchenlage für die Entwicklung der Tropenländer. Heft 144 der Schriftenreihe der Arbeitsgemeinschaft für Forschung des Landes Nordrhein-Westfalen, Natur-, Ingenieur- und Geisteswissenschaft, S. 49 bis 89, Köln und Opladen, 1965.
Sonderdruck 3, Südasien-Institut Universität Heidelberg.

KANTER, H.: Die Verbreitung der im Menschen parasitierenden Trematoden. Janus, Leyden, 1921; S. 3.

— Die Harudsch el asued in Libyen. Pet. Mitt., 1940.

— Klimatographische Witterungsschilderung. Tripolitanien, Ann. der Hydrographie und marit. Meteor., 1940.

— Der Fezzan als Beispiel innersaharischer Becken. Sitzungsber. europ. Geographen, Würzburg, 1942.

— Zwei wissenschaftliche Reisen in Libyen. D. Hochschullehrer Zeitung, Tübingen, 1959.

— Dreißig Jahre Forschungsreisen in Libyen. D. Hochschullehrer Zeitung, Tübingen, 1963.

— Eine Reise in NO-Tibesti (Rep. Tschad). Petermanns geogr. Mitteilungen, Gotha, 1963.

— Die Serir Kalanscho in Libyen (Landsch. d. Vollwüste). Petermanns geogr. Mitteilungen, Gotha, 1965.

— Wüstenreise von Benghasi nach Kufra 1957/58. Geograph. Rundschau, 1965.

LELUBRE: L'exploration au Dohone. Miss. scient. du Fezzan, 1950.

MARSHALL, W. E.: Forestry in Tripolitania. Field Studies in Libya, University of Durham, 1960.

MARTINI, E.: Wege der Seuchen. Stuttgart, 1936.

MECKELEIN, W.: Klimageomorphologie, Forschungen in der zentralen Sahara. Braunschweig, 1962.

MONOD, M. TH.: Reconnaissance au Dohone. Inst. de Recherches Sahariennes del' Universite d' Alger. Miss. scient. du Fezzan, n. VI, 1944/45.

MÜHLHOFER: Beiträge zur Kenntnis der Cyrenaica mit bes. Berücksichtigung des Höhlen- und Karstphänomens. Wien, 1932.

— Bewässerungsfragen in der Cyrenaica. Beiträge zur kolonialen Forschung, Berlin, 1944.

MULLER-FEUGA, R.: Contribution a l'etude de la geologie, de la petrographie et des ressources hydrauliques et minerales du Fezzan. Ann. des mines et de la Geologie XII, Tunis, 1954.

NACHTIGAL: Sahara und Sudan. Bd. 1, Berlin, 1879.

PASSARGE, S.: Das Problem landschaftskundlicher Forschung und Darstellung. Mitt. der Geograph. Ges., Hamburg, 1928.

PETERS, H.: Haustier und Mensch in Libyen, 1940.

PFALZ, R.: Landeskundliche Hauptprobleme Tripolitaniens. Pet. Mitt., 1929.

— Note geologiche sui terreni di el Gubba e Derna. Boll. geogr. del Governo della Cirenaica, Benghasi, 1931.

— Hauptzüge im geologischen Bau Italienisch Libyens. Geolog. Rundschau, 1934.

— Beiträge zur Geologie von italien. Libyen. Z. D. Geol. Ges., 1938.

— Geologie und Morphologie in Libyen. 18. Ber. Freiberger Geolog. Ges., 1940.

— Geomorphologische Probleme in Libyen. Ges. f. Erdkunde, Berlin, 1940.

PILLEWIZER, W., u. N. RICHTER: Beschreibung und Kartenaufnahme der Krateroase Wau en Namus in der zentralen Sahara. Haak Festschrift, Gotha, 1957; S. 303.

RATHJENS, C.: Löß in Tripolitanien. Z. d. Ges. f. Erdkunde, Berlin, 1928.
RICHTER, LORE: Inseln der Sahara. Leipzig, 1957.
RICHTER, N.: Unvergeßliche Sahara. Leipzig, 1952.
— Zur Hydrologie der zentralen Sahara. Monatsber. der Akademie der Wissensch., Berlin, 1952.
— Auf dem Wege zur schwarzen Oase. Leipzig, 1958.
— Wau en Namus — die Mückenoase. Wiss. und Fortsch., 1958.
— Vorl. Bericht über Verlauf und Ergebnisse der D. Saharaexpedition, 1958. Pet. Mitt., Gotha, 1959.
— Beobachtungen der Verdunstung an freien Wasserflächen der zentralen Sahara. Gerlands Beitr. z. Geophysik, 1960.
—, u. LORE RICHTER: Libyen. München, 1960.
RODENWALDT, E.: Die Bedeutung der geographischen Faktoren für die epidemiologische Analyse. Ärztliche Praxis, München, 1953.
— 1. Symposion über Medizinische Länderkunde. (Hrsg. mit H. J. JUSATZ). Maschinenschriftvervielfältigung Geomedizinische Forschungsstelle, Heidelberg, 1963.
—, u. H. J. JUSATZ: Tropenhygiene. 6. Aufl. Stuttgart: Ferdinand Enke 1966.
SCHIFFERS, H.: Die Sahara und die Syrtenländer. Hannover, 1950.
— Begriffe, Grenze und Gliederung der Sahara. Petermanns Mitteilungen, Gotha, 1951.
— Die Seen der Sahara. Die Erde, Berlin, 1951/52; S. 1.
— Libyen und die Sahara. Bonn, 1962.
SCHMIEDER-WILHELMY: Die faschistische Kolonisation in Nord-Afrika. Leipzig, 1939.
SCORTECCI, G.: La fauna in Sahara italiano, Fezzan e Oasi di Gat. R. Soc. Geogr. Italiana, 1937; S. 211.
SHAW, W. B. K.: Long Range Desert Group. London, 1959.
U. S. States Department of the Interior, Geological Survey 1960. Brief resume of ground-water conditions in Libya.
WEIS, H.: Wasserhaushalt des Fezzan, der südl. Wüste und des Berglandes von Tibesti. Fachbl. f. Gastechn. und Gaswirtschaft, Wasser und Abwasser, Wien, 1956; S. 929.
— Wasser und Erdöl in Libyen. Fachbl. f. Gastechnik und Gaswirtschaft, Wasser und Abwasser, Wien, 1962; S. 1028, 1285.
WILLIMOTT, S. G., and I. J. CLARKE: Soils of the Jefara Plain. Field Studies in Libya. University of Durham, 1960.
WITTSCHELL: Der tripolitanische Dschebel, eine große Denudationsstufe. Zeitschr. f. Geomorphologie, 1928/29.

Teil B / Part B

ABBAS HILMI AL HILLI: Grundlagen, Stand und Entwicklungsmöglichkeiten der Wirtschaft in Libyen. Forschungsberichte des Landes Nordrhein-Westfalen. Westd. Verlag, Köln-Opladen, 1961.
AGOSTINI, E. DE: Le popolazioni della Cirenaica. Benghasi, 1922/23.
— Le forme residuali di scavitu presso le popolazioni della Tripolitania. Boll. Geograf., 1934.
AYMO, J.: La maison ghadamsie. Trav. de l'Institute des Recherches Sahar, XVI, Paris, 1958.
BATAILLON, C.: Nomades et nomadisme au Sahara. Recherches sur la zone aride. Publiée par Unesco, 1963.
BREHONY, J. A. N.: Seminomadism in the Djebel Tarhuna. University of Durham, 1960.
BULUGMA, H.: Ethnic Elements in the Western coastal zone of Tripolitania. In WILLIMOTT-CLARKE: Field studies in Libya. University of Durham, 1960.
CAPOT REY, R.: Le nomadisme des toubous. Publiée par Unesco.
CAUNEILLE, A.: Le seminomadisme dans l'Ouest libyen. Publiée par Unesco.
— Le nomadisme des Zentan. Trav. de l'Institute des Recherches Sahar, XVI, Paris, 1957.
CAUNEILLE, A.: Le nomadisme des Megarha. Trav. de l'Institute des Recherches Sahar. XVI, Paris, 1957.
CHARLES-PICARD, G., u. COLLETE: So lebten die Karthager zur Zeit Hannibals. Stuttgart, 1959.
CLARKE, J. I: The Siaan pastors of the Jafara plain. University of Durham, 1960.
CONRAD, H.: Herodotus. Neun Bücher der Geschichte. Leipzig, 1911.
DESPOIS, J.: Geographie humaine. Trav. de l'Institute de Recherches Sahariennes. Paris, 1958.
EVANS-PRITCHARD, E. E.: The Sanussi of the Cyrenaica. Oxford University Press, 1954.
GAUTIER, E. F.: Geisereich. Frankfurt, 1934.
GSELL: Le Tripolitaine et le Sahara au IIIème siècle de notre ère. Mem. de l'Institute nat. de France. Acad. des inscriptions et belles lettres. Paris, 1933.
KRONENBERG, A.: Die Teda von Tibesti. Wiener Beitr. z. Kulturgeschichte und Linguistik Bd. XII.
SCARIN, E.: L'Insediamento umano della zona fezzanese e Oasi di Gat. Firenze, 1938.
— Insediamenti e tipi di dimore. Il Sahara Italiano, I Fezzan e Oasi di Gat, Roma, 1937; S. 515.
— Le Oasi cirenaiche del 29° Parallelo. Firenze, 1937.
— Le Oasi del Fezzan. Richerche ed Osservazioni di Geografia umana. Bologna, 1934.
SERGENT, E.: Le Peuplement humain du Sahara. Institute Pasteur d'Algèrie, 1953.
The economic development of Libya. Reports on a mission organised by the International Bank for Reconstruction and Development, publ. by the Johns Hopkins Press, Baltimore, 1963.
United Kingdom of Libya. Preliminary Result of the General Population Census, 1954.
United Kingdom of Libya. Statistical Abstract of Libya 1958—1962. Ministry of National Economy, Tripoli.
United Kingdom of Libya. External Trade Statistics 1962, Ministry of National Economy, Tripoli.
United Kingdom of Libya. Preliminary Result of the General Population Census, 1964.
WEIS, H.: Beitrag zur Kulturgeographie des Fezzan und der östlichen Zentralsahara. Mitt. Österr. Geogr. Ges., Wien, 1961.
— Der antike Fezzan — das Glacis des Limes tripolitanus. Jahreshefte des Österr. archäolog. Inst. Bd. XLIV; S. 172.
Weltgeschichte. Hrsg. HELMOLT, Bd. III und IV. Leipzig, 1901 und 1900.

Teil C / Part C

Die meisten Angaben beruhen auf persönlichen Erhebungen an Ort und Stelle, Auskünften von örtlichen Behörden und Privatpersonen sowie auf Mitteilungen in der Tagespresse. Außerdem wurden folgende Veröffentlichungen herangezogen:

Most of the information is based on personal investigations on the spot on inquiries from local officials, private persons as well as on informations from the daily press. Moreover the following publications were extracted:

FÖLLMER, W.: Probleme der Gesundheitsorganisationen in Libyen. Dtsch. Medizin. Wochenschrift, 1958; S. 1908.
— Wie soll der Einsatz von deutschen Ärzten und deutschem Pflegepersonal im Gesundheitsdienst der Entwicklungsländer durchgeführt werden? Dtsch. Ärzteblatt, 1961; S. 2202.
— Ärzte in Nordafrika. Dtsch. Ärzteblatt, 1965; S. 263.
JUSATZ, H. J.: Die Darstellung von Krankheiten und Seuchen im Kartenbild. Geographisches Taschenbuch 1962/63; S. 322.
SELBY LOWNDES, R. M.: Health visiting in Cyrenaica. Nursing Times, London, 1959, Nov. 21.
STRECKER, G.: Das Gesundheitswesen in Libyen. Hess. Ärzteblatt, 1962.
Tripoli School of Nursing: Libya North Africa. International Nursing Review, Vol. 7, 1960.

United Nations Technical Assistance Programme. The Economic and Social Development of Libya. New York, 1953.

ZAVATTARI, E.: Condizioni sanitarie in Sahara Italiano, Fezzan e Oasi di Gat. R. Soc. Geogr. Ital. Roma, 1937; S. 385.

Teil D und E / Part D and E

ALONGI, G., e A. BALBONI: La tripanosomiasi del dromedario in Tripolitania. Clinica Veterin. Milano, 1936; Vol. 58, S. 110.

ANDOLFATO, M., e A. FODELI: La Bilharziosi a Murzuk e nella Hofra. Giorn. Ital. Malatt. Esoter. e Tropicali, 1936; S. 286, 289.

ANGRISANI, V.: La nosologia della Prov. centrale della Tripolitania con speziale riferimento alle malattie dell' apparato respiratoria. Boll. sanit. della Tripolit. Vol. XI, 1937.

— Cinque casi di Aihum riscontrati sul Gebel Nefusa. Consider. sulla etiopatogenesi dell' Aihum. Boll., 1949.

— La nosologia della Provincia orientale della Tripolitania con speziale riferimento alla Amebiasi e ad altre infestioni protozoarie. Annali di Medicina Navale, 1961.

BACCHELLI, G.: L'Anchilostomiasi in Tripolitania. Arch., 1937.

BERTI, E.: Appunti di noso-geografia sulla Msellata. Arch., 1932.

CAMPOLILLO, P., e A. SOLLINI: Enterite acuta con Elmintiasi in Tripolitania. Arch., 1938.

CASATI, E.: Malattie oculari nel Sahara Libico. Ann., II, 1937.

CASTIGLIA, O.: Un caso di echinococci epatica in Cirenaica. Giornale med. militare, 1918; Vol. 66, S. 1096.

CICCHITTO, E.: La Bilharziosi in Libia. Arch., 1937.

CICOGNA, D.: L' Echinococcosi in Tripolitania. Boll., 1961.

CIOTOLA, ALBERTO: L'ispettorato centrale di sanita della Libia e la sua opera in rapporto alla patologia locale del 1911 al 1951. Arch., 1953.

COGHILL, N. F., J. LAWRENCE, and J. D. BALLANTIN: Relapsing fever in Cyrenaica. Brit. Med. Journal, No. 4505, 1947.

COOPER, E. L.: Relapsing fever in Tobruk. Med. Journ. Australia, 29. Vol. 1., 1942.

DIXON, C. W.: Smallpox in Tripolitania 1946: An epidemiological and clinical study of 500 cases, including trials of penicillin treatment. Journal of Hygiene, 1948.

FELICE, M.: Aspetto clinico-statistico della Sifilide nervosa nell-Arabo-Libico. Boll., 1947.

FÖLLMER, W.: Probleme der Gesundheitsorganisation in Libyen. Deutsche medizinische Wochenschrift, 1958; S. 1908.

— Die Säuglings- und Kindersterblichkeit und ihre Ursachen in einem Entwicklungsland. Deutsche medizinische Wochenschrift, 1960; S. 1993.

— Besonderheiten der Geburtshilfe und Gynäkologie in Libyen. Der Landarzt, 1958; S. 136. — Arch. Gyn. 1962, S. 596.

— Wie soll der Einsatz von deutschen Ärzten und deutschem Pflegepersonal im Gesundheitsdienst der Entwicklungsländer durchgeführt werden? Deutsches Ärzteblatt, Ärztliche Mitteilungen, 1961; S. 2202.

— Menarche und Schwangerschaft. Arch. f. Gynäkologie, 1961; S. 355.

— Welchen Beitrag können die westeuropäischen Universitäten und ihre Forschung auf dem Gebiet der Geburtshilfe und Frauenheilkunde für die Entwicklungsländer leisten? Geburtsh. und Frauenheilkunde 1962. 3. Akad. Tagung, 1961.

— Ärzte in Nordafrika. Deutsches Ärzteblatt. Ärztliche Mitteilungen, 1965.

— Die Bedeutung der Amoebiasis für die Diagnosestellung in der Geburtshilfe u. Frauenheilk. 1966; S. 302.

FRANCHINI, G.: Su di una tripanosomiasi dei cammelli a Giarabub in Cirenaica. Pathologica, 1926; S. 481.

— Leishmaniosi nelle colonie italiane del Nord-Africa. Arch., 1932.

FRANCHINI, G.: Ancora sull' Ornithodorus moubata della Tripolitania. Arch., 1933; S. 628.

— A proposito di un articulo del Prof. ZAVATTARI. Arch., 1933.

— L'Ornithodorus savignyi della Cirenaica trasmotta la febbre ricorrente africana da Spirocheta di Dutton. Arch., 1935; S. 403.

— Fievre ricurrente dans l'Afrique Italienne du Nord. Lésions cutanées et fièvre causées par les piqures de signes. Rap. et Comp. Rend. 1. Congrès d'hygiène mediterrannéenne, Marseille 1932, 1933.

GIORDANO, M.: La Febbre esantematica del Littorale Mediterraneo in Tripolitania. Arch., 1935; S. 101.

Governo della Libia: Sezione zooprofilattica. Tripoli, 1941, 2. Ann.

HAKIM, H.: Tripoli school of nursing. Int. Nurs. Rev. 7, 1960.

KHALIL, AMIN: Three weeks in two Libyen villages. Intern. Journal of Health Education, 1960.

KHALIL, MOHAMED BEY: Bilharzia infection in the Mediterranean Basin. Congrès internat. d'hygiène mediterranèenne Marseille 1932, Hygiène mediterranèenne, 1933.

KISSOPOULOS, A.: Tuberculosi in Tripolitania. Boll., 1960.

L'Attività del' Laboratorio Batteriologico della Tripolitania nei suoi aspetti statistici sociali e nosologici. Boll., Vol. XI, 1953.

LEBON, J., M. FABREGOUL et R. EISENBETH: Les cirrhoses non alcooliques du musulman Nordafricaine. La presse médicale, 1952.

LODATO, G.: Bilharziosi vesicali e reperto di Bullinus, Melania e Limnaea in alcuna località del Fezzan. Arch., 1932; S. 235.

— Le donne fezzanese e la malaria. Arch., 1933.

— Campagna antimalaria nel Fezzan: Ubari-Edri. Arch., 1935.

— Risposta alla nota del Prof. ZAVATTARI. Arch., 1934; S. 353.

LOLLINI, CLELIA: La Tuberculosi negli indigeni nella Tripolitania. Boll., 1944.

— Considerazioni sui risultati ottenuti e sulle misure da prendere dopo più di un decennio di lotta contro la tuberculosi in un paese a popolazione prevalentemente araba quale la Tripolitania. Boll., 1950.

— Epidemiology of tuberculosis in Tripolitania and in Fezzan (Libya). Bul. of the International Union against Tuberculosis. Intern. Tubercul. Yearbook, 1956.

— Esperienze di vaccinazione con il B.C.G. in Tripolitania. Considerazioni sull' indice tuberculino e sull' allergia post vaccinale. Lotta contro la Tuberculosis, 1960.

MAZZOLANI, D.: Proposito di Amebiasi epatica. Ann., II., 1937.

MEDULLA, C.: La Cirenaica dal punto di vista sanitaria. Estratto dell' Arch., 1931.

— La febbre ricorrente del Nord-Africa in Cirenaica. Arch., 1933.

— La broncospirochetosi del Castellani in Cirenaica. Arch., 1939.

MILELLA, V.: Considerazioni epidemiol. sulla Poliomyelite in Tripolitania dal 1948/59. Boll., 1960.

Ministry of Health. Libya and Malaria, 1964.

Ministry of Information and Guidance. Public Health in Libya.

MODICA, R.: Aspetti della Rickettziosi in Tripolitania, Boll., 1947.

— Aspetti epidemiologici della Rickettziosi in Tripolitania. Boll., 1947.

—, e A. COSTA: Q-febbre in Tripolitania. Arch., 1959.

MODICA, R., M. LIVADIOTTI, A. SORRENTI, e MACALUSO: Incidenza della Sicklemia, pregressa Malaria e distribuzione razziale nell' oasi costiere di Tauorga. Arch., 1960.

MUCCIO, G.: Considerazioni su alcuni casi di tifo esantematico nella Libia occidentale. Ann., II, 1937.

NASTASI, A.: Sopra alcuni casi di Lebbra. Ann., 1937.

NASTASI, A.: La diffusione della Parasitosi intestinali in Tripoli con speciale rigardo alla amebiasi. Ann., II., 1937.

NELMS-LOCKWOOD, AGNESE: Libya-building a desert economy. Intern. Concilation, Carnegie endownment for international peace by ANNE WINSLOW, No. 512, 1957.

NITZULESCU, G., et V. NITZULESCU: Sur la présence du Phlebotomus langeroni en Cyrénaique. Arch., 1933.

POLAZZO, M. Q.: Il primo caso di anchilostomiasi riscontrato in Cirenaica. Arch., 1936.

PRICOLO, ANTONIO: Cenno sulle malattie epizootiche nella Tripolitania e loro Profilassi. Bologna, 1914.

RAGAZZI, GIORGIO: Un caso di Pian in Tripolitania. Arch., 1932.

— La Malaria a Tauorga, Arch., 1933.

RICCI, E.: Nosografia delle Oasi di Cufra (Cirenaica), Arch., 1934.

RICHTER, LORE: Beobachtungen über die Kinder und Jugendlichen aus den Oasen des Fezzan (Königreich Libyen): 1. Teil: Umwelt und Herkommen. 2. Teil: Hygiene und Fortschritt. Ärztliche Jugendkunde Leipzig, 1962.

RINALDI, L.: Di una tripanosi dei dromedari riscontrata in Tripolitania (Misurata), Arch., 1933.

RODENWALDT, E.: Seuchenbekämpfung durch Gebietssanierung. Die Erde, 1961.

—, u. H. J. JUSATZ: Welt-Seuchen-Atlas, Band I—III, Hamburg, 1952/61.
Daraus:
RODENWALDT, E.: Cholera I.
MARTINI, E.: Rückfallfieber I, II.
RIMPAU, W.: Leptospirose I.
DONLE, W.: Poliomyelitis II, III.
SIEBECK, R.: Trachom I, II, III.
BORMANN, F. v.: Fleckfieber I, III.
PIEKARSKI, G., u. A. WESTPHAL: Amoebenruhr I.
PIEKARSKI, G., *et al.*: Leishmaniasen I, II, III.
RAETTIG, H., H. FELTEN u. R. LANGER: Pest II.
LITTANN, K.: Lepra II.
HENNEBERG, G.: Pocken II.
ULMANN, E.: Dengue II, III.
TERHAAG, L.: Q-Fieber II.
SCHLIEPER, C.: Ascariasis II.
WUNDT, W.: Brucellose III.
DAWOOD, M. M., u. A. GISMANN: Schistosomiasis III.
SCHOOP, G., u. E. KAUKER: Tollwut III.

SCADUTO, P.: Un caso di Febbre esantematica mediterranea nei dintorni di Tripoli. Arch., 1934.

— Considerazioni sopra alcuni casi di Bilharziosi vesicale. Ann., 1937.

SCADUTO, P.: Considerazioni sulla diffusione della Parasitosi intestinali in Tripolitania. Ann., II., 1937.

SCHATZMAYER, ARTURO: Due Carabidi nuovi per la Tripolitania. Boll. della Societa entomologica ital., 1937.

SCHIAVI, C.: La Bilharziosi vesicale nel Fezzan, note di profilassi, clinica e terapia. Arch., 1939.

— Il tracoma nel Fezzan — Apunti di terapia. Arch., 1939.

SÉGUY, E.: Un nouveau Tabanide de la Tripolitania Atylotus Franchini. Arch., 1933; S. 625.

SELBY-LOWNDES, R. M.: Health visiting in Cyrenaica, Nursing Times, London, 1953, Nov. 21.

STELLA, E.: Ixodoidae della Libia, Boll. della Societa entomologica ital., 1937; S. 123.

STRECKER, GABR.: Das Gesundheitswesen in Libyen. Hess. Ärzteblatt, 1962.

TESTI, F.: Cose viste e cose raccolte in Cirenaica dell' anno 1913 all' anno 1916. Arch., 1935.

TRIPODI, M.: Malattie dominanti nella Tripolitania, osservazioni e problemi di studio. Ann., 1937.

— Quadri poco noti dell' Amebiasis. Ann., II., 1937.

— Le forme a tipo setticemico dell' amebiasi. Boll., 1948.

Tripoli School of Nursing, Libya North Africa. Intern. Nursing Review, Vol. 7, 1960.

United Nations Technical Assistance Programme: The Economic and Social Development of Libya. New York, 1953.

VALLEGIANI, L.: Relievi clinico-statistici sulla Tuberculosi di primo accertamento in Tripolitania. Lotta contro la Tuberculosis, 1959; S. 1256.

VERMEIL, C.: Présence de Bulinus contortus Michaud a Rhat, Fezzan. Ann. Parasit., 1951; S. 415.

— Premières données sur l'etat actuel des Bilharzioses au Fezzan, Libye. Ann. Parasit., 1952; S. 499.

— Contribution à l'étude des Bilharzioses au Fezzan (Lybie). Bull. de la société des sciences naturelles de Tunisie, 1952.

— Contribution à l'étude des Culicides du Fezzan, Lybie. Bull. de la soc. de Pathologie Exotique, 1953.

VIGLIETTA, C.: Osservazioni epidemiologiche sulla brucellosi nella provincia di Derna., Arch., 1935.

ZACCARIA, R.: Epidemiologia e profilassi della Lebbra in Tripolitania 1923/53. Boll., 1953.

ZAVATTARI, E.: Sulla asserita presenza dell' Ornithodorus moubata in Libia e sull' asserita conseguente presenza in Libia della febbre ricorrente da Spirochaeta duttoni. Arch, 1934; S. 347.

— Ambiente fisico e Schistosomiasi vesicale in Libia. Riv. di Biologia coloniale, 1938/39.

Index geographischer Namen · Geographical Index

Geographische Namen, die im Text erwähnt sind:	Lage im Planquadrat auf der Karte 17
Geographical names mentioned in the text:	Situation on the map square in Map 17

Andere Schreibweisen oder ein zweiter Name für den gleichen Ort sind in eckige Klammern gesetzt.

Buchstaben und Zahlen in Klammern weisen auf Orte hin, die nicht in der Karte eingetragen sind, Ortsangaben in Klammern auf ihre Lage im Planquadrat.

Other manners of writing or a second name for the same place are put in square brackets.

Letters and figures in brackets point to places not registered in the map, places in brackets to the situation on the map square.

W: = westlich von / West of S: = südlich von / South of
E: = östlich von / East of N: = nördlich von / North of

Bildbeilagen

Illustrations

Text of the figures translated by Christiane Prahst, Heidelberg

Abb. 1. Tripolis, Altstadt. Blick vom Kastell gegen SW auf den Uhrturm (gebaut 1870), dahinter den Basar, r. Straße mit Holzbalken zum Abdecken mit Matten im Sommer. Die Straße mit Läden im Vordergrund „Re Saud" führt nach r. zum Hafen. Das Hotel Victoria vorn ganz rechts ist jetzt (1964) abgerissen. (1962)

Fig. 1. Tripoli, old part of the town. View from the Castel towards the clock-tower (built in 1870) in the South-West, behind it the bazaar. On the right: street with wooden beams to be covered with mats in summer. The street with shops in the foreground, "Re Saud", leads to the harbour. The Victoria Hotel, on the right, has been pulled down (1964). (1962)

Abb. 2. Die Dschefara südl. von Azizia. Trockenfeldbau der Araber (Hakenpflug). (1957)

Fig. 2. The Jefara south of Azizia. Dry farming of the Arabs (hoeing-plough). (1957)

Abb. 3. Tripolitanischer Dschebel, obere Rumiaschlucht und -oase südl. von Jefren. Quellen in der Schlucht, Terrassenfeldbau. (1962)

Fig. 3. Tripolitanian Jebel, upper gorge and oasis of Rumia south of Jefren. Springs in the gorge, terrace-cultivation. (1962)

Abb. 4. Sebka von Tauorga, Salztonboden mit auskristallisiertem Salz bedeckt, Salzpflanzen. Hütten der Eingeborenen aus getrockneten Lehmziegeln, Dach aus Palmwedeln. (1962)

Fig. 4. Sebkha of Taworgha, halomorphic soil covered with crystallized salt, saline plants. The cottages of the natives are made of loam tiles, the roof is made of palm branches. (1962)

Abb. 5. Dichte Busch-Zwergstrauchsteppe am Bir Gelania, Wadi Zemzen, im Vordergrund grüne Krautsteppe. (1937)

Fig. 5. Steppe, densly covered with low bushes, near Bir Gelania, Wadi Zemzem, green herb-steppe in the foreground. (1937)

Abb. 6. Wadi es Schati bei Edri, Sebka. Die Salztonflächen sind in Schollen zerbrochen. Im Hintergrunde li. Kupsten mit Palmgestrüpp. (1933)

Fig. 6. Wadi es Shati near Edri, Sebkha. The salt-soil surface has broken into clods. In the background, left, the remainder of blown-off sand dunes, called Kupsten, with palm thicket. (1933)

Abb. 7. Wadi es Schati, weithin versalzter Boden neben kleinem Wadi infolge Erschließung zu viel artesischen Wassers nördl. von Maharuga. R. Oase Agar, dahinter liegt Brak. (1962)

Fig. 7. Wadi es Shati, mostly saline soil beside small Wadi as a cause of the development of too much artesian water north of Maharuga. On the right: oasis of Agar, behind it, Brak. (1962)

Abb. 8. Wadi Adschal bei el Fgeg. Blick von S über Wadital. R. der Sandsteinsporn bei Larocu, hinter der Oase die erste große Düne der Edeien von Ubari. Alte Akazie. (1942)

Fig. 8. Wadi Adjal near el Fgeg. View from the South over the Wadi valley. On the right: The sandstone spur near Larocu; behind the oasis: the first big dune of the Ubari sand sea (Edeyin). Old acacia tree. (1942)

Abb. 9. Der Idinen, die Geisterburg der Tuareg im N von Gat. Ausläufer des Akakus, Oberer Silurischer Sandstein. (1942)

Fig. 9. Idinen, citadel of the Tuareg ghosts north of Gat. Off-shoots of the Akakus, upper Silurian sandstone. (1942)

Abb. 10. Murzuk. Blick von dem alten Kastell nach S über die alte Moschee innerhalb der Außenmauer des Kastells. L. auf dem freien Platz standen die Kasernen und Depots der Italiener. Vor der Mauer lagen Salzsümpfe, die als Brutstätten der Malariamücken trokkengelegt wurden. Die breite Straße halbrechts vom Minaret ist der „Dendal", der zum Südtor führt. An ihm lag r. etwa in der Mitte der Sklavenmarkt. L. vom vorderen Minaret, in dem weißen Haus, soll Nachtigal gewohnt haben. Jetzt ist hier die Schule. Heute füllen die Häuser nicht mehr den Raum innerhalb der Stadtmauer. Im Hintergrunde die Dünen der Edeien von Murzuk. (1962)

Fig. 10. Murzuk. Southward view from the old citadel, facing the old mosque, lying within the outer walls of the citadel. On the left, on the open square, there used to the barracks and depots of the Italian occupiers. The salt-swamps in front of the wall have been dried up, because they had been breeding-places of the Malaria-mosquitoes. The broad street to the right of the minaret is the "Dendal", which leads to the South Gate. Near this street, there used to be the slave market. In the white house left of the nearer minaret, Nachtigal is said to have lived, now there is a school. Today, the houses do not longer fill the room within the city walls. In the background, you see the sand sea (Edeyin) of Murzuk. (1962)

Abb. 11. Edeien von Murzuk. Die hohen Dünen sind 100 bis 120 m hoch und werden durch sandige Senken (Gassi) voneinander getrennt, die durch niedrigere Dünen in einzelne Becken zerlegt werden. Es entsteht eine Gitterdünenwüste. Niedrigere Dünen ziehen über die hohen. (1937)

Fig. 11. Sand sea (Edeyin) of Murzuk. The dunes rise to a height of 300 to 350 feet and are separated by sandy passages (Gassi) which are subdivided in small basins by lower dunes, thus forming a gratelike dune desert. Lower dunes seem to divide the higher ones. (1937)

Abb. 12. Harudsch el Asued. Der Schildvulkan Garet ed Dem im W. Zwischen den Lavaströmen sind helle Verwitterungsprodukte abgelagert. In diesen kleinen Becken sammelt sich nach Regen zeitweise Wasser an. (1937)

Fig. 12. Haruj es Sauda. The shield volcano of Garet ed Dem in the West. Between the lava flows, you find light-coloured mantle rock sediments. After rainfalls, the small basins are temporarily filled with water. (1937)

Abb. 13. Harudsch el Asued. Vulkane aus der Vulkanreihe Angud el Jeserat im SE des Harudschrandes. Lavasteinwüste im Vordergrund. (1964)

Fig. 13. Haruj es Sauda. Volcanos belonging to the Angud el Jeserat volcano chain in the South-East of the edge of Haruj. Lava-stone desert in the foreground. (1964)

Abb. 14. Das Inselgebirge Auenat. Westrand des Granitgebirges, davor eine für längeren Aufenthalt erbaute, mit Matten abgedeckte Tibbuhütte. Zwischen den Granitblöcken findet man r. Felszeichnungen. Hinter dem Sporn links liegt die Ain Zueia. (1958)

Fig. 14. The Jebel of Auenat. Western edge of the granitic mountains. In front of it: a Tibbu cottage, built for longer residence and covered with mats. On the right, you can find stone-drawings between the rocks. Behind the spur on the left, there is Ain Zueia. (1958)

Abb. 15. Dschefara SE. Überflutung nach Regen am tripolitanischen Dschebel durch das Wadi Ulad Zaid an der Straße Tripolis-Tarhuna, nördlich von Ben Gaschir. (1965 Jan.)

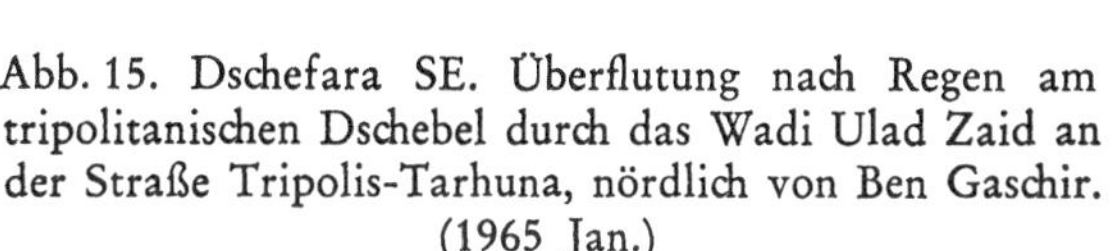

Fig. 15. South-East Jefara. Inundations after rain in the Tripolitanian Jebel, caused by Wadi Ulad Zaid at the road from Tripoli to Tarhuna, north of Ben Gashir. (1965 Jan.)

Abb. 16. Fezzan. Der See von Mandara (Durchmesser 300 m) in der Edeien von Ubari (Grundwasser), salzig, umgeben von Dattelpalmgürtel. In ihm leben Krebse und Mückenlarven. R. am Dünenhang im Hintergrund das Dorf Mandara. (1933)

Fig. 16. Fezzan: The Mandara Lake (diameter: 330 yds.) in the Ubari sand sea (Edeyin) (ground water), salty, surrounded by a date palm circle. Crabs and mosquito larvae are living in the lake. On the slope of the dune in the background, on the right, you see Mandara village. (1933)

Abb. 17. Kufra, See von Buema, Südufer. An den Wasserpflanzen links Salzausblühungen. Am Nordufer, etwa 4 m vom See, liegt ein Brunnen mit nur schwach brackigem Wasser. (1958)

Fig. 17. Kufra, Buema Lake, Southern lakeside. The water plants on the left show saline deposits. On the Northern lakeside, in a distance of about 4 yds., you see a well whose water is only slightly brackish. (1958)

Abb. 18. Fezzan: Murzuk. Kleiner Salzsee im Salzton (Grundwasser), dahinter die z. T. zerstörte Stadtmauer. Malariamücken! (Anopheles). Gesehen vom SW (1937)

Fig. 18. Fezzan: Murzuk. Small salt lake in the saline clay (ground water), behind it the city walls, partly destroyed. Malaria-mosquitos! (Anopheles.) Seen from the South-West (1937)

Abb. 19. Hamada el Hamra Ost. Galtet al Beda, Regenwassertümpel unterhalb der Steilwand des Wadi Zettar nördlich von Geriat es Schergia. (1933)

Fig. 19. East Hamada el Hamra. Galtet al Beda, rain water pool below the scarp of Wadi Zettar north of Geriat es Shergia. (1933)

Abb. 20. Fezzan: Becken von Fogha, im W der Harudsch. Quelle am Nordstrande des Beckens mit gestautem Quellteich, links Garten. (1937)

Fig. 20. Fezzan: The Fogha basin, west of it the Haruj. Spring whose water is dammed up in a pool in the northern part of the basin. On the left: a garden. (1937)

Abb. 21. Gadames. Artesische Quelle Ain el Fras. Der Quelltrichter ist mit einer Mauer umgeben und reicht tief in den Kalkstein. Das Wasser ist klar und sauber. Zwischen den Palmen erkennt man die hohen Gadameshäuser. (1962)

Fig. 21. Gadames. Artesian Spring of Ain el Fras. The reception basin is surrounded with a wall and goes deep down into the limestone. The water is clear and clean. Between the palm-trees you see some high Gadames houses. (1962)

Abb. 22. Cyrenaica, Prov. Derna. Entnahmestelle der Karstquelle im Wadi Debussia, Nebenwadi des Wadi Latrun. Links die britische Leitung, rechts Mannesmannleitung. Das Wasser wird auf die Hochfläche gepumpt und über Beida bis Barce geleitet. (1965)

Fig. 22. Cyrenaica, Province of Derna. Tap of the intermittent spring in Wadi Debussia, side wadi of Wadi Latrun. On the left, the British pipeline, the Mannesmann pipeline on the right. The water is pumped up onto the tableland and conducted to Beida and then to Barce. (1965)

Abb. 23. Hamada el Hamra. Brunnen (der) Mellaha el Gibla. (1937)

Fig. 23. Hamada el Hamra. Well of Mellaha el Gibla. (1937)

Abb. 24. Fezzan: Neu angelegte Bewässerungspflanzung bei Dlem östlich Murzuk. Vor dem Auspflanzen der Palmsetzlinge mußte eine Salztonkruste von 5 cm entfernt werden. Die Reste der Salzkruste sind seitlich aufgehäuft. Brunnengerüst (Dalu) rechts im Hintergrund. (1933)

Fig. 24. Fezzan: New irrigated plantation near Dlem, east of Murzuk. Before setting the palm-layers, the soil has to be freed from a salt-clay crust of more than two inches. The remainder of the salt crust has been piled up on the side. In the background on the right, you see a framed well (Dalu). (1933)

Abb. 25. Kufra. Bewässerung eines Gartens mit Tomatenpflanzen. Feld für Feld wird aus dem Dalu unter Wasser gesetzt. Zaun aus Palmwedeln gegen Sandtreiben. (1958)

Fig. 25. Kufra. Irrigation of a garden with tomato plants. Each field is separately inundated with water from the Dalu. The fence, made of palm-branches, serves as a protection against sand storms. (1958)

Abb. 26. Fezzan: Wadi Etba, w. von Murzuk bei Dudschal. Gerüst über dem offenen Brunnen (Dalu). Ausgehöhlte Palmstämme leiten das Wasser zu den Bewässerungsgräben der Gärten. Ein Esel und 2 Fezzaner ziehen das Wasser im Ziegenfellschlauch durch Herabgehen auf schiefer Ebene aufwärts. (1937)

Fig. 26. Fezzan: Wadi Etba, west of Murzuk near Dudjal. From the framework over the open well, hollow palmtree stems lead the water into the irrigation system of the gardens. The water is pulled up from the well in a goat-skin by a donkey and two Fezzan men, who are walking down an inclined plain. (1937)

Abb. 27. Fezzan: Brunnen in Trona, Edeien von Ubari (Kettara). Mit Hebebalken und geflochtenem Korb (Palmfaser) wird das Wasser gehoben. Der Mann steht auf einem Balken über dem Wasser und gießt es in den ausgehöhlten Palmstamm. (1937)

Fig. 27. Fezzan: Well in Trona (Edeyin), Ubari sand sea (Kettara). The water is lifted by means of a heaver and a basket made of palm fibres. A man is standing on a beam over the water and pouring it into the hollow palmtree stem. (1937)

Abb. 28. Misda, vornehme Araberfamilie rechts mit 2 Söhnen. Die Kinder tragen die langen weißen Hemden, die Männer Hemden, darüber gestickte Westen, unter den Hemden lange weiße Hosen, gestickte Schuhe, den weißen Barrakan. Kappen, darüber roten Fes. Der mittl. Mann trägt in der Hand einen Fliegenwedel. (1937)

Fig. 28. Misda. On the right: noble Arab family with two sons. The children are wearing their long white shirts, the men wear shirts and embroidered waistcoats, long white trousers under the shirts, embroidered shoes, their white Barrakan. On their heads: caps with the red Fez. The man in the middle is holding a flyclap in his hand. (1937)

Abb. 29. Fezzan: Araber (Hemd, Barrakan), die beiden Knaben haben leichten Negereinschlag. Links Calotropis procera. (1933)

Fig. 29. Fezzan: Arabs (shirt, Barrakan), the two boys have a negroide touch. On the left: Calotropis procera. (1933)

Abb. 30. Tibbu (Kuschi Moli), geb. in Zuar Tibesti, wohnt z. Z. in Kufra (1958), dunkelbraune Hautfarbe, glattes Haar, Spitzbart; Größe 1,80 m.

Fig. 30. Tibbu (Kushi Moli) born in Zuar Tibesti, at present living in Kufra (1958), darkbrown skin, straight hair, pointed beard, 1.80 m length.

Abb. 31. Fezzan: Gatrun. Tibbu. In der Mitte der Mudir von Gatrun, rechts und links Tibbu mit Barrakan (links zusammengefaltet übergeschlagen). (1933)

Fig. 31. Fezzan: Gatrun. Tibbu. In the middle: the Mudir of Gatrun, right and left: Tibbu with Barrakan (left: folded and thrown over the shoulder). (1933)

Abb. 32. Fezzan: Gatrun. Tibbu-Kinder. In der Mitte 2 Mädchen mit charakt. Haarfrisur der Unverheirateten. Tunica, Zöpfe an Seiten und nach vorn. Eine große Haarflechte geht von vorn aus längs Medianlinie des Schädels und endet im Nacken. Halsketten. Knaben, Haar abrasiert, Hemden. (1933)

Fig. 32. Fezzan: Gatrun. Tibbu children. In the middle: two girls with the typical hairdress of the unmarried girls. Tunica, braids at the sides and on the forehead. One big plat from the forehead to the neck. Necklace. Boys with shaved heads, shirts. (1933)

Abb. 33. Fezzan. Dlem. Capo des Dorfes, dunkelbrauner Fezzaner (mit Negereinschlag). (1933)

Fig. 33. Fezzan: Dlem. Capo of the village, dark-brown Fezzan man (with a negroide touch). (1933)

Abb. 34. Fezzan: Frau und Mann, Fezzaner, Mann fast schwarz, Frau dunkelbraun. Mann langes Hemd und Kopftuch, Frau zerschlissene Tunica und Kopftuch (Arbeitskleid). (1933)

Fig. 34. Fezzan: Woman and man. Fezzan type man nearly black, woman dark-brown. Man: long shirt and head scarf. Woman: tattered tunica and head scarf (working-dress). (1933)

Abb. 35. Fezzan: Madschedul. Capo mit Frau, fast Negerin, trägt Schmuck. (1933)

Fig. 35. Fezzan: Madjedul. Capo and his wife, almost negress, wearing jewellery. (1933)

Abb. 36. Fezzan: Hammera. Knabe und Mädchen. Knabe weißes Hemd, Haarschopf bleibt beim Rasieren des Haares stehen (zum Anfassen durch den Engel, falls er beim Tode von der Brücke zum Paradies abstürzen sollte). Mädchen dunkle Tunika, Amulett auf Stirn, (beachte: Fliegen im Gesicht, besonders an Augen.) (1933)

Fig. 36. Fezzan: Hammera. Boy and girl. Boy: white shirt. A tuft of hair is left without shaving (in order that the angel might be able to seize him, if, after death, he should fall from the bridge to Paradise). Girl: dark-couloured tunica. Amulet on the forehead. (Note: flies in the face, especially around the eyes). (1933)

Abb. 37. Fezzan: Trona (Edeien von Ubari). Dauada (Fezzaner) Hosen, Barrakan, Sandalen, aus Palmfasern geflochtenes Gefäß, das Wasser enthält. (1933)

Fig. 37. Fezzan: Trona (Edeyin, Ubari). Dawada (Fezzan) trousers, Barrakan, sandals, container plaited of palm fibres, filled with water. (1933)

Abb. 38. Fezzan, Wadi Schegua. Hütten aus Palmwedeln (Seriba), oft nur zeitweise (Dattelernte) bewohnt. (1933)

Fig. 38. Fezzan, Wadi Shegua. Cottages made of palm branches (Seriba), a great number of which are inhabited only temporarily. (Date harvest period.) (1933)

Abb. 39. Fezzan: Gatrun. Tibbu-Zelt für vorübergehenden Aufenthalt. Geflochtene Matten über Holzgestellen aus Zweigen, tonnenförmig. Sättel und gekaufte Datteln auf Erde. (1933)

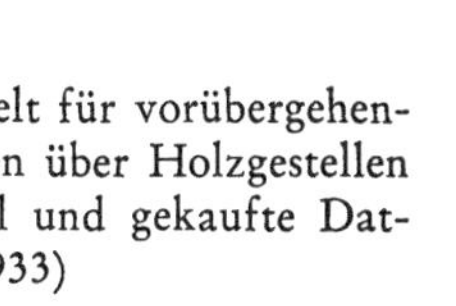

Fig. 39. Fezzan: Gatrun. Tibbu tent for temporary residence. Plaited mats over barrel-like racks, made of branches. Saddles and bought dates lying on the ground. (1933)

Abb. 40. Fezzan: Gatrun. Das neue Dorf aus Seriben, Palmwedelhütten (in Form des Tibbu-Zeltes) und Zäunen (Hof). Vor dem Kind liegt ein Haufen Datteln. Frau mit geflochtenem Korb auf Kopf. (1933)

Fig. 40. Fezzan: Gatrun. The new palm-branch village. Palm-branch cottages (same form as the Tibbu tent) and fences (courtyard). In front of the child: a heap of dates. Woman carrying a plaited basket on her head. (1933)

Abb. 41. Fezzan: Bacchi. Seriba als Dauerwohnung. Wohn- und Schlafraum mit Lehm beworfen, dahinter Hofraum. Die Tür ist nach außen gefallen. (1933)

Fig. 41. Fezzan: Bacchi. Palm-branch cottage as permanent residence. The living and sleeping room are roughcast with loam, behind: the courtyard. The door has fallen out. (1933)

Abb. 42. Fezzan: Tibbudorf Tegerhi (Tedscherri) Wadi Hecma. Bauten aus getrockneten Lehmziegeln, z. T. mit Lehm beworfen, meist ein gedeckter (Palmwedel mit Lehm) Schlafraum und ummauerter Hof. (1933)

Fig. 42. Fezzan: Tibbu village of Tegerhi Wadi Hecma. Houses made of dried loam tiles, partly plastered with loam, mostly a covered sleeping-room (palm-branches with loam) and a walled-round courtyard. (1933)

Abb. 43. Fezzan: am Uigh es Seghir. 2 Tibbu aus NW-Tibesti (Bardai), links Amulette am Kopf und Ziegenfellmantel, rechts trägt Speer. (1933)

Fig. 43. Fezzan: near Uigh es Seghir. 2 Tibbu men from North-West Tibesti (Bardai). Left: Amulets on the head, goatskin coat. Right: carrying a spear. (1933)

Abb. 44. Fezzan: Gatrun. Haarschnitt der verheirateten Frauen, vordere Zöpfe abgeschnitten, seitliche fallen über die Ohren. Über Stirn Haartürmchen. Schöne Tuniken, charakteristischer Schmuck. Nahmen Kopftuch zum Fotografieren erst ab, nachdem alle einheimischen Männer weggegangen waren. (1933)

Fig. 44. Fezzan: Gatrun. Haircut of the married women: The plats on the forehead have been cut, the ones on the sides fall over the ears. Small hair towers over the forehead. Beautiful and typical jewellery. When asked to take off the head scarf for the photo, they waited until all the native men had gone. (1933)

Abb. 45. Nordwestlich von Hon: Zeltlager der Araber nahe dem Bir Regil, Zelte geflickt, schwarz und weiß. (1933)

Fig. 45. North-West of Hon: Tent camp of the Arabs near Bir Regil. The tents are mended, black and white.

Abb. 46. Bu Ngem. Araberzelte am Rande der Oase. Zeltbahn über Mauern gezogen. (1958)

Fig. 46. Bu Ngem. Arab tents at the marge of the oasis. The tent square is pulled over walls. (1958)

Abb. 47. Fezzan: Dorf Birghen (Wadi es Schati). Die meisten Häuser mit Obergeschoß, ummauerter Hof, weiß getüncht (Gips). (1933)

Fig. 47. Fezzan: Birghen village (Wadi es Shati). Most of the houses have a second floor, whitewashed (gypsum), walled-in courtyard. (1933)

Abb. 48. Tobga, Wadi Zemzem. Wohnhöhlen, in den Kalkmergel des Berges gebaut, darüber feste Kalkschicht, z. T. auch freistehende Mauern und Häuser aus Kalkstein, der turmartige Aufbau mit Mauer: Senussia-Schule und Kloster. (1937)

Fig. 48. Tobga, Wadi Zemzem. Living-caves, built into the lime-marl of the mountain, over it solid lime stratum, partly detached walls and houses made of limestone. The tower-like construction with the wall is the Senussia school and monastery. (1937)

Abb. 49. Fezzan: Hammera (Hofra es Schergia). Frau: Hemd, Tunica und Kopftuch, in der Hand Sichel zum Fruchtschneiden. Junger Mann, langes weißes Hemd über weißer Hose, weißes Kopftuch, jüngerer Knabe, charakterist. langes Hemd für Knaben. (1933)

Fig. 49. Fezzan: Hammera (Hofra es Shergia). Woman: shirt, tunica, and head scarf, carrying a sickle to cut the crop. Young man: long white shirt over white trousers, white scarf. Jounger boy: characteristic long shirt for boys. (1933)

Abb. 50. Fezzan: Hammera. Frau mit Kind. (1933)

Fig. 50. Fezzan: Hammera. Woman with child. (1933)

Abb. 51. Fezzan: Traghen. 2 Mädchen, schwarz, dunkle Tunica, Kopftücher, zur Arbeit über Unterleib und Beine eine Art Sackleinwand gebunden, links große Ohrringe, Armband, rechts Halskette. (1933)

Fig. 51. Fezzan: Traghen. 2 girls, black, dark tunica, head scarfs. As a working dress they are wearing a piece of sack-cloth around the hips and legs. Left: great ear-rings, bracelet. Right: necklace. (1933)

Abb. 52. Fezzan: Edri, Wadi es Schati. Blick von der zerstörten Burg (Dorfhügel) auf die engen gewundenen Gassen, die Lehmdächer der Schlafräume, die mit Palmwedeln gedeckten Höfe, stellenweise ein palmgedecktes Obergeschoß (rechts). (1933)

Fig. 52. Fezzan: Edri, Wadi es Shati. View from the ruin of the castel (village hill) on the narrow, winding streets, the loam roofs of the sleeping-rooms, the courtyards which are covered with palm-branches, from time to time a palm-covered upper floor (on the right). (1933)

Abb. 53. Fezzan: Gasse in Um el Araneb. Jede Tür führt in einen Wohnhof, der von den Nachbarn völlig abgeschlossen ist. Vom Hof gelangt man in einen gemauerten und gedeckten Raum, der zum Schlafen dient und an die Außenmauer und Mauer zum Nachbarn angelehnt ist, daran anschließend nach rückwärts ein Raum aus Palmwedeln, dann die Küche, hinten ist noch ein kleiner Pferch für das Vieh und der Abort. Die Frau vorn hält das Gesicht zu wegen des Fotografierens. Man beachte die Zahl der Kinder! (1958)

Fig. 53. Fezzan: Small street in Umm el Araneb. Each door leads to a living-yard, which is completely separated from the neighbourhood. From the courtyard, you go into a covered room with stone walls, which serves as a sleeping-room and leans against the walls of the neighbouring house. Backwards, there is a palmbranch room, then the kitchen, behind it a small perch for the animals and the toilet. The woman in the foreground is sovering her face with her hands while the picture is taken. Note the number of children. (1958)

Abb. 54. Geriat el Garbia. Dorf über Wadi Zemzem und Lage außerhalb des Palmhaines. Hamada el Hamra. (1937)

Fig. 54. Geriat el Garbia. Village above Wadi Zemzem, situation outside of the palm grove. Hamada el Hamra.

Abb. 55. Geriat el Garbia. Reste des alten Römertores, z. T. im Schutt versunken. (1937)

Fig. 55. Geriat el Garbia. Ruins of the old Roman gate, partly sunk in rubble. (1937)

Abb. 56. Garian. Höhlenwohnung Tigrinna, tripolitanischer Dschebel. Berberischer Wohnhof, Eingang in Wohnraum links, rechts die Küche, unten Gipsmergel (weißgrünlich), darüber rotbrauner Ton (Löß). Es fehlt über dem Mergel die meist vorhandene Kalkkruste. (Es fehlen über den Wohnräumen die oft vorhandenen Eingänge zu Speichern) (s. Bild 58 gleichsam versenkter Hof!). (1937)

Fig. 56. Garian. Cave house Tigrinna, Tripolitanian Jebel. Berber living-yard, entrance to the living-room on the left, the kitchen on the right, white-green gypsum-marl on the floor covered with red-brown clay (loess). The generally used lime crust over the marl is lacking here. (Over the living-room, there are no doors leading to storage-rooms, which are often found.) (See Fig. 58.) (1937)

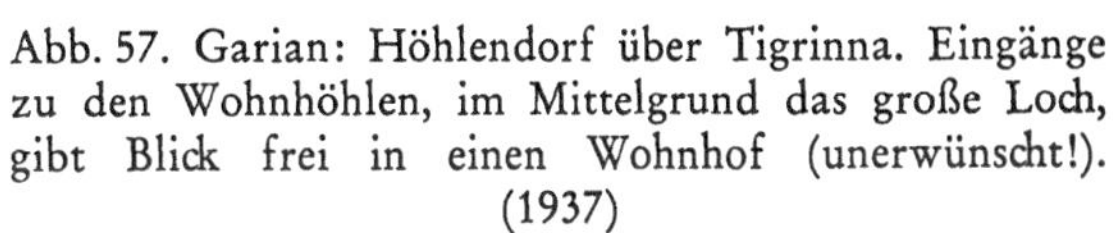

Abb. 57. Garian: Höhlendorf über Tigrinna. Eingänge zu den Wohnhöhlen, im Mittelgrund das große Loch, gibt Blick frei in einen Wohnhof (unerwünscht!). (1937)

Fig. 57. Garian: Cave village above Tigrinna. Entrances to the Living-caves, in the centre: the big hole which opens the view into the living-yard, (not desired!).

Abb. 58. Misda, unteres Dorf. Häuser mit Tonnendach, stehen um Hof, der durch Tor zugänglich (links). Die oberen Räume dienen im allgemeinen als Speicher (Wandlöcher). Haus entspricht in der Anlage einer Höhlenwohnung (s. Abb. 56). (1937)

Fig. 58. Misda, lower part of the village. Houses with barrel-like roofs standing around the yard which can be entered by the gate on the left. The upper rooms generally serve as storage-rooms (wall-holes). In its construction, this house corresponds to a cave-house (see Fig. 56). (1937)

Abb. 59. Misda, ges. von E. Mittelgrund Reihe von Tonnendachhäusern. Ältere Türme für Rückzug bei Streit der Familien. Im Hintergrund auf Berg das ehemalige italienische Fort. (1937)

Fig. 59. Misda, view from the East. In the centre: row of houses with barrel-like roofs. The ancient towers serve as help for retreat in family feuds. On the mountain in the background, the former Italian Fort. (1937)

Abb. 60. Syrte, Marktstraße. Italienischer Einfluß auf die Bauweise. (1962)

Fig. 60. Sirte, market street. Italian influence on the method of construction. (1962)

Abb. 61. Tripolis: Blick von der Mauer an der Porta el Gedid in die Sciarra Homet Garian. Altstadt, mehrstöckige Häuser, Höfe, Flachdächer, enge Gassen. (1957)

Fig. 61. Tripolis: View from the wall at the Porta el Gedid into the Sciarra Homet Garian city, facing multy-storey houses, courtyards, flat roofs and narrow streets. (1957)

Abb. 62. Tripolis: Sciara Hara Kebira mit Läden, im Hintergrund der Triumphbogen des Marc Aurel. Altstadt. (1957)

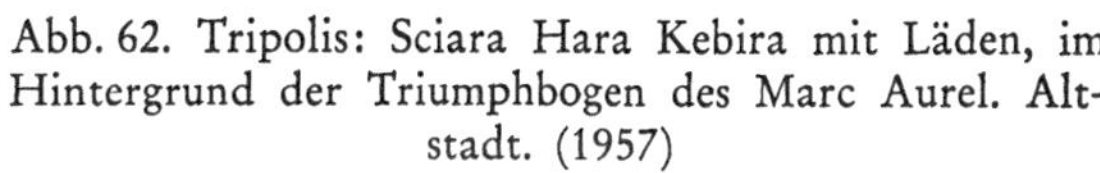

Fig. 62. Tripolis: Sciarra Hara Kebira with shops, in the background: the triumphal arch of Marc Aurel. Old part of the town. (1957)

Abb. 63. Tripolis: Sciarra Bagdad. Die jetzt fast ganz von Arabern bewohnte Straße zeigt ganz italienische Bauweise. (1962)

Fig. 63. Tripolis: Sciarra of Baghdad. The street, which is now almost exclusively inhabited by Arabs, shows an entirely Italian method of construction. (1962)

Abb. 64. Cyrenaica, el Beida, die neue Beamtenstadt, gesehen von SE. Moderne Wohnhäuser. Hochfläche des Dschebel Achdar. (1962)

Fig. 64. Cyrenaica, el Beida, the new town for the civil servants, seen from the South-East. Modern apartment houses. Tableland of the Jebel Akhdar. (1962)

Erklärung der arabischen Bezeichnungen in den Karten und im Text

Explanation of the Arabic Designations in Maps and Text

deutsch/German	*englisch/English*	*deutsch/German*	*englisch/English*
Ain, Ein	Ein, Ain (pl. Uweinat)	Quelle	spring
Bir	Bir (pl. Abiar)	Brunnen	well
Dahar	Dahr, Dahar	Tafelland	table land
Dschebel	Jebel, Gebel	Berg, Gebirge	mountain
Edeien	Edeyin, Idehan	Dünenwüste, Dünenmeer	sand sea
Erg	Erg	Dünen	dunes, dune field
Gara	Gara (pl. Gur)	Hügel, Erhebung, isolierter Hügel, niedriger Berg	hill (usually low)
Galtet	Galtat	Wasserloch	water hole
Gassi	Gassi	langgestreckte, vielfach breite, mit sandiger Serir bedeckte Hohlformen („Gassen") zwischen langen Dünenzügen	long, often broad passages covered with sandy Serir, separating long dunes
Grara (Graret)	Grara, Graret	flache geschlossene Senke	depression
Hamada	Hamada	Ebene mit groben Steinen und Blöcken	rock flat (story plain) covered with big stones and rocks
Hattia (Hattien)	Hattia, hatiet (hatia) (pl. hatiets)	Senke mit Vegetation und Vegetationsgebiet um Oase (vielfach Kupsten mit Büschen)	area of vegetation around oasis (often remainder of blown-off sand dunes, covered with bushes)
Marsa	Marsa	Hafen	harbour
Ramla (Ramlet)	Ramla (Ramlet)	Wüste aus grobem Sand mit Rippeln mit einigen wandernden Dünen aus Feinsand	coarse sand desert, often with wandering dunes of fine sand
Sebka (Sebkhet) *	Sebka (Sebchet) * (pl. sebkh)	Salzpfanne, Salztonfläche *	salt, marsh *
Serir	Serir	Ebene mit grobem Sand, Kies, Steine bis kirschgroß, auch noch gröber, aber dann oft verkieseltes Steinpflaster	gravel desert plain with coarse sand, gravel, stones up to the size of cherries, even bigger, but then pebblestones
Tmed	Tmed (pl. Tumud)	Wasserloch (gefüllt mit Sand oder Steinen)	water hole (filled with sand or stones)
Wadi	Wadi (pl. Widien)	Trockenbett, Trockental eines Flußlaufes	water course desiccated river-bed
Zauia, Zawia	Zawia, Zauia	Stützpunkt der Senussi zwecks Ausbreitung ihrer Lehre	monastery religious centre

Abkürzung

Mh.: Angabe in Meereshöhe

Abbreviation:

Mh.: above sea level

*** Anmerkung:**

In der Karte 17 ist der Umfang einer Sebka durch eine unterbrochene Umrandung gekennzeichnet.

*** Note:**

In Map 17, the extend of a sebka is marked by a broken borderline.

Additional material from *Libyen / Libya,*
ISBN 978-3-642-49076-7, is available at http://extras.springer.com